普通高等教育"十四五"系列教材

泵站电气与辅助设备

周龙才　编

中国水利水电出版社
www.waterpub.com.cn
·北京·

内 容 提 要

全书共分十章,包括泵站电气设备和辅助设备两部分。第一~六章为泵站电气设备部分,内容包括电力系统概述、短路电流计算、高压电气设备选择、泵站防雷及接地、泵站及变电所电气主接线、泵站及变电所继电保护等。第七~十章为泵站辅助设备部分,在介绍大型水泵机组的结构后,对大型水泵机组配套的油系统、气系统、供排水系统等三大类辅助系统的作用、系统组成及主要设备,以及相关设计计算进行了详细介绍。

本书可作为普通高等学校农业水利工程、给排水科学与工程、能源与动力工程等相关专业的本科教材,也可作为高职高专相关专业的教材或其他人员的培训教材,还可作为工程技术人员的参考用书。

图书在版编目(CIP)数据

泵站电气与辅助设备 / 周龙才编. -- 北京 : 中国水利水电出版社, 2025. 2. -- (普通高等教育"十四五"系列教材). -- ISBN 978-7-5226-3271-1

Ⅰ. TV675

中国国家版本馆CIP数据核字第2025GE2494号

书　　名	普通高等教育"十四五"系列教材 **泵站电气与辅助设备** BENGZHAN DIANQI YU FUZHU SHEBEI	
作　　者	周龙才　编	
出版发行	中国水利水电出版社 (北京市海淀区玉渊潭南路1号D座　100038) 网址:www.waterpub.com.cn E-mail:sales@mwr.gov.cn 电话:(010)68545888(营销中心)	
经　　售	北京科水图书销售有限公司 电话:(010)68545874、63202643 全国各地新华书店和相关出版物销售网点	
排　　版	中国水利水电出版社微机排版中心	
印　　刷	清淞永业(天津)印刷有限公司	
规　　格	184mm×260mm　16开本　21印张　511千字	
版　　次	2025年2月第1版　2025年2月第1次印刷	
印　　数	0001—1000册	
定　　价	**58.00元**	

凡购买我社图书,如有缺页、倒页、脱页的,本社营销中心负责调换

前　言

泵站是以提水或输水为目的而建设的机电设备和建筑设施的综合体，在农业灌溉排水、城镇供排水、长距离输水及跨流域调水、火电厂及核电厂供水等方面发挥着不可或缺的作用。我国泵站工程中的水泵绝大多数是以电动机为动力来驱动的，且功率在 380kW 以上的水泵机组通常采用高压电动机。因此，包括输电线、变压器、高低压开关设备和继电保护等在内的电气设备是泵站正常运行的电力保障。另外，安装大型水泵机组的泵站一般配套有齐全的辅助设备，包括充水设备、供水设备、排水设备、供油设备、压缩空气设备、通风设备、起重设备、清污设备及防火设备等，这些设备对于泵站的日常运营和维护同样至关重要，直接关系到泵站的运行安全和效率。因此，电气设备和辅助设备是泵站机电设备的重要组成部分。

"水泵及水泵站"是农业水利工程专业必修课程，由于课时限制，该课程关于泵站电气设备和辅助设备的内容很少。为了拓宽农业水利工程专业知识结构，使学生获得较完善的泵站专业知识，提高学生的综合专业素质，适应社会人才需求，武汉大学以工程教育专业认证为契机，首次将"泵站电气与辅助设备"课程列入农业水利工程专业本科人才培养方案。但当前国内并没有《泵站电气与辅助设备》教材，其他单独的泵站电气设备或泵站辅助设备的本科教材（包括已出版的教材和自编的教材）也非常少，且大多是 20 世纪八九十年代编写的，相对于日新月异的现代泵站新技术、新设备、新规范，一些知识内容已经过时，不适合作为"泵站电气与辅助设备"课程的教材。因此，结合农业水利工程一流本科专业的教材建设编写《泵站电气与辅助设备》本科教材，有迫切的现实意义。

本书内容包括泵站电气设备和辅助设备两部分。电气设备部分包括电力系统概述、短路电流计算、高压电气设备选择、泵站防雷及接地、泵站及变电所电气主接线及继电保护。辅助设备部分在介绍大型水泵机组的结构后，对泵站油、气、供排水三大辅助系统的作用、系统及设备，以及相关计算等进行了详细介绍。

　　本书由武汉大学周龙才编写，编写过程中查阅、参考了大量的新规范、新技术、新设备、新教材，注重理论联系实际，确保教材的政治性、科学性、时代性和可读性。在此，也向参考资料文献的原作者表示感谢。

　　限于作者的业务能力和时间，加之相关的技术和产品更新变化较快，书中难免有不妥之处，敬请读者批评指正。

编　者

2024 年 9 月

目 录

第一章 电力系统概述

第一节 电能及电力工业

一、电能

能源是指能够提供能量的自然资源，可分为一次能源和二次能源。

一次能源是指直接取自自然界，没有经过加工转换的各种能量和资源，又称天然能源，按再生性分为可再生能源和非再生能源。可再生能源是指自然界中可以不断得到补充或者能在较短周期内再产生的天然能源，如太阳能、水能、风能、波浪能、潮汐能、地热能、生物质能和海洋温差能等。非再生能源是指经过亿万年形成的、开采利用后短期内不可再生的天然能源，如原煤、原油、天然气、油页岩、核能等。

二次能源也称人工能源或次级能源，是由一次能源经过加工或转换得到的其他种类和形式的能源，主要有电能、焦炭、煤气、沼气、蒸汽、热水和汽油、煤油、柴油、重油等石油制品。一次能源无论经过几次转换所得到的另一种形式的能源，都是二次能源。二次能源按能源的储存和输送性质又可以分为过程性能源和含能体能源，目前电能是应用最广的过程性能源，而汽油和柴油是应用最广的含能体能源。

电能是指使用电以各种形式做功的能力。电能易于能量转换，在当今的经济技术条件下，其他形式的能源可以方便地转换成电能。自然界和许多物质中蕴藏着极为丰富的能量，如水能、风能、太阳、核能以及各种燃料的化学能等，为电能的大量生产提供了广泛的物质基础。电能也可以很方便地转换成其他形式的能，如机械能、热能、光能、声能以及化学能等。

电能便于传输，通过输变电设备可将强大的电力输送到数千千米之外。电能也易于调整和控制、管理和调度，易于实现生产过程自动化。因此，电能广泛应用于国民经济、社会生产和人民生活的各个方面。

泵站工程在农业灌溉排水、城乡供排水、跨流域调水、火力及原子能发电厂的循环供水、油井供水、矿井排水以及长距离运送石油和水煤浆等流体输送工程中有着广泛的应用。泵站是能源消耗较大的工程设施，现在我国的泵站工程几乎都是以电能作为能源。

二、电力工业

电能不能大量储存，其生产过程和消费过程是同时进行的，需要统一调度和分配。电力工业是生产、输送和分配电能的工业部门，包括发电、输电、变电、配电等环节。电力工业是国民经济发展中最重要的基础能源产业，为国民经济的快速、稳定发展提供了足够的动力，其发展水平是反映国家或地区国民经济发达程度的重要标志，也和广大人民群众的日常生活有着密切的关系。

（一）国外的电力工业

电力工业至今已有近 150 年的历史。1831 年，法拉第发现电磁感应原理，并制成最早的发电机——法拉第盘（Faraday's Disk），奠定了发电机的理论基础。1866 年，西门子发明了自激式发电机。1870 年，比利时的格拉姆（Gramme）制成往复式蒸汽发电机供工厂电弧灯用电。1875 年，法国巴黎北火车站建成世界上第一座火电厂，安装经过改装的格拉姆直流发电机，为附近的照明供电。1879 年，旧金山建成世界上第一座商用发电厂供照明。1879 年，爱迪生发明了白炽灯。1881 年，在英国的戈德尔明（Godalming）建成世界上第一座水电站。1882 年，美国建成世界上第一座正规的发电厂，装有 6 台蒸汽直流发电机，共 662kW，通过 110V 地下电缆供电照明，最大送电距离 1mile（1mile＝1609.344m），装设了熔丝、开关、断路器和电表等，建成了一个简单的电力系统。1882 年，法国人德普勒（Marcel Deprez）通过 1500～2000V 的直流发电机经 57km 的线路驱动水泵。1884 年，英国制成第一台汽轮机。1886 年，美国在马萨诸塞州建立了第一个单相交流送电系统，电源侧升压至 3000V，经 1.2km 线路到受端降压至 500V，显示了交流输电的优越性。1891 年，德国安装第一台三相 100kW 交流发电机。1894—1896 年，美国建成尼亚加拉大瀑布水电站，采用三相交流输电送至 35km 外，结束了 1880 年以来交流、直流电优越性的争论，也为以后 30 年间大量开发水电创造了条件。1903 年，西屋电气公司装设了第一台 5000kW 汽轮发电机组，标志着通用汽轮发电机组的开始。1929 年，美国制成第一台 20kW 汽轮机组。1939 年，苏联建成第聂伯河水电站，单机容量 6.2 万kW。美国于 1955—1973 年制成并投运 30 万～130 万 kW 汽轮发电机组。1954 年苏联研制成功第一台 5000kW 核电机组。1973 年法国试制成功 120 万 kW 核反应堆。

1973 年，瑞士 BBC 公司制造的 130 万 kW 双轴发电机组在美国肯勃兰电厂投入运行。1981 年，苏联制造并投运当时世界上容量最大的 120 万 kW 单轴汽轮发电机组。到 1977 年，美国已有 120 座装机容量百万千瓦以上的大型火电厂。从设计容量来看，目前国外最大的火电厂是韩国的泰安发电站，设计容量 610 万 kW；最大的水电站是巴西和巴拉圭合建的伊泰普水电站，设计容量 1400 万 kW；最大的核电站是日本福岛核电站，容量 909.6 万 kW。

总装机容量几百万千瓦的大型水电站、大型火电厂和核电站的建成，促进了超高压、特高压输电、直流输电和联合电力系统的发展。1935 年，美国首次将输电电压等级从 110～220kV 提高到 287kV，出现了超高压输电线路。1959 年，苏联建成 500kV 的三分裂导线输电线路。1965—1969 年，加拿大、苏联和美国先后建成 735kV、750kV 和 765kV 线路。20 世纪 70 年代起，美国、苏联、日本等国家开始研究特高压输电技术。1989 年，苏联建成一条最高电压 1150kV、长 1900km 的交流输电线路。日本 1999 年建成 2 条总长度 430km 的 1000kV 特高压线路。高压直流输电（high voltage direct current，HVDC）方面，瑞典、美国、苏联分别采用了 ±100kV、±450kV、±750kV 的电压。特高压输电和直流输电便于远距离大容量输送电能，并在电力系统中起着主联络干线的重要作用。

2022 年，全世界发电量增至 29.16 万亿 kW·h，其中水电占 14.9%，火电占 58.1%（煤电占 35.4%，天然气 22.7%），风电占 7.2%，核电占 9.2%，太阳能发电占 4.5%。

（二）我国的电力工业

1879 年，电气工程师毕晓浦在上海公共租界以 1 台 10 马力（1 马力≈7.35kW）蒸汽机为动力，带动自激式直流发电机，发出的电力点亮了第一盏电灯。1882 年，中国第一家发电厂在上海成立，安装 1 台 16 马力的蒸汽发电机组，沿外滩架设 6.4km 的电线，串接 15 盏弧光灯照明。1912 年，在云南昆明建成石龙坝水电站，装有 2 台 240kW 的水轮发电机组，是我国的第一座水力发电站。但旧中国的电力工业发展迟缓，到 1949 年新中国成立时，全国电力装机容量只有 184.86 万 kW，年发电量为 43.1 亿 kW·h，分别列居世界第 21 位和第 25 位。

新中国成立后，我国的电力工业得到了飞速发展。1978 年，我国电力装机容量为 5712 万 kW，年发电量为 2565.5 亿 kW·h，分别位列世界第 8 位和第 7 位，全年发电量中火电占 82.6%、水电占 17.4%。1986 年，我国发电量增至 9589 亿 kW·h，其中水电占 20.3%，火电占 63.7%，核电占 15.6%。

自 2013 年开始，我国电力装机容量和发电量已双双占据世界第一。表 1-1 为 2024 年我国的电力装机容量及年发电量统计数据。截至 2024 年，我国发电装机容量约 33.49 亿 kW，其中火电装机容量约 14.44 亿 kW，水电装机容量约 4.36 亿 kW，核电装机容量约 0.61 亿 kW，并网风电装机容量约 5.21 亿 kW，并网太阳能发电装机容量约 8.87 亿 kW。2024 年我国总发电量 100868.8 亿 kW·h，其中火电约占 63.19%，水电约占 14.13%，核电约占 4.47%，风电约占 9.88%，太阳能发电约占 8.32%。

表 1-1　　　　　　　　　2024 年我国的电力装机容量及年发电量统计

排名	类别	电力装机容量		年发电量	
		装机容量/万 kW	占比/%	年发电量/(亿 kW·h)	占比/%
	总量	334862	100	100868.8	100
1	火电	144445	43.136	63742.6	63.194
2	水电	43595	13.019	14256.8	14.134
3	风电	52068	15.549	9970.4	9.884
4	太阳能发电	88666	26.478	8390.4	8.318
5	核电	6083	1.817	4508.5	4.470

注　数据来源于《中华人民共和国 2024 年国民经济和社会发展统计公报》。少量发电装机容量如地热等未列出。火电发电量中包括燃煤发电量，燃油发电量，燃气发电量，余热、余压、余气发电量，垃圾焚烧发电量，生物质发电量。排名是指年发电量的排名。

目前，我国发电机组最大单机容量和最大装机容量的电厂见表 1-2。火力、水力、核电发电机组的最大单机容量分别为 135 万 kW、100 万 kW、175 万 kW；火力、水力、核电电厂最大的总装机容量分别为 672 万 kW、2250 万 kW、671 万 kW。

我国的电网建设，在经历了 20 世纪 50—60 年代建成 110~220kV 省级高压电网之后，1972 年建成了刘家峡水电厂到陕西关中的我国第一条 330kV 超高压输电线路。1981 年建成的平顶山—武昌的第一条 500kV 输电线路，使我国的超高压输电技术达到了一个新的水平，逐步建成了以 500kV 超高压输电线路为骨干网架的东北、华北、华中、华东、南方电网，以及以 330kV 超高压输电线路为骨干网架的西北电网等六大区域电网，区域电网之间又通过交流、直流或者交直流混合形式相联系，形成了跨区域联合电网。

表 1 - 2　　　　　　　我国发电机组最大单机容量和最大装机容量的电厂

类别	最大单机容量		最大装机容量的电厂		
	单机容量/万 kW	电 站	装机容量/万 kW	台数×容量/万 kW	电 站
火电	135	平山电厂，2023 年投运	672	8×60＋2×66＋2×30	托克托电厂，2017 年投产
水电	100	白鹤滩水电站，2021 年投运	2250	32×70＋2×5	三峡水电站，2006 年建成
核电	175	台山核电站，2018 年投运	671	6×111.8	红沿河核电站，2022 年投产

2005 年我国第一条 750kV 超高压输变电工程——官厅—兰州 750kV 输变电示范工程正式投入运行。2009 年晋东南—南阳—荆门 1000kV 特高压交流试验示范工程的建成投产，以及 2009 年世界第一条特高压直流输电工程云南—广州±800kV 特高压直流输电工程成功实现单极投产，标志着我国特高压输电技术取得了实质性突破，开始走在世界输电领域的前列。而 2019 年正式投运的准东—皖南±1100kV 特高压直流输电工程，更是目前世界上电压等级最高、输送容量最大、输电距离最远、技术水平最先进的直流输电工程。

第二节　电力系统的基本组成

一、电力系统

在电力工业发展的初期，发电厂都建设在用户附近，规模很小，而且是孤立运行的。随着生产的发展和科学技术的进步，用户的用电量和发电厂的容量都在不断增大。通常，大型发电厂所需的一次能源产地和电能用户不在同一地区。如水能资源集中在河流水位落差较大的偏远山区，燃料资源集中在矿区，而电能用户一般都集中在大城市、大工业区，与一次能源产地相距甚远。因此，需要将分散的、地处偏远地区的水力发电厂、火力发电厂或其他型式的发电厂生产的电能输送到远方的电力负荷中心。

为降低输电线路中的功率损耗、电能损耗，大容量、远距离输送电能要采用高压输电。由于绝缘结构的困难，目前发电机的电压不高于 20kV。因此需要建立升压变电站来升高发电机发出的电压，并通过高压输电线路将分散于各地的发电厂以及各负荷中心连接起来。高压电能输送到电力负荷中心后，通过降压变电站将电压降低，再通过配电线路向用户提供电能，如图 1-1 所示。

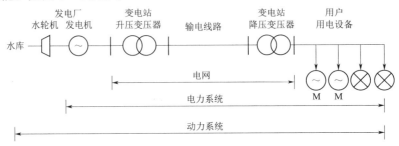

图 1-1　动力系统、电力系统及电网示意图

图1-1中由带动发电机转动的动力部分（包括火力发电厂的汽轮机、锅炉、燃料供给、供热管道，水力发电厂的水轮机、压力管道和水库等）、发电机、升压变电站、输电线路、降压变电站和负荷等环节构成的整体称为动力系统。其中由各类升压变电站、输电线路和降压变电站组成的电能传输和分配的网络称为电网。由发电机、电网和负荷所组成的统一体称为电力系统。

电力系统是一个非常复杂的系统，它覆盖电能的生产、变换、输送、分配和消费等诸多环节，即由发电机发出电能，通过升压变电站、输电线路、降压变电站、配电线路等环节的变换、传输并分配到各个用户。图1-2为某电力系统示意图。

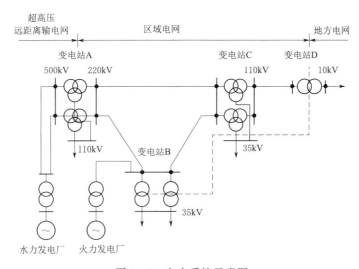

图1-2　电力系统示意图

二、发电厂

发电厂（简称电厂或电站）是将一次能源转换为电能的工厂。按其所用能源划分，发电厂主要有火力发电厂、水力发电厂、核电厂，以及其他新能源发电厂，如风力发电、太阳能发电、地热发电、潮汐发电、生物质能发电等。

（一）火力发电厂

利用固体、液体、气体燃料的化学能来生产电能的工厂称为火力发电厂，简称火电厂。火电厂所使用的燃料以煤为主，在将一次能源转换为电能的生产过程中要经过三次能量转换：首先是通过燃烧将燃料的化学能转变为热能，再经过原动机将热能转变为机械能，最后通过发电机将机械能转变为电能。

火电厂使用的原动机可以是凝汽式汽轮机、燃气轮机或内燃机，其中内燃机发电机组容量一般较小，大部分火电厂采用凝汽式汽轮发电机组。

图1-3所示为凝汽式火力发电厂生产过程示意图。原煤仓中经过分拣、破碎处理后的原煤由输煤皮带送入煤斗后，通过磨煤机磨成煤粉，再由排粉风机将煤粉混同热空气经喷燃器送入锅炉的燃烧室内燃烧。煤燃烧时其化学能将转变成热能，加热燃烧室四周水冷壁管中的水，使之变成蒸汽。蒸汽通过过热器，进一步吸收烟气的热量，成为高温高压的过热蒸汽。过热蒸汽经主蒸汽管道进入汽轮机，迅速膨胀，推动汽轮机的转子旋转，将热

能转换为机械能。汽轮机带动发电机旋转发电，将机械能转换成电能。

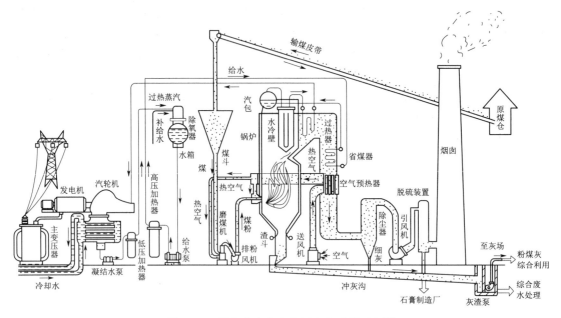

图 1-3 凝汽式火力发电厂生产过程示意图

释放出热能、势能的蒸汽从汽轮机下部的排汽口排出，称为乏汽。乏汽经凝汽器放出汽化热而重新凝结成水后，由凝结水泵送入低压加热器和除氧器加热和除氧。除氧后的水由给水泵打入高压加热器加热，再经省煤器进一步提高温度后重新进入锅炉的水冷壁管中，如此往复，循环使用。高压加热器、低压加热器是为提高循环的热效率所采用的装置，除氧器是为了除去水中含的氧气以减少对设备及管道的腐蚀。在循环过程中难免有汽水的泄漏，因此要适量地向除氧器内补给一些水，以保证循环的正常进行。

煤粉燃烧后形成的热烟气沿锅炉的水平烟道和尾部烟道流动，放出热量，最后进入除尘器，将燃烧后的煤灰分离出来。洁净的烟气在引风机的作用下通过烟囱排入大气。助燃用的空气由送风机送入装设在尾部烟道上的空气预热器内，利用热烟气加热空气。这样，一方面使进入锅炉的空气温度提高，易于煤粉的着火和燃烧；另一方面也可以降低排烟温度，提高热能的利用率。

从空气预热器排出的热空气分为两股：一股去磨煤机干燥和输送煤粉，另一股直接送入炉膛助燃。燃煤燃尽的灰渣落入炉膛下面的渣斗内，与从除尘器分离出的细灰一起用水冲至灰浆泵房内，再由灰浆泵送至灰场。

由于凝汽式火电厂运行时需要将做过功的蒸汽送入凝汽器凝结成水，大量热能将被凝汽器中作冷却用的循环水带走，因此凝汽式火电厂的热效率（指热能利用率）很低。为了提高热效率，火电厂均向高温（530℃以上）、高压（8.83～23.54MPa）的大容量（500MW以上）机组发展。高温、高压、大容量机组的使用可以使火电厂的热效率提高到 30%～40%。

锅炉内的工质都是水，水的临界点参数是 22.129MPa、374.15℃；在这个压力和温度时，水和蒸汽的密度是相同的，炉内工质压力低于这个压力就称亚临界锅炉，大于这个压力就是超临界锅炉。炉内蒸汽温度不低于 593℃ 或蒸汽压力不低于 31MPa 被称为超超临界锅炉。一般认为只要主蒸汽温度达到或超过 600℃，就认为是超超临界机组。超临界、超超临界火电机组具有显著的节能和改善环境的效果，超超临界机组与超临界机组相比，热效率提高 1.2%～4%。2002 年，我国"超超临界燃煤发电技术的研发和应用"项目开始立项，截至 2018 年底，已投产百万千瓦的超超临界机组 113 台。

为了减少循环水带走的热量以提高火力发电厂的热效率，可将凝汽式汽轮机中一部分做过功的蒸汽从中间抽出直接供给热用户，或经过热交换器将水加热后，将热水供给用户。这种既发电又供热的火电厂称为热电厂，通常热电厂的热效率可上升到 60%～70%。热电厂一般都建在大城市及工业区附近。

大容量的火电厂因其燃料需要量极大，同时还大量排放废气、粉尘和废渣等，会对环境造成污染，为此，现代的火电厂都附有废气处理和除尘设备以及对粉煤灰的综合利用设施。为了减少城市的环境污染和方便燃料运输，大型火电厂宜建在燃料产地附近，这样的火电厂称为坑口电厂。

燃气轮机发电厂是通过燃烧天然气的燃气轮机带动发电机发电的，是一种清洁能源发电厂。这类发电厂因机组启动速度快，可作为调峰电源承担日负荷曲线上的尖峰负荷。采用燃气-蒸汽联合循环的运行方式可进一步提高火力发电厂的热效率。

（二）水力发电厂

水力发电厂是利用水库或河流中水的位能来生产电能的工厂，简称水电厂或水电站。水力发电的能量转换过程只需两次，即通过原动机（水轮机）将水的位能转变为机械能，再通过发电机将机械能转变为电能，故在能量转换过程中损耗较小，发电的效率较高。

水电厂的发电容量取决于水流的水位落差和水流的流量，即

$$P = \rho h Q H \eta \tag{1-1}$$

式中　　P——水电厂的发电容量，kW；

　　　　Q——通过水轮机的水的流量，$\mathrm{m^3/s}$；

　　　　H——作用于水电厂的水位落差，也称水头，m；

　　　　η——水轮发电机组的效率。

在流量一定的条件下，水流落差越大，水电厂输出功率就越大。为了充分利用水力资源，水电厂往往需要修建拦河大坝等水工建筑物，以形成集中的水位落差，并依靠大坝形成具有一定容积的水库，用以调节水的流量。

根据集中水头方式的不同，水电厂可分为堤坝式、引水式和混合式等，其中以堤坝式水电厂应用最为普遍。

1. 堤坝式水电厂

堤坝式水电厂利用修筑拦河堤坝来抬高上游水位，形成发电水头。根据厂房位置的不同，堤坝式水电厂又分为坝后式和河床式两种。

坝后式水电厂如图 1-4 所示，拦河坝将上游水位提高，形成水库，水库中的水在高落差的作用下经压力水管进入水轮机，推动水轮机转子旋转，将水能转换为机械能。水轮机的转子带动与之同轴相连的发电机旋转，将机械能转换成电能，再经变压器升压后送入

高压电网。水流对水轮机做功后经尾水管排到下游。

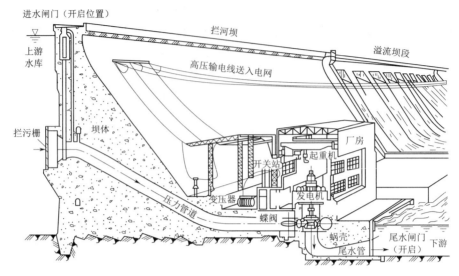

图 1-4　坝后式水电厂示意图

我国长江三峡、刘家峡、丹江口等水电厂均属坝后式水电厂。2012 年完全投产的三峡水电厂，总装机容量为 2250 万 kW，是当今世界上最大的水力发电厂。

河床式水电厂的堤坝和厂房建在一起，厂房成为挡水建筑物的一部分，库水直接由厂房进水口引入水轮机，如图 1-5 所示。河床式水电厂一般建在河道平缓区段，水头一般在 20～30m 之间。总装机容量 271.5 万 kW 的葛洲坝水电厂、23.4 万 kW 的西津水电站均为河床式水电厂。

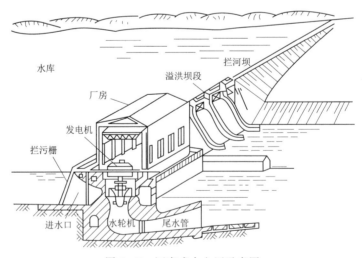

图 1-5　河床式水电厂示意图

2. 引水式水电厂

引水式水电厂一般建在河流坡度较大的区段，修筑引水渠或隧道用以集中水头，将上游河水引入压力前池形成落差，然后再通过压力管道把水引入河流下游的水电厂中推动水轮发电机组发电，如图 1-6 所示。

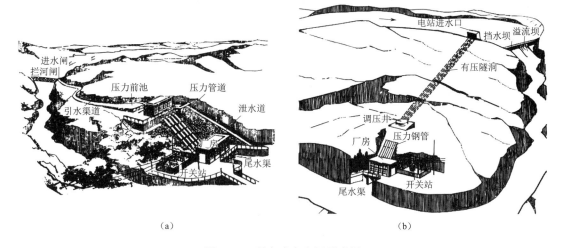

（a）

（b）

图 1-6 引水式水电厂示意图

（a）无压引水；（b）有压引水

引水式水电厂的挡水建筑物较低，淹没少或不存在淹没，而水头集中常可达到很高的数值，但受当地天然径流量或引水建筑物截面尺寸的限制，其用于发电所引用的流量不会太大，一般适合于山区小水电建设。2014 年正式投产运行的雅砻江锦屏二级水电站，额定水头 288m，单机容量 60 万 kW，总装机容量 480 万 kW，是世界上规模最大的长引水式电站。

除此之外，还有近年来得到较快发展的抽水蓄能电厂。如图 1-7 所示，抽水蓄能电厂设有上、下游两座水库，下游水库称为蓄水库，两个水库之间通过压力钢管相连接。当夜间或丰水期电力系统中的电能充裕时，利用系统富余的电力将蓄水库中的水抽回到上游水库中变成水的位能。白天或枯水期电力系统中的电能不足时再放水发电，从而对电力系统起到填谷调峰的作用。

由于抽水蓄能发电机组启动灵活、迅速，从停机状态启动至满负荷运行仅需几分钟，因此常用来作为系统事故备用机组或调频机组。截至 2023 年底，我国抽水蓄能投产总装机容量达 5094 万 kW，稳居世界第一；世界上最大的抽水蓄能电厂是河北丰宁抽水蓄能电站，总装机容量 360 万 kW，至 2024 年底已全面投产发电。

与火电厂相比，水电厂的生产过程相对简单。水能属洁净、廉价的可再生能源，无环境污染，生产效率高，其发电成本仅为火力发电的 25%，且容易实现自动化控制和管理，并能适应负荷的

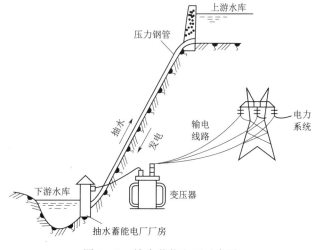

图 1-7 抽水蓄能电厂示意图

急剧变化，调峰能力强。同时，随着水电厂的兴建往往还可以同时解决防洪、灌溉、航运等多方面的问题，从而实现江河的综合利用。然而，水电建设也存在投资大、建设工期长、受季节水量变化影响较大等问题。

（三）核电厂

核电厂也称核电站，是利用核能发电的工厂。核能的利用是现代科学技术的一项重大成就。和平、安全利用核能是人类文明进步的一种标志。从 20 世纪 40 年代原子弹的出现开始，核能就逐渐被人们所掌握，并陆续用于工业、交通等许多部门。核能分为核裂变能和核聚变能两种，由于核聚变能受控难度较大，目前用于发电的核能主要是核裂变能。

1. 核裂变能发电

核裂变能发电是利用中子撞击可裂变的较重元素（如铀或钍）的原子核，使其分裂成两个或多个较轻元素（如钡或锶）的原子核并释放出大量的能量和中子的过程。实现大规模可控核裂变链式反应的装置称为核反应堆。根据核反应堆型式的不同，核裂变能发电厂可分为轻水堆型、重水堆型及石墨冷气堆型等。目前世界上的核电厂大多采用轻水堆型。轻水堆又有沸水堆和压水堆之分，如图 1-8 所示。

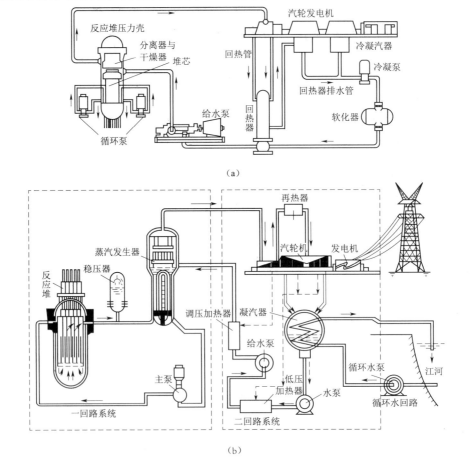

（a）

（b）

图 1-8 核能发电厂生产过程示意图

（a）沸水堆型核能发电系统；（b）压水堆型核能发电系统

在图 1-8（a）所示的沸水堆型核能发电系统中，水直接被加热至沸腾而变成蒸汽，然后引入汽轮机做功，带动发电机发电。沸水堆型的系统结构比较简单，但由于水是在沸水堆内被加热，其堆芯体积较大，并有可能使放射性物质随蒸汽进入汽轮机，对设备造成放射性污染，使其运行、维护和检修变得复杂和困难。

为了避免这个缺点，目前世界上 60％以上的核电厂采用如图 1-8（b）所示的压水堆型核能发电系统。与沸水堆系统不同，在压水堆系统中增设了一个蒸汽发生器，从核反应堆中引出的高温水进入蒸汽发生器内，将热量传给另一个独立系统的水，使之加热成高温蒸汽，推动汽轮发电机组发电。由于在蒸汽发生器内两个水系统是完全隔离的，所以就不会造成对汽轮机等设备的放射性污染。我国的核电厂以压水堆型为主。

核电厂的主要优点是可以大量节省煤、石油等日益枯竭的化石类燃料。虽然核电厂的造价比火电厂高，但其长期的燃料费、运行维护费则比火电厂低，且核电厂的规模越大则生产每度电的投资费用下降越快。目前世界上核能发电量已达到总电力供应的 10％左右，不少国家核电已占总供电量的 30％，法国高达 80％。在我国的年发电量中，核能电量约占 5％。

2. 核聚变能发电

与核裂变过程相反，在由两个较轻的原子核聚合成一个较重的原子核的聚合反应中，同样有能量释放出来，这种能量称为核聚变能。核聚变发电是利用原子核聚变反应产生热能，然后利用热能发电的技术。核聚变反应所用的燃料是氘和氚，反应生成物为氦，既无毒性，又无放射性，不会产生环境污染和温室效应气体，是最具开发应用前景的清洁能源。

要使两个原子核发生聚变反应，必须使它们彼此靠得足够近，达到原子核内核子与核子之间核力的作用距离，此时核力才能将它们"黏合"成整体形成新的原子核。由于原子核都带正电，当两个原子核靠得越来越近时，它们之间的静电斥力也越来越大，据实验资料估计，要使两个氘核相遇，温度必须高达 1 亿℃，以使得它们的相对速度大于 1000km/s。氘核与氚核间发生聚变反应时，温度也须达到 5000 万℃以上。这种在极高温度下才能发生的聚变核反应也称热核反应。一个氘原子和一个氚原子反应，生成一个氦原子和一个中子的过程，称为氘氚聚变，是最常见且最易实现的一种核聚变形式。

氘是氢的一种稳定形态的同位素，被称为重氢，其原子核中有一个质子和一个中子，在大自然的含量约为一般氢的七千分之一，在海水中大量存在，因此可以通过电解水获得。氚被称为超重氢，原子核中有一个质子和两个中子，带有放射性，会发生 β 衰变，自然界中氚的含量极少，只能通过人工制造得到，最方便的产氚方式是中子和锂的反应。

与核裂变相比，热核聚变不但资源无限易于获得，其安全性也是核裂变反应堆无法与之相比的。核聚变能发电是 21 世纪正在研究中的重要技术。

（四）新能源发电厂

目前，除了上述利用燃料的化学能、水的位能和核能等传统能源作为生产电能的主要方式外，风力发电、太阳能发电、地热发电、潮汐发电、生物质能发电等新能源发电得到迅速的开发和应用。

新能源发电具有种类多、分布广的特点，可统称为分布式电源。受诸多自然因素影响，新能源发电的发电功率和输出电能存在严重的不均衡性和不确定性。当大量的分布式电源接入电网时，会给电力系统的运行、调度和保护带来一些新的问题，需要在发展过程中妥善解决。

三、电网

电力系统中除发电厂及用户以外的部分为电网，电网的作用是输送、控制和分配电能。

电网中由电源向电力负荷中心输送电能的线路称为输电线路；含有输电线路的电网称为输电网。担负分配电能任务的线路称为配电线路，含有配电线路的电网称为配电网。

输配电电压等级中，6kV、10kV、20kV、35kV、66kV为中压，110kV、220kV为高压，330kV、500kV、750kV为超高压，直流800kV、交流1000kV及以上为特高压。电网根据其电压的高低和供电范围的大小，还可分为地方电网、区域电网和超高压或特高压电网。

（1）地方电网。地方电网是指电压等级在35～110kV，输电距离在50km以内的中压电网，是一般给城区、农村、工矿区供电的网络。

（2）区域电网。区域电网是指电压等级在110～220kV，输电距离在50～300km的电网。它可以将较大范围内的发电厂联系起来，通过较长的高压输电线路向较大范围内的各种类型的用户输送电能。目前我国各省（自治区）电压为110～220kV的高压电网都属于这种类型。

（3）超高压或特高压电网。超高压电网是指电压等级在330～750kV，特高压电网是指电压等级在1000kV及以上，输电距离在300～1000km或者更远的距离，主要用来将地处远方的大型发电厂生产的电能送往电力负荷中心，同时可以将几个区域电网连接成跨省（自治区）的联合电力系统。

当前，我国已形成了以500kV超高压输电线路为骨干网架的东北、西北（330kV）、华北、华中、华东及南方电网6大跨省（自治区）的大型区域电网，以及山东、福建、海南、新疆、西藏和台湾等6个独立省（自治区）网，电网结构呈现出超/特高压、交直流混合电网的新模式。

四、变电站

变电站是联系发电厂和电能用户的中间环节，其功能是接收电能、变换电压和分配电能。

为了实现电能的远距离输送和将电能分配到用户，需将发电机电压进行多次电压变换，这个任务由变电站完成。变电站由电力变压器、配电装置和二次装置等构成。按变电站的性质和任务不同，可分为升压变电站和降压变电站。升压变电站主要是为了满足电能的输送需要，将发电机发出的电压变换成高电压，一般建在发电厂内。降压变电站主要是将高电压变换为一个合适的电压等级，以满足不同的输电和配电要求。

变电站由电力变压器（简称主变）和相应的断路器、隔离开关、互感器、避雷器、母线、继电保护、信号监测和计量设备等组成。在电力系统中起着电能汇集、变换和分配的作用，是电力系统的重要组成部分。一般降压变电站多建在靠近用电负荷中心的地方，按其在电力系统中的地位和作用不同，降压变电所又分为枢纽变电站、中间变电所、地区变电所、工厂变电所、车间变电所、终端变电所和用户变配电所。

（1）枢纽变电站。枢纽变电站位于电力系统的枢纽点，汇集着电力系统中多个大电源和多回大容量的联络线，连接着电力系统的多个大电厂和大区域，变电容量大。其电压等级（指其高压侧，下同）一般为330kV及以上，且其高压侧各线路之间往往有巨大的交换功率，如图1-2中的变电站A。全站停电后将造成大面积停电，或引起系统解列甚至系统崩溃或瓦解的灾难局面。枢纽变电站对电力系统运行的稳定和可靠性起到重要作用。

（2）中间变电所。中间变电所一般位于系统的主干环行线路中或系统主要干线的接口处，其电压等级一般为220～330kV，高压侧与枢纽变电站连接，以穿越功率为主，在系统中起交换功率的作用或使高压长距离输电线路分段。一般汇集有2～3个电源和若干线路，中压侧一般是110～220kV，供给所在的多个地区用电并接入一些中、小型电厂。图1-2中的变电站B和变电站C即为中间变电站。中间变电所主要起中间环节作用，当全所停电时，将引起区域电网的解列，影响面也比较广。

（3）地区变电所。地区变电所主要任务是给某一地区的用户供电，一般从2～3个输电线路受电。它是一个地区或一个中小城市的主要变电所，电压等级一般为110～220kV，全所停电后将造成该地区或城市供电的紊乱。

（4）工厂变电所。工厂变电所是大中型企业的专用变电所，它对工厂内部供电。接收地区变电所的电压等级为35～220kV，通常有1～2回进线，电压降为6～10kV电压向车间变电所和高压用电设备供电。为了保证供电的可靠性，工厂降压变电所大多设置两台变压器，由单条或多条进线供电，每台变压器容量可从几千伏安到几万伏安。供电范围一般在几千米以内。

（5）车间变电所。车间变电所将6～10kV的高压配电电压降为380/220V，对低电压用电设备供电。供电范围一般在500m以内。泵站的站内用电一般是通过站用变压器将6～10kV的配电电压降为380/220V。另外，配套低压电动机的泵站也是将6～10kV的配电电压降为380/220V。

（6）终端变电所。终端变电所位于输电线路终端，接近负荷点，高压侧电压多为110kV或者更低（如35kV），经过变压器降压为6～10kV后直接向一个局部区域用户供电，不承担功率转送任务，其全所停电的影响只是所供电的用户，影响面较小。图1-2中的变电站D即为终端变电站。在电力系统的有关计算中，可以将终端变电站直接看作电力系统的一个负荷使问题简化。配套高压电动机的泵站一般设主变压器将35～220kV的电压降为6～10kV供给主水泵机组。

（7）用户变配电所。用户变配电所是直接供给用户负载电能的变配电所，位于高低压配电线路上，高压为10～35kV，低压为0.38kV或0.66kV。配电所只配不变，故没有变压器。

有一种仅用于接收电能和分配电能而不变换电能电压的场所，电压等级高的输电网中称为开关站，中低压配电网中称为配电所或开闭所，在站或所内只有开关设备，而没有变压器。为将大容量的电力输送到远处的负荷中心，输电线路可能长达数百千米，这时需要设置开关站将线路分段，以降低工频过电压和操作过电压，提高电力网运行的稳定度，并减小线路故障时影响的范围。根据需要，开关站中有时还设置串联电容补偿装置，利用串联电容的容抗抵消线路部分的感抗，缩短输电线路的电气距离，以提高输电容量和电力网的稳定度。

在直流输电系统中还必须配有换流站，换流站是用于交流电与直流电相互转换的场所。如葛洲坝换流站将 500kV 交流电转换±500kV 直流电后，通过 1117km 的直流输电线路送到上海南桥换流站，是 20 世纪 80 年代建成的我国第一个超高压换流站。

第三节　电力系统的额定电压

一、电网的电压等级

为了保证生产的系列性和电力工业的有序性，各国都用国家标准规定了电网的标准电压（又称额定电压）等级。我国国家标准规定的额定电压（三相交流系统的线电压）等级有 0.38kV、0.66kV、1kV、3kV、6kV、10kV、20kV、35kV、66kV、110kV、220kV、330kV、500kV、750kV、1000kV 等。

当输送的功率一定时，线路的电压越高，线路中通过的电流越小，所用导线的截面相应减小，用于导线的投资可减少，而且线路中的功率损耗、电能损耗也都会相应降低。因此大容量、远距离输送电能要采用高压输电。但是，电压越高，要求线路的绝缘水平也越高，除去线路杆塔投资增大、输电走廊加宽外，所需的变压器、电力设备等的绝缘投资也要增加。表 1-3 给出了架空输电线路的额定电压与输送功率和合理的输送距离的关系。

表 1-3　　　　架空输电线路的额定电压与输送功率和输送距离的关系

线路电网的额定电压/kV	输送功率/MW	输送距离/km	线路电网的额定电压/kV	输送功率/MW	输送距离/km
3	0.1~1.0	3~1	220	100~500	300~100
6	0.1~1.2	15~4	330	200~1000	600~200
10	0.2~2	20~6	500	1000~1500	850~250
35	2~10	50~20	750	2000~2500	1000~500
110	10~50	150~50	1000	3000~10000	2000~600

二、电气设备的额定电压

电气设备在额定电压下运行时，不但技术经济性能最好，而且运行安全可靠。电力工业、电工电器制造等行业采用统一的额定电压标准，可以实现生产的标准化、系列化，有利于保证产品的质量和使用的安全可靠性。

表 1-4 给出了与各级电网相对应的主要电气设备的额定电压。

表 1-4　　　　　　　　主要电气设备的额定电压　　　　　　　单位：kV

电网的额定电压	用电设备的额定电压	发电机的额定电压	电力变压器额定电压	
			一次绕组	二次绕组
3	3	3.15	3、3.15	3.15、3.3
6	6	6.3	6、6.3	6.3、6.6

续表

电网的额定电压	用电设备的额定电压	发电机的额定电压	电力变压器额定电压	
			一次绕组	二次绕组
10	10	10.5	10、10.5	10.5、11
—	—	13.8、15.75、18、22、24、26	13.8、15.75、18、20、22、24、26	—
35	35	—	35	38.5
63	63	—	63	69
110	110	—	110	121
220	220	—	220	242
330	330	—	330	363
500	500	—	500	550
750	750	—	750	825
1000	1000		1000	1100

（一）用电设备的额定电压

用电设备的额定电压应与电网的额定电压相一致。但实际中，由于输送电能时在线路和变压器等元件上产生电压损失，会使线路上各处的电压不相等，使各点的实际电压偏离额定电压，即线路首端的电压将高出额定电压，线路末端的电压会低于额定电压，其电压分布如图1-9所示。

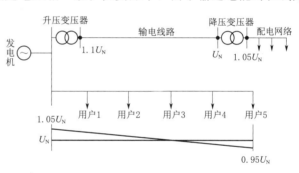

图1-9　电网各部分电压分布示意图

为了使电气设备有良好的运行性能，国家标准规定各级电网电压在用户处的电压偏差不得超过±5%。故在运行中通常可允许线路首端的电压比额定电压高5%，而线路末端的电压比额定电压低5%，即电力线路从首端至末端的电压损失允许为10%。这样，无论用电设备接在线路的哪一点，都能保证其承受的电压不超过额定电压值的±5%，以满足用电设备安全、经济运行的要求。

（二）发电机的额定电压

因为发电机总是接在线路的首端，所以它的额定电压应比电网的额定电压高5%，补偿电网上的电压损失。

（三）变压器的额定电压

变压器在电力系统中具有发电机和用电设备的双重性。变压器的一次绕组是从电网接收电能，故相当于用电设备；其二次绕组是输出电能，则相当于发电机。因此规定，变压器一次绕组的额定电压等于电网的额定电压。但是，当变压器的一次绕组直接与发电机的出线端相连时，其一次绕组的额定电压应与发电机的额定电压相同。变压器二次绕组的额定电压是指变压器空载运行时的电压。当变压器在额定负载下运行时，其内部阻抗会造成大约 5% 的电压损失。为使变压器在额定负载下工作时，二次绕组的电压比同级电网的额定电压高 5%，因此规定变压器二次绕组的额定电压应比同级电网的额定电压高 10%。当变压器的二次侧输电距离较短，或变压器阻抗较小时，则变压器二次绕组的额定电压可比同级电网的额定电压高 5%。

第四节　电力系统运行的特点及基本要求

一、电力系统运行的特点

与其他工业系统相比，电力系统的运行具有如下明显的特点。

（1）电能不能大量储存。尽管人们对电能的储存进行了大量的研究，并在一些新的储存电能方式上（如超导储能、燃料电池储能等）取得了某些突破性进展，但迄今为止，储存大容量电能的问题仍未得到有效解决。因此，电能的生产、分配、输送、再分配直至使用必须在同一时刻完成，即在任一时刻，在电力系统中必须保持电能的生产、输送和使用处于一种动态的平衡状态。如果在系统运行中发生了供电与用电的不平衡，电力系统运行的稳定性就会遭到破坏，甚至发生事故，使电力系统及国民经济造成严重损失。

（2）正常输电过程和故障过程都非常迅速。电能是以电磁波速度传送的，其传播速度为光速，不论是正常的输电过程还是发生故障的过程都极为迅速。由于运行情况改变或发生短路、故障而引起的电力系统暂态过程是非常短暂的，过渡过程时间一般以微秒或毫秒计，因此要求有一系列能对系统进行灵敏而迅速的监测、控制和保护的装置，以便对系统进行灵敏而迅速的测量和保护，完成各项调整和操作任务，将操作或故障引起的系统变化限制在尽可能小的范围之内。

（3）具有较强的地区性特点。电力系统的规模越来越大，其覆盖的地区也越来越广，各地区的自然资源情况存在较大差别，如我国西北煤资源丰富，以火力发电为主；而西南水能资源较为丰富，故以水力发电为主。同时各地区的经济发展情况也不一样，工业布局、城市规划、电力负荷不尽相同。因此，在制定电力系统的发展和运行规划时必须充分考虑地域特点。

（4）与国民经济各部门关系密切。由于电能具有方便、高效地转换成其他形式的能（如机械能、光能、热能等），使用灵活及易于实现工作过程自动化和远程控制等突出优点，所以被广泛应用于国民经济的各个部门和人民生活的各个方面。随着国民经济各部门的电气化、自动化和人民生活现代化水平的日益提高，整个社会对电能的依赖性也越来越强。因电力供应不足或电力系统故障造成的停电，给国民经济造成的损失和对人们日常生活的影响也越来越严重。

二、对电力系统运行的基本要求

（一）保证供电的安全可靠性

保证供电的安全可靠性是对电力系统运行的基本要求。这就要求从发电到输电以及配电，每个环节都必须安全可靠，不发生故障，以保证连续不断地为用户提供电能。应当指出，要绝对防止事故的发生是不可能的，而各种用户对供电可靠性的要求也不一样。

《供配电系统设计规范》（GB 50052—2009）规定，电力负荷应根据对供电可靠性的要求及中断供电对人身安全、经济损失所造成的影响程度进行分级，并应符合下列规定：

（1）符合下列情况之一时，应视为一级负荷。

1）中断供电将造成人员伤亡。

2）中断供电将在经济上造成重大损失。

3）中断供电将影响重要用电单位的正常工作。

在一级负荷中，当中断供电将造成重大设备损坏或发生中毒、爆炸和火灾等情况的负荷，以及特别重要场所的不允许中断供电的负荷，应视为一级负荷中特别重要的负荷。

一级负荷应由双重电源供电，当一个电源发生故障时，另一个电源不应同时受到损坏。一级负荷中特别重要的负荷供电，除应由双重电源供电外，还应增设应急电源，并严禁将其他负荷接入应急供电系统。下列电源可作为应急电源：独立于正常电源的发电机组、供电网络中独立于正常电源的专用的馈电线路、蓄电池或干电池。

（2）符合下列情况之一时，应视为二级负荷。

1）中断供电将在经济上造成较大损失。

2）中断供电将影响较重要用电单位的正常工作。

二级负荷的供电系统，宜由两回线路供电。在负荷较小或地区供电条件困难时，二级负荷可由一回 6kV 及以上专用的架空线路供电。

（3）不属于一级和二级负荷者应为三级负荷。

就一般的排灌泵站来说，生产的季节性很强，一年之内有排灌任务的时间不长，在非排灌季节有充分的时间进行检修，且短时停电对排灌工作影响不大，故排灌泵站大多属于三级负荷。对于三级负荷的电源一般无特殊要求，但在排灌季节要求电力部门确保对泵站连续、可靠地供电。

（二）保证电能的良好质量

电力系统不仅要满足用户对电能的需要，而且还要保证电能的良好质量。衡量供电电能质量的主要指标是电源的电压质量、频率质量以及三相电压不对称性和非正弦性。

1. 电源的电压质量以及低电压运行的危害性

电流通过线路和变压器时，将产生电压降，导致受端电压比送端电压低，在一般情况下，离电源越远电压降越大。有时为避免线路末端电压过低而需要抬高送端电压，则靠近电源的用户电压会高于额定电压。同时，由于负荷在不断变化，同一用户的电压也随时间不断交化（即电压波动）。《电能质量 供电电压偏差》（GB/T 12325—2008）对电力系统中用户电压的变动幅度（对额定电压的偏差值）做了如下规定：

（1）35kV 及以上供电电压正、负偏差绝对值之和不超过标称电压的 10%。如供电电压上下偏差同号（均为正或负）时，按较大的偏差绝对值作为衡量依据。

（2）20kV 及以下三相供电电压偏差为标称电压的 ±7%。

（3）220V 单相供电电压偏差为标称电压的 +7%、−10%。

（4）对供电点短路容量较小、供电距离较长，以及对供电电压偏差有特殊要求的用户，由供用电双方协议确定。

《供配电系统设计规范》（GB 50052—2009）规定，正常运行情况下，用电设备端子处电压偏差允许值宜符合下列要求：

（1）电动机为±5％额定电压。

（2）照明：在一般工作场所为±5％额定电压；对于远离变电所的小面积一般工作场所，难以满足上述要求时，可为+5％、-10％额定电压；应急照明、道路照明和警卫照明等为+5％、-10％额定电压。

（3）其他用电设备当无特殊规定时为±5％额定电压。

往往由于系统中无功电源不足或缺少带负荷调压设备，会造成电力系统在超出上述范围的低电压状态下运行。低电压运行的危害性如下：

（1）引起设备烧毁。低电压会导致电气设备内部电流增大，使设备内部元件过热，甚至烧毁。因此，低电压一旦出现，必须及时处理，以免设备发生不可逆的损坏。

（2）功能失灵。低电压对于一些需要精准电压的设备非常不利，比如电子设备。低电压会导致设备的功能失效，影响设备的正常使用，甚至出现误差。

（3）降低设备寿命。长期处于低电压状态下，会对设备的元器件造成损伤，加速设备老化，降低设备的寿命。这一点对一些大型设备，如发电机组、变电器等，尤为重要。

2. 频率质量以及频率偏差的危害性

当电力系统的有功负荷超过或低于发电厂的出力时，系统的频率就要降低或升高。因此，在电力系统运行过程中，应随时保持发电厂的有功出力和用户消耗的有功功率的平衡。

我国电力系统采用的额定频率为50Hz。要保证用户和发电厂的正常工作就必须严格控制系统频率，使系统频率偏差控制在允许范围之内。《电能质量 电力系统频率偏差》（GB/T 15945—2008）规定，电力系统正常运行条件下频率偏差限值为±0.2Hz；当系统容量较小时，偏差限值可以放宽到±0.5Hz。冲击负荷引起的系统频率变化为±0.2Hz，根据冲击负荷性质和大小以及系统的条件也可适当变动，但应保证近区电力网、发电机组和用户的安全、稳定运行以及正常供电。

如果电网运行频率偏差太大，可能会引发以下危害：

（1）电力设备损坏。电力设备（如发电机、变压器、电动机等）通常设计用于在特定频率下运行，如果频率偏离过大，会导致电力设备的工作状态不稳定，甚至引发设备故障或损坏。

（2）能源供应不稳定。电网频率的偏差过大会影响电力系统的供需平衡，导致电力供应不稳定。频率偏高或偏低都会影响电力负荷的稳定供应，可能导致停电、电力波动等问题。

（3）影响电钟的时间计量。电网频率的偏差也会影响依赖于时间计量的设备和系统，如计时器、时钟、电子设备等。如果频率偏差较大，会导致时间计量的误差累积，影响准确性和同步性。

（4）影响电力系统的运行。电网频率是电力系统的重要参数之一，对系统的稳定性和可靠性有重要影响。频率偏差过大会导致电力系统的运行不稳定，可能引发电网故障、过电压、过电流等问题，甚至导致系统崩溃。

3. 三相电压的不对称性和非正弦性

在系统的用电负荷中，有很大一部分冲击负荷，整流型负荷以及容量很大的单相负荷（如轧钢机、电弧炉、可控硅整流装置等），它们不但引起电压的偏差和波动，而且造成电压的不对称性和非正弦性。当电源波形是非标准的正弦波时，必然包含各种高次谐波成分，这些谐波成分的出现将大大影响电动机的效率和正常运行，还可能影响电子设备的正常工作。

（三）保证电力系统运行的稳定性

电力系统在运行过程中会不可避免地发生短路事故，此时系统的负荷将发生突变。当电力系统的稳定性较差，或对事故处理不当时，局部事故的干扰有可能导致整个系统的全面瓦解（即大部分发电机和系统解列），而且需要长时间才能恢复，严重时会造成大面积、长时间停电，因此稳定问题是影响大型电力系统运行可靠性的一个重要因素。为使电力系统保持稳定运行，除要求系统参数配置得当，自动装置灵敏、可靠、准确外，还应做到调度合理，处理事故果断、正确等。

（四）保证运行人员和电气设备工作的安全

保证运行人员和电气设备工作的安全是电力系统运行的基本原则，为此要求不断提高运行人员的技术水平和保持电气设备始终处于完好状态。这一方面要求在设计时，合理选择设备，使之在一定过电压和短路电流的作用下不致损坏；另一方面应按规程要求及时安排对电气设备进行预防性试验或实施在线监测和状态检修，及早发现隐患，及时进行维修。在运行和操作中要严格遵守有关的规章制度。

（五）保证电力系统运行的经济性

电能在生产、输送和分配过程中效率高、损耗小，以期最大限度地降低电能成本，实现发电厂和电网的经济运行，就要最大限度地降低发电厂的能源消耗率。为了实现电力系统的经济运行，除了进行合理的规划设计外，还需对整个系统实施最佳经济调度，实现火电厂、水电厂、核电厂负荷的合理分配，积极开发新能源发电等，同时还要提高整个系统的管理水平。

为了降低电能成本，应尽量减少网路损耗，即减少电能在线路上和电器中的损耗。降低网路损耗的措施主要有：

（1）做好无功功率的合理分布。无功功率在电网中传输会造成功率和电能损失的增加，也使电压质量下降。为此，在受电地区装设必要数量的无功补偿设备以减少线路输送无功，还可借助计算机进行无功功率的合理分布计算，实现无功功率的经济调度。

（2）减少电压变换次数。每进行一次变压，大致消耗 1%～2% 的有功功率，所以应尽量减少变压次数。

（3）改造线路。对负荷过重或迂回曲折以及供电半径过长的输配电线路进行改造，以减少线路中的电能损耗。

（六）减少污染保护生态环境

电力系统要采用新技术、新方法，减少火电厂的温室气体排放和加大对废气、废物的无害化处理力度，提高无害化处理水平，最大限度地采用可再生清洁能源发电。要保护水体，保护生态环境，坚持科学发展，倡导绿色电力。

第五节　电力系统中性点接地方式

电力系统的中性点是指星形连接的三相发电机或变压器绕组的公共点。电力系统中性点与大地间的电气连接方式，称为电力系统中性点接地方式，即中性点运行方式。中性点的接地方式涉及线路绝缘水平、继电保护和自动装置的动作、通信干扰、电压等级、系统接线等方面。

我国电力系统中性点的接地方式主要分为两大类：一类是大接地电流系统（或直接接地系统），指中性点有效接地方式，包括中性点直接接地或经小阻抗接地；另一类是小接地电流系统（或非直接接地系统），指中性点非有效接地方式，包括中性点不接地、经消弧线圈接地或经高阻接地。

一、中性点不接地系统

图1-10（a）所示是中性点不接地电力系统的正常工作状态的电路示意图。由于三相电源电压在正常时是对称的，所以中性点电位为0。

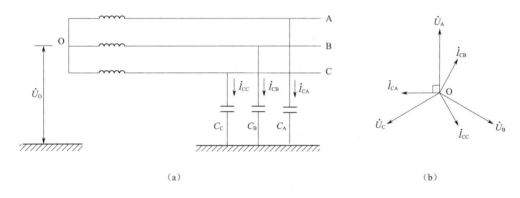

（a）　　　　　　　　　　　　　　　　（b）

图1-10　中性点不接地电力系统的正常工作状态
(a) 电路图；(b) 相量图

图1-10中各相导线之间以及各导线对地之间，沿线路均有分布电容，在各相电压作用下将产生电容电流。一般在近似计算中，相间电容很小，可以忽略不计，而对地的分布电容通常用集中电容来代替。如果沿线输电线路完全换位，则各相对地电容是相等的，即 $C_A = C_B = C_C$。

在三相对称电压的作用下，各相所产生的电容电流大小相等（$I_{CA} = I_{CB} = I_{CC} = \omega C U_\varphi$），相位分别超前相应电压90°，如图1-10（b）所示，各相对地电容电流的相位差为120°，三相相量之和为零，因此没有电容电流流过大地，电源的中性点和线路对地电容的中性点之间不存在电位差。电源中性点相当于具有大地的电位。因此，从传输电能的角度来看，此时中性点的接地与否对电力网并无任何影响。

但是，当系统中某处发生单相接地时，情况将发生明显变化。假定上述系统C相在K点发生完全接地，即接地电阻为零的金属性接地，如图1-11（a）所示。K点接地后C相的对地电压变为零，即 $U_{KC} = 0$，对故障相的电压方程为

$$\dot{U}_\mathrm{O}+\dot{U}_\mathrm{C}=\dot{U}_\mathrm{KC}=0 \tag{1-2}$$

式中　$\dot{U}_\mathrm{O}$——中性点对地电压；

　　　$\dot{U}_\mathrm{C}$——C 相电源电压。

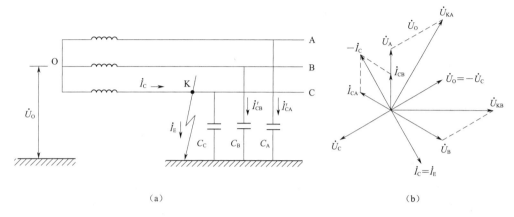

图 1-11　中性点不接地电力系统的单相接地

(a) 电路图；(b) 相量图

由式 (1-2) 可知 $\dot{U}_\mathrm{O}=-\dot{U}_\mathrm{C}$，这表明中性点对地电位不再是零，而变成了 $-\dot{U}_\mathrm{C}$。同时 A、B 相的对地电压相应地变为

$$\dot{U}_\mathrm{KA}=\dot{U}_\mathrm{A}+\dot{U}_\mathrm{O}=\dot{U}_\mathrm{A}-\dot{U}_\mathrm{C}=\sqrt{3}U_\mathrm{C}\mathrm{e}^{-\mathrm{j}150°} \tag{1-3}$$

$$\dot{U}_\mathrm{KB}=\dot{U}_\mathrm{B}+\dot{U}_\mathrm{O}=\dot{U}_\mathrm{B}-\dot{U}_\mathrm{C}=\sqrt{3}U_\mathrm{C}\mathrm{e}^{+\mathrm{j}150°} \tag{1-4}$$

式 (1-3)、式 (1-4) 中的相量关系如图 1-11 (b) 所示，两个非故障相的对地电压 $\dot{U}_\mathrm{KA}$、$\dot{U}_\mathrm{KB}$ 均升高到相电压的 $\sqrt{3}$ 倍，但是三个线电压仍保持不变，对负载的工作并没有任何影响，因此系统仍可继续运行一段时间，一般为 1~2h。

由于 A 相、B 相对地电压均升高到 $\sqrt{3}$ 倍，故这两相的对地电容电流也随之相应地增大到 $\sqrt{3}$ 倍，即 $\dot{I}_\mathrm{CA}=\dot{I}_\mathrm{CB}=\sqrt{3}\,I_\mathrm{C}$。当 C 相接地时，C 相的对地电容电流为零，$\dot{I}_\mathrm{CC}=0$，三相对地电容电流的和不再为 0，即

$$\dot{I}_\mathrm{CA}+\dot{I}_\mathrm{CB}+\dot{I}_\mathrm{CC}=\dot{I}_\mathrm{CA}+\dot{I}_\mathrm{CB}=-\dot{I}_\mathrm{C} \tag{1-5}$$

$\dot{I}_\mathrm{C}$ 即为流过接地点的电流，$\dot{I}_\mathrm{C}=\dot{I}_\mathrm{E}$。式中的 $\dot{I}_\mathrm{CA}$ 和 $\dot{I}_\mathrm{CB}$ 可由下式求得

$$\dot{I}_\mathrm{CA}=\mathrm{j}\sqrt{3}\,\omega C_\mathrm{A}\dot{U}_\mathrm{C}\mathrm{e}^{-\mathrm{j}150°}=\sqrt{3}\,\omega C\dot{U}_\mathrm{C}\mathrm{e}^{-\mathrm{j}60°} \tag{1-6}$$

$$\dot{I}_\mathrm{CB}=\mathrm{j}\sqrt{3}\,\omega C_\mathrm{A}\dot{U}_\mathrm{C}\mathrm{e}^{+\mathrm{j}150°}=\sqrt{3}\,\omega C\dot{U}_\mathrm{C}\mathrm{e}^{-\mathrm{j}120°} \tag{1-7}$$

将 $\dot{I}_\mathrm{CA}$ 和 $\dot{I}_\mathrm{CB}$ 代入式 (1-5)，可得

$$\dot{I}_\mathrm{E}=\sqrt{3}\,\omega C\dot{U}_\mathrm{C}(\mathrm{e}^{-\mathrm{j}60°}+\mathrm{e}^{-\mathrm{j}120°})=3\omega C\dot{U}_\mathrm{C} \tag{1-8}$$

$$I_\mathrm{E}=3\omega CU_\varphi \tag{1-9}$$

式中　I_E——流过接地点的电流，A；

　　　U_φ——相电压，V；

C——同一电压等级下一相线路的对地电容，F；

ω——电源的角频率，$\omega = 2\pi f$。

式（1-9）表明，在中性点不接地的电力系统中，单相接地后单相接地电流 I_E 与电力网的电压、频率和相对地的电容 C 的大小有关，其数值等于正常时对地电容电流的 3 倍，且超前于故障相电压 90°，在一般情况下只有几安或几十安，较之负荷电流要小得多。

相对地的电容 C 与电力网的结构（电缆线或架空线）、布置方式、长度等有关。在工程计算中，对中性点不接地系统的单相接地电流 I_E 可按下式估算：

$$I_E = U_N(35L_{CAB} + L_{OH})/350 \qquad (1-10)$$

式中　U_N——网路的额定线电压，kV；

L_{CAB}、L_{OH}——在 U_N 电压下，有电联系的电缆线路与架空线路的总长度，km。

架空线路如带有架空接地线，I_E 值需增加 20% 左右。

如果发生不完全接地（即接地处有一定的电阻），则故障相的电压将大于零而小于相电压，正常相的对地电压将大于相电压而小于线电压，接地电流会比金属性接地时的小。

单相接地电流在故障处可能形成电弧。当电流较小时，在电流过零值时电弧将自行熄灭，接地故障随之消失。当电流较大时，有可能产生间歇性或稳定性电弧，可能导致故障扩大。一般在接地电流大于 30A 时，将产生稳定的电弧，形成持续性的电弧接地，电弧的大小和接地电流的大小成正比，有可能毁坏设备，产生弧光过电压，引起两相或三相短路。

因此，对小接地电流系统，当各级电压电网单相接地故障时，如果接地电容电流超过一定数值（35kV 电网为 10A，10kV 电网为 20A，3～6kV 电网为 30A），就需要在中性点装设消弧线圈，其目的是利用消弧线圈的感性电流补偿接地故障时的容性电流，使接地故障电流减小，实现自动熄弧，保证继续供电。

二、中性点经消弧线圈接地

消弧线圈是一个具有均匀分布空气隙铁芯的可调电感线圈，其伏安特性是接近线性的，消弧线圈的接入可以使单相接地电流大为减小。图 1-12（a）所示为中性点经消弧线圈接地的电力系统，消弧线圈接于发电机或变压器的中性点与地之间。

根据对中性点不接地系统的分析，当发生单相接地时，中性点对地电压 $\dot{U}_0$ 将变为 $-\dot{U}_C$，在中性点经消弧线圈接地的系统中，中性点对地电压加在消弧线圈上。如果忽略电阻，将有一个纯感性电流 $\dot{I}_L$ 通过消弧线圈，且相位要滞后 $\dot{U}_C$ 约 90°，其数值等于

$$I_L = \frac{U_C}{X_{CR}} = \frac{U_C}{\omega L_{CR}} \qquad (1-11)$$

式中　X_{CR}、L_{CR}——消弧线圈的电抗与电感。

这时非故障 A 相和 B 相的对地电容电流之和仍如前式（1-5），即 $\dot{I}_{CA} + \dot{I}_{CB} = -\dot{I}_C$，且超前 $\dot{U}_C$ 约 90°，在这种情况下，接地点总的接地电流为

$$\dot{I}_E = \dot{I}_C + \dot{I}_L \qquad (1-12)$$

式（1-12）表明在中性点经消弧线圈接地的系统中，当发生单相接地时，消弧线圈所产生的电感电流恰与接地电容电流方向相反，适当调节这个电流可使接地点的电流互相补偿变得很小或近似为零，从而消除接地点的电弧以及由此引起的其他危害。

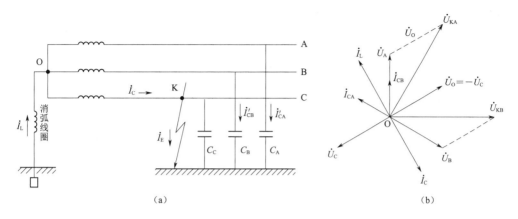

图 1-12 中性点经消弧线圈接地电力系统的单接地
(a) 电路图；(b) 相量图

当 $I_C = I_L$ 时为完全补偿，此时容抗与感抗相同，使接地处的电流为零，似乎较为理想，但实际上却存在严重的问题。

在中性点不接地系统中，当三相电压对称，且各相对地电容相等时，中性点电位为零。可在实际工程中，由于架空线路排列不对称、换位不完全等，各相对地电容不完全相等，即使在正常情况下中性点的对地电压也不再为零，称为"中性点位移"。对中性点经消弧线圈接地的系统列电路方程，有

$$(\dot{U}_A + \dot{U}_O)C_A + (\dot{U}_B + \dot{U}_O)C_B + (\dot{U}_C + \dot{U}_O)C_C - \frac{\dot{U}_O}{\omega^2 L_{CR}} = 0 \tag{1-13}$$

$$\dot{U}_O = \frac{\dot{U}_A C_A + \dot{U}_B C_B + \dot{U}_C C_C}{C_A + C_B + C_C - \dfrac{1}{\omega^2 L_{CR}}} \tag{1-14}$$

由式（1-14）可见，如消弧线圈调节到完全补偿方式时，则有

$$\frac{1}{\omega L_{CR}} = \omega(C_A + C_B + C_C) \tag{1-15}$$

当系统发生单相接地时，式（1-14）的分母为零，网络处于串联谐振状态，如果三相电容值不等，则式（1-14）的分子将不再为零，从而有可能使 $\dot{U}_O$ 达到极高的数值。

因此，在消弧线圈完全补偿接地的系统中，由于电容不对称引起的中性点位移将在串联谐振的电路内产生很大的电流，这个电流将在消弧线圈的阻抗上产生极大的压降，从而使中性点对地电压大为升高，有可能使设备的绝缘损坏。

在电力系统中都不采用完全补偿的方式，而采用过补偿（$I_L > I_C$）运行方式。也不采用欠补偿（$I_L < I_C$）运行方式，因为一旦部分线路停止运行，I_C 减小，有可能出现完全补偿形式。只有在消弧线圈容量不足时，才允许短时间内以欠补偿方式运行。

三、中性点直接接地系统

图 1-13 所示是中性点直接接地电力系统。当发生单相接地时，系统中性点因直接接地其电位仍保持为零，非接地相对地电压基本上不变，接地相的相电压加到阻抗很小的短路回路中，使单相接地的短路电流数值很大。

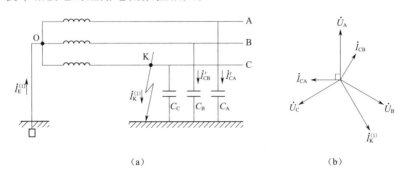

（a）　　　　　　　　　　　　　　（b）

图 1-13　中性点直接接地电力系统

（a）电路图；（b）相量图

为了避免损坏设备，需要保护装置迅速动作将故障点及时切离电源，避免产生电弧过电压及由此引起的一系列可能危害。但终止供电会影响供电的可靠性和连续性，一般在线路上装设自动重合闸装置，来提高供电的可靠性和连续性。

中性点直接接地电力系统的主要优点在于发生单相接地时，中性点的电压接近于零，而非故障相的对地电压接近于相电压，所以电力网的绝缘水平可只按相电压考虑。

四、各种接地方式的综合比较

1. 电气设备和线路的绝缘水平

中性点接地方式对于电力系统的过电压与绝缘水平有着很大的影响。中性点直接接地的电力网的绝缘水平与不直接接地时相比要降低 20％ 左右，降低绝缘水平的经济效益随着额定电压的不同而异。在 110kV 以上的高压电力网中，变压器等电气设备的造价大约与其绝缘水平成比例地增加，因此采用中性点直接接地时，设备造价也将降低 20％ 左右。但在 3～10kV 的电力网中，绝缘占总造价的比例较小，采用中性点直接接地的方法来降低绝缘水平的实际意义不大。

2. 继电保护工作的可靠性

中性点不接地或经消弧线圈接地的系统，单相接地电流往往比正常负荷电流小得多，因而要实现有选择性的接地保护就比较困难。而中性点直接接地的电力系统接地电流较大，继电保护能迅速而准确地切除故障线路，且保护装置也可用简单装置构成，工作可靠。故从继电保护的角度来看，采用中性点直接接地系统较为有利。

3. 供电的可靠性

单相接地是电力网中最常见的一种故障。在中性点直接接地系统中，发生接地时的接地电流很大，有的可达几十千安，因而一旦发生单相接地必须迅速切除，否则就可能使事故迅速扩大，但这样就会影响供电的可靠性。对于临时性故障，虽可采用自动重合闸装置来弥补，但是由于接地短路电流极大，短时间内造成的力、热效应也有可能使设备损坏，并会因在输电线路周围空间三相所形成的电场和磁场不能抵消而对通信信号产生干扰影响，而且频繁的单相接地断路器的跳闸，相对增加了某些类型断路器的检修次数。而中性点不接地或经消弧线圈接地的系统就避免了上述缺点，而且在发生单相接地后，通常在一段时间内（一般为 1～2h）不影响用户的连续供电，运行人员可在这段时间内查找接地点和采取相应措施。

综上所述，中性点接地方式的选择是一个综合考虑多种因素的过程，包括电网的安全可靠性、经济性、设备绝缘水平的要求以及供电系统的特定条件。在实际应用中，应根据具体情况灵活选择合适的接地方式，以确保电力系统的稳定运行和设备的安全。我国各级电力系统的中性点的运行方式大致如下：

（1）110kV 以上的电力网，以降低过电压与绝缘水平为主来考虑。除少数采用中性点经消弧线圈接地之外，均采用中性点直接接地的运行方式。

（2）3～10kV 电力网以考虑供电可靠性和故障后果为主，一般均采用中性点不接地的运行方式，当接地电流大于 30A 时，采用经消弧线圈接地。

（3）20～60kV 电力网是目前工业企业受电最主要的电力网，一般线路长度不大，过电压和绝缘水平对电力网的建设投资影响不大，因此主要从供电可靠性方面来考虑，采用中性点经消弧线圈接地的运行方式。

（4）1kV 以下的电力网，绝缘水平要求低，保护设备多为熔断器或低压断路器等，切除故障时波及范围小，采用中性点接地或不接地的方式均可。但从安全用电的角度来考虑，220/380V 的三相四线制电力网的中性点是直接接地的。

习　　题

（1）输送相同功率时，选用的电压越高，则通过线路的电流越_____，但线路的绝缘投资越_____。

（2）当电力变压器与发电机相连接时，其一次侧额定电压高于同级线路额定电压_____；当电力变压器接在线路中间时，其一次侧额定电压高于同级线路额定电压_____。二次线圈的额定电压，则是指变压器一次线圈加上额定电压而二次侧_____路的电压，在满载时，二次线圈内有约_____的电压降。

（3）我国电力系统中性点接地方式有三种，分别是_____、_____和_____。高压电力网，以降低过电压和绝缘等级为主时，宜采用_____接地方式；以供电可靠性和故障后果为重点时，宜采用_____接地方式；220/380V 三相四线制采用_____接地方式。

（4）中性点装设消弧线圈的目的是利用消弧线圈的感性电流补偿接地故障时的_____，使接地故障电流减小。中性点装设消弧线圈对电容电流的补偿有三种不同的方式，即_____、_____和_____。

（5）当电力变压器二次侧供电线路较长时，其二次侧额定电压较同级线路额定电压高（　　）。

A. 0%　　　　　　B. 5%　　　　　　C. 10%　　　　　　D. 10%kV

（6）小接地电流系统中，为什么单相接地保护在多数情况下只是用来发信号，而不动作于跳闸？

（7）什么是火电厂、热电厂、坑口电厂？

（8）什么是超临界、超超临界火电机组？

（9）根据集中水头方式的不同，水电厂可分为哪些形式？

（10）简述低电压运行的危害性。

第二章 短路电流计算

第一节 短路电流暂态过程

一、短路的概念

在电力系统可能发生的各种故障中，对系统危害最大且发生概率最高的是短路故障。所谓短路，是指供电系统中一切不正常的相间或相与地（中性点接地系统）在电气上被短接。

（一）短路的原因

电气设备载流部分的绝缘损坏是形成短路的主要原因。在电力系统正常运行时，除中性点外，相与相之间、相与地之间是相互绝缘的。如果因绝缘破坏而构成通路，就会发生短路故障。

通常，引起绝缘损坏的原因有：绝缘材料因时间长而自然老化、机械损伤、操作过电压或雷击过电压等。此外，人员的误操作，如带负荷拉、合隔离开关，或者检修后未拆除接地线就接通断路器等，也是造成短路的重要原因。此外风、雪、雹、冻雨以及地震等自然灾害和飞禽或其他小动物跨接载流导体等，也常常导致短路故障。

（二）短路的种类

在三相供电系统中可能发生的主要短路类型有三相短路、两相短路、两相接地短路和单相接地短路等，见表2-1。其中，三相短路时三相电压和电流仍然是对称的，也称为对称短路；其他为不对称短路。

表 2-1   短 路 的 种 类

短路的种类	示意图	代表符号	性 质
三相短路	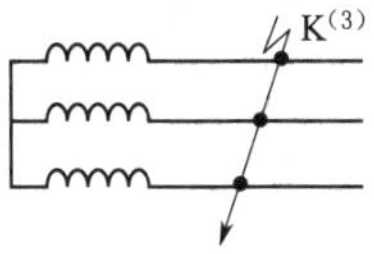	$K^{(3)}$	三相同时在一点短接，属于对称短路
两相短路	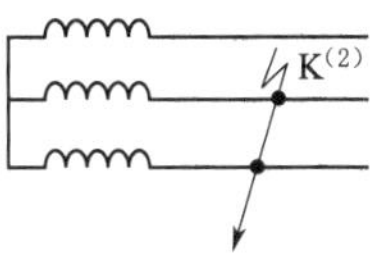	$K^{(2)}$	两相同时在一点短接，属于不对称短路
两相接地短路	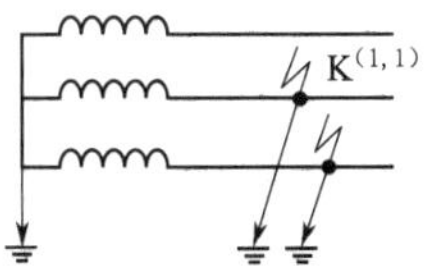	$K^{(1,1)}$	在中性点直接接地系统中，两相在不同地点与地短接，属于不对称短路

短路的种类	示意图	代表符号	性　　质
单相接地短路	$K^{(1)}$	$K^{(1)}$	在中性点直接接地系统中，一相与地短接，属于不对称短路

在电力系统中，出现单相短路故障的概率最大，三相短路故障的概率最小，但三相短路的后果最严重，因此，以三相短路来验算电气设备承受短路电流的能力。

（三）短路的危害

短路的危害主要体现在以下几个方面：

（1）热效应。巨大的短路电流会使电气设备急剧发热，可能导致设备损坏；短路处的电弧温度高达上万摄氏度，会烧坏设备甚至危及人身安全。

（2）电动力。巨大的短路电流会产生巨大的电动力，可能使导体产生变形或损坏，使电气设备遭到机械性破坏。

（3）电压下降。由于短路电流基本上是电感电流，它将产生较强的去磁性电枢反应，使得发电机的端电压下降，同时短路电流流过线路、电抗器时，还增大了它们的电压损失。因而短路所造成的另外一个后果就是网络电压降低，越靠近短路点处电压降低越多。短路时电压的降低会破坏用电设备的正常运行，特别是导致异步电动机转速下降甚至停转，给生产带来很大损失。当供电地区的电压降低到额定电压的 60% 左右而又不能立即切除故障时，就可能引起电压崩溃，造成大面积停电。

（4）系统不对称。当发生不对称短路时，还会产生负序或零序电流、电压，造成电机发热、振动，影响使用寿命，同时可能导致邻近的通信线路受到严重的电磁干扰。不对称短路将产生负序电流和负序电压，异步电动机长期容许的负序电压一般不超过额定电压的 $2\%\sim5\%$。不对称接地短路故障会产生零序电流，在邻近的线路内产生感应电势，造成对通信线路和信号系统的干扰。在某些不对称短路情况下，非故障相的电压将超过额定值，引起"工频电压升高"，从而增加系统的过电压风险。

（5）破坏系统稳定性。严重的短路还有可能危及电力系统的稳定运行，使发电机失去同步，导致电力系统解列，甚至引起系统崩溃，造成大面积停电。短路时，系统中负荷分布的突然变化和网络电压的降低，可能导致并列运行的同步发电机组之间的稳定性的破坏。在短路切除后，系统中已失去同步的发电机在重新拉入同步的过程中可能发生振荡，以致引起继电保护装置误动作而大量甩负荷。

短路所引起的危害程度，与短路故障的地点、类型及持续时间等因素有关。通常，三相短路电流最大；当短路发生在发电机附近时，两相短路电流可能大于三相短路电流；当短路点靠近中性点接地的变压器时，单相接地短路电流也有可能大于三相短路电流。在负荷中心或大型发电厂发生短路，会造成大量甩负荷，对系统稳定运行破坏极大。

（四）研究短路的目的

为了限制短路的危害和缩小故障影响的范围，在变电所及泵站供配电系统的设计和运行中，必须进行短路电流计算，以解决下列技术问题：

（1）选择电气设备和载流导体时，必须用短路电流校验其热稳定性和动稳定性（机械强度）。

（2）选择和整定继电保护装置，使之能正确地切除短路电流故障，迅速将发生短路的部分与系统其他部分隔离开来，使无故障部分恢复正常运行。另外，系统中大多数的短路都是瞬时性的，因此架空线路普遍采用自动重合闸装置。

（3）确定限流措施，当短路电流过大造成设备选择困难或不经济时，可采取限制短路电流的措施，如在线路上装设电抗器。

（4）确定合理的主接线方案和主要运行方式等。

（五）进行短路计算的基本假设

短路电流的计算主要是为了选择电气设备，校验电气设备的热稳定和动稳定；进行继电保护设计和调整。在进行主接线方案的比较和选择时也必须进行短路电流的计算。

供电系统短路的物理过程是很复杂的，影响因素很多。为了简化分析和计算，采取一些合理的假设以满足工程计算的要求。通常采取以下基本假设：

（1）忽略磁路的饱和磁滞现象，认为系统中的各元件的感抗值不变，可以运用叠加原理。

（2）忽略各元件的电阻。高压电网的各种电气元件，其电阻一般都比电抗小得多。在计算短路电流时，即使 $R = X/3$，略去电阻所求得的短路电流仅增大 5%，这在工程上是允许的，但电缆线路或小截面架空线路 $R > X/3$ 时，电阻不能忽略。此外，在计算短路电流非周期分量衰减时间常数，或者计算电压为 1kV 以下低压系统短路电流时，则必须计及元件的阻抗。

（3）忽略短路点的过渡电阻。过渡电阻是指相与相之间或相与地之间短接所经过的电阻，如被外来物体短接时外来物的电阻、接地短路的接地电阻、电弧短路的电弧电阻等。一般情况下，都以金属性短路对待，只是在某些继电保护的计算中才考虑过渡电阻。

（4）认为电力系统是三相对称的。除不对称故障处出现局部不对称外，实际的电力系统通常都可以当作三相对称的。

（5）认为在短路过程中，所有发电机电势的相位及大小均相同，即在发电机之间没有电流交换；还认为所有负荷支路均已断开，各发电机供出的电流全部都流向短路点。

对于以上各点假设，必须注意它们的适用条件，要具体问题具体分析。

供电系统造成短路的因素往往是逐渐形成的，但故障因素转变为短路故障却常常是突然的。当发生突然短路时，系统总是由原来的工作状态，经过一个暂态过程，然后进入短路稳定状态。供电网路中的电流也由正常的负载值突然增大，经过暂态过程达到新的稳定值。暂态过程很短，但它在某些问题的分析研究中占据重要位置。因此，了解短路电流的暂态过程具有重要意义。

暂态过程，不仅与网路的参数有关，而且还与系统的电源容量大小有关。下面按无限大容量电源系统和有限容量电源系统分别分析短路电流的暂态过程。

二、无限大容量电源系统短路电流的暂态过程

若电源的电压恒定不变，即内阻抗为零，称无限大容量电源，以 $S = \infty$ 表示。真正无限大容量电源是不存在的，通常将电源容量远大于系统供给短路点的短路容量，或电源内阻抗小于短路回路总阻抗 10% 的电源，当作无限大容量电源。在分析无限大容量电源系统短路电源暂态过程时，认为电源电压不变。

（一）短路电流暂态过程分析

下面以三相短路为例，讨论电源容量为无限大时短路电流的暂态过程。电路如图 2-1 所示，R、L 为线路的电阻和电感，R_{Lo}、L_{Lo} 为负载的电阻和电感。

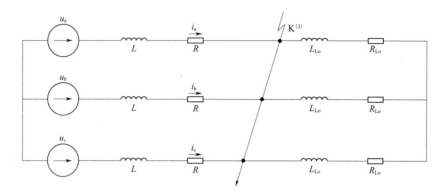

图 2-1 无限大容量电源供电系统短路

由于此三相电路对称，只取一相讨论。短路前电路中的电压和电流为

$$u = U_m \sin(\omega t + \theta) \tag{2-1}$$

$$i = I_m \sin(\omega t + \theta - \varphi) \tag{2-2}$$

其中

$$I_m = \frac{U_m}{\sqrt{(R + R_{Lo})^2 + \omega^2 (L + L_{Lo})^2}} \tag{2-3}$$

$$\varphi = \arctan \frac{\omega(L + L_{Lo})}{R + R_{Lo}} \tag{2-4}$$

当 K 点发生三相短路时，在电源至短路点的回路内，电流将由原来的负载电流增大为短路电流 i_K，其值可由短路回路的微分方程式确定，即

$$L \frac{di_K}{dt} + R i_K = U_m \sin(\omega t + \theta) \tag{2-5}$$

式（2-5）是一个一阶常系数齐次微分方程，它的解有两项，即

$$i_K = i_{pe} + i_{ap} \tag{2-6}$$

$$i_{pe} = I_{pm} \sin(\omega t + \theta - \varphi_K) \tag{2-7}$$

$$i_{ap} = A e^{-\frac{R}{L} t} \tag{2-8}$$

式中　i_{pe}——微分方程的特解，是短路后的稳态电流值，称为周期分量；

I_{pm}——周期分量峰值，$I_{pm} = U_m / \sqrt{R^2 + \omega^2 L^2}$；

i_{ap}——微分方程的齐次方程的解，称为非周期分量；

φ_K——短路回路的阻抗角，$\varphi_K = \arctan(\omega L / R)$；

A——积分常数，由初始条件决定。

根据楞次定律可知，电感电路中的电流不能突变，即在短路发生前的一瞬间，电路中的电流值（即负载电流，以 i_{0-} 表示）必须与短路后一瞬间的电流值（以 i_{0+} 表示）相等，

如将短路发生的时刻定为时间起点，将 $t=0$ 代入式（2-2）和式（2-4），求得短路前和短路后的电流为

$$i_{0-}=I_{\mathrm{m}}\sin(\theta-\varphi) \tag{2-9}$$

$$i_{0+}=I_{\mathrm{pm}}\sin(\theta-\varphi_{\mathrm{K}})+A \tag{2-10}$$

因 $i_{0+}=i_{0-}$，则 $t=0$ 时，有

$$A=i_{\mathrm{ap,0}}=I_{\mathrm{m}}\sin(\theta-\varphi)-I_{\mathrm{pm}}\sin(\theta-\varphi_{\mathrm{K}}) \tag{2-11}$$

将式（2-11）代入式（2-8），则有

$$i_{\mathrm{ap}}=i_{\mathrm{ap,0}}\mathrm{e}^{-\frac{t}{T_{\mathrm{K}}}} \tag{2-12}$$

式中　$i_{\mathrm{ap,0}}$——非周期分量的初始值；

　　　　T_{K}——短路回路的时间常数，$T_{\mathrm{K}}=L/R$。

将式（2-7）与式（2-12）代入式（2-6），则得短路的全电流表达式为

$$i_{\mathrm{K}}=I_{\mathrm{pm}}\sin(\omega t+\theta-\varphi_{\mathrm{K}})+i_{\mathrm{ap,0}}\mathrm{e}^{-\frac{t}{T_{\mathrm{K}}}} \tag{2-13}$$

式（2-13）对应的短路电流波形如图 2-2 所示。

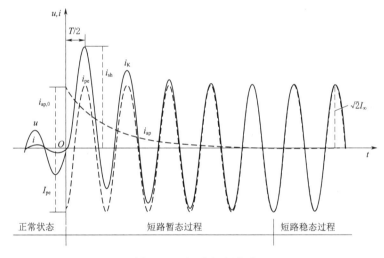

图 2-2　短路电流波形

短路电流暂态过程的突出特点就是产生非周期分量电流，产生的原因是回路中存在电感。在发生突然短路的瞬间（即 $t=0$ 时），短路前的电流与短路后的周期分量电流一般是不等的。根据楞次定律，为了维护电流的连续性，将在电感回路中产生一个自感电流阻止电流的突变，这就是非周期分量电流，其初始值 $i_{\mathrm{ap,0}}$ 的大小同短路发生的时刻有关，即与 θ 角的大小有关。当相量差（$\dot{I}_{\mathrm{m}}-\dot{I}_{\mathrm{pm}}$）与纵轴呈平行状态时，$i_{\mathrm{ap,0}}=0$，即非周期分量为零。这是由于 $t=0$ 时短路前和短路后的周期分量电流恰好相等，电路将直接进入短路后的稳定状态，不出现暂态过程。

在三相电路中，各相的非周期分量电流的大小并不相等，初始值最大或者为零的情况只能在一相中出现，其他两相有 120°相角差，初始值必不相同，故三相短路全电流的波形是不对称的。

短路电流非周期分量是按指数规律衰减的，这是由于所讨论的短路回路方程是一阶的，它的齐次方程的解是衰减指数函数。从物理概念上讲，它是由电流突变感生的，没有外加电压的维持，得不到能量的补充，而短路回路为 RL 电路不断消耗能量，所以按指数规律单调衰减。衰减的快慢决定于回路时间常数 T_K。一般非周期分量衰减很快，在 0.2s 后即衰减到初始值的 2%，在工程上即可认为衰减结束。

当非周期分量衰减到零后，短路的暂态过程即告结束。此时进入短路的稳定状态，这时的电流称为稳态短路电流，其有效值用 I_∞ 表示。

（二）短路电流冲击值

短路电流最大可能的瞬时值，称为冲击电流，以 i_{sh} 表示。当短路回路的参数已知时，短路电流周期分量的幅值便可确定，则短路全电流的最大瞬时值由非周期分量初始值 $i_{ap,0}$ 的大小决定。

由式（2-12）可知 $i_{ap,0}$ 与短路前的负载情况有关，也与短路发生的时刻（θ 角）有关。若短路前为空载状态，即 $I_m = 0$，这是有最大初始值的负载条件。当 $\theta - \varphi_K = \pm 90°$ 时，$i_{ap,0} = \mp I_{pm}$，这是非周期分量有最大初始值的短路时刻，是短路计算的不利条件。

一般短路回路中 $\omega L \gg R$，即 $\varphi_K \approx 90°$，这时在 $\theta = 0°$（或 $180°$）时发生短路，为最不利条件。因此，在电感性回路中，短路前负载电流为零，短路瞬间电源电压恰好过零时，短路全电流将出现最大瞬时值。

从图 2-2 可看出，冲击电流将在短路后半个周期出现，当 $f = 50\mathrm{Hz}$ 时，此时间为 0.01s。将 $I_m = 0$，$\varphi_K = 90°$，$\theta = 0°$，$t = 0.01\mathrm{s}$ 和 $wt = 50 \times 360° \times 0.01 = 180°$ 代入式（2-13），可得短路电流冲击值为

$$i_{sh} = I_{pm}\sin(180° + 0° - 90°) + I_{pm}\mathrm{e}^{-\frac{0.01}{T_K}} = \sqrt{2}\,K_{sh}I_{pe} \qquad (2-14)$$

式中　I_{pe}——周期分量初始值的有效值，$I_{pe} = I_{pm}/\sqrt{2}$，习惯上称为"次暂态电流"，以 I'' 表示；

$\quad K_{sh}$——冲击系数，$K_{sh} = (1 + \mathrm{e}^{-\frac{0.01}{T_K}})$。

冲击系数表示冲击电流相比周期分量幅值的倍数。当 T_K 为 $0 \to \infty$ 时，冲击系数为 $1 \leqslant K_{sh} \leqslant 2$。在实际计算中，对于高压供电系统，因电抗较大，$R < X/3$，取 T_K 的平均值为 0.05s 时，$K_{sh} = 1.8$，短路电流冲击值为

$$i_{sh} = \sqrt{2}\,K_{sh}I'' = 2.55I'' \qquad (2-15)$$

对于电阻较大的回路（$R > X/3$），如长距离电缆网络，可取 $K_{sh} = 1.3$；对于单机容量为 12MW 及以上的发电机母线上短路，可取 $K_{sh} = 1.9$。

冲击电流 i_{sh} 主要用于校验电气设备和载流导体的电动力稳定性。

（三）短路全电流的最大有效值

短路电流在时刻 t 的有效值 I_t 是指以时刻 t 为中心的一个周期内短路全电流的均方根值，即

$$I_t = \sqrt{\frac{1}{T}\int_{t-\frac{T}{2}}^{t+\frac{T}{2}} i_K^2 \,\mathrm{d}t} = \sqrt{\frac{1}{T}\int_{t-\frac{T}{2}}^{t+\frac{T}{2}} (i_{pt} + i_{at})^2 \,\mathrm{d}t} \qquad (2-16)$$

式中　i_{pt}——周期分量在时刻 t 的瞬时值；

　　　i_{at}——非周期分量在时刻 t 的瞬时值。

如图 2 - 2 所示，非周期分量是随时间而衰减的。为了简化计算，假设它们在一个周期内数值不变，取其中心值（时刻 t 的值）计算，由式（2 - 16）并考虑非正弦电流有效值的公式可得

$$I_t = \sqrt{I_{pt}^2 + I_{at}^2} \qquad (2-17)$$

式中　I_{pt}——周期分量在时刻 t 的有效值；

　　　I_{at}——非周期分量在时刻 t 的有效值，$I_{at} = i_{at}$。

如果短路是在最不利的条件下发生，在第一个周期内的短路电流有效值将最大，称为短路全电流的最大有效值（又称冲击电流有效值），以 I_{sh} 表示。此时，非周期分量的有效值为 $t = 0.01s$ 的瞬时值，按 $i_{ap,0} = I_{pm}$，由式（2 - 12）得

$$I_{ap(t=0.01)} = I_{pm} e^{-\frac{0.01}{T_K}} = \sqrt{2}\,I'' e^{-\frac{0.01}{T_K}} \qquad (2-18)$$

对于无限大容量的电源，周期分量不衰减，$I_{pe} = I''$。由此得短路全电流的最大有效值为

$$I_{sh} = \sqrt{I''^2 + \left(\sqrt{2}\,I'' e^{-\frac{0.01}{T_K}}\right)^2} = I''\sqrt{1 + 2(K_{sh}-1)^2} \qquad (2-19)$$

当 $K_{sh} = 1.8$ 时：

$$I_{sh} = 1.52 I'' \qquad (2-20)$$

短路电流的最大有效值 I_{sh} 常用于校验电气设备的断流能力和耐力强度。

（四）短路容量

在短路电流计算和电气设备选择时，常用到短路容量的概念。其定义为：短路处的工作电压（一般用平均电压 U_{av}）和短路电流周期分量 I_{pe} 所构成的三相功率，即

$$S = \sqrt{3}\,U_{av} I_{pe} \qquad (2-21)$$

三、有限容量电源供电系统短路电流的暂态过程

当电源容量较小、电源的内阻抗不为零时，或短路地点距离电源较近即短路回路总阻抗较小时，这种情况下发生三相突然短路，便是有限容量电源供电系统下的短路。

有限容量电源系统突然短路时的短路电流中同样含有周期分量和非周期分量。非周期分量的产生、衰减情况与无限大容量系统中情况相同。周期分量幅值也因电压的下降而衰减，这是与无限大容量系统内三相短路的最主要区别。这是因为对电源来说，相当于在发电机出口处短路，由于回路阻抗突然减小，同步发电机定子电流激增，产生很大的电枢反应磁通 Φ_K，如图 2 - 3 所示。因短路回路电流

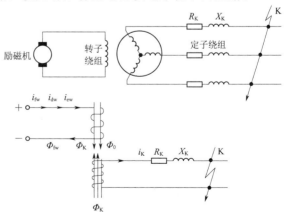

图 2 - 3　发电机出口突然短路时磁通关系示意

周期分量滞后于发电机电势近90°，故其方向与转子励磁绕组产生的主磁能Φ_0方向相反，产生"去磁作用"，使发电机气隙中的合成磁场削弱，端电压下降。但是，根据磁链不能突变原则，在突然短路的瞬间，转子上的励磁绕组和阻尼绕组都将产生感应电势，从而产生自由电流i_{fw}和i_{dw}，它们分别产生与电枢反应磁通方向相反的附加磁通Φ_{fw}和Φ_{dw}，以维持定子与转子绕组间的磁链不变。故在短路开始时刻（$t=0$时），发电机端电压并不减小。

励磁绕组和阻尼绕组中的自由电流由于没有外来电源的维持，且回路中又存在电阻，故随时间按指数规律衰减，所产生的磁通Φ_{fw}和Φ_{dw}也随之衰减；相对地，电枢反应的去磁作用增强，使端电压相应地减小，从而引起短路电流周期分量逐渐减小。

一般称阻尼绕组自由电流i_{dw}的衰减过程为次暂态过程。在i_{dw}衰减完后，励磁绕组的自由电流i_{fw}继续衰减的过程称为暂态过程，i_{fw}衰减完后，短路便进入稳定状态。

阻尼绕组自由电流i_{dw}衰减得相对较快，其速率决定于阻尼绕组的等效电感和电阻的比值，称为次暂态时间常数T''。对于水轮发电机，$T''=0.02\sim0.06s$；对于汽轮发电机，$T''=0.03\sim0.11s$。

励磁绕组自由电流i_{fw}因其等效电感较大，衰减得相对较慢，其时间常数称为暂态时间常数T'。对于水轮发电机，$T'=0.8\sim3.0s$；对于汽轮发电机，$T'=0.4\sim1.6s$。

与无限大容量电源系统的情况一样，若短路前负荷电流为零，短路瞬间恰好发生在发电机电势过零点，则产生的短路电流周期分量初始值最大。通常称这个最大初始值为次暂态电流，其有效值用I''表示。在次暂态过程中，发电机的电势称次暂态电势E''，其定子的等效电抗称为次暂态电抗X''，这是短路计算中电动机的两个重要参数。短路的暂态过程结束后的短路电流称为稳态短路电流，用I_∞表示。

同步发电机一般都装有自动电压调整器。当发生短路时，发电机端电压下降，自动电压调整器自动增大发电机的励磁电流，使电压升高。由于自动电压调整器具有惯性，以及励磁绕组电感很大，励磁电流的变化出现时滞，因此在短路数周后，自动电压调整器才逐渐起作用，励磁电流增大，电压回升。故短路电流周期分量的幅值先是衰减，随后回升，其变化过程如图2-4所示。

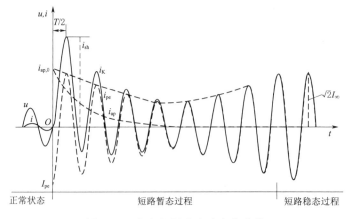

图2-4　发电机短路电流变化曲线

第二节　无限大容量电源供电系统三相短路电流计算

一、计算条件

由上节可知，短路电流由周期分量和非周期分量组成。对于无限大容量电源的供电系统，发生三相短路时可认为电源电压不变，周期分量的幅值和有效值也不变，次暂态电流 I'' 与短路稳态电流 I_∞ 都等于周期分量的有效值 $I_{pe}^{(3)}$，即 $I''=I_\infty=I_{pe}^{(3)}$。非周期分量的计算，主要是确定其初始值 $i_{ap,0}$ 及短路回路时间常数 T_K。

在短路电流计算时，由于电力系统不同运行方式下各开关状态不同，故短路回路阻抗大小不同，短路电流大小也不同。同一点同类型短路电流最大为最大运行方式，短路电流最小为最小运行方式。

为了简化计算，电压通常采用各级线路始末端额定电压的平均值，其数值见表 2-2。

表 2-2　　　　　　　　　　　标准电压等级的平均电压值

标准电压/kV	0.127	0.22	0.38	0.66	3	6	10	35	110
平均电压 U_{av}/kV	0.133	0.23	0.40	0.69	3.15	6.3	10.5	37	115

二、标幺值法计算短路电流

（一）各电气元件的阻抗

在短路电流计算中，首先是计算短路回路中各电气元件的阻抗。

1. 系统电抗 X_s

无限大容量电源系统的内部电抗分为两种情况：一种是认为系统电抗等于零；另一种是电源内电抗远小于短路总电抗，若已知电源母线上的短路容量 S_K 和平均电压 U_{av}，则系统电抗可由下式求得

$$X_s=\frac{U_{av}}{\sqrt{3}I_K^{(3)}}=\frac{U_{av}^2}{\sqrt{3}U_{av}I_K^{(3)}}=\frac{U_{av}^2}{S_K} \tag{2-22}$$

2. 变压器电抗 X_T

由变压器的短路电压百分数 $U_K\%$ 的定义可知

$$U_K\%=Z_T\frac{\sqrt{3}I_{N,T}}{U_{N,T}}\times100\%=Z_T\frac{S_{N,T}}{U_{N,T}^2}\times100\% \tag{2-23}$$

式中　Z_T——变压器阻抗，Ω；

　　　$S_{N,T}$——变压器额定容量，$V\cdot A$；

　　　$U_{N,T}$——变压器额定电压，V；

　　　$I_{N,T}$——变压器额定电流，A。

如果忽略变压器电阻，则变压器电抗 X_T 就等于其阻抗 Z_T，由式（2-23）可得

$$X_T=U_K\%\frac{U_{av}^2}{S_{N,T}} \tag{2-24}$$

式中　U_{av}——短路点的平均电压，V。

上式中将变压器的额定电压代换为短路点所在处的线路平均额定电压 U_{av}，是因为变

压器的阻抗应折算到短路点所在处，以便计算短路电流。当变压器电阻 R_T 时，可根据变压器的短路损耗 ΔP_K，按下式计算：

$$R_T = \Delta P_K \frac{U_{N,T}^2}{S_{N,T}^2} \qquad (2-25)$$

再由式（2-23）算出变压器阻抗 Z_T，由下式计算变压器电抗 X_T 为

$$X_T = \sqrt{Z_T^2 - R_T^2} \qquad (2-26)$$

3. 电抗器的电抗 X_L

电抗器的电抗值以其额定值的百分数形式给出，可按下式求得其欧姆值：

$$X_L = X_L\% \frac{U_{N,L}}{\sqrt{3}\,I_{N,L}} \qquad (2-27)$$

式中　$X_L\%$——电抗器的百分电抗值；

$U_{N,L}$——电抗器额定电压，V；

$I_{N,L}$——电抗器额定电流，A。

电抗器是限制短路电流的元件。有时其额定电压与安装地点的线路平均电压相差很大，例如额定电压为 10kV 的电抗器，可用在 6kV 的线路上。因此计算中一般不用线路的平均电压代换的额定电压。

4. 线路的电抗 X_l

线路的电抗随导线间的几何间距及线径而变，可根据单位长度电抗值，按下式求得 X_l：

$$X_l = x_o l \qquad (2-28)$$

式中　l——导线长度，km；

x_o——单位长度电抗值，Ω/km。

近似计算时，可采用下列每相平均单位电抗值：①高压架空线，0.4Ω/km；②1kV以下电缆，0.06Ω/km；③3～10kV 电缆，0.08Ω/km。

（二）标幺值法

对较复杂的供电系统，各电气元件可能处于不同的电压等级，计算短路电流时需要进行电压变换，较为麻烦。为了简便，高压供电系统的短路电流计算通常采用标幺值，各电气元件的参数都用标幺值表示。

标幺值为相对值，是实际值（有名值）与一个预先选定的同单位的基准值的比值。在短路计算中所遇到的电气量有容量、电压、电流和电抗四个量，如果选择基准值 S_d、U_d、I_d 和 X_d，则根据欧姆定律和功率关系，有

$$X_d = \frac{U_d}{\sqrt{3}\,I_d}, \quad S_d = \sqrt{3}\,U_d I_d \qquad (2-29)$$

根据上述表达式，四个基准量中如给定了两个，另外两个基准量也就确定了。通常是选择基准容量 S_d 和基准电压 U_d 这两个基准量，基准容量 S_d 通常选为 100MV·A 或 1000MV·A，有时也取某电厂装机总容量作为基准容量，基准电压 U_d 选为各级线路平均电压 U_{av}。

选定基准值后，S、U、I 和 X 的标幺值分别由下式表示：

$$S_d^* = \frac{S}{S_d} \qquad\qquad (2-30)$$

$$U_d^* = \frac{U}{U_d} \qquad\qquad (2-31)$$

$$I_d^* = \frac{\sqrt{3}\,U_d I}{S_d} \qquad\qquad (2-32)$$

$$X_d^* = X\frac{S_d}{U_d^2} \qquad\qquad (2-33)$$

S_d^*、U_d^*、I_d^*、X_d^* 的上标 * 表示标幺值，下标 d 表示在选定基准值下的标幺值。如果把电气量的额定值选为基准值，则处于额定状态下时该电气量的标幺值为 1，标幺值的名称即由此而来。

通常发电机、变压器、电抗器等设备的电抗，在产品目录中均以其额定值为基准的标幺值或百分值形式给出（百分值也是相对值的一种），称为额定标幺值，表示为

$$X_N^* = X\frac{\sqrt{3}\,I_N}{U_N} = X\frac{S_N}{U_N^2} \qquad\qquad (2-34)$$

在用标幺值进行短路计算时，必须把额定标幺值换算为选定基准值下的标幺值（称为基准标幺值）。由式（2-33）和式（2-34）可得换算关系为

$$X_d^* = X_N^* \frac{I_d U_N}{I_N U_d} = X_N^* \frac{S_d U_N^2}{S_N U_d^2} \qquad\qquad (2-35)$$

在实际计算中，如取 $U_d = U_N = U_{av}$，则有

$$X_d^* = X_N^* \frac{I_d}{I_N} = X_N^* \frac{S_d}{S_N} \qquad\qquad (2-36)$$

（三）元件电抗的基准标幺值计算

下面以 S_d、$U_d = U_{av}$ 为基准值计算几种元件电抗的基准标幺值。

1. 电源系统的基准标幺值

对发电机，根据发电机的次暂态电抗 X_G''（以发电机额定值为基准的标幺电抗）和发电机的额定容量 $S_{N,G}$，按式（2-36）换算得到发电机电抗的基准标幺值 X_G^*

$$X_G^* = X_G'' \frac{S_d}{S_{N,G}} \qquad\qquad (2-37)$$

对电源系统，根据电源母线的短路容量 S_K，换算得到系统电抗的基准标幺值 X_s^* 为

$$X_s^* = \frac{X_s}{X_d} = \frac{\sqrt{3}\,U_{av}^2/S_K}{\sqrt{3}\,U_d^2/S_d} = \frac{S_d}{S_K} \qquad\qquad (2-38)$$

2. 变压器的基准标幺值

变压器一般已知的是短路电压百分值 $U_K\%$，则根据式（2-23）和式（2-34）可得

$$U_K\% = X_{N,T}^* \times 100\% \qquad\qquad (2-39)$$

式中　$X_{N,T}^*$——变压器的额定标幺电抗。

由式（2-36）可得变压器的基准标幺值电抗为

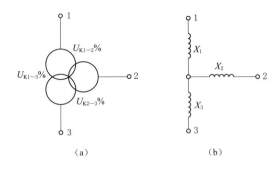

图 2-5　三绕组变压器示意图和等值电路图

(a) 变压器示意图；(b) 等值电路图

$$X_T^* = X_{N,T}^* \frac{S_d}{S_{N,T}} = U_K\% \frac{S_d}{S_{N,T}}$$

$$(2-40)$$

以上换算是对双绕组变压器而言的，对于三绕组变压器，给出的短路电压百分值是 $U_{K1-2}\%$、$U_{K2-3}\%$、$U_{K1-3}\%$，下标数字1、2、3代表三个绕组，其等值电路如图 2-5 所示。这里 $U_{K1-2}\%$ 是绕组 3 开路条件下，在绕组 1 和绕组 2 间做短路试验测得的短路电压百分值，为

$$U_{K1-2}\% = \frac{X_1\sqrt{3}\,I_{N,T}}{U_{N,T}} \times 100\% + \frac{X_2\sqrt{3}\,I_{N,T}}{U_{N,T}} \times 100\% = U_{K1}\% + U_{K2}\% \qquad (2-41)$$

同样可得

$$U_{K1-3}\% = U_{K1}\% + U_{K3}\% \qquad (2-42)$$

$$U_{K2-3}\% = U_{K2}\% + U_{K3}\% \qquad (2-43)$$

由式 (2-41) ~ 式 (2-43) 可得各个绕组的短路电压百分值为

$$U_{K1}\% = \frac{1}{2}(U_{K1-2}\% + U_{K1-3}\% - U_{K2-3}\%) \qquad (2-44)$$

$$U_{K2}\% = \frac{1}{2}(U_{K1-2}\% + U_{K2-3}\% - U_{K1-3}\%) \qquad (2-45)$$

$$U_{K3}\% = \frac{1}{2}(U_{K1-3}\% + U_{K2-3}\% - U_{K1-2}\%) \qquad (2-46)$$

各绕组的基准标幺电抗按式 (2-40) 求得。

3. 电抗器的基准标幺值

电抗器已知的是额定百分电抗 $X_L\%$，由式 (2-27)、式 (2-33) 可得基准标幺电抗变换式为

$$X_L^* = X_L\% \frac{I_d U_{N,L}}{I_{N,L} U_d} = X_L\% \frac{S_d U_{N,L}}{\sqrt{3}\,I_{N,L} U_d^2} \qquad (2-47)$$

4. 输电线路的基准标幺值

已知线路电抗 $X_1 = x_o l$，当取 $U_d = U_{av}$ 时，由式 (2-28)、式 (2-33) 可得线路的基准标幺电抗变换式为

$$X_1^* = x_o l S_d / U_{av}^2 \qquad (2-48)$$

(四) 变压器耦合电路的标幺值计算

前已指出，在有变压器耦合的不同电压等级的电路中，进行短路计算时，需要把不同电压等级的各个元件参数都折算到同一电压下才能作出等效电路。下面用标幺值法进行计算。

图 2-6 所示为有两台变压器和三段不同电压等级的供电系统。在选择基准值时，可将其中的一段作为基本段，例如选择线路 l_1 为基本段，并取其基准容量为 S_d，基准电压等于该段的平均电压，即取 $U_d = U_{av}$。

图 2-6　不同电压等级供电系统

线段 l_2 的电抗 X_2 换算为基准标幺值需经过两个步骤。

首先把它折算到基本段 l_1，设变压器 T_1 的变比为 $K_{T1}=U_{av1}/U_{av2}$，则 $X_2'=K_{T1}^2 X_2$。

其次是将 X_2' 换算为基准标幺值，由式（2-33）得

$$X_{12}^* = X_2' \frac{S_d}{U_{av1}^2} = K_{T1}^2 X_2 \frac{S_d}{U_{av1}^2} = X_2 \frac{S_d}{U_{av2}^2} \qquad (2-49)$$

同样，设变压器 T_2 的变比 $K_{T2}=U_{av2}/U_{av3}$，线段 l_3 的电抗 X_3 折算到基本段 l_1，即

$$X_3'=K_{T1}^2 K_{T2}^2 X_3$$

将 X_3' 换算成基准标幺值，得

$$X_{13}^* = X_3' \frac{S_d}{U_{av1}^2} = K_{T1}^2 K_{T2}^2 X_3 \frac{S_d}{U_{av1}^2} = X_3 \frac{S_d}{U_{av3}^2} \qquad (2-50)$$

由式（2-49）和式（2-50）可以看出，不同电压等级下的元件参数变换为统一基准值下的标幺值，计算时各线段取相同的基准容量，基准电压取本线段的平均电压，则可直接算得各元件的基准标幺值，不需进行电压换算，从而使计算简化。

（五）短路电流计算

短路回路中各元件的标幺电抗算出后，即可根据供电系统单线图作出其等值电路图。然后利用阻抗的等值变换公式（表 2-3）简化等值电路，计算出回路的总标幺电抗 X_Σ^*，最后根据欧姆定律的标幺值形式，计算短路电流周期分量标幺值 I_K^* 为

$$I_K^* = U^*/X_\Sigma^* \qquad (2-51)$$

式中　U^*——电源电压的标幺值，在取 $U_d=U_{av}$ 时，$U^*=1$，则 $I_K^*=1/X_\Sigma^*$。

短路电流周期分量的实际值，可由标幺值定义计算

$$I_K = I_K^* I_d \qquad (2-52)$$

表 2-3　　　　　　　　　　常用网络变换公式

变换名称	变换前的网络	变换后的等效网络	等效网络阻抗	变换前网络中电流分布
串联	X_1 X_2 X_n　I_1 I_2 I_n	X　I	$X=X_1+X_2+\cdots+X_n$	$I_1=I_2=\cdots=I_n=I$
并联	X_1　X_2 I_1　X_n I_2　I_n	X　I	$X=\dfrac{1}{\dfrac{1}{X_1}+\dfrac{1}{X_2}+\cdots+\dfrac{1}{X_n}}$	$I_i=I\dfrac{X}{X_i}=IC_i$
三角形变成等效星形	l X_{lm} X_{nl} I_{nl} X_{nl} I_{lm} X_{mn} n I_{mn} m	X_l I_l X_n X_m I_n I_m n m	$X_l=\dfrac{X_{lm}X_{nl}}{X_{lm}+X_{mn}+X_{nl}}$ $X_m=\dfrac{X_{mn}X_{lm}}{X_{lm}+X_{mn}+X_{nl}}$ $X_n=\dfrac{X_{mn}X_{nl}}{X_{lm}+X_{mn}+X_{nl}}$	$I_{lm}=\dfrac{I_l X_l - I_m X_m}{X_m}$ $I_{mn}=\dfrac{I_m X_m - I_n X_n}{X_n}$ $I_{nl}=\dfrac{I_n X_n - I_l X_l}{X_l}$

变换名称	变换前的网络	变换后的等效网络	等效网络阻抗	变换前网络中电流分布
星形变成等效三角形			$X_{lm}=X_1+X_m+\dfrac{X_1X_m}{X_n}$ $X_{mn}=X_n+X_m+\dfrac{X_nX_m}{X_1}$ $X_{nl}=X_n+X_1+\dfrac{X_nX_1}{X_m}$	$I_1=I_{lm}-I_{nl}$ $I_m=I_{mn}-I_{lm}$ $I_n=I_{ln}-I_{mn}$
四边形变成有对角线的四边形			$X_{ab}=X_aX_b\sum Y$ $X_{bc}=X_bX_c\sum Y$ $X_{ac}=X_aX_c\sum Y$ $\sum Y=\dfrac{1}{X_a}+\dfrac{1}{X_b}+\dfrac{1}{X_c}+\dfrac{1}{X_d}$	$I_a=I_{ac}+I_{ab}-I_{da}$ $I_b=I_{bd}+I_{bc}-I_{ab}$

【例2-1】 图2-7所示为某供电系统，A是电源母线，通过两路架空线 l_1 向设有两台主变压器 T 的变电所 35kV 母线 B 供电。6kV 侧母线 C 通过串有电抗器 L 的两条电缆 l_2 向变电所 D 供电。整个系统并联运行。试用标幺值法求 K_1、K_2、K_3 点的短路电流。

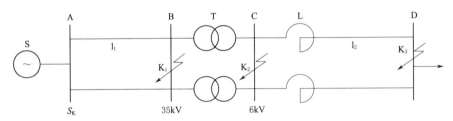

图 2-7 〔例 2-1〕图

系统 S：$S_K=560\text{MV}\cdot\text{A}$

线路 l_1：$l_1=20\text{km}$，$x_{O1}=0.4\Omega/\text{km}$；电缆 l_2：$l_2=0.5\text{km}$，$x_{O2}=0.8\Omega/\text{km}$

变压器 T：$2\times5600\text{kV}\cdot\text{A}/35\text{kV}$；$U_K\%=7.5\%$

电抗器 L：$U_{N,T}=6\text{kV}$，$I_{N,T}=200\text{A}$，$X_L\%=3\%$

解： (1) 选取基准值。取 $S_d=100\text{MV}\cdot\text{A}$，$U_{d1}=37\text{kV}$，$U_{d2}=6.3\text{kV}$，则

$$I_{d1}=\frac{S_d}{\sqrt{3}U_{d1}}=\frac{100}{\sqrt{3}\times37}=1.560(\text{kA})$$

$$I_{d2}=\frac{S_d}{\sqrt{3}U_{d2}}=\frac{100}{\sqrt{3}\times6.3}=9.164(\text{kA})$$

(2) 计算基准电抗标幺值。

电源 S 的电抗：$X_s^*=S_d/S_K=\dfrac{100}{560}=0.179$

架空线 l_1 的电抗：$X_{l1}^*=x_{o1}l_1\dfrac{S_d}{U_d^2}=0.4\times20\times\dfrac{100}{37^2}=0.584$

变压器 T 的电抗：$X_T^* = U_K\% \dfrac{S_d}{S_{N,T}} = 0.075 \times \dfrac{100}{5.6} = 1.339$

电抗器 L 的电抗：$X_L^* = X_L\% \dfrac{I_d U_{N,L}}{I_{N,L} U_d} = 0.03 \times \dfrac{9.164 \times 6}{0.2 \times 6.3} = 1.309$

电缆 l_2 的电抗：$X_{l2}^* = x_{o2} l_2 \dfrac{S_d}{U_d^2} = 0.08 \times 0.5 \times \dfrac{100}{6.3^2} = 0.101$

（3）作等值电路图。等值电路如图 2-8 所示，图中元件所标的分数，分子表示元件编号，分母表示标幺电抗值。

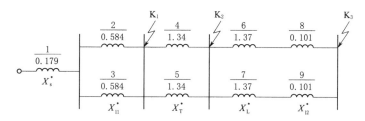

图 2-8 等值电路图

（4）计算短路电流。

K_1 点短路时短路电流为

$$I_{K1}^* = \frac{1}{X_\Sigma^*} = \frac{1}{X_s^* + \dfrac{X_{l1}^*}{2}} = \frac{1}{0.179 + \dfrac{0.584}{2}} = 2.123$$

$$I_{K1}^{(3)} = I_{K1}^* I_{d1} = 2.123 \times 1.560 = 3.312 (\text{kA})$$

$$i_{sh1} = 2.55 I_{K1}^{(3)} = 2.55 \times 3.312 = 8.446 (\text{kA})$$

$$I_{sh1} = 1.52 I_{K1}^{(3)} = 1.52 \times 3.312 = 5.034 (\text{kA})$$

$$S_{K1} = I_{K1}^* S_d = 2.123 \times 100 = 212.3 (\text{MV} \cdot \text{A})$$

K_2 点短路时短路电流为

$$I_{K2}^* = \frac{1}{X_\Sigma^*} = \frac{1}{X_s^* + \dfrac{X_{l1}^*}{2} + \dfrac{X_T^*}{2}} = \frac{1}{0.179 + \dfrac{0.584}{2} + \dfrac{1.339}{2}} = 0.877$$

$$I_{K2}^{(3)} = I_{K2}^* I_{d2} = 0.877 \times 9.164 = 8.037 (\text{kA})$$

$$i_{sh2} = 2.55 I_{K2}^{(3)} = 2.55 \times 8.037 = 20.494 (\text{kA})$$

$$I_{sh2} = 1.52 I_{K2}^{(3)} = 1.52 \times 8.037 = 12.216 (\text{kA})$$

$$S_{K2} = I_{K2}^* S_d = 0.877 \times 100 = 87.7 (\text{MV} \cdot \text{A})$$

K_3 点短路时短路电流为

$$I_{K3}^* = \frac{1}{X_\Sigma^*} = \frac{1}{X_s^* + \dfrac{X_{l1}^*}{2} + \dfrac{X_T^*}{2} + \dfrac{X_L^* + X_{l2}^*}{2}} = \frac{1}{0.179 + \dfrac{0.584}{2} + \dfrac{1.339}{2} + \dfrac{1.309 + 0.101}{2}} = 0.542$$

$$I_{K3}^{(3)} = I_{K3}^* I_{d2} = 0.542 \times 9.164 = 4.967 (\text{kA})$$

$$i_{sh3} = 2.55 I_{K3}^{(3)} = 2.55 \times 4.967 = 12.666 (\text{kA})$$

$$I_{\text{sh3}} = 1.52 I_{\text{K3}}^{(3)} = 1.52 \times 4.967 = 7.550 \, (\text{kA})$$

$$S_{\text{K3}} = I_{\text{K3}}^{*} S_{\text{d}} = 0.542 \times 100 = 54.2 \, (\text{MV} \cdot \text{A})$$

第三节　有限容量电源供电系统短路电流计算

一、短路计算曲线

当电源容量有限时，短路电流在暂态过程中周期分量的有效值 I_{pe} 是随时间变化的。工程上为简便计算，把不同时间的短路电流周期分量有效值绘成通用的计算曲线和运算曲线数值表，计算时可直接查用。

计算曲线及其数值表是按标幺值绘制，纵坐标为短路电流周期分量标幺值 I_{Kt}^{*}，横坐标为以发电机额定容量总和 $S_{\text{N}\Sigma}$ 为基准的标幺计算电抗 X_{Σ}^{*}，曲线以短路时间 t 为参变量，以下式表示：

$$I_{\text{Kt}}^{*} = f(t, X_{\Sigma}^{*}) \tag{2-53}$$

现代发电机一般都有自动电压调整器，但发电机类型（汽轮发电机与水轮发电机）不同，运算曲线数值表也不同。表 2-4 和表 2-5 分别是汽轮发电机、水轮发电机运算曲线数值表，计算时可以根据 X_{Σ}^{*}、t 表查表求 I_{Kt}^{*}。

计算机编程计算时，也可以生成如图 2-9 和图 2-10 所示的计算曲面。

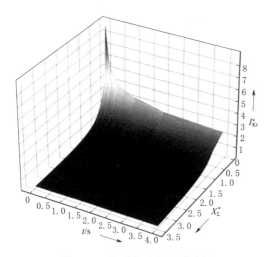

图 2-9　汽轮发电机计算曲面

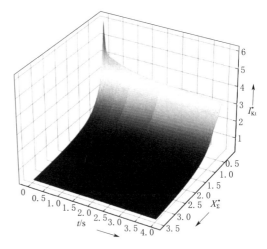

图 2-10　水轮发电机计算曲面

运行曲线及其数值表只作到 $X_{\Sigma}^{*} = 3.45$，当电抗更大时，可认为短路点远离发电机，即短路电流不衰减，可按无限大电源情况直接计算，不必查曲线和数值表。

二、计算曲线的应用

（一）综合变化法

计算曲线是按不同类型发电机绘制的，综合变化法对同一类型的发电机计算曲线进行计算。对两种类型的发电机都有的情况，以容量占大多数的机型的计算曲线进行近似计算。

表 2 - 4 汽轮发电机运算曲线数值表 $I_{Kt}^* = f$ (t, X_{Σ}^*)

X_{Σ}^*	0	0.01s	0.06s	0.1s	0.2s	0.4s	0.5s	0.6s	1s	2s	4s
0.12	8.963	8.603	7.186	6.400	5.220	4.252	4.006	3.821	3.344	2.795	2.512
0.14	7.718	7.467	6.441	5.839	4.878	4.040	3.829	3.673	3.280	2.808	2.526
0.16	6.763	6.545	5.660	5.146	4.336	3.649	3.481	3.359	3.060	2.706	2.490
0.18	6.020	5.844	5.122	4.697	4.016	3.429	3.288	3.186	2.944	2.659	2.476
0.20	5.432	5.280	4.661	4.297	3.715	3.217	3.099	3.016	2.825	2.607	2.462
0.22	4.938	4.813	4.296	3.988	3.487	3.052	2.951	2.882	2.729	2.561	2.444
0.24	4.526	4.421	3.984	3.721	3.286	2.904	2.816	2.758	2.638	2.515	2.425
0.26	4.178	4.088	3.714	3.486	3.106	2.769	2.693	2.644	2.551	2.467	2.404
0.28	3.872	3.705	3.472	3.274	2.939	2.641	2.575	2.534	2.464	2.415	2.378
0.30	3.603	3.536	3.255	3.081	2.785	2.520	2.463	2.429	2.379	2.360	2.347
0.32	3.368	3.310	3.063	2.909	2.646	2.410	2.360	2.332	2.299	2.306	2.316
0.34	3.159	3.108	2.891	2.754	2.519	2.308	2.264	2.241	2.222	2.252	2.283
0.36	2.975	2.930	2.736	2.614	2.403	2.213	2.175	2.156	2.149	2.109	2.250
0.38	2.811	2.770	2.597	2.487	2.297	2.126	2.093	2.077	2.081	2.148	2.217
0.40	2.664	2.628	2.471	2.372	2.199	2.045	2.017	2.004	2.017	2.099	2.184
0.42	2.531	2.499	2.357	2.267	2.110	1.970	1.916	1.936	1.956	2.052	2.151
0.44	2.411	2.382	2.253	2.170	2.027	1.900	1.879	1.872	1.899	2.006	2.119
0.46	2.302	2.275	2.157	2.082	1.950	1.835	1.817	1.812	1.845	1.963	2.088
0.48	2.203	2.178	2.069	2.000	1.879	1.774	1.759	1.756	1.794	1.921	2.057
0.50	2.111	2.088	1.988	1.924	1.813	1.717	1.704	1.703	1.746	1.880	2.027
0.55	1.913	1.894	1.810	1.757	1.665	1.589	1.581	1.583	1.635	1.785	1.953
0.60	1.748	1.732	1.662	1.617	1.539	1.478	1.474	1.479	1.538	1.699	1.884
0.65	1.610	1.596	1.535	1.497	1.431	1.382	1.381	1.388	1.452	1.621	1.819
0.70	1.492	1.479	1.426	1.393	1.336	1.297	1.298	1.307	1.375	1.549	1.734
0.75	1.390	1.379	1.332	1.302	1.253	1.221	1.225	1.235	1.305	1.484	1.596
0.80	1.301	1.291	1.249	1.223	1.179	1.154	1.159	1.171	1.243	1.424	1.474
0.85	1.222	1.214	1.176	1.152	1.114	1.094	1.100	1.112	1.186	1.358	1.370
0.90	1.153	1.145	1.110	1.089	1.055	1.039	1.047	1.060	1.134	1.279	1.279
0.95	1.091	1.084	1.052	1.032	1.002	0.990	0.998	1.012	1.087	1.200	1.200
1.00	1.035	1.028	0.999	0.981	0.954	0.945	0.954	0.968	1.043	1.129	1.129
1.05	0.985	0.979	0.952	0.935	0.910	0.904	0.914	0.928	1.003	1.067	1.067
1.10	0.940	0.934	0.908	0.893	0.870	0.865	0.876	0.891	0.966	1.011	1.011
1.15	0.898	0.892	0.869	0.854	0.833	0.832	0.842	0.857	0.932	0.961	0.961
1.20	0.860	0.855	0.832	0.819	0.800	0.800	0.811	0.825	0.898	0.915	0.915
1.25	0.825	0.820	0.799	0.786	0.769	0.770	0.781	0.796	0.864	0.874	0.874

X^*_Σ	0	0.01s	0.06s	0.1s	0.2s	0.4s	0.5s	0.6s	1s	2s	4s
1.30	0.793	0.788	0.768	0.756	0.740	0.743	0.754	0.769	0.831	0.836	0.836
1.35	0.763	0.758	0.739	0.728	0.713	0.717	0.728	0.743	0.800	0.802	0.802
1.40	0.735	0.731	0.713	0.703	0.683	0.693	0.705	0.720	0.769	0.770	0.770
1.45	0.710	0.705	0.688	0.678	0.665	0.671	0.682	0.697	0.740	0.740	0.740
1.50	0.686	0.682	0.665	0.656	0.644	0.650	0.662	0.676	0.713	0.713	0.713
1.55	0.663	0.659	0.644	0.635	0.623	0.630	0.642	0.657	0.687	0.687	0.687
1.60	0.642	0.639	0.623	0.615	0.605	0.612	0.624	0.638	0.664	0.664	0.664
1.65	0.622	0.619	0.605	0.596	0.586	0.594	0.606	0.621	0.642	0.642	0.642
1.70	0.604	0.601	0.587	0.579	0.570	0.578	0.590	0.604	0.621	0.621	0.621
1.75	0.586	0.583	0.570	0.562	0.554	0.562	0.574	0.589	0.602	0.602	0.602
1.80	0.570	0.567	0.554	0.547	0.539	0.548	0.559	0.573	0.584	0.584	0.584
1.85	0.554	0.551	0.539	0.532	0.524	0.534	0.545	0.559	0.566	0.566	0.566
1.90	0.540	0.537	0.525	0.518	0.511	0.521	0.532	0.544	0.550	0.550	0.550
1.95	0.526	0.523	0.511	0.505	0.498	0.508	0.520	0.530	0.535	0.535	0.535
2.00	0.512	0.510	0.498	0.492	0.486	0.498	0.508	0.517	0.521	0.521	0.521
2.05	0.500	0.497	0.486	0.480	0.474	0.485	0.496	0.504	0.507	0.507	0.507
2.10	0.488	0.485	0.475	0.469	0.463	0.474	0.485	0.492	0.494	0.494	0.494
2.15	0.476	0.474	0.464	0.458	0.453	0.463	0.474	0.481	0.482	0.482	0.482
2.20	0.465	0.463	0.453	0.448	0.443	0.453	0.464	0.470	0.470	0.470	0.470
2.25	0.455	0.453	0.443	0.438	0.430	0.444	0.454	0.459	0.459	0.459	0.459
2.30	0.445	0.443	0.433	0.428	0.424	0.435	0.444	0.448	0.448	0.448	0.448
2.35	0.435	0.433	0.424	0.419	0.415	0.426	0.435	0.438	0.438	0.438	0.438
2.40	0.426	0.424	0.415	0.411	0.407	0.418	0.426	0.428	0.428	0.428	0.428
2.45	0.417	0.415	0.407	0.402	0.399	0.410	0.417	0.419	0.419	0.419	0.419
2.50	0.409	0.407	0.399	0.394	0.391	0.402	0.409	0.410	0.410	0.410	0.410
2.55	0.400	0.399	0.391	0.387	0.383	0.394	0.401	0.402	0.402	0.402	0.402
2.60	0.392	0.391	0.383	0.379	0.376	0.387	0.393	0.393	0.393	0.393	0.393
2.65	0.385	0.384	0.376	0.372	0.369	0.380	0.385	0.386	0.386	0.386	0.386
2.70	0.377	0.377	0.369	0.365	0.362	0.373	0.378	0.378	0.378	0.378	0.378
2.75	0.370	0.370	0.362	0.359	0.356	0.367	0.371	0.371	0.371	0.371	0.371
2.80	0.363	0.363	0.356	0.352	0.350	0.361	0.364	0.364	0.364	0.364	0.364
2.85	0.357	0.356	0.350	0.346	0.344	0.354	0.357	0.357	0.357	0.357	0.357
2.90	0.350	0.350	0.344	0.340	0.338	0.348	0.351	0.351	0.351	0.351	0.351
2.95	0.344	0.344	0.338	0.335	0.333	0.343	0.344	0.344	0.344	0.344	0.344
3.00	0.338	0.338	0.332	0.329	0.327	0.337	0.338	0.338	0.338	0.338	0.338

续表

X_Σ^*	0	0.01s	0.06s	0.1s	0.2s	0.4s	0.5s	0.6s	1s	2s	4s
3.05	0.332	0.332	0.327	0.324	0.322	0.331	0.332	0.332	0.332	0.332	0.332
3.10	0.327	0.326	0.322	0.319	0.317	0.326	0.327	0.327	0.327	0.327	0.327
3.15	0.321	0.321	0.317	0.314	0.312	0.321	0.321	0.321	0.321	0.321	0.321
3.20	0.316	0.316	0.312	0.309	0.307	0.316	0.316	0.316	0.316	0.316	0.316
3.25	0.311	0.311	0.307	0.304	0.303	0.311	0.311	0.311	0.311	0.311	0.311
3.30	0.306	0.306	0.302	0.300	0.298	0.306	0.306	0.306	0.306	0.306	0.306
3.35	0.301	0.301	0.298	0.295	0.294	0.301	0.301	0.301	0.301	0.301	0.301
3.40	0.297	0.297	0.293	0.291	0.290	0.297	0.297	0.297	0.297	0.297	0.297
3.45	0.292	0.292	0.289	0.287	0.286	0.292	0.292	0.292	0.292	0.292	0.292

表 2 - 5　　　　　　　　水轮发电机运算曲线数值表 $I_{Kt}^* = f(t, X_\Sigma^*)$

X_Σ^*	0	0.01s	0.06s	0.1s	0.2s	0.4s	0.5s	0.6s	1s	2s	4s
0.18	6.127	5.695	4.623	4.331	4.100	3.933	3.867	3.807	3.605	3.300	3.081
0.20	5.526	5.184	4.297	4.045	3.856	3.754	3.716	3.681	3.563	3.378	3.234
0.22	5.055	4.767	4.026	3.806	3.633	3.556	3.531	3.508	3.430	3.302	3.191
0.24	4.647	4.402	3.764	3.575	3.433	3.378	3.363	3.348	3.300	3.220	3.151
0.26	4.290	4.083	3.538	3.375	3.253	3.216	3.208	3.200	3.174	3.133	3.098
0.28	3.993	3.816	3.343	3.200	3.096	3.073	3.070	3.067	3.060	3.049	3.043
0.30	3.727	3.574	3.163	3.039	2.950	2.938	2.941	2.943	2.953	2.970	2.993
0.32	3.494	3.360	3.001	2.892	2.817	2.815	2.882	2.828	2.851	2.895	2.943
0.34	3.285	3.168	2.851	2.755	2.692	2.699	2.709	2.719	2.754	2.820	2.891
0.36	3.095	2.991	2.712	2.627	2.574	2.589	2.602	2.614	2.660	2.745	2.837
0.38	2.922	2.831	2.583	2.508	2.464	2.484	2.500	2.515	2.569	2.671	2.782
0.40	2.767	2.685	2.464	2.398	2.361	2.388	2.405	2.422	2.484	2.600	2.728
0.42	2.627	2.554	2.356	2.297	2.267	2.297	2.317	2.336	2.404	2.532	2.675
0.44	2.500	2.434	2.256	2.204	2.179	2.214	2.235	2.255	2.329	2.467	2.624
0.46	2.385	2.325	2.164	2.117	2.098	2.136	2.158	2.180	2.258	2.406	2.575
0.48	2.280	2.225	2.079	2.038	2.023	2.064	2.087	2.110	2.192	2.348	2.527
0.50	2.183	2.134	2.001	1.964	1.953	1.996	2.021	2.044	2.130	2.293	2.482
0.52	2.095	2.050	1.928	1.895	1.887	1.933	1.985	1.983	2.071	2.241	2.438
0.54	2.013	1.972	1.861	1.831	1.826	1.874	1.900	1.925	2.015	2.191	2.396
0.56	1.938	1.899	1.798	1.771	1.769	1.818	1.845	1.870	1.963	2.143	2.355
0.60	1.802	1.770	1.683	1.662	1.665	1.717	1.744	1.770	1.866	2.054	2.263

X_{Σ}^*	0	0.01s	0.06s	0.1s	0.2s	0.4s	0.5s	0.6s	1s	2s	4s
0.65	1.658	1.630	1.559	1.543	1.550	1.605	1.633	1.660	1.759	1.950	2.137
0.70	1.534	1.511	1.452	1.440	1.451	1.507	1.535	1.562	1.663	1.846	1.964
0.75	1.428	1.408	1.358	1.349	1.363	1.420	1.449	1.476	1.578	1.741	1.794
0.80	1.336	1.318	1.276	1.270	1.286	1.343	1.372	1.400	1.498	1.620	1.642
0.85	1.254	1.239	1.203	1.199	1.217	1.274	1.303	1.331	1.423	1.507	1.513
0.90	1.182	1.169	1.138	1.135	1.155	1.212	1.241	1.268	1.352	1.403	1.403
0.95	1.118	1.106	1.080	1.078	1.099	1.156	1.185	1.210	1.282	1.308	1.308
1.00	1.061	1.050	1.027	1.027	1.048	1.105	1.132	1.156	1.211	1.225	1.225
1.05	1.009	0.999	0.979	0.980	1.002	1.058	1.048	1.105	1.146	1.152	1.152
1.10	0.962	0.953	0.936	0.937	0.959	1.015	1.038	1.057	1.085	1.087	1.087
1.15	0.919	0.911	0.896	0.898	0.920	0.974	0.995	1.011	1.029	1.029	1.029
1.20	0.880	0.872	0.859	0.862	0.885	0.936	0.955	0.966	0.977	0.977	0.977
1.25	0.843	0.837	0.825	0.829	0.852	0.900	0.916	0.923	0.930	0.930	0.930
1.30	0.810	0.804	0.794	0.798	0.821	0.866	0.878	0.884	0.888	0.888	0.888
1.35	0.780	0.774	0.765	0.769	0.792	0.834	0.843	0.847	0.849	0.849	0.849
1.40	0.751	0.746	0.738	0.743	0.766	0.803	0.810	0.812	0.813	0.813	0.813
1.45	0.725	0.720	0.713	0.718	0.740	0.774	0.778	0.780	0.780	0.780	0.780
1.50	0.700	0.696	0.690	0.695	0.717	0.746	0.749	0.750	0.750	0.750	0.750
1.55	0.677	0.673	0.668	0.673	0.694	0.719	0.722	0.722	0.722	0.722	0.722
1.60	0.655	0.652	0.647	0.652	0.673	0.694	0.696	0.696	0.696	0.696	0.696
1.65	0.635	0.632	0.628	0.633	0.653	0.671	0.672	0.672	0.672	0.672	0.672
1.70	0.616	0.613	0.610	0.615	0.634	0.649	0.649	0.649	0.649	0.649	0.649
1.75	0.598	0.595	0.592	0.598	0.616	0.628	0.628	0.628	0.628	0.628	0.628
1.80	0.581	0.578	0.576	0.582	0.599	0.608	0.608	0.608	0.608	0.608	0.608
1.85	0.565	0.563	0.561	0.566	0.582	0.590	0.590	0.590	0.590	0.590	0.590
1.90	0.550	0.548	0.546	0.552	0.566	0.572	0.572	0.572	0.572	0.572	0.572
1.95	0.536	0.533	0.532	0.538	0.551	0.556	0.556	0.556	0.556	0.556	0.556
2.00	0.522	0.520	0.519	0.524	0.537	0.540	0.540	0.540	0.540	0.540	0.540
2.05	0.509	0.507	0.507	0.512	0.523	0.525	0.525	0.525	0.525	0.525	0.525
2.10	0.497	0.495	0.495	0.500	0.510	0.512	0.512	0.512	0.512	0.512	0.512
2.15	0.485	0.483	0.483	0.488	0.497	0.498	0.498	0.498	0.498	0.498	0.498
2.20	0.474	0.472	0.472	0.477	0.485	0.486	0.486	0.486	0.486	0.486	0.4896
2.25	0.463	0.462	0.462	0.466	0.473	0.474	0.474	0.474	0.474	0.474	0.474
2.30	0.453	0.452	0.452	0.456	0.462	0.462	0.462	0.462	0.462	0.462	0.462
2.35	0.443	0.442	0.442	0.446	0.452	0.452	0.452	0.452	0.452	0.452	0.452

续表

X_Σ^*	0	0.01s	0.06s	0.1s	0.2s	0.4s	0.5s	0.6s	1s	2s	4s
2.40	0.434	0.433	0.433	0.436	0.441	0.441	0.441	0.441	0.441	0.441	0.441
2.45	0.425	0.424	0.424	0.427	0.431	0.431	0.431	0.431	0.431	0.431	0.431
2.50	0.416	0.415	0.415	0.419	0.422	0.422	0.422	0.422	0.422	0.422	0.422
2.55	0.408	0.407	0.407	0.410	0.413	0.413	0.413	0.413	0.413	0.413	0.413
2.60	0.400	0.399	0.399	0.402	0.404	0.404	0.404	0.404	0.404	0.404	0.404
2.65	0.392	0.391	0.392	0.394	0.396	0.396	0.396	0.396	0.396	0.396	0.396
2.70	0.385	0.384	0.384	0.387	0.388	0.388	0.388	0.388	0.388	0.388	0.388
2.75	0.378	0.377	0.377	0.379	0.380	0.380	0.380	0.380	0.380	0.380	0.380
2.80	0.371	0.370	0.370	0.372	0.373	0.373	0.373	0.373	0.373	0.373	0.373
2.85	0.364	0.363	0.364	0.365	0.366	0.366	0.366	0.366	0.366	0.366	0.366
2.90	0.358	0.357	0.357	0.359	0.359	0.359	0.359	0.359	0.359	0.359	0.359
2.95	0.351	0.351	0.351	0.352	0.353	0.353	0.353	0.353	0.353	0.353	0.353
3.00	0.345	0.345	0.345	0.346	0.346	0.346	0.346	0.346	0.346	0.346	0.346
3.05	0.339	0.339	0.339	0.340	0.340	0.340	0.340	0.340	0.340	0.340	0.340
3.10	0.334	0.333	0.333	0.334	0.334	0.334	0.334	0.334	0.334	0.334	0.334
3.15	0.328	0.328	0.328	0.329	0.329	0.329	0.329	0.329	0.329	0.329	0.329
3.20	0.323	0.322	0.322	0.323	0.323	0.323	0.323	0.323	0.323	0.323	0.323
3.25	0.317	0.317	0.317	0.318	0.318	0.318	0.318	0.318	0.318	0.318	0.318
3.30	0.312	0.312	0.312	0.313	0.313	0.313	0.313	0.313	0.313	0.313	0.313
3.35	0.307	0.307	0.307	0.308	0.308	0.308	0.308	0.308	0.308	0.308	0.308
3.40	0.303	0.302	0.302	0.303	0.303	0.303	0.303	0.303	0.303	0.303	0.303
3.45	0.298	0.298	0.298	0.298	0.298	0.298	0.298	0.298	0.298	0.298	0.298

综合变化法的具体计算步骤如下：

（1）给出供电系统的等值电路图，计算短路点总标幺电抗 X_Σ^*。基准容量最好选为发电机额定容量之总和 $S_d = S_{N\Sigma}$，这样求得的短路点总标幺电抗 X_Σ^* 后可直接用来查计算曲线。

若所选的 $S_d \neq S_{N\Sigma}$（例如 $100\mathrm{MV \cdot A}$），由等值电路算得的总标幺电抗 $X_{N\Sigma}^*$ 还需要进行归算，变换成以发电机额定容量之总和为基准的计算电抗 X_Σ^*，即

$$X_\Sigma^* = X_{N\Sigma}^* \frac{S_{N\Sigma}}{S_d} \tag{2-54}$$

（2）根据 X_Σ^* 值，从相应的计算曲线查出不同时间的周期分量电流标幺值 I_{kt}^*。计算暂态电流 I'' 时查 $t=0$ 的曲线；计算稳态短路电流 I_∞ 时查 $t=\infty$（$t=4\mathrm{s}$）的曲线。

（3）短路电流周期分量的有效值 I_{Kt} 按下式计算：

$$I_{Kt} = I_{Kt}^* I_{N\Sigma} \tag{2-55}$$

式中　$I_{N\Sigma}$——归算到平均电压 U_{av} 时的所有发电机额定电流之和。

$$I_{N\Sigma} = \frac{S_{N\Sigma}}{\sqrt{3}U_{av}} \tag{2-56}$$

【例 2 - 2】 仍用［例 2 - 1］的供电系统，采用电源总容量为 120MV·A 的汽轮发电机。试用计算曲线求短路电流。

解 （1）选取基准值。取 $S_d = 120\text{MV·A}$，$U_{d1} = 37\text{kV}$，$U_{d2} = 6.3\text{kV}$，则

$$I_{d1} = \frac{S_d}{\sqrt{3}U_{d1}} = \frac{120}{\sqrt{3} \times 37} = 1.872(\text{kA})$$

$$I_{d2} = \frac{S_d}{\sqrt{3}U_{d2}} = \frac{120}{\sqrt{3} \times 6.3} = 10.997(\text{kA})$$

（2）计算基准电抗标幺值。

电源 S 的电抗：$X_s^* = \frac{S_d}{S_K} = \frac{120}{560} = 0.214$

架空线 l_1 的电抗：$X_{l1}^* = x_{o1}l_1\frac{S_d}{U_d^2} = 0.4 \times 20 \times \frac{120}{37^2} = 0.701$

变压器 T 的电抗：$X_T^* = U_K\% \frac{S_d}{S_{N.T}} = 0.075 \times \frac{120}{5.6} = 1.607$

电抗器 L 的电抗：$X_L^* = X_L\% \frac{I_d U_{N.L}}{I_{N.L}U_d} = 0.03 \times \frac{10.997 \times 6}{0.2 \times 6.3} = 1.571$

电缆 l_2 的电抗：$X_{l2}^* = x_{o2}l_2\frac{S_d}{U_d^2} = 0.08 \times 0.5 \times \frac{120}{6.3^2} = 0.121$

（3）作等值电路图。等值电路如图 2 - 11 所示，图中元件所标的分数，分子表示元件编号，分母表示标幺电抗值。

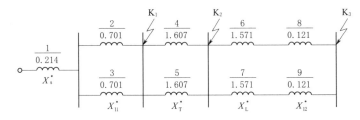

图 2 - 11 等值电路图

（4）计算短路电流。

K_1 点短路时短路电流为

$$X_\Sigma^* = X_s^* + \frac{X_{l1}^*}{2} = 0.214 + \frac{0.701}{2} = 0.565$$

查表 2 - 4 得 $t = 0$、0.2s、4s 时，$I_0^* = 1.86$，$I_{0.2}^* = 1.63$，$I_\infty^* = 1.93$。
故有

$$I'' = I_0^* I_{d1} = 1.86 \times 1.872 = 3.482(\text{kA})$$

$$I_{0.2} = I_{0.2}^* I_{d1} = 1.63 \times 1.872 = 3.051(\text{kA})$$

$$I_\infty = I_\infty^* I_{d1} = 1.93 \times 1.872 = 3.613(\text{kA})$$

K_2 点短路时短路电流为

$$X_{\Sigma}^* = X_s^* + \frac{X_{l1}^*}{2} + \frac{X_T^*}{2} = 0.214 + \frac{0.701}{2} + \frac{1.607}{2} = 1.368$$

查表 2-4 得 $t=0$、0.2s、4s 时，$I_0^* = 0.749$，$I_{0.2}^* = 0.704$，$I_{\infty}^* = 0.790$。

故有

$$I'' = I_0^* I_{d2} = 0.749 \times 10.997 = 8.237(\text{kA})$$

$$I_{0.2} = I_{0.2}^* I_{d2} = 0.704 \times 10.997 = 7.742(\text{kA})$$

$$I_{\infty} = I_{\infty}^* I_{d2} = 0.790 \times 10.997 = 8.688(\text{kA})$$

K_3 点短路时短路电流为

$$X_{\Sigma}^* = X_s^* + \frac{X_{l1}^*}{2} + \frac{X_T^*}{2} + \frac{X_L^* + X_{l2}^*}{2} = 0.214 + \frac{0.701}{2} + \frac{1.607}{2} + \frac{1.571 + 0.121}{2} = 2.214$$

查表 2-4 得 $t=0$、0.2s、4s 时，$I_0^* = 0.462$，$I_{0.2}^* = 0.440$，$I_{\infty}^* = 0.467$。

故有

$$I'' = I_0^* I_{d2} = 0.462 \times 10.997 = 5.081(\text{kA})$$

$$I_{0.2} = I_{0.2}^* I_{d2} = 0.440 \times 10.997 = 4.839(\text{kA})$$

$$I_{\infty} = I_{\infty}^* I_{d2} = 0.467 \times 10.997 = 5.136(\text{kA})$$

（二）单独变化法

综合变化法的实质是将各种类型的电源用一个等效发电机代替，供电系统用一个等值电抗代替。这种计算方法虽然简便，但是未考虑备电源与短路点间电气距离的不同及发电机类型的不同；而且除了有限容量的电源外，还可能有无限大容量的电源存在等情况。由于各种电源在类型和距离上的不同，它们向短路点供给的电源大小及其变化规律差异很大，常引起较大的计算误差。因此，对复杂供电系统的短路电流计算，需要采用单独变化计算方法。

单独变化法是将供电系统中的电源按一定原则划分为几组（通常为 2～3 组），每组用一个等值发电机来代替，并求出它的直接连于短路点的支路转移电抗，然后对各支路分别查相应的计算曲线，求出它们向短路点供给的短路电源；各支路电流之和就是短路点的实际短路电流。

发电机分组原则如下：

（1）同型式且至短路点电气距离大致相等的发电机分为一组。

（2）距短路点很远（计算电抗标幺值大于 1）的发电机为一组。

（3）容量为无限大的电源作为单独的一组。

（4）直接连于短路点的同一类型发电机分为一组。

具体计算步骤如下：

（1）作出供电系统的等值电路图，选取基准值（S_d 和 U_d），计算元件标幺电抗。在简化网络过程中要利用表 2-3 及等效发电机原理。对于等电位的点可直接短接，例如图 2-12 中的电抗器 L，在计算 K 点的短路电流时，因 G_1 与 G_2 及 T_1 与 T_2 电位相同，故 A 和 B 两点等电位，在等值电路图上即可直接将 A、B 两点连起来。图 2-12 中的各元件，在等值电路图 2-13（a）中，计算得到的元件标幺电抗为 X_1^*、X_2^*、X_3^*。

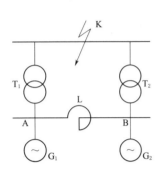

图 2-12　对称网路示例

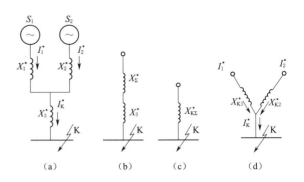

图 2-13　分布系数法

(a) 等值电路图；(b) 简化电路图；(c) 总的等值电抗；(d) 转移电抗

（2）采用分布系数法求各等效电源支路转移电抗。所谓分布系数，就是各有源支路供给的短路电流 I_n^* 与短路点总电流 I_Σ^* 之比，以 c_1、c_2、…表示。考虑到并联电路中电流分配与阻抗成反比的关系，对第 n 个支路的分布系数可按下式计算：

$$c_n = \frac{I_n^*}{I_\Sigma^*} = \frac{X_\Sigma^*}{X_n^*} \tag{2-57}$$

式中　X_Σ^*——全部支路并联电抗的标幺值；

　　　X_n^*——第 n 个支路的电抗标幺值。

对等值电路图 2-13（a），在简化电路图 2-13（b）中两电源支路的并联电抗为

$$X_\Sigma^* = \frac{X_1^* X_2^*}{X_1^* + X_2^*} \tag{2-58}$$

分布系数为

$$c_1 = \frac{X_\Sigma^*}{X_1^*} = \frac{X_2^*}{X_1^* + X_2^*}, \quad c_2 = \frac{X_\Sigma^*}{X_2^*} = \frac{X_1^*}{X_1^* + X_2^*} \tag{2-59}$$

计算电路图 2-13（c）中短路回路总的等值 $X_{K\Sigma}^* = X_\Sigma^* + X_3^*$，由 $X_{K\Sigma}^*$ 计算支路转移电抗。

所谓支路转移电抗，就是各电源到短路点的等值变换电抗，如图 2-13（d）所示。根据等效变换原则，变换后两个电源支路和短路点的电流应不变，并且满足：

$$X_{K\Sigma}^* = \frac{X_{K1}^* X_{K2}^*}{X_{K1}^* + X_{K2}^*} \tag{2-60}$$

同样，根据并联支路电流与电抗成反比关系有

$$\frac{I_1^*}{I_\Sigma^*} = \frac{X_{K\Sigma}^*}{X_{K1}^*} = c_1, \quad \frac{I_2^*}{I_\Sigma^*} = \frac{X_{K\Sigma}^*}{X_{K2}^*} = c_2 \tag{2-61}$$

式中　X_{K1}^*、X_{K2}^*——各电源与短路点间的转移电抗；

　　　$X_{K\Sigma}^*$——短路回路总的等值电抗，如图 2-13（c）所示。

在求得各支路电流分布系数后，可按下式计算支路转移电抗：

$$X_{K1}^* = \frac{X_{K\Sigma}^*}{c_1}, \quad X_{K2}^* = \frac{X_{K\Sigma}^*}{c_2} \tag{2-62}$$

在求得各支路转移电抗后，可按下式计算支路额定转移电抗：

$$X_{N,K1}^* = X_{K1}^* \frac{S_{N1}}{S_d}, \quad X_{N,K2}^* = X_{K2}^* \frac{S_{N2}}{S_d} \qquad (2-63)$$

式中　$X_{N,K1}^*$、$X_{N,K2}^*$——以支路发电机总额定功率为基准的计算电抗；

　　　　S_{N1}、S_{N2}——支路发电机的总额定功率；

　　　　S_d——短路计算时选取的基准功率。

然后，查各发电机相应的计算曲线，求出电源支路供给的短路电流 I_{1t}^*、I_{2t}^*，按式（2-55）和式（2-56）计算出各支路短路电流 I_{1t}、I_{2t}；各支路电流之和就是短路点的短路电流，即

$$I_{st} = I_{1t} + I_{2t} \qquad (2-64)$$

以上短路电流计算过程，可以开发出计算机程序或软件。泵站为单一的负荷，站内电气主接线图可以归纳成几种主接线模板后开发成短路电流计算软件，计算时直接选用，如图 2-14 所示。

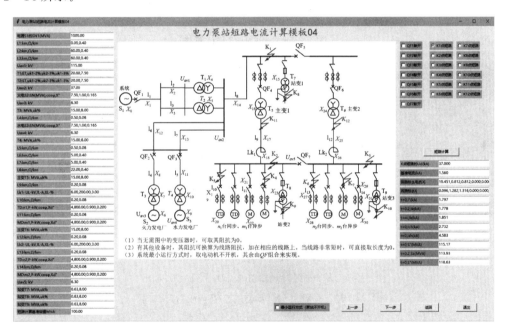

图 2-14　电力泵站三相对称短路电流计算软件

下面以实例来说明单独变化计算方法的计算过程。

【例 2-3】 某泵站的短路电流计算系统如图 2-15（a）所示。一个电源为无限大容量；另一个火电厂的总额定容量为 125MV·A，在 37kV 母线上的短路容量为 275MV·A。两条线路同时送电，两台变压器并联运行。求 K 点发生三相短路时的短路电流。

已知参数为：$S_1 = \infty$；$S_2 = 125\text{MV·A}$；$S_{K2} = 275\text{MV·A}$；$l_1 = 7\text{km}$，$x_{o1} = 0.4\Omega/\text{km}$；$l_2 = 4.5\text{km}$，$x_{o2} = 0.4\Omega/\text{km}$；$S_{N,T2} = 10000\text{kV·A}$，$u_K\% = 7.5\%$

解：（1）求各元件电抗值（为简便起见，标幺电抗的 * 号均省掉）。

取 $S_d = 100\text{MV·A}$

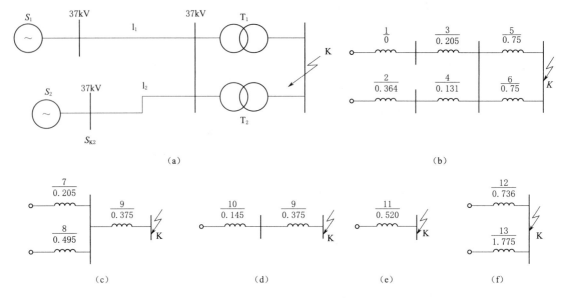

图 2 - 15　［例 2 - 3］计算图

$$S_1 = \infty, X_1 = 0$$

$$X_2 = \frac{S_d}{S_{K2}} = \frac{100}{275} = 0.364$$

$$X_3 = x_{o1} l_1 \frac{S_d}{U_d^2} = 0.4 \times 7 \times \frac{100}{37^2} = 0.205$$

$$X_4 = x_{o2} l_2 \frac{S_d}{U_d^2} = 0.4 \times 4.5 \times \frac{100}{37^2} = 0.131$$

作等值电路图，如图 2 - 15（b）所示。

（2）求回路总的合成电抗，如图 2 - 15（c）～（e）所示。

$$X_7 = X_1 + X_3 = 0 + 0.205 = 0.205$$

$$X_8 = X_2 + X_4 = 0.364 + 0.131 = 0.495$$

$$X_9 = X_5 /\!/ X_6 = 0.75/2 = 0.375$$

$$X_{10} = X_7 /\!/ X_8 = \frac{0.205 \times 0.495}{0.205 + 0.495} = 0.145$$

$$X_{11} = X_9 + X_{10} = 0.375 + 0.145 = 0.52$$

$$X_5 = X_6 = u_K\% \frac{S_d}{S_T} = 0.075 \times \frac{100}{10} = 0.75$$

（3）求分布系数。由于电源 S_1 和 S_2 距离不同，而且电源性质也截然不同，故应采用"单独变化法"计算。

$$c_1 = \frac{X_{10}}{X_7} = \frac{0.145}{0.205} = 0.707$$

$$c_2 = \frac{X_{10}}{X_8} = \frac{0.145}{0.495} = 0.293$$

验算：$c_1 + c_2 = 0.707 + 0.293 = 1$，计算正确。

（4）求支路转移电抗，如图 2-15（f）所示。

$$X_{12} = \frac{X_{11}}{c_1} = \frac{0.52}{0.707} = 0.736$$

$$X_{13} = \frac{X_{11}}{c_2} = \frac{0.52}{0.293} = 1.775$$

（5）求支路的计算电抗。

S_1 支路，由于 $S_1 = \infty$，故不必再求计算电抗。

S_2 支路，$X_{N2} = X_{13} \dfrac{S_2}{S_d} = 1.775 \times \dfrac{125}{100} = 2.219$。

（6）求 K 点短路时各短路电流。无限大容量电源 S_1 提供的短路参数为

$$I_{K1}^* = \frac{1}{X_{12}} = \frac{1}{0.736} = 1.359, \quad S_1 = \infty$$

$$I'' = I_{0.2} = I_\infty = I_{K1}^* \frac{S_d}{\sqrt{3} U_{av}} = 1.359 \times \frac{100}{\sqrt{3} \times 6.3} = 12.454(\text{kA})$$

$$S_{0.2} = S_\infty = I_{K1}^* S_d = 1.359 \times 100 = 135.9(\text{MV} \cdot \text{A})$$

$$i_{sh} = 2.55 I'' = 2.55 \times 12.454 = 31.758(\text{kA})$$

$$I_{sh} = 1.52 I'' = 1.52 \times 12.454 = 18.930(\text{kA})$$

火电厂 S_2 提供的短路参数为

$$I_{N2} = \frac{S_2}{\sqrt{3} U_{av}} = \frac{125}{\sqrt{3} \times 6.3} = 11.455(\text{kA})$$

由 $X_{N2} = 2.219$，查表 2-4 得

$$I_0^* = 0.461, I_{0.2}^* = 0.439, I_\infty^* = 0.466$$

$$I'' = I_0^* I_{N2} = 0.461 \times 11.455 = 5.281(\text{kA})$$

$$I_{0.2} = I_{0.2}^* I_{N2} = 0.439 \times 11.455 = 5.029(\text{kA})$$

$$I_\infty = I_\infty^* I_{N2} = 0.466 \times 11.455 = 5.338(\text{kA})$$

$$S_{0.2} = I_{0.2}^* S_2 = 0.439 \times 125 = 54.875(\text{MV} \cdot \text{A})$$

$$i_{sh} = 2.55 I'' = 2.55 \times 5.281 = 13.467(\text{kA})$$

$$I_{sh} = 1.52 I'' = 1.52 \times 5.281 = 8.027(\text{kA})$$

短路点 K 的短路参数为

$$I'' = 12.454 + 5.281 = 17.735(\text{kA})$$

$$I_{0.2} = 12.454 + 5.029 = 17.483(\text{kA})$$

$$I_\infty = 12.454 + 5.338 = 17.792(\text{kA})$$

$$S_{0.2} = 135.9 + 54.875 = 190.775(\text{MV} \cdot \text{A})$$

$$i_{sh} = 31.758 + 13.467 = 45.225(\text{kA})$$

$$I_{sh} = 18.930 + 8.027 = 26.957(\text{kA})$$

第四节　大功率电动机对短路电流的影响

泵站供电系统的负荷主要是交流的异步电动机和同步电动机。当系统突然发生三相短路时，由于电网电压下降，正在运行的电动机的反电势大于电网电压。电动机变为发电机运行状态，成为一个附加电源，向短路点馈送电流。下面分析电动机负载对短路电流的影响。

一、同步电动机对短路电流的影响

同步电动机的运行状态分过励磁和欠励磁。在过励磁状态下，当短路时，其次暂态电势 E'' 大于外加电压，不论短路点在何处，都可作为发电机看待。对于欠励磁的同步电动机，只有在短路点很近，电压降低相当多时，才能变为发电机，向短路点供给短路电流。一般在同一地点装机总功率大于 1000kW 时，才作为附加电源考虑。

同步电动机所供给的短路电流计算方法与同步发电机相同，但是同步电动机的次暂态电抗与同步发电机不同，计算时应单独进行。次暂态电抗值可选用表 2-6 中的平均值。

表 2-6 X'' 和 E'' 的平均值（额定情况下的标幺值）

电动机类型	X''	E''	电动机类型	X''	E''
汽轮发电机	0.125	1.08	同步电动机	0.200	1.10
水轮发电机（有阻尼绕组）	0.200	1.13	同步补偿机	0.200	1.20
水轮发电机（无阻尼绕组）	0.270	1.18	异步补偿机	0.200	0.90

同步电动机一般是凸极式的，其结构与有阻尼绕组的水轮发电机相似；若是带有强励磁，则与发电机的自动电压调整器相似。因此，在计算同步电动机提供的短路电流周期分量标幺值时，可查表 2-5 水轮发电机运算曲线数值表。对于同步补偿机，因其结构与汽轮发电机相似，可查表 2-4 汽轮发电机运算曲线数值表。

同步电动机的时间常数 T_M 与制作运行曲线所采用的标准发电机的时间常数 T_G 不同，故不能用实际短路时间 t 查曲线，而是采用换算时间 t'。

$$t' = t \frac{T_G}{T_M} \tag{2-65}$$

计算曲线中发电机标准时间常数 T_G，对汽轮机取为 7s，水轮机为 5s；对于同步电动机，当定子开路时，励磁绕组的时间常数平均值均 $T_M = 2.5s$，故有

$$t' = t \frac{5}{2.5} = 2t \tag{2-66}$$

二、异步电动机对短路电流的影响

异步电动机的定子结构和同步电动机的定子是一样的，转子（以鼠笼式为例）的结构与同步电动机的阻尼绕组相似。因此，在计算靠近电动机处发生三相短路的冲击电流时，亦应把异步电动机作为附加电动势来考虑。

当电网发生三相短路时，短路点的电压为零，接在短路点附近的异步电动机因端电压

的消失而转速下降，但由于惯性转速不会立即下降到零，故此出现电动机的反电动势大于该点电网的剩余电压，电动机相当于发电机，向短路点反馈电流，如图 2-16 所示。

异步电动机向短路点反馈的冲击电流为

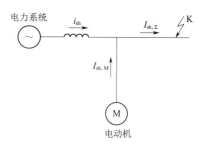

$$i_{\mathrm{sh,M}}=\sqrt{2}\frac{E''^*_{\mathrm{M}}}{X''^*_{\mathrm{M}}}k_{\mathrm{sh,M}}I_{\mathrm{N,M}} \qquad (2-67)$$

式中　E''^*_{M}——异步电动机的次暂态电动势，一般为 0.9；

　　　X''^*_{M}——异步电动机的次暂态电抗，$X''^*_{\mathrm{M}}=1/I^*_{\mathrm{st,M}}$，$I^*_{\mathrm{st,M}}$ 为电动机启动电流对其额定电流的标幺值，一般可取 5 倍，此时 $X''^*_{\mathrm{M}}=0.2$；

图 2-16　计算异步电动机端点上
短路时的短路电流

　　　$I_{\mathrm{N,M}}$——异步电动机的额定电流，$I_{\mathrm{N,M}}=\dfrac{P_{\mathrm{N,M}}}{\sqrt{3}U_{\mathrm{N,M}}\eta\cos\varphi}$；

　　　$k_{\mathrm{sh,M}}$——短路电流冲击系数，对高压电动机取 1.4～1.6，对低压电动机取 1。

因为异步电动机供给的反馈短路电流衰减很快，所以只考虑对短路冲击电流的影响。计及异步电动机的反馈冲击电流 $i_{\mathrm{sh,M}}$ 后，系统短路电流冲击值为

$$i^{(3)}_{\mathrm{sh,\Sigma}}=i^{(3)}_{\mathrm{sh}}+i_{\mathrm{sh,M}} \qquad (2-68)$$

在实际的工程计算中，对短路点附近的容量在 100kW 以上的感应电动机，或总容量在 100kW 以上的电动机群，当 $i_{\mathrm{sh,M}}$ 值为短路冲击电流 $i^{(3)}_{\mathrm{sh}}$ 的 5% 以上时，须考虑其影响。

第五节　短路电流的热效应

一、概述

发生短路时，尽管短路电流流过电气设备的时间很短，但由于短路电流比正常工作电流大许多倍，仍可能使导体的温度上升到危险的数值。

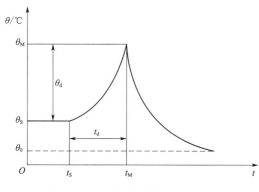

图 2-17 所示为均质导体在突然短路后的发热过程，从短路开始到短路被切除的极短时间内，导体的温度从初始值直接上升到 θ_{M}。在短路切除后，再从 θ_{M} 自然冷却到周围环境温度 θ_0。

图 2-17　短路时导体的发热过程

短路时载流导体发热计算的目的在于确定短路时导体的最高温度 θ_{M}，它不应超过表 2-7 所示的材料短时，发热最高容许温度。当满足这个条件时，则认为导体在流过短路电流时，是热稳定的。

表 2 - 7　　　　　　　　　　**母线材料的发热容许温度及发热系数**

母线材料	正常发热最高温度/℃	短时发热最高容许温度/℃	系数 C
铜	70	300	165×10^6
铝	70	200	88×10^6
钢（不直接与设备连接）	70	400	70×10^6
钢（直接与设备连接）	70	300	60×10^6

与正常运行时的发热计算比，短路时导体的发热计算具有下列特点：

（1）由于短路电流的持续时间很短，还来不及向周围的导体散热，因而可以认为导体内部产生的热量全部用来使导体温度升高，换言之，短路时发热计算是按绝热过程来处理的。

（2）由于短路时导体的温升很高，即温度的变化幅度较大，故应考虑导体的电阻和比热随温度而变化的函数关系。

二、短路时最高发热温度的计算

短路时导体发热的热平衡方程为

$$I_t^2 R_\theta \mathrm{d}t = C_\theta m \mathrm{d}t \tag{2-69}$$

其中

$$R_\theta = \rho_0 (1 + \alpha\theta) \frac{l}{S}, \quad C_\theta = C_0 (1 + \beta\theta)$$

式中　I_t——短路电流全电流的有效值，A；

　　　R_θ——温度为 θ℃时导体的电阻，Ω；

　　　C_θ——温度为 θ℃时导体的比热容，J/(kg·℃)；

　　ρ_0、C_0——0℃时导体材料的电阻率和比热容；

　　α、β——ρ_0 与 C_0 的温度系数，1/℃；

　　　l——导体的长度，m；

　　　S——导体的截面积，m^2。

如设 ρ_m 为导体材料的密度（$\mathrm{kg/m}^3$），则质量 $m(\mathrm{kg})$ 可以用下式来表示：

$$m = \rho_\mathrm{m} S l \tag{2-70}$$

如将 R_θ、C_θ、m 的值代入式（2 - 69），经变换后可得

$$\frac{1}{S^2} I_t^2 \mathrm{d}t = \frac{C_0 \rho_m}{\rho_0} \left(\frac{1 + \beta\theta}{1 + \alpha\theta} \right) \mathrm{d}\theta \tag{2-71}$$

对上式的两端取积分，左端的积分为从 0 到 t（短路切除时间），右端的积分为从导体的起始温度 θ_S 到最高温度 θ_M，即可得

$$\frac{1}{S^2} \int_0^t I_t^2 \mathrm{d}t = \frac{C_0 \rho_m}{\rho_0} \int_{\theta_\mathrm{S}}^{\theta_\mathrm{M}} \frac{1 + \beta\theta}{1 + \alpha\theta} \mathrm{d}\theta \tag{2-72}$$

上式的左端与短路电流发出的热量成比例，称为短路电流的热脉冲，用 Q_k 来表示，其具体计算方法见后，对右端部分取积分后可得

$$\frac{C_0\rho_m}{\rho_0}\int_{\theta_S}^{\theta_M}\frac{1+\beta\theta}{1+\alpha\theta}d\theta = A_M - A_S \tag{2-73}$$

$$A_M = \frac{C_0\rho_m}{\rho_0}\left[\frac{\alpha-\beta}{a^2}\ln(1+\alpha\theta_M) + \frac{\beta}{\alpha}\theta_M\right] \tag{2-74}$$

$$A_S = \frac{C_0\rho_m}{\rho_0}\left[\frac{\alpha-\beta}{a^2}\ln(1+\alpha\theta_S) + \frac{\beta}{\alpha}\theta_S\right] \tag{2-75}$$

因而，式（2-72）可写成

$$Q_k = S^2(A_M - A_S) \tag{2-76}$$

$$A_M = \frac{1}{S^2}Q_k + A_S \tag{2-77}$$

通常把 $S^2(A_M - A_S)$ 称为导体的温度由 θ_S 上升到 θ_M 时的短路电流热脉冲，从式（2-74）、式（2-75）可知，其值与导体的材料和温度有关。为了简化 A_M 与 A_S 的计算，按各种材料的平均参数作成如图 2-18 所示的 $\theta=f(A)$ 曲线，计算时直接查用。

用 $\theta=f(A)$ 曲线来计算 θ_M 的过程如下：

（1）由已知导体的起始温度 θ_S（通常取为正常运行时的最高容许温度）从相应导线材料的曲线上查出 A_S。

（2）将 A_S 和计算求出的 Q_k 值代入式（2-77）可求得 A_M。

（3）由 A_M 再从曲线上可查出 θ_M 值。

以上过程可采用计算机编程的插值法或拟合法进行计算。

三、短路电流热脉冲的计算

如上所述，可以根据式（2-72）来求短路电流的热脉冲。为此，必须先求出 $I_t = f(t)$，再按 I_t^2 进行积分。但短路电流的变化规律是非常复杂的，一般难以用简单的解析式来表示。目前工程上常采用近似计算法来计算短路电流热脉冲，"等值时间法"就是一种近似计算法。

等值计算法的原理是：根据短路电流随时间变化的关系作出 $I_t^2 = f(t)$ 曲线，如图 2-19 所示，设短路持续时间为 t，则面积 $OMBC$ 就等于 $\int_0^t I_t^2 dt$，只要取适当的比例尺，该面积即可代表导体在短路过程中所发出的热量。

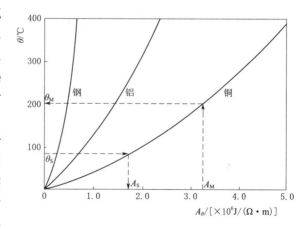

图 2-18　确定导体温度的 $\theta=f(A)$ 曲线

假定流过导体的电流始终是稳态短路电流 I_∞，如选取一定的通过时间 t_{eq}，并假定 $I_\infty^2 t_{eq} = \int_0^t I_t^2 dt$，则 t_{eq} 称为短路发热的等值时间，于是式（2-76）可写为

$$Q_k = I_\infty^2 t_{eq} = S^2(A_M - A_S) \tag{2-78}$$

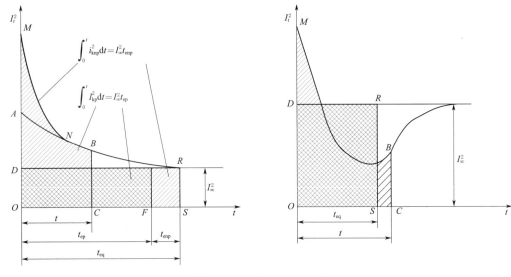

图 2 - 19　$I_t^2 = f(t)$ 曲线

或

$$\frac{I_\infty}{S^2} t_{eq} = S^2 (A_M - A_S) \qquad (2-79)$$

由于短路时导体的发热量是由短路全电流所决定的，其中包括周期分量 I_{kp} 与非周期分量 i_{knp}，由于两个分量的变化规律各不相同，所以分开计算较为方便。于是，相应的等值时间也可分为两部分，即

$$Q_k = \int_0^t (I_{kp}^2 + i_{knp}^2) dt = I_\infty^2 t_{eq} = I_\infty^2 (t_{ep} + t_{enp}) \qquad (2-80)$$

$$t_{eq} = t_{ep} + t_{enp} \qquad (2-81)$$

式中　t_{eq}——短路发热的等值时间，s；

　　　　t_{ep}——对应于短路电流周期分量的等值时间，s；

　　　　t_{enp}——对应于短路电流非周期分量的等值时间，s。

短路电流周期分量的等值时间 t_{ep} 除了与短路电流的持续时间有关外，还与短路电流的衰减特性有关，$\beta'' = I''/I_\infty$ 的比值越大，则 t_{ep} 就越大。因此，当发电机没有装设自动调节励磁装置时，t_{ep} 常大于 t；反之，当装设有自动调节励磁装置时，则 t_{ep} 将小于 t。在实际计算时，根据发电机短路特性绘成如图 2 - 20 所示的 $t_{ep} = f(t, \beta'')$ 曲线，使用时根据短路电流的持续时间 t 和 β''，即可以方便地确定 t_{ep} 的值。

图 2 - 20 的曲线是根据装有自动调节励磁装置的汽轮发电机和水轮发电机的短路电流周期分量衰减曲线的平均值而制作的。由于该曲线所用的电动机参数与特性均较陈旧，对于装有新型大容量机组的电力系统，如用该曲线进行计算必将产生较大的误差，对此，可通过短路电流的计算机编程计算来解决。

图 2 - 20 中给出了 $t \leqslant 5s$ 的曲线，可以认为在 5s 以后短路电流已不再变化，而维持在 I_∞，在 $t = 5s$ 的曲线上查得 $t_{ep(5'')}$，再按下式计算 t_{ep}。

$$t_{ep} = t_{ep(5'')} + (t-5) \qquad (2-82)$$

下面推求短路电流非周期分量的等值时间 t_{enp} 的确定。根据式（2-80），非周期分量的热脉冲为

$$Q_{knp} = \int_0^t i_{knp}^2 \mathrm{d}t = I_{\infty}^2 t_{enp} \qquad (2-83)$$

由于非周期分量的表达式为

$$i_{knp} = \sqrt{2}\, I'' e^{-\frac{t}{T_a}} \qquad (2-84)$$

代入式（2-83），积分经整理后可得

$$Q_{knp} = I_{\infty}^2 t_{enp} = T_a I''^2 (1 - e^{-\frac{2t}{T_a}}) \qquad (2-85)$$

式中 T_a——非周期分量衰减的时间常数，
其平均值为 $0.05\mathrm{s}$。

当 $t > 0.1\mathrm{s}$ 时，$e^{-\frac{2t}{T_a}} \approx 0$，于是式（2-82）可简化为

$$t_{enp} = 0.05 \frac{I''^2}{I_{\infty}^2} = 0.05\beta''^2 \qquad (2-86)$$

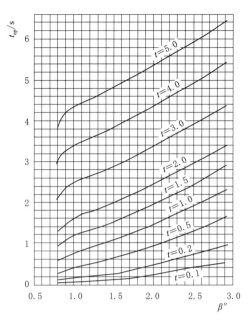

图 2-20 短路电流周期分量的等值时间曲线
（发电机装有自动调节励磁装置）

由于短路电源的非周期分量衰减很快，当 $t > 1\mathrm{s}$ 时，导体的发热将主要由短路电流的周期分量决定，可不计及非周期分量影响，但当短路切除时间 $t < 1\mathrm{s}$ 时则必须计及。

将式（2-86）代入式（2-80），得到总的短路热脉冲的计算式，即

$$Q_k = I_{\infty}^2 (t_{ep} + 0.05\beta''^2) \qquad (2-87)$$

四、载流导体和电器的热稳定校验

通常，把载流导体和电气耐受短路电流的热效应不致损坏的能力称为它们的热稳定性。而载流导体的热稳定性是以短路时导体的发热温度不超过该导体短路时的最高容许温度来衡量的。

为了简化计算，通常应用按照稳定条件求出的导体最小容许截面 S_{min} 来校验母线的稳定性，当所选导体的截面大于或等于 S_{min} 时，便认为是热稳定的；反之，就不是热稳定的。

若取短路发热最高温度 θ_M 等于短路发热的最高容许温度 θ_{MP}，导体的起始温度 θ_S 等于正常的容许温度 θ_{cx}，由图 2-18 的曲线可查得对应于 θ_{MP} 及 θ_{cx} 的 A_{MP} 和 A_{cx} 值，根据式（2-76）可得

$$S_{min} \geqslant \frac{I_{\infty}}{C} \sqrt{t_{eq}} \qquad (2-88)$$

式中 S_{min}——导体最小容许截面，m^2；

C——与导体材料及容许发热有关的参数，$C = \sqrt{A_{MP} - A_{cx}}$，参见表 2-7。

对于高压电器，由于结构复杂，一般是制造厂家所给出的 t 秒内的热稳定电流 I_{th}，其稳定条件应为

$$I_{th} \geq I_\infty \sqrt{t_{eq}/t} \qquad (2-89)$$

第六节 短路电流的电动力效应

一、概述

电力系统中的电气设备和载流导体，当电流流过时因电磁感应相互之间存在作用力，称为电动力。正常运行时因工作电流不大，所以电动力不易被察觉。发生短路时，特别是流过冲击电流的瞬间，产生电动力最大，可能导致导体变形或破坏电气设备，所以电气设备和载流导体必须有足够承受电动力的能力，即动稳定性。

对于形状比较简单的导体所受到的电动力，按下式求得。

$$F = BIL\sin\alpha \qquad (2-90)$$

式中　F——导体所受到的电动力，N；

　　　L——导体长度，m；

　　　B——磁感应强度，Wb/m²；

　　　I——通过导体的电流，A；

　　　α——导体与磁感应强度间的夹角，(°)。

二、两平行导体间的电动力

设两根平行导体的长度为 L，中心距离为 a（$a \ll L$），导体的截面尺寸很小（导线截面半径 $r \ll a$），分别流过电流 i_1、i_2。导体 1 中电流 i_1 在导体 2 处产生的磁感应强度为

$$B_1 = \mu_0 \mu_r \frac{i_1}{2\pi a} = 2 \times 10^{-7} \frac{i_1}{a} \qquad (2-91)$$

式中　B_1——磁感应强度，Wb/m²；

　　　μ_0——真空磁导率，$\mu_0 = 4\pi \times 10^{-7}$H/m；

　　　μ_r——空气相对磁导率，$\mu_r \approx 1$。

因两导体平行，故导体 2 与磁感应强度 B_1 相垂直，当导体 2 中有电流 i_2 通过时，便受到电动力 F_2 的作用，其大小由式（2-90）求得，其方向由左手定则确定，如图 2-21 所示。

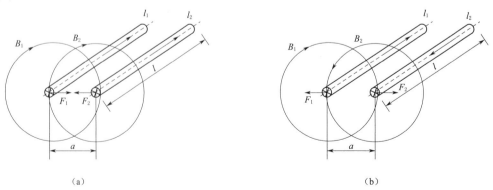

(a)　　　　　　　　　　　　(b)

图 2-21　两条平行载流导体间的电动力
(a) 电流同向；(b) 电流反向

根据式（2-90），导体 2 受到的电动力为

$$F_2 = B_1 i_2 L \sin 90° = 2 \times 10^{-7} i_2 i_1 L/a \qquad (2-92)$$

同理，导体 1 受到的电动力为

$$F_1 = B_2 i_1 L \sin 90° = 2 \times 10^{-7} i_2 i_1 L/a \qquad (2-93)$$

导体 1 和导体 2 所受的电动力相等，但方向相反，并且当 i_1、i_2 同向时两力相吸，电流方向相反向时两力相斥。

式（2-93）适用于计算圆形实心或空心导体间的作用力。对非圆形截面，如矩形截面，或者截面尺寸与导体间距相比不可忽略时，应用该式计算会有较大误差，需加以修正。

$$F = 2 \times 10^{-7} K i_2 i_1 L/a \qquad (2-94)$$

式中　K——母线的形状系数。

形状系数 K 与母线的形状及相互位置有关。对矩形截面，设 b、h 是导体的尺寸，a 是导体中心轴间的距离，则 K 是 $m = (a-b)/(b+h)$ 的函数，如图 2-22 中所示的曲线。从图 2-22 可见，K 值在 0~1.4 范围内变化，当 $(a-b)/(b+h) \geqslant 2$ 时，即当母线间距等于或大于母线周长时，系数约等于 1，在这种情况下，可不考虑对形状的修正。

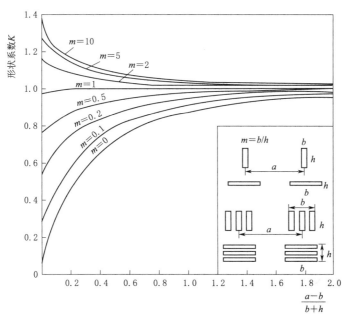

图 2-22　矩形母线的形状系数曲线

三、三相平行母线短路时的电动力

泵站及变电所中，大多数是三相导体布置于同一平面内。在这种情况下，边缘相和中间相的导体所受的力并不相同，首先需要通过分析来确定哪一相受到电动力最大。

当三相电流 i_A、i_B、i_C 通过三相母线时，交流电波形如图 2-23（a）所示。如果 A、B、C 三相是平行导体，则每一相会因处于另外两相电流所产生的磁场中而受到电动力影响。以图 2-23（b）中 B 相受电动力为例，电流方向以向下为正，合力以向左为正，

则有

$$F_B = F_{BA} - F_{BC} = 2 \times 10^{-7} K i_B \left(\frac{i_A}{a_{AB}} - \frac{i_C}{a_{BC}} \right) L \qquad (2-95)$$

因三相电流 i_A、i_B、i_C 完全对称，A、B 相间距离 a_{AB} 和 B、C 相间距离 a_{BC} 均 a，而 A、C 相间距离为 $2a$，故最大电动力只能出现在 B 相，电动力与 $i_B(i_A - i_C)$ 呈正比。图 2-23 （a）中给出了 $i_B(i_A - i_C)$ 的波动线，在 t_1 时刻 $i_B(i_A - i_C)$ 具有最大绝对值，B 相所受电动力 $F_{BA} - F_{BC}$ 合力最大；而在 t_2 时刻 $i_B(i_A - i_C) = 0$，B 相所受电动力的合力 $F_{BA} - F_{BC}$ 为 0。

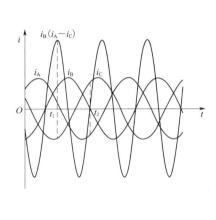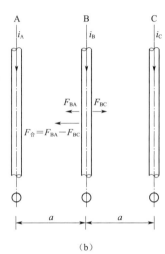

(a)　　　　　　　　　　　　　　　　　　(b)

图 2-23　三相母线电流及电动力分布

（a）三相电流波形；（b）B 相所受电动力

设 $i_B = I_m \sin(\omega t + \alpha)$，则 $i_A = I_m \sin \left(\omega t + \alpha + \frac{2\pi}{3} \right)$，$i_C = I_m \sin \left(\omega t + \alpha - \frac{2\pi}{3} \right)$，代入式 （2-95），有

$$F_B = -\sqrt{3} \times 10^{-7} I_m^2 \sin(2\omega t + 2\alpha) L / a \qquad (2-96)$$

分析式 （2-96）可知，当 $\omega t + \alpha = 3\pi/4$ 时，B 相所受电动力最大。

当发生短路时，母线间产生电动力最严重的时刻是通过冲击电流的瞬间，虽然仅是短路过程某一瞬间出现的最大电动力 F_{max}，但泵站及变电所中一切电气设备都必须按照能够承受 F_{max} 为条件来检验其机械强度的稳定性。

显然，式 （2-96）中的 I_m 取为冲击电流 $i_{sh,B}$ 时出现的最大电动力 F_{max}。因最大的冲击短路电流只可能发生在一相内，如 $i_{sh,B}$ 最大，则 $i_{k,A}$、$i_{k,C}$ 将比 $i_{sh,B}$ 小。按最不利情况考虑，忽略 $i_{sh,B}$ 最大时 A、C 两相冲击短路电流中周期分量的不同相和非周期分量的不同值，即近似认为 $i_{sh,B} = i_{sh,A} = i_{sh,C}$。

由式 （2-96）得到三相平等母线短路时的电动力 F_{max}，即

$$F_{max} = 1.73 \times 10^{-7} K i_{sh}^2 \beta L / a \qquad (2-97)$$

式中　L、a——载流导体的跨距和相间中心距离，m；

　　K、β——母线的形状系数和振动系数；

　　i_{sh}——三相短路冲击电流，A。

从图 2-23（a）中可看出，如交变电流 i 的角频率为 ω，则 $i_B(i_A-i_C)$ 的角频率为 2ω，故电动力 F 中将有角频率为 2ω 的周期分量出现，即电动力的振动频率为 $100\mathrm{Hz}$，可能引起母线共振。

对于单跨距母线系统，其固有振荡频率 f（Hz）为

$$f=\frac{35}{L^2}\sqrt{EJ_p/m_0} \tag{2-98}$$

式中　L——母线夹之间的跨距；

　　　E——母线的弹性模量；

　　　J_p——垂直于弯曲方向的母线惯性矩，对于矩形截面的母线，$J_p=bh^3/12$（母线平放），或 $J_p=hb^3/12$（母线立放）；

　　　b——母线截面的厚度；

　　　h——母线截面的宽度；

　　　m_0——母线单位长度的质量。

单条的母线及母线组中各单条母线，其共振频率范围为 $35\sim135\mathrm{Hz}$。当母线电动力的自振频率无法限制在共振频率范围以外时，计算母线的受力必须乘以振动系数 β，β 值可从图 2-24 或有关手册中振动系数曲线查得。导体的固有振动频率低于 $30\mathrm{Hz}$ 或高于 $160\mathrm{Hz}$ 时，β 约等于 1，即不考虑共振影响。

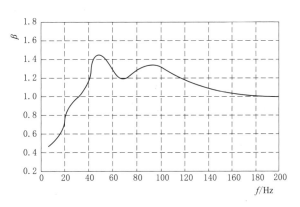

图 2-24　母线的振动系数

习　　题

　　（1）电力短路的种类有_____、_____、_____和_____，其中属对称短路的是_____。

　　（2）在同一点发生同一类型的短路时，如果短路电流最大，则电力系统的运行方式称为_____；如果短路阻抗最大，则电力系统的运行方式称为_____。

　　（3）短路时总要伴随产生很大的_____，同时系统中_____降低。

　　（4）在暂态过程中短路电流一般包含两个分量：一是_____分量；二是_____分量。

　　（5）短路功率标幺值与短路电流标幺值的关系是_____；短路电流标幺值与阻抗标幺值是_____关系。

　　（6）短路电流的热效应计算采用短路电流_____值，短路电流的电动力效应计算采用短路电流_____值。

（7）高压输电线路的故障，绝大部分是（　　）。

A. 单相接地短路　　　B. 两相接地短路　　　C. 三相短路　　　D. 两相相间短路

（8）短路电流的计算按系统内（　　）进行。

A. 正常运行方式　　　B. 最小运行方式　　　C. 最大运行方式　D. 满足负荷运行方式

（9）220kV 系统短路计算的基准电压为（　　）。

A. 220kV　　　　　B. 242kV　　　　　C. 230kV　　　　　D. 200kV

（10）如图 2-25 所示为某供电系统，A 是电源母线，通过两路架空线 l_1 向设有两台主变压器 T 的变电所 35kV 母线 B 供电。6kV 侧母线 C 通过串有电抗器 L 的两条电缆 l_2 向变电所 D 供电。整个系统并联运行，有关参数见图注。试用标幺值法求 K_3 点的短路电流。

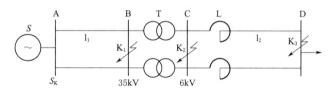

图 2-25

电源 S：$S_k=575MV \cdot A$；

变压器 T：$2 \times 5600kV \cdot A/35kV$；$U_k\%=8\%$；电抗器 L：$U_{N.L}=6kV$，$I_{N.L}=300A$，$X_L\%=4.5\%$；

线路 l_1：$l_1=50km$，$x_{o1}=0.5\Omega/km$；线路 l_2：$l_2=5km$，$x_{o2}=0.08\Omega/km$。

第三章　高压电气设备选择

在泵站供配电系统中，高压电气设备对电能起着接收、分配、控制与保护等作用，本章介绍断路器、隔离开关、负荷开关、熔断器、互感器、母线装置等主要高压电气设备及其选择方法。

第一节　开　关　电　弧

断路器是电力系统中能够关合、承载和开断正常回路条件下的电流，并能在规定的时间内关合、承载和开断异常回路条件下的电流的开关装置。断路器在开断电路时，其动、静触头逐渐分开，构成间隙；在电源电压作用下，触头间隙中的介质被击穿导电，形成电弧。电弧是电气设备开断过程中的必然现象。断路器性能好坏，其灭弧性能占有重要的地位。为此，研究各种开关电弧发生与熄灭基本规律是十分必要的。

一、电弧的发生

并不是所有的电气设备在开断时都会有电弧出现，电弧的产生和电压电流值的大小是直接相关的。当开关电器开断电路时，若触头间电压达到 $10 \sim 20V$、电流达到 $80 \sim 100mA$ 时，在触头刚刚分离后，触头之间就会产生强烈的白光，这种现象称为电弧。电弧是由于弧柱内带电粒子的定向运动而形成的，实质就是一种气体放电的现象。

(一) 电弧的产生

电弧产生的过程可以概括为：当触头开始分离时，由于触头间间隙很小，会形成很高的电场强度，阴极触头表面在强电场作用下发射电子，发射的电子在触头电压作用下产生碰撞游离，就形成了电弧。同时，在高温的环境下，阴极发生热电子发射，并在介质中发生热游离，使电弧维持和发展。

1. 强电场发射

断路触头分开的瞬间，间隙很小，电源电压加在这小间隙上，电场强度很大。当电场强度超过 300 万 V/m 时，阴极触头表面的电子就可能在强电场力的作用下，被拉出金属表面成为自由电子，在强电场作用下加速向阳极移动。这种现象称为强电场发射，是弧隙间最初产生电子的原因。

2. 碰撞游离

从阴极表面发射出来的自由电子，在触头间电场力的作用下加速运动，不断与间隙中的中性气体质点（原子或分子）撞击。如果电场足够强，自由电子的动能足够大，碰撞时就能将中性原子外层轨道上的电子撞击出来，脱离原子核内正电荷吸引力的束缚，成为新的自由电子。失去自由电子的原子则带正电，称为正离子。新的自由电子又在电场中加速积累动能，去碰撞另外的中性原子，产生新的电离，碰撞电离不断进行、不断加剧，带电质点成倍增加，如图 3-1 所示，在极短的时间内，大量的自由电子和正离子出现，在触头间隙形成强烈的放电现象，形成电弧，这种现象称为碰撞游离，又称电场电离。

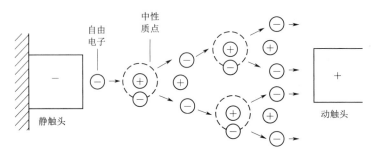

图 3-1　碰撞游离

　　介质的中性质点若要产生碰撞游离，电子自身的动能必须大于游离能（游离电位）。当电子动能小于游离能时发生碰撞，只能使中性质点激励。所谓激励就是电子碰撞中性质点时，使中性质点中的电子获得部分动能而加速运动，但尚不能脱离原子核的束缚成为自由电子。如果质点受到多次碰撞，因总的动能大于游离能而产生的游离，称为积累游离。

　　因此，要使电弧易于熄灭，应在触头间隙中充以游离电位高的介质，如氢、六氟化硫等。在断路器中，用油作灭弧介质，或用固体有机物作灭弧隔板，就是因为它们在电弧高温下能分解出游离电位高的氢气，易于灭弧。

　　3. 热电子发射

　　在开关触头刚分离时，动静触头之间的接触压力和接触面积不断减小，接触电阻迅速增大，使接触处剧烈发热，局部高温使此处电子获得动能，阴极金属材料中的电子获得动能，可能发射出来成为自由电子，这种现象称为热电子发射。特别是电弧形成后的高温使阴极表面出现强烈的炽热点，不断地发射出电子，在电场力的作用下做加速运动。

　　4. 热电离维持

　　触头间隙在发生碰撞电离后，形成电弧并产生高温。温度增高时，介质中的粒子运动速度也随之增大，就可能使原子外层轨道的电子脱离原子核内正电荷的束缚力成为自由电子，这种电离方式称为热电离。介质温度越高，粒子运动速度越大，原子热电离的可能性也越大，从而供给弧隙大量的电子和正离子，维持电弧稳定燃烧。弧柱导电就是靠热电离来维持的。

　　电弧发生的过程中，弧隙温度剧增，形成电弧后弧柱温度可达 6000～7000℃，甚至会达到 10000℃ 以上。在高温作用下，弧隙内中性质点的热运动加剧，可获得大量的动能；当其相互碰撞时，会生成大量的电子和离子，这种由热运动而产生的游离称为热游离。

　　一般气体开始发生热游离的温度为 9000～10000℃，金属蒸气的游离能较小，其热游离温度为 4000～5000℃。在开关电器的电弧中总有一些金属蒸气，而弧心温度总大于 4000～5000℃，所以当电弧形成后，弧隙电压剧降，维持电弧需要靠热游离子。

　　（二）弧隙电压分布

　　电弧的弧隙电压分布如图 3-2 所示，由阴极区 U_{ca}、阳极区 U_{an}、弧柱区 U_{ac} 三部分组成。对于短电弧（几毫米），电弧电压主要由阴极、阳极区的电压降组成，而弧柱电压降所占比重很小。对于长电弧（几厘米以上），电弧电压主要决定于弧柱的电压降。

在真空环境下，由于弧隙间气体介质非常稀薄，可以近似认为在电弧形成过程中几乎不能有效产生碰撞游离和热游离现象，电弧只能依靠强大的电场来维持电弧的持续燃烧。

（三）电弧的危害

（1）电弧的温度都比较高，这就可能烧坏电器触头和触头周围的其他部件；对充油设备还可能引起着火甚至爆炸等危险，危及电力系统的安全运行，造成人员的伤亡和财产的重大损失。

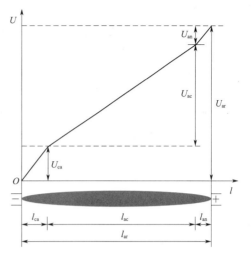

图 3 - 2　电弧的弧隙电压降分布

（2）电弧是一种气体导电现象，所以在开关电器中，虽然开关触头已经分开，但是在触头间只要有电弧存在，电路就没有真正断开，直至电弧完全熄灭，电流才会彻底消失，电路才真正断开。因此，电弧的存在延长了开断故障电路的时间，加重了电力系统短路故障的危害。

（3）电弧在电动力、热力作用下能移动，容易造成飞弧短路、伤人或引起事故扩大。

因此，要保证电力系统的安全运行，开关电器在正常工作时必须迅速可靠地熄灭电弧。

二、电弧的熄灭

在电弧中不但存在中性质点的游离过程，同时还存在带电质点不断地复合与扩散，使弧隙中带电质点减少的去游离过程。当游离大于去游离时，电子与离子浓度增加，电弧加强；当游离与去游离相等时，电弧稳定燃烧；当游离小于去游离时，电弧减少以至熄灭。所以要促使电弧熄灭就必须削弱游离作用，加强去游离作用。

（一）去游离的形式

去游离的主要形式是复合与扩散。

1. 复合

复合是指正、负带电质点重新结合为中性质点。要使带电质点复合，必须是两异性质点在一定时间内处在很近的距离。弧隙中电子的运动速度远远大于正离子的运动速度，故电子和正离子直接复合的可能性很小。一般规律是电子先附着在中性质点或灭弧室固体介质表面，再与正离子相互吸引复合成中性质点。目前广泛使用的 SF_6 断路器就利用了 SF_6 气体的强电负性来实现电弧的尽快熄灭。复合速度与下列因素有关：

（1）带电质点浓度越大，复合概率越高。当弧电流一定时，弧截面越小或介质压力越大，带电质点浓度也越大，复合就强。故断路器采用小直径的灭弧室，就可以提高弧隙带电质点的浓度，增强灭弧性能。

（2）电弧温度越低，带电质点运动速度越慢，复合就越容易。故加强电弧冷却，能促进复合。在交流电弧中，当电流接近零时，弧隙温度骤降，此时复合特别强烈。

（3）弧隙电场强度小，带电质点运动速度慢，复合的可能性增大。所以提高断路器的开断速度，对复合有利。

2. 扩散

扩散是指电弧中的自由电子和正离子散溢到电弧外面，并与周围未被电离的冷介质相混合的现象。扩散是由于带电粒子的无规则热运动，以及电弧内带电粒子的密度远大于弧柱外带电粒子的密度，电弧的温度远高于周围介质的温度造成的。扩散速度受下列因素影响：

（1）弧区与周围介质的温差越大，扩散越强。用冷却介质吹弧，或使电弧在周围介质中运动，都可增大弧区与周围介质的温差，加强扩散作用。高压断路器中常采用吹弧的灭弧方法，就是加强了扩散作用。

（2）弧区与周围介质离子的浓度相差越大，扩散就越强烈。

（3）电弧的表面积越大，扩散就越快。

（二）影响去游离的因素

在电弧熄灭的过程中，存在很多物理因素影响其去游离作用，主要包括以下几方面。

（1）电弧温度。电弧是由热电离维持的，降低电弧温度就可以减弱热电离，减少新的带电质点产生。同时也减小了带电质点的运动速度，加强了复合作用。通过快速拉长电弧，用气体或油吹动电弧，或使电弧与固体介质表面接触等，都可以降低电弧的温度。

（2）介质的特性。电弧燃烧时所在介质的特性在很大程度上决定了电弧中去电离的强度，这些特性包括导热系数、热容量、热电离温度、介电强度等。这些参数越大，则去游离过程就越强，电弧就越容易熄灭。

（3）气体介质的压力。气体介质的压力对电弧去游离的影响很大。气体的压力越大，电弧中质点的浓度就越大，质点间的距离就越小，复合作用越强，电弧就越容易熄灭。在高真空度中，由于发生碰撞的概率减小，抑制了碰撞电离，而扩散作用却很强，因此真空是很好的灭弧介质。

（4）触头材料。触头材料也会影响去游离的过程。当触头采用熔点高、导热能力强和热容量大的耐高温金属时，减少了热电子发射和电弧中的金属蒸气，有利于电弧熄灭。

三、直流电弧的开断

图 3-3 所示为一直流电路，其电源电压为 U，电路电阻为 R，电感为 L，断路器触头为 1、2。在断路器闭合时，电弧电压 $U_{ar}=0$，电路方程为

$$u=u_R+u_L=Ri+L\frac{\mathrm{d}i}{\mathrm{d}t} \tag{3-1}$$

式中　u_R、u_L——电阻、电感上的电压降。

当电路电流达到稳定时，$\frac{\mathrm{d}i}{\mathrm{d}t}=0$，回路电流 $i=I=\frac{U}{R}$。当触头断开产生电弧时，电路方程为

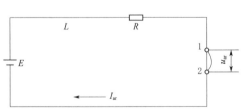

图 3-3　直流回路开断时的等值电路

$$u = Ri + L\frac{\mathrm{d}i}{\mathrm{d}t} + u_{\mathrm{ar}} \tag{3-2}$$

式中 u_{ar}——电弧电压降。

当电弧稳定燃烧时，$\dfrac{\mathrm{d}i}{\mathrm{d}t} = 0$，此时电路方程为

$$u = Ri + u_{\mathrm{ar}} \tag{3-3}$$

图 3-4 所示为直流电弧的伏安特性及工作点。当断路器开断距离为 l_1 时，由于 l_1 较小，电弧稳定燃烧，此时 u_{ar1} 与 $U-Ri$ 直接相交于点 1，此点满足式（3-3）的要求，即电弧的稳定燃烧点。当触头开距增大到 l_2 时，u_{ar} 增大到 u_{ar2}，此时 u_{ar2} 与 $U-Ri$ 的直线相交于点 2，即开距等于 l_2 时的电弧稳定燃烧点。

当 l 继续加大时，弧压降不断增加，电弧的伏安特性曲线继续向上移。当电弧的伏安特性曲线与 $U-Ri$ 直线无交点时（图 3-4 中 u_{ar5}），$U-Ri < u_{\mathrm{ar}}$，式（3-2）中 $\dfrac{\mathrm{d}i}{\mathrm{d}t} < 0$，电流 i 减小，最终导致直流电弧的熄灭。所以直流电弧的燃烧条件为 $U-Ri > u_{\mathrm{ar}}$。$U-Ri$ 越大，电弧越难熄灭；U 越大或 R 越小（相当于开断前线路电流 I 大），灭弧越困难。增大回路电阻 R 或弧隙电压降 u_{ar}，可促使电弧熄灭。

四、交流电弧的开断

（一）交流电弧的特性

1. 伏安特性

交流电弧与直流电弧一样，具有非线性。交流电弧不同于直流电弧之处在于，交流电流的瞬时值不断随时间变化。在弧柱的热惯性作用下，当电流增大时弧隙还保持较低的温度，故弧电阻较高，弧压降较大；当电流迅速减小时，弧温不能骤降，弧电阻仍保持其较小值，故弧压降较小。工频电流一周的电弧伏安特性曲线如图 3-5 所示。

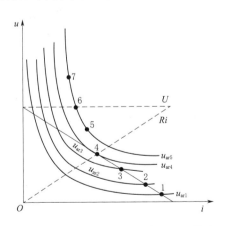

图 3-4 直流电弧的伏安特性及工作点

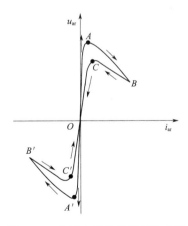

图 3-5 交流电弧的伏安特性曲线

由于电弧是纯电阻性的，弧压降与弧电流同相。通常把电弧刚出现时的瞬间电压（图 3-5 中点 A、A'）称为燃弧电压；把电弧熄灭的瞬间电压（图 3-5 中点 C、C'）称为熄弧电压。

2. 熄灭与重燃

由于交流电每周过零两次，在电流过零时，电弧暂时熄灭。此时弧隙不再获得能量，并继续损耗能量（存在热的发散），使弧隙内温度迅速下降，去游离作用增强，介质强度得到迅速恢复。

交流电弧在电流过零时自然熄灭，能否重燃，取决于弧隙电压与介质强度的恢复情况。

弧隙在通过电弧电流时，弧电阻很小，压降很低，此时电源电压大部分加载在线路阻抗上。电流过零后，弧隙电阻不断增大，加在弧隙上的电压不断升高；当弧隙最终变为绝缘介质时，电源电压全部加在弧隙上。这种电流过零后弧隙上的电压变化过程，称为弧隙电压恢复过程。与此同时，弧隙介质的耐压强度也在恢复，称为介质击穿电压的恢复过程。

当电流过零、电弧自然熄灭后，如弧隙恢复电压高于介质的击穿电压，弧隙被重新击穿，电弧重燃。重燃后，弧隙电压下降。如弧隙恢复电压永远低于介质击穿电压的恢复速度，电弧熄灭不再重燃。

电路参数（电阻、电容、电感）影响电弧的熄灭，一般电阻性电路的电弧最易熄灭。

(二) 熄灭电弧的措施

由电弧的形成过程可知，熄灭交流开关电弧的基本方法是削弱游离作用和加强去游离作用。熄灭电弧的主要方法及相应的灭弧装置如下：

(1) 采用优良的灭弧绝缘介质。良好的灭弧绝缘介质可以有效抑制碰撞游离、热游离的发生，并具有较强的去游离作用。电力系统设备中常用的灭弧介质可分为气体（SF_6 气体、空气等）、液体（绝缘油）和固态（石英砂）三种。

(2) 采用难熔的金属作开关触头。为有效降低灭弧过程中金属蒸气量和增加开关触头的使用寿命，通常采用金属钨或其合金作为引弧触头。

(3) 迅速拉长电弧。开关电器中常采用强力分闸弹簧装置，在分闸时能迅速拉长电弧，有利于迅速减小弧柱中的电位梯度；同时增加电弧与周围介质的接触面积，使冷却和扩散作用加强。

(4) 吹弧。在灭弧室中利用高速流动的气体介质或液体介质吹拂电弧，可以加强电弧的冷却和扩散，这种方法应用最广。用弧区以外新鲜且低温的介质吹拂电弧，对熄灭电弧起到多方面的作用。它可将弧柱中大量正负离子吹到触头间隙以外，代之以绝缘性能高的新鲜介质；使弧柱温度迅速下降，阻止了热游离的继续进行；使触头间的介质强度提高；使被吹走的离子与冷介质接触，加快了复合过程的进行；使弧柱拉长变细，加快了弧柱的分解，使弧隙电导下降。

吹弧有纵吹和横吹两种方式，如图 3-6 所示。横吹更易于把电弧拉长，增大电弧表面积，对弧柱的冷却效果好；纵吹可以使新鲜介质更好地与炽热的电弧相接触，并把电弧吹成若干细条，易于熄灭。横吹灭弧室尺寸可以小些，适用于较低电压的断路器；纵吹灭弧室常用于 110kV 及以上的断路器。

用变压器油作灭弧介质时，触头周围被油所浸没，在触头分离产生电弧后，电弧的高温把弧柱中的油加热，分解出大量气体（其中有热传导性能好的氢气），在灭弧室内造成高气压，高速气流以一定方式吹向电弧。

（5）利用短弧原理灭弧。利用短弧原理灭弧常用于低压开关电器中，采用金属栅片作为灭弧装置，如图3-7所示。电弧被引入金属栅片中，长弧被分割成多个短弧串联，利用分割后每段电弧的能量小和金属栅片的强烈散热与吸附粒子作用灭弧。

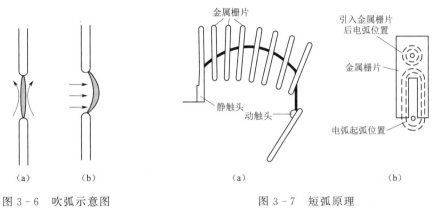

图3-6 吹弧示意图
（a）纵吹；（b）横吹

图3-7 短弧原理
（a）灭弧栅；（b）电弧位置变化

（6）利用固体介质的狭缝和狭沟灭弧。该方法可使电弧与固体介质的大量表面积紧密接触，利用介质的表面冷却和吸附带电粒子，产生强烈的去游离作用来灭弧。常见的固体介质有绝缘栅片、灭弧罩和石英砂填料等，如图3-8所示。

（7）采用多断口灭弧。高压断路器常制成每相两个或多个串联断口，将这些断口串联，如图3-9所示。由于断口数量的增加，每一断口的电压降低，同时在开断距离和分闸速度相同的条件下电弧拉长的速度成倍增加，触头的行程迅速减小，可以加快触头的分离速度，促使弧隙电导迅速下降，减少了能量的输入，所以介质强度恢复得快，从而缩短了灭弧时间，提高了灭弧能力。此外采用多断口还可以减小开关电器的尺寸和成比例地提高可开断的总电压。

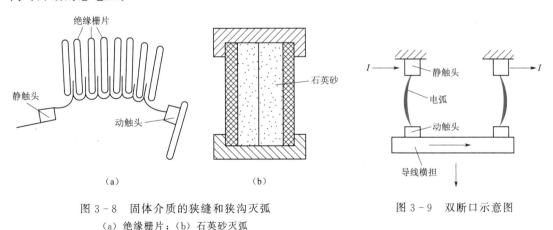

图3-8 固体介质的狭缝和狭沟灭弧
（a）绝缘栅片；（b）石英砂灭弧

图3-9 双断口示意图

（8）电磁吹弧。现代低压开关电器中广泛应用的是利用电磁力驱动和拉长电弧至固体介质灭弧罩或金属栅片灭弧罩中灭弧。目前磁吹主要利用的方式有弯曲的电弧产生的电动力、临近铁磁材料的影响、有串联线圈的磁吹等，如图 3-10 所示。

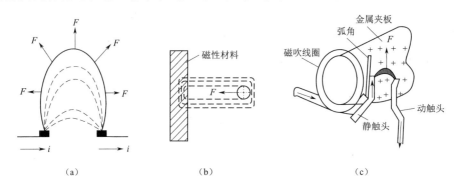

(a) 　　　　　　　　　(b) 　　　　　　　　　(c)

图 3-10　磁吹灭弧示意图

(a) 弯曲的电弧产生的电动力；(b) 临近铁磁材料的影响；(c) 有串联线圈的磁吹

为了防止各断口处因电压分布不均匀而造成电弧重燃现象的发生，在各断口处应加装均压电容或均压电阻。

（9）真空灭弧。在稀薄的气体中，碰撞游离和热游离都难以产生和维持，带电粒子的扩散却极为容易，故高真空的介质强度很高，灭弧效果较好。

第二节　电气设备选择的一般原则

电气设备的选择是根据环境条件和供电要求确定其形式和参数，保证电气设备正常运行时安全可靠，故障时不致损坏，并在技术合理的情况下注意节约设备费用。一般电气设备应按正常的工作条件选择，按短路状态校验其动稳定和热稳定。

一、按正常工作条件选择

（一）按环境条件选择

电器产品在制造上分户内、户外两大类。户外设备的工作条件较恶劣，故各方面要求较高，成本也高。户内设备不能用于户外；户外设备虽可用于户内，但不经济。在选择电器时，还应根据不同环境条件考虑防水、防火、防腐、防尘、防爆以及高海拔区与湿热带地区等方面的要求。

我国普通电器额定电压标准是按海拔 1000m 设计的。在高海拔地区，由于空气稀薄会影响电器的绝缘性能，应选用高海拔产品，或采取某些必要的措施增强电器的外绝缘。

（二）按电网电压选择

电器可在高于（10%～15%）U_N 的情况下长期安全运行。故所选设备的额定电压 U_N 应不小于装设处电网的额定电压 U，即

$$U_N \geqslant U \qquad\qquad (3-4)$$

（三）按长时工作电流选择

电器的额定电流 I_N 是指周围环境温度 θ 时，电器长期允许通过的最大电流。I_N 应大于负载的长时最大工作电流（通常采用 30min 平均最大负荷电流，以 I_{max} 表示），即

$$I_N \geqslant I_{max} \qquad\qquad (3-5)$$

环境温度 θ 由产品生产厂家规定。我国普通电器的额定电流所规定的环境温度为 $+40℃$。如果设备周围最高环境温度与规定值不符时，应对原有的额定电流值进行修正。

当环境最高温度低于规定的 θ，每低 $1℃$ 载流量可提高 0.5%，但总提高量不得超过 20%。当环境最高温度高于规定的 θ，但不超过 $60℃$ 时，长时允许电流可按下式修正：

$$I_{al} \geq I_N \sqrt{\frac{\theta_{al} - \theta_0}{\theta_{al} - \theta}}$$ (3-6)

式中 θ_{al}——设备允许最高温度，℃；

     θ_0——环境最高温度，取月平均最高温度，℃；

     I_{al}——修正后的长时允许电流。

修正后的长时允许电流应大于等于回路的长时工作电流，即

$$I_{al} \geq I_{max}$$ (3-7)

二、按故障情况进行校验

按正常情况选择的电器是否能经受住短路电流电动力与热效应的考验，还必须进行校验。常用高压电器选择的校验项目见表 3-1。

表 3-1   常用高压电器选择的校验项目

校验项目	电压	电流	断路容量	短路电流检验	
				动稳定	热稳定
断路器	√	√	√	√	√
负荷开关	√	√		√	√
隔离开关	√	√		√	√
熔断器	√	√	√		
电抗器	√	√		√	√
母线	√	√		√	√
支柱绝缘子	√	√		√	√
套管绝缘子	√	√		√	√
电流互感器	√	√		√	√
电压互感器	√	√			
电缆	√	√			√

注   √为电器应校验项目。

下列情况不进行动、热稳定性的校验：

(1) 用熔断器保护的电器。

(2) 用限流电阻保护的电器及导体。

(3) 架空电力线路。

第三节　高压开关设备的选择

一、高压断路器

高压断路器（或称高压开关）具有完善的灭弧结构和足够的断流能力，除在正常情况下切断或闭合高压电路中的空载电流和负荷电流外，在电力系统发生故障时，也能自动而快速地切断过负荷电流和短路电流，以保证电力系统及设备的安全运行。

根据断路器装设地点的不同，分户内和户外两大类。按其灭弧介质的不同，常用的高压断路器有油断路器、压缩空气断路器、六氟化硫断路器（SF_6 断路器）、真空断路器等。

20 世纪 80 年代前，以油断路器、空气断路器为主。油断路器容易引发高温油喷溅，形成大面积的燃烧，安全性不佳；而空气断路器灭弧器的性能较差。20 世纪 80—90 年代以来，真空断路器和 SF_6 断路器各自得到长足的发展，油断路器、空气断路器已逐渐被淘汰。

目前，除了部分地方还有少量的少油断路器在运行，电力系统中已形成以 SF_6 断路器为主导的高压、超高压、特高压产品体系和以真空断路器为主导的中压产品体系。在 126kV 及以上电压等级，乃至超高压和特高压等级中，几乎都采用 SF_6 断路器；由于 SF_6 断路器价格高，且 SF_6 气体是强温室效应气体，对其应用、管理、运行的要求较高，故在 7.2～40.5kV 的中压等级中真空断路器替代 SF_6 断路器，占据了绝对优势；而研究试制 72.5kV 及以上高压等级真空断路器，则是电力系统真空开关技术的发展趋势。

高压断路器的型号，由字母和数字两部分组成，如图 3-11 所示。

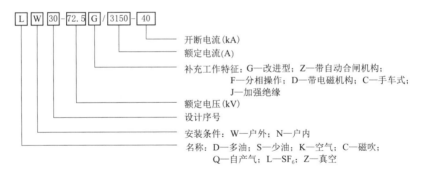

图 3-11　高压断路器的型号

例如：SW_3-110G/1200-40 型，表示额定电压为 110kV、额定电流为 1200A、开断电流 40kA 的改进型户外少油断路器。

（一）高压断路器的操动系统

断路器工作原理如图 3-12 所示，其全部功能最终都体现在触头的分合闸动作上，触头的分合动作要通过操动机构来实现。从提供能源到触头的全部环节称为操动系统（或操动装置），包括操动机构、传动机构、提升变直机构、缓冲装置和二次控制回路等几个部分。

操动机构由合闸机构、分闸机构和维持合闸机构（搭钩）三部分组成。操动机构还包括动力机构、扣住机构、脱扣机构等几部分。动力机构又称源动力机构，操动能源有气压能、弹簧能、电磁能和液压能。扣住机构的功能是当断路器合闸到终了位置时，将机构固定在合闸位置。脱扣机构在断路器分闸时，将死点机构脱开，实现分闸。由合闸电磁铁动作，顶起机构到合闸终点位置不下落，分闸电磁铁脱扣动作，机构能自由分闸。

高压断路器传动机构由拉杆、提升机构、缓冲机构等组成。拉杆是操动机构过渡到提升机构的一种连接传动机构。提升机构用来提升触头进行分、合闸。缓冲机构用来在分、合闸终了位置吸收剩余工作能量，使得操动过程平稳。

（二）高压断路器的分类

1. 油断路器

油断路器是以密封的绝缘油作为开断故障的灭弧介质的一种高压开关设备，用来切断和接通电源，并在短路时能迅速可靠地切断电流。油断路

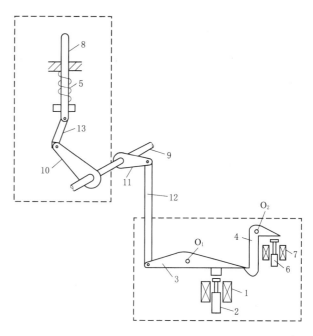

图 3-12　断路器工作原理示意图
1—合闸线圈；2—合闸铁芯；3—合闸机构；4—搭钩；
5—分闸弹簧；6—分闸铁芯；7—分闸线圈；
8—动触头系统；9—轴；10、11—拐臂；
12—绝缘连杆；13—连杆

器按用油量的多少分为多油与少油两种，多油断路器中的油起着绝缘与灭弧两种作用，少油断路器中的油只作灭弧介质。

多油断路器较早应用于电力系统中，技术已经十分成熟，价格比较低廉，曾广泛应用于各个电压等级的电网中，但体积大，钢材及油的用量多，动作速度慢，检修工作量大，安装搬运不方便，占地面积大且易发生火灾，现已基本被淘汰使用。

少油断路器按装设地点的不同分为户内和户外两种。户内式主要用于 6～35kV 配电装置，户外式则用于 35kV 以上的配电装置。少油断路器的油箱采用环氧树脂玻璃钢制的绝缘筒，既增加了强度，又减少了磁滞涡流损失。图 3-13 所示是 SN_{10}-10 型断路器外形，其灭弧室结构如图 3-14 所示。

灭弧室有三个横吹口及两个纵吹油道，当触头分断产生电弧时，油被气化和分解，灭弧室内腔压力增大，使静触头座内的钢球上升，将球阀关闭，电弧在密闭的空间燃烧，压力急

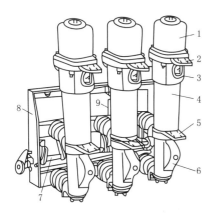

图 3-13　SN_{10}-10 型断路器外形结构
1—铝帽；2、5—接线端子；3—油标；4—绝缘筒；
6—基座；7—主轴；8—框架；9—断路弹簧

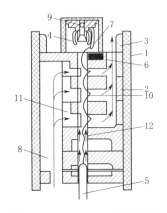

图 3-14 SN_{10}-10 的灭弧室
结构示意图

1—绝缘筒；2—灭弧室；3—压紧环；
4—静触头；5—动触头；6—铁片；
7—耐弧触头；8—附加油流道；
9—球阀；10—电弧；11—横吹
油道；12—纵吹油道

剧增大；当导电杆向下运动，依次打开上、中、下三个横吹口时，油气混合物高速吹电弧，使其熄灭。在开断小电流时，电弧能量小，横吹效果不佳，导电杆继续向下打开纵吹油道，电弧受到纵吹；加上导电杆向下运动，将一部分油压入附加油流道横吹电弧，起到机械油吹作用，从而促使小电流电弧很快熄灭。由于断路器的静触头装在上部，不但能产生机械油吹的效果，且因导电杆向下运动，使导电杆处的电弧不断与冷油接触，既降低了触头温度，又使电弧受到良好的冷却，加强了灭弧效果。断路器最上面的一个灭弧片，在靠近喷口处预埋一铁片，从而把电弧引向耐弧触头，以减少主触头的损坏。

少油断路器的优点是结构简单、坚固，运行比较安全，体积小，用油少，可节约大量的油和钢材；缺点是安装电流互感器比较困难，不适宜于严寒地带（因油少易冻）等。

2. 压缩空气断路器

压缩空气断路器是利用压缩空气来吹弧并以压缩空气为操作能源。先用空气压缩机将空气压缩储存在灭弧室内，当进行分闸操作时，打开阀系统使灭弧室内的压缩空气按一定的要求自喷口喷出，对电弧进行强烈的冷却和气吹，从而使电弧熄灭。增大压缩空气的工作压力是提高压缩空气断路器开断能力的最有效措施。早期的工作气压多为 1~2MPa，现已普遍采用 3~4MPa，个别产品可高达 5~6MPa。

压缩空气断路器的主要构成部分是灭弧室。按压缩空气吹弧方式，断路器灭弧室分为横吹和纵吹两种。在实际应用中，通常是两种吹弧方式同时存在，但以一种吹弧方式为主。

压缩空气断路器具有大容量下开断能力强及开断时间短的特点，但结构复杂，需配置空气压缩装置，加工和装配要求高；需要较多的有色金属，价格较高，而且合闸时排气噪声大，所以主要用于 220kV 及以上电压的户外配电装置。结构简单、灭弧性能良好和电寿命长的 SF_6 断路器的出现，使得压缩空气断路器的使用范围缩小。但北欧等一些高寒地区，由于 SF_6 气体液化和开断能力降低等原因，一些国家在高压、超高压电网中还在使用压缩空气断路器。

3. SF_6 断路器

SF_6 断路器是以 SF_6 气体为绝缘介质和灭弧介质的无油化开关设备，是 20 世纪 50 年代初发展起来的一种新型断路器，由于 SF_6 气体具有优良的绝缘性能和灭弧特性，其发展较快，在使用电压等级、开断容量等参数方面都已赶上或超过其他类型的断路器，尤其在高压、超高压及特高压系统中居主导地位。

(1) SF_6 气体的特性。在正常情况下，SF_6 是一种不燃、无臭、无毒的惰性气体，密度约是空气的 5 倍；低温高压下易于液化，在一个大气压下液化温度为 $-63.8℃$；7 个大气压时，液化温度为 $-25℃$；不溶于水与变压器油；温度在 $800℃$ 以下是惰性气体。在电弧作用下，分解出 SOF_2、SF_4、SOF_4 和 SO_2F_2 等，对人体健康有影响，但电弧过后很快又恢复为 SF_6，残存量极少。

SF_6 具有良好的绝缘性能，在均匀电场的情况下，其绝缘强度是空气的 2.5～3 倍。3 个大气压下，SF_6 的绝缘强度与变压器油相同。SF_6 气体还具有极强的灭弧能力，这是由于它的弧柱导电率高，弧压降低，弧柱能量小，在电流过零后，介质强度恢复快。一般 SF_6 绝缘强度的恢复速度比空气快 100 倍。

（2）SF_6 断路器的结构。由于 SF_6 断路器是利用 SF_6 气体灭弧的，需要对气体进行监测，因此，在结构上相比其他断路器多了压力及密度监测器。SF_6 断路器按外形结构的不同可分为瓷柱式和落地罐式两种。

瓷柱式 SF_6 断路器的外形结构与少油断路器和压缩空气断路器相似，属积木式结构。灭弧室多用电工陶瓷布置成 I 形、T 形或 Y 形，如图 3-15 所示。

（a）　　　　　　　　　　（b）　　　　　　　　　　（c）

图 3-15　瓷柱式 SF_6 断路器

(a) I 形；(b) T 形；(c) Y 形

110～220kV 断路器一般为单断口，整体呈 I 形布置；330～500kV 断路器一般为双断口，整体呈 T 形或 Y 形布置。灭弧室置于高强度的瓷套中，用空心瓷柱支撑并实现对地绝缘；穿过瓷柱的动触头与操动机构的传动杆相连。灭弧室内腔和瓷柱内腔相通，充有相同压力的 SF_6 气体。瓷柱式 SF_6 断路器耐压水平高，结构简单，运动部件少，产品系列性好，但其重心高，抗震能力差，使用场合受到一定限制。

落地罐式 SF_6 断路器也称金属接地箱型，沿用了多油断路器的总体结构方案，将断路器装入一个外壳接地的金属罐中，如图 3-16 所示。每相由接地的金属罐、充气套管、电流互感器、操动机构和基座组成。触头和灭弧室置于接地的金属罐中，高压带电部分由绝缘子支持，对箱体的绝缘

图 3-16　落地罐式 SF_6 断路器

主要依靠 SF$_6$ 气体。绝缘操作杆穿过支持绝缘子，将动触头与机构传动轴相连接，在两根出线套管的下部可安装电流互感器。落地罐式 SF$_6$ 断路器的重心低，抗震性能好，灭弧断口间电场较均匀，开断能力强，可以加装电流互感器，还能与隔离开关、接地开关、避雷器等融为一体，组成复合式开关设备，可用于多震和高原及污秽地区。但是落地罐式 SF$_6$ 断路器罐体耗材量大，用气量大，成本较高。

1）灭弧室。SF$_6$ 断路器的灭弧室一般由动触头、喷口和压气活塞连在一起，通过绝缘连杆由操动机构带动。灭弧室根据灭弧原理的不同可分为双压气式、单压气式、旋弧式结构。

双压气式灭弧室的结构如图 3-17 所示，灭弧室内部具有低压和高压两种不同的压力区。在正常情况下（合上、分断后），高压、低压 SF$_6$ 气体是分开的。断开时，触头的运动使动、静触头间产生电弧后，高压室中的 SF$_6$ 气体在灭弧室（触头喷口）形成一股气流，从而吹断电弧，使之熄灭，分断完毕，吹气阀自动关闭，停止吹气。然后由气泵将低压室中的 SF$_6$ 气体再送入高压室。双压气式的 SF$_6$ 断路器结构比较复杂，早期应用较多，目前已被淘汰。

单压气式灭弧室的原理如图 3-18 所示，动触头、压气罩、喷嘴三者为一整体，当动触头向下运动，压气罩自然形成了压力活塞，下部压气室中的 SF$_6$ 气体压力增加，然后由喷嘴向断口灭弧室吹气，完成灭弧过程。动触头的运动速度与吹气量大小有关，当动触头停止运动时压气的过程也即终止。压气式断路器大多应用在 110kV 及以上高压电网中，开断电流可达到几万安培，但由于灭弧室及内部结构相对复杂，价格也比较高。

旋弧式灭弧室的灭弧原理如图 3-19 所示，利用电弧电流产生的磁场力，使电弧沿着某一截面高速旋转。由于电弧的质量比较小，在高速旋转时，电弧逐渐被拉长，最终熄灭。为了加强旋弧效果。磁场力与电流大小成正比，电流大磁场力也加大，能使电弧迅速熄灭。通常使电弧电流流经一个旋弧线圈（或磁吹线圈）来加大磁场力。旋弧式灭弧室利用电弧自身的能量来熄灭电弧，可以减轻操动机构的负担，减少对操动机构操作功率的要求，从而可以提高断路器的可靠性，在 10~35kV 电压等级的开关设备上被大量采用。

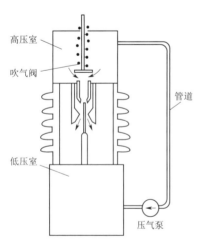

图 3-17　双压气式灭弧室

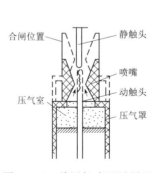

图 3-18　单压气式灭弧原理

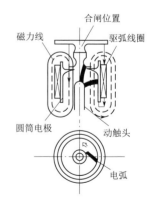

图 3-19　旋弧式灭弧原理

2）操作机构。开关电器的触头分合靠机械操动系统才能完成。操动机构作为高压 SF_6 断路器的重要组成部分，形式多样，有弹簧操动机构、气动机构、液压机构、液压弹簧机构等。分别由储能单元、控制单元和力传递单元组成。

3）净化装置。净化装置主要由过滤罐和吸附剂组成。吸附剂的作用是吸附 SF_6 气体中的水分和 SF_6 气体经电弧的高温作用后产生的某些分解物。目前 SF_6 断路器等开关设备上使用得最多的吸附剂主要是分子筛和氧化铝。

4）压力释放装置。压力释放装置可分为两类：以开启压力和闭合压力表示其特征的，称为压力释放阀，一般装设在罐式 SF_6 断路器上。一旦开启后不能够再闭合的，称为防爆膜，一般装设在支柱式 SF_6 断路器上。

当外壳和气源采用固定连接时，所采用的压力调节装置不能可靠地防止过压力时，应装设适当尺寸的压力释放阀，以防止万一压力调节措施失效而使外壳内部的压力过高。防爆膜的作用主要是当 SF_6 断路器在性能极度下降的情况下开断短路电流时或其他意外原因引起的 SF_6 气体压力过高时，防爆膜破裂将 SF_6 气体排向大气，防止断路器本体发生爆炸事故。

（3） SF_6 断路器的特点。

1）灭弧能力强，易于制成断流容量大的断路器。由于介质绝缘恢复特别快，可以经受幅值大、电压高的恢复电压而不易被击穿。

2）允许开断次数多，寿命和检修周期长。由于 SF_6 分解后，可以复合，分解物不含碳等影响绝缘能力的物质，在严格控制水分的情况下不产生腐蚀性物质，因此开断后气体绝缘不会下降。由于电弧存在时间短，触头烧伤轻，所以延长了检修周期，提高了电器寿命。

3）散热性能好，流通能力大。 SF_6 气体导热率虽小于空气，但因其分子量大，比热大，热容量大，在相同压力下对流时带走的热量多，总的散热效果好。

4）开断小电感电流及电容电路时，基本上不出现过电压。这是因为 SF_6 的弧柱细而集中，并保持到电流接近零时，无截流现象。又由于 SF_6 气体灭弧能力强，电弧熄灭后不易重燃，故开断电容电路时不出现过电压。

5） SF_6 断路器对加工精度要求高，对密封、水分等的控制要求严格。在电晕作用下产生剧毒气体 SO_2F_2，在漏气时对人身安全有危害，对金属部件也有腐蚀和劣化作用。因此，在 SF_6 断路器中，一般均装有吸附装置，吸附剂为活性氧化铝、活性炭和分子筛等，吸附装置可完全吸附 SF_6 气体在电弧的高温下分解生成的毒质。

（4）GIS 设备。 SF_6 封闭式组合电器，国际上称为气体绝缘开关设备（gas insulated switchgear，GIS），它将一座变电站中除变压器以外的一次设备，包括断路器、隔离开关、接地开关、电压互感器、电流互感器、避雷器、母线、电缆终端、进出线套管等，经优化设计有机地组合成一个整体。目前 GIS 设备产品已涵盖 $72.5\sim1200kV$ 的电压等级范围。图 3-20 所示为某变电站中的 GIS 设备。

GIS 一般根据安装地点分为户内型和户外型，根据结构又可以分为单相单筒式和三相共筒式，110kV 的电压等级及母线可以做三相共筒式，220kV 及以上做单相单筒式。

由于 SF_6 气体具有优异的绝缘性能、灭弧性能和稳定性能，GIS 在多个方面展现出显

图 3-20 变电站中的 GIS 设备

著优势。采用 SF_6 气体绝缘方式大大缩小了绝缘距离，GIS 的占地面积和安装空间只有相同电压等级常规电器的 20% 左右。全部电器元件都被封闭在接地的金属壳体内，带电体不暴露在空气中（除了采用架空引出线的部分），运行中不受自然条件的影响，其可靠性和安全性比常规电器好得多。

然而，GIS 也面临一些挑战，如对材料性能、加工精度和装配工艺的高要求，以及 SF_6 气体的环境影响。随着环保意识的提高，寻找 SF_6 的替代品成为 GIS 发展的重要方向。目前，一些新型环保气体，如 $SF_6 - N_2$ 混合气体、C_4 混合气体（C_4F_7N——全氟异丁腈与 CO_2 混合气体），C_5 混合气体（$C_5F_{10}O$——全氟戊酮与 CO_2 混合气体）等已开始应用于 GIS 中，以显著降低碳排放。

4. 真空断路器

真空断路器是以真空作为灭弧和绝缘介质，具有灭弧时间快、噪声低、寿命长及可频繁操作的优点，已在 35kV 及以下配电装置中获得最广泛的采用。

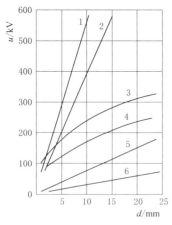

图 3-21 不同介质的绝缘击穿电压
1—2.8MPa 的空气；2—0.7MPa 的 SF_6；
3—高度真空；4—变压器油；5—0.5MPa 的
SF_6；6—0.1MPa 的空气

（1）真空的绝缘特性。所谓的真空是相对而言的，是指气体压力在 1×10^{-4} mmHg 以下的空间。由于真空中几乎没有什么气体分子可供游离导电，且弧隙中少量导电粒子很容易向周围真空扩散，所以真空的绝缘强度比变压器油及 0.5MPa 的 SF_6 或空气等绝缘强度高得多。

图 3-21 所示为不同介质的绝缘间隙击穿电压。在断路器实用开距范围内（几毫米到几十毫米），真空比其他介质的绝缘强度高，在小间隙时（2mm 以下）甚至超过高压的空气与 SF_6。真空间隙的击穿电压与间隙长度之间为非线性关系，当间隙长度增加时，击穿电压的增加不是很显著，所以真空断路器耐压强度的提高只能采用多间隙串联的方法解决，不能用增大触头开距的方式。

影响真空间隙击穿电压的主要因素有：

1）电极材料的影响。电极材料不同，击穿电压有显著的变化。一般而言，电极材料的机械强度与熔点越高，真空间隙的击穿电压也越高。

2）气体压力对击穿电压的影响。真空间隙的绝缘与管内气体压强有关。当压强在 0.013Pa 以下时，绝缘度不变，在 0.013～1333Pa 时，绝缘随气压的升高而不断下降。当气压大于 1333Pa 时，绝缘又随气压的升高而增加，气压与绝缘击穿电压的变化关系如图 3-22 所示。

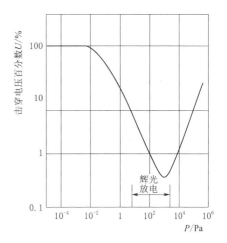

图 3-22 气压与击穿电压百分数的关系曲线

（2）真空电弧的特点及其熄灭。在真空电弧中不存在气体游离问题，电弧的形成主要是依靠触头、金属蒸气的导电作用，造成间隙的击穿而发弧。电弧因触头材料不同而有差异，并受弧电流大小的影响。

在小电流真空电弧（扩散型电弧）中，当电流从峰值下降到一定值时，电弧呈现不稳定现象；电流继续下降时，便提前过零使电弧熄灭，出现截流现象。故真空开关在切断小电感电流时会产生截流过电压。产生截流的原因是当电流减小时，阴极斑点发出的金属蒸气量减少，使电弧难以维持而自然熄灭。当电流超过几千安时，一般不出现截流。

在大电流真空电弧（收缩型电弧）中电弧能量大，电弧成为单个弧柱，此时阳极也严重发热而产生阳极斑点。由于电流大，电动力作用显著增加，故触头磁场分布情况对电弧燃烧与熄灭的影响很大。大电流的弧压降随电流增加比小电流快，在开始燃弧和电流过零时，弧电压较小。弧电压增加，意味着电弧能量的增加，各元件的发热增加，金属蒸气量增多，介质绝缘恢复困难，故弧电压增大到一定程度就会造成开断的失败。

在真空电弧中，一方面金属蒸气及带电质点不断向弧柱四周扩散，并凝结在屏蔽罩上；另一方面触头在高温作用下，不断蒸发向弧柱注入金属蒸气与带电质点。当扩散速度大于蒸气速度时，弧柱内的金属蒸气量与带电质点的浓度降低，以致不能维持电弧时，电弧熄灭，否则电弧将继续燃烧。电流过零弧熄灭时，触头温度下降，蒸发作用急剧减小，而残存质点又在继续扩散。故真空绝缘在熄弧后，介质绝缘强度的恢复极快，其速度可达 $20kV/\mu s$。在开断容量范围内，恢复速度基本不变。

（3）真空断路器的灭弧室结构。图 3-23 所示为 $ZN_{12}-12$ 真空断路器。真空断路器由操动机构、支撑用的绝缘子和真空灭弧室组成。真空灭弧室的结构很像一个大型的真空电子管。外壳由玻璃或陶瓷制成，动触头运动时的密封靠波纹管。波纹管在允许的弹性变形范围内伸缩，要求有足够高的机械寿命（1 万次以上）。动、静触头的外围装有屏蔽罩，它起着吸附、冷凝金属蒸气，保护玻璃或陶瓷外壳的内表面不受金属蒸气的喷溅，防止降低内表面绝缘性能的作用，同时还有均匀电场分布的作用。

（4）真空断路器的特点。由于真空断路器灭弧部分的工作十分可靠，真空断路器本身具有很多特点：

1）断开能力强，可达 50kA；断开后断口间介质恢复速度快，介质不需要更换。熄

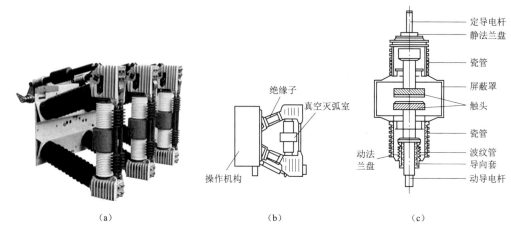

图 3 - 23 ZN$_{12}$ - 12 真空断路器

(a) 外形图；(b) 结构原理图；(c) 真空灭弧室剖面图

弧时间短，弧压低，电弧能量小，触头损耗小，开断次数多。灭弧介质或绝缘介质不用油，没有火灾和爆炸的危险。

2) 触头开距小，10kV 级真空断路器的触头开距只有 10mm 左右，所需的操作功率小，动作快，操作机构可以简化，寿命延长。动导杆的惯性小，适用于频繁操作。开关操作时，动作噪声小，适用于城区使用。具有多次重合闸功能，适合配电网中应用要求。

3) 触头部分为完全密封结构，不会因潮气、灰尘、有害气体等影响而降低其性能。工作可靠，通断性能稳定。在密封的容器中熄弧，电弧和炽热气体不外漏。灭弧室作为独立的元件，安装调试简单方便。

4) 在真空断路器的使用年限内，触头部分不需要检查、维修，即使检查、维修，所需时间也很短。

（三）高压断路器的主要参数

1. 额定电压 U_N

额定电压 U_N 是指断路器正常工作时的线电压，断路器可以长期在 1.1～1.15 倍额定电压下可靠工作。额定电压主要决定于断路器的相间和相对地绝缘水平。断路器要满足额定电压的要求，就必须符合国家标准规定的绝缘试验的要求（如工频、雷电冲击和操作冲击耐压试验）。

2. 额定电流 I_N

额定电流 I_N 是指环境温度在 40℃ 时断路器允许长期通过的最大工作电流。断路器在此电流下长期工作时，各部分温度都不超过国家标准规定的数值。

3. 额定开断电流 I_{cs}

额定开断电流 I_{cs} 是指电压（暂态恢复电压与工频恢复电压）为额定值，按照国家标准规定的操作循环，能开断滞后功率因数在 0.15 以下，而不妨碍其继续工作的最大电流值。额定开断电流是断路开断能力的标志，其大小与灭弧室的结构和灭弧介质有关。

4. 额定断流容量 S_{cs}

由于开断电流与电压有关，故断路器的开断能力常用综合参数断流容量表示。三相断

路器的断流容量为

$$S_{cs} = \sqrt{3}U_N I_{cs} \qquad (3-8)$$

单相断路器的断流容量为

$$S_{cs} = U_N I_{cs} \qquad (3-9)$$

5. 热稳定电流 I_{cw}

热稳定电流 I_{cw} 是表示断路器短时耐受短路电流热效应的能力。在此电流作用下，断路器各部分温升不超过其短时允许的最高温升。由于发热量与电流通过的时间有关，故热稳定电流必须对应一定的时间。额定热稳定电流的持续时间为 2s，需要大于 2s 时，推荐 4s。

6. 动稳定电流或极限通过电流 i_{pk}

动稳定电流或极限通过电流 i_{pk} 表示断路器能承受短路电流所产生的电动力的能力，即断路器在该力作用下，其各部分机械不致发生永久性变形或破坏。动稳定电流的大小，决定于导电部分及支持绝缘部件的机械强度。

7. 断路器的分、合闸时间

分、合闸时间表示断路器的动作速度，是表征断路器操作性能的参数。分合闸时间决定于操动机构及中间传动机构的速度。

分闸时间 t_{br} 包括固有分闸时间和熄弧时间。固有分闸时间是指从操动机构分闸线圈接通到触头分开这段时间。熄弧时间是指从触头分离开始，到电弧完全熄灭为止的这段时间。分闸时间是断路器的一个重要参数，t_{br} 越小，对电力系统的稳定越有利。

合闸时间 t_{cl} 是指从断路器操动机构合闸线圈接通起，到各相主触头全部接通为止的这段时间。

（四）高压断路器的选择

选择高压断路器时，除按电气设备一般原则选择外，由于断路器还要切断短路电流，因此必须检验断流容量（或开断电流）、热稳定及动稳定等各项指标。

1. 按工作环境选型

根据使用地点的条件选择，如户内式、户外式，若工作条件特殊，尚需选择特殊型式（如隔爆型等）。

2. 按额定电压选择

高压断路器的额定电压，应等于或大于所在电网的额定电压，即

$$U_N \geqslant U \qquad (3-10)$$

式中 U_N——断路器的额定电压；

U——高压断路器所在电网的额定电压。

3. 按额定电流选择

高压断路器的额定电流，应等于或大于负载的长时最大工作电流，即

$$I_N \geqslant I_{ar.m} \qquad (3-11)$$

式中 I_N——断路器的额定电流；

$I_{ar.m}$——负载的长时最大工作电流。

4. 校验高压断路器的热稳定

高压断路器的热稳定校验要满足下式要求：

$$I_{cw}^2 t_{cw} \geq I_\infty^2 t_{eq} \qquad (3-12)$$

$$I_{cw} \geq I_\infty \sqrt{t_{eq}/t_{cw}} \qquad (3-13)$$

式中　I_{cw}——断路器的热稳定电流；

$\quad\quad t_{cw}$——断路器热稳定电流所对应的热稳定时间；

$\quad\quad I_\infty$——短路电流稳定值；

$\quad\quad t_{eq}$——I_∞作用下的等值时间。

断路器通过短路电流的持续时间按下式计算：

$$t_{la} = t_{se} + t_{br} \qquad (3-14)$$

式中　t_{la}——断路器通过短路电流的持续时间；

$\quad\quad t_{se}$——断路器保护动作时间；

$\quad\quad t_{br}$——断路器的分闸时间。

断路器的分闸时间 t_{br} 包括断路器的固有分闸时间和燃弧时间，一般可从产品样本中查到或按下列数值选取：对快速动作的断路器，t_{br} 可取 0.11～0.16s；对中、低速动作的断路器，t_{br} 可取 0.18～0.25s。

5. 校验高压断路器的动稳定

高压断路器的动稳定是指承受短路电流作用引起的机械效应的能力，在校验时，须用短路电流的冲击值或冲击电流有效值与制造厂规定的最大允许电流进行比较，即

$$i_{pk} \geq i_{sh} \qquad (3-15)$$

$$I_{pk} \geq I_{sh} \qquad (3-16)$$

式中　i_{pk}、I_{pk}——设备极限通过的峰值电流及其有效值；

$\quad\quad i_{sh}$、I_{sh}——短路冲击电流及其有效值。

6. 校验高压短路器的断流容量（或开断电流）

高压断路器能可靠地切除短路故障的关键参数是它的额定断流容量（或额定开断电流）。其所控制回路的最大短路容量应小于或等于其额定断流容量，否则断路器将受到损坏；严重时电弧难以熄灭使事故继续扩大，影响系统的安全运行。断路器的额定断流容量 S_{cs} 按下式进行校验：

$$S_{cs} \geq S_{0.2} \text{ 或 } S'' \qquad (3-17)$$

式中　$S_{0.2}$ 或 S''——所控制回路在 0.2s 或 0s 时的最大断流容量，MV·A。

在不同的操作循环下，断路器所承受的电流变化和热效应不同，因此其断流容量也会有所不同，校验时应按相应的操作循环的断流容量进行校验。操作循环指的是断路器在特定时间内完成的一系列动作，包括闭合、承载、断开等。

对于非周期分量衰减时间常数在 0.05s 左右的电力网，当使用中速或低速断路器时，若保护动作时间加上断路器固有分闸时间之和为 4 倍非周期分量衰减时间常数以上时，在

断路器开断时，短路电流的非周期分量衰减接近完毕，则开断短路电流的有效值不会超过短路次暂态电流周期分量的有效值 I''，故开断电流可按 I'' 来校验断路器。

对于电力网末端，如远离电源中心的泵站，非周期分量衰减时间常数更小，当使用中速或低速断路器时，若保护动作时间加上断路器固有分闸时间之和大于 0.2s，则开断电流可按 $I_{0.2}$ 来校验断路器（$I_{0.2}$ 为回路短路 0.2s 的短路电流）。

【例 3-1】 某泵站变电所的主接线图如图 3-24 所示，6kV 侧的总负荷为 12500kV·A。在正常情况下，变电所采用并联运行。变电所 35kV 设备采用室外布置，35kV 进线的继电保护动作时限为 2.5s。6kV 侧的变压器总开关（QF_6、QF_7）不设保护，变电所 35kV 与 6kV 母线的短路参数见表 3-2。变压器 T_1、T_2 的额定容量为 10000kV·A，试选择变压器两侧的断路器。

表 3-2　　　　　　　　　　　变电所 35kV 与 6kV 母线的短路参数

运行方式	35kV 母线 K_1 点的短路电流值			6kV 母线 K_2 点的短路电流值		
	$I''=I_\infty$ /kA	i_{sh} /kA	$S''=S_\infty$ /(MV·A)	$I''=I_\infty$ /kA	i_{sh} /kA	$S''=S_\infty$ /(MV·A)
并联运行	20	51	1212.5	19.9	50.7	206.8
分列运行	12	30.6	727.5	10.9	27.8	124.7

解： 首先按设备工作环境条件及电压、电流选择断路器型号，然后按所选断路器参数进行检验。

（1）选择断路型号。QF_5 及 QF_7 断路器在正常情况下只负担全所总负荷的一半。当一台变压器故障或断路器检修时，长时最大负荷即等于变压器的额定容量。此时 35kV 侧电流为

$$I_{ar,m1}=\frac{S_{N,T}}{\sqrt{3}U_{N1}}=\frac{10000}{\sqrt{3}\times 35}=165(A)$$

6kV 侧的长时最大工作电流为

$$I_{ar,m2}=\frac{S_{N,T}}{\sqrt{3}U_{N2}}=\frac{10000}{\sqrt{3}\times 6}=962(A)$$

QF_5 的额定电压为 35kV，长时最大工作电流为 165A，布置在室外，初步选户外式少油断路器，型号为 SW_8-35 型。

QF_7 的额定电压为 6kV，长时最大工作电流为 962A，布置在室内，初步选用成套配电设备，断路器为户内式少油断路器，型号为 SN_{10}-10，额定电压为 10kV，额定电流为 1000A。

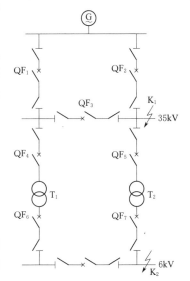

图 3-24　某泵站变电所的
主接线图

所选断路器的电气参数见表 3-3。根据表 3-2 的短路计算参数，对上述所选两种断路器的动、热稳定性及断流容量进行校验。

QF_5 的最大运行方式（系统几种运行方式中，短路回路阻抗最小、短路电流最大的一种）是系统并联运行。QF_7 的最大运行方式是分列运行。

表 3-3

所选断路器的电气参数

型号	额定电压 U_N/kV	额定电流 I_N/kA	额定开断电流 I_{cs}/kA	断流容量 $S_{cs}/(MV \cdot A)$	动稳定电流 i_{pk}/kA	热稳定电流 I_{cw}/kA
$SW_8 - 35$	35	1500	24.8	1500	63.4	24.8
$SN_{10} - 10$	10	1000	29	500	74	29

（2）动稳定校验。根据表 3-2 及表 3-3 的数据，QF_5 按 K_1 点并联运行的最大冲击电流检验，即

$$i_{pk} = 63.4kA > i_{sh} = 50.7kA$$

故 QF_5 选用 $SW_8 - 35$ 动稳定符合要求。

QF_7 按通点分列运行的最大冲击电流校验，即

$$i_{pk} = 74kA > i_{sh} = 27.8kA$$

故 QF_7 选用 $SN_{10} - 10$ 动稳定符合要求。

（3）热稳定校验。

1）QF_5 的热稳定校验。由于变压器容量为 10000kV·A，故设有差动保护。差动保护范围内短路时，为瞬时动作，继电器保护动作时限为 0，此时等值时间 $t_{eq} = 0.2s$。当短路发生在 6kV 母线上时，差动保护不动作（因不是其保护范围），此时过电流保护动作时限为 2s（比进线保护少一个时限级差 0.5s），此时等值时间 $t_{eq} = 2.2s$。

故 K_1 点短路，QF_5 相当于 $t_{cw} = 4s$ 热稳定电流为

$$I_\infty \sqrt{\frac{t_{eq}}{t_{cw}}} = 20 \times \sqrt{\frac{0.2}{4}} = 4.5(kA) < I_{cw} = 24.8kA$$

在 K_2 点短路时，QF_5 相当于 $t_{cw} = 4s$ 热稳定电流为

$$I_\infty \sqrt{\frac{t_{eq}}{t_{cw}}} = \frac{6}{35} \times 10.9 \times \sqrt{\frac{2.2}{4}} = 1.39(kA) < I_{cw} = 24.8kA$$

故 QF_5 选用 $SW_8 - 35$ 的热稳定符合要求。

2）QF_7 的热稳定校验。因 QF_7 的过电流保护动作时限为 2s，$t_{eq} = 2.2s$，在 K_2 短路时相当于 4s 的热稳定电流为（因为 6kV 侧的变压器总开关不设保护）

$$I_\infty \sqrt{\frac{t_{eq}}{t_{cw}}} = 10.9 \times \sqrt{\frac{2.2}{4}} = 8.08(kA) < I_{cw} = 29kA$$

故 QF_7 选用 $SN_{10} - 10$ 的热稳定符合要求。

（4）对断路器断流容量进行校验。

QF_5 的断流容量校验：1500MV·A $> S'' = 1212.5$MV·A（表 3-2 中的并联运行的短路容量 S''），故 QF_5 符合要求。

QF_7 在 10kV 时的额定断流容量为 500MV·A，使用在 6kV 时的断流容量的换算值为 $500 \times \frac{6}{10} = 300$(MV·A)，300MV·A $> S'' = 727.5$MV·A（表 3-2 中的分列运行的短路容量 S''），故 QF_7 符合要求。

因此，QF_5 选用 $SW_8 - 35$ 型、额定电流 1500A，QF_7 选用 $SN_{10} - 10$ 型、额定电流 1000A 的少油断路器完全符合要求。

二、高压隔离开关

隔离开关是高压电力系统中保证工作安全的开关电器。其结构较为简单，没有专门的灭弧装置，因此只能开断很小的电流，不能用来开断负荷电流，更不能开断短路电流。隔离开关在分闸时，动、静触头间有明显可见的断口，绝缘可靠。

（一）隔离开关的作用

（1）隔离电源

用隔离开关把检修的设备与电源可靠地隔离，在分闸时有明显可见的间隙，以确保检修、试验等工作人员的安全。

（2）倒闸操作

在双母线的电气装置中，不用操作断路器，只操作几台隔离开关即可将设备或供电线路从一组母线切换到另一组母线上去，但此时必须遵循"等电位原则"。这是隔离开关在倒闸操作中的典型应用。

（3）接通或开断小电流电路

可使用隔离开关进行下列操作：

1）接通或开断无故障时的互感器和无雷电活动时的避雷器。

2）接通或开断无故障母线和直接连接在母线上设备的电容电流。

3）在系统无接地故障的情况下，接通或开断变压器中性点的接地隔离开关和断开变压器中性点的消弧线圈。

4）与断路器并联的分路隔离开关，当断路器在合上位置时可接通或开断分路电流。

5）接通或开断励磁电流不超过 2A 的空载变压器，如 35kV、1000kV·A 及以下和 10kV、320kV·A 及以下的空载变压器。

6）接通或开断电容电流不超 5A 的空载线路，如 10km 以内的 35kV 空载架空线路和 5km 以内的 10kV 空载电缆线路。

7）用户外三相隔离开关接通或开断电压在 10kV 及以下且电流在 15A 以下的负荷。

8）接通或开断电压在 10kV 及以下，电流在 70A 以下的环路均衡电流。

隔离开关与熔断器配合使用，可作为 180kV·A 及以下容量变压器的电源开关。

（二）隔离开关的基本要求

根据隔离开关在电力系统担负的工作任务，要求隔离开关应能满足以下条件：

（1）分开后应具有明显的断开点，易于鉴别设备是否与电网隔开。

（2）断开点之间应有足够的绝缘距离，以保证在过电压及相间闪络的情况下，不致引起击穿而危及工作人员的安全。

（3）有足够的动热稳定、机械强度、绝缘强度。

（4）跳、合闸时的同期性要好，要有最佳的跳合闸速度，以尽可能降低操作过电压。

（5）结构简单、动作可靠。

（6）带有接地刀闸的隔离开关必须装设联锁机构，以保证隔离开关的正确操作。

（三）隔离开关的技术参数

（1）额定电压 U_N。额定电压是确定隔离开关绝缘强度的参数，是隔离开关长期工作能承受的最高工作电压。按照标准，额定电压分为以下几级：3.6kV、7.2kV、12kV、

24kV、31.5kV、40.5kV、63kV、72.5kV、126kV、252kV、368kV、550kV、800kV、1100kV 等。

（2）额定电流 I_N。隔离开关在额定电压和规定的使用性能条件下，允许连续长期通过的最大电流的有效值。

（3）动稳定电流 i_{pk}。动稳定电流是隔离开关通过短时电流能力的参数，反映隔离开关承受短路电流电动力效应的能力，它是隔离开关在合闸状态下或关合瞬间，允许通过的电流最大峰值。

（4）热稳定电流 I_{cw}。热稳定电流指隔离开关在某一规定的时间内，允许通过的最大电流，表明隔离开关承受短路电流热稳定的能力。

（5）极限通过电流峰值 i_{max}。极限通过电流峰值指隔离开关所能承受的瞬时冲击短路电流，与隔离开关各部分的机械强度有关。

（四）隔离开关的型号含义

我国隔离开关型号一般由文字符号和数字按如图 3-25 所示的方式组成。

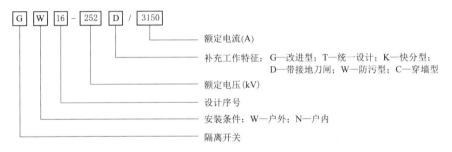

图 3-25　隔离开关的型号含义

（五）隔离开关的种类

隔离开关种类很多，可根据装设地点、电压等级、极数和构造进行分类，主要有以下几种分类方式：

（1）按装设地点可分为户内式和户外式两种。户内隔离开关的型号常用 GN 表示，一般用于 35kV 电压等级及以下的配电装置中。户外隔离开关则可用 GW 代号表示，这类隔离开关的触头直接暴露于大气中，因此要适应各种恶劣的气候条件。

（2）按极数可分为单极和三极两种。

（3）按支柱绝缘子数目可分为单柱式、双柱式和三柱式。

（4）按隔离开关的动作方式可分为闸刀式、旋转式、插入式。

（5）按有无接地开关（刀闸）可分为带接地开关的和不带接地开关的。

（6）按所配操动机构可分为手动式、电动式、气动式、液压式。

（7）按使用性质不同可分为一般用、快分用和变压器中性点接地用三种。

（六）高压隔离开关的基本结构

隔离开关的结构形式很多，这里仅介绍其中有代表性的典型结构。

1. 户内隔离开关

户内隔离开关有三极式和单极式两种，一般为刀闸隔离开关。如图 3-26 所示为

GN$_{19}$-10/400 型三极隔离开关，用于有电压无负载时切断或闭合 6～10kV 电压等级的电气线路。一般由框架、绝缘子和闸刀等部分组成，单相或三相联动操作。隔离闸刀的动触头每相由两条铜制刀闸构成，用弹簧紧夹在静触头两边形成线接触。

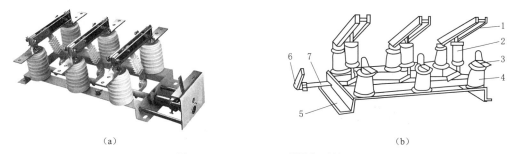

(a)　　　　　　　　　　　　　　　　　　　(b)

图 3-26　GN$_{19}$-10 型隔离开关

(a) 实物图；(b) 结构图

1—隔离闸刀；2—操作绝缘子；3—静触头；4—支持绝缘子；5—底座；6—拐臂；7—转轴

2. 户外隔离开关

户外隔离开关有单柱式、双柱式和三柱式。由于其工作条件比户内隔离开关差，受到外界气象变化的影响，因此，其绝缘强度和机械强度要求较高。

如图 3-27 所示为 GW$_5$-126 型 V 形双柱式户外隔离开关。每极两个绝缘柱带着导电闸刀反向回转 90°，形成一个水平断口。两个支柱 V 形交角 50°，安装在一个底座上，安装灵活方便。按接地方式可分为不接地、单刀接地和双刀接地。隔离开关与接地开关之间设有机械联锁。接线端通过软连接过渡，导电可靠，维修方便，触头元件用久后可更换新件，保养容易。

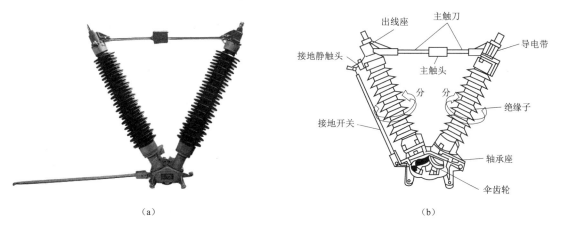

(a)　　　　　　　　　　　　　　　　　　　(b)

图 3-27　GW$_5$-126 型 V 形双柱式隔离开关

(a) 实物图；(b) 结构图

如图 3-28 所示 GW$_4$-11 系列隔离开关是双柱水平回转式结构。动触头的闭合处在两个绝缘支柱间的中间。当进行操作时，操动机构带动一个支柱绝缘子转动，另外一个支柱绝缘子由连杆带动也同时转动，于是动触头向一侧断开或接通。每极两个绝缘支柱带着导电闸刀反向回转 90°，形成一个水平断口。按接地方式可分为不接地、单刀接地和双刀接地。隔离开关与接地开关之间设有机械联锁。

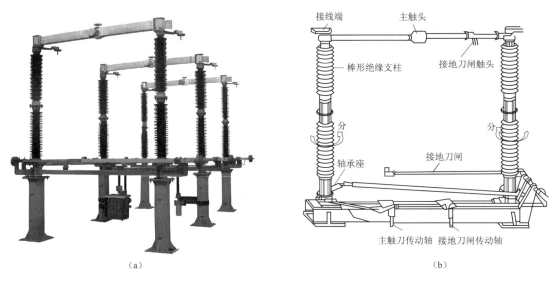

图 3-28 GW_4-11 系列双柱水平回转式隔离开关
(a) 外形图; (b) 结构图

如图 3-29 所示 GW_7 系列户外交流高压隔离开关,为三柱水平旋转双侧断开式隔离开关,主闸刀在分合闸过程中分为水平摆动及自转两步动作。其翻转式结构,确保产品操作力小,合闸基本无冲击力,适用于高压、大电流产品。

图 3-29 GW_{7C} 三柱水平旋转双侧断开式隔离开关
(a) GW_{7C}-126~550 系列; (b) GW_{7C}-800~1100 系列

如图 3-30 所示伸缩式户外高压交流隔离开关,为单柱垂直/双柱水平伸缩式结构,分闸时,每极的操作绝缘子旋转带动主刀闸向下缩回合拢折叠,分闸终了与其正上方的静触头之间形成一个清晰醒目的垂直断口,合闸时主闸刀犹如手臂伸直动作,当它完全伸直后合闸操作完成,其静触头可靠地插入主刀闸的动触头内。

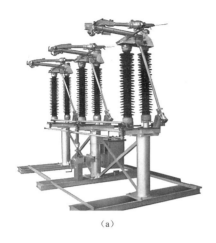 

（a）　　　　　　　　　　　　　　　　（b）

图 3-30　伸缩式隔离开关

（a）单柱垂直伸缩式；（b）双柱水平伸缩式

（七）高压隔离开关的选择

隔离开关按电网电压、长时最大工作电流及环境条件选择，按短路电流校验其动、热稳定性。

【例 3-2】　按图 3-24 的供电系统及计算出的短路参数选择 QF_1 的隔离开关。已知上级变电所出线带有过电流及横差功率方向保护。

解：（1）计算隔离开关的长时最大工作电流 $I_{ar.m}$。当一条线路故障时，全部负荷电流都通过 QF_1 的隔离开关，故长时最大工作电流为

$$I_{ar,m}=\frac{S}{\sqrt{3}U_N}=\frac{12500}{\sqrt{3}\times35}=206(kA)$$

由于电压为 35kV，设备采用室外布置，故选用 GW_5-35G/600 型户外式隔离开关，其主要技术数据为：额定电压 35kV，额定电流 600A，极限通过电流（峰值）为 50kA，5s 的热稳定电流为 14kA。

（2）动稳定检验。由于 QF_1 处的隔离开关最大运行方式是分列运行（因 K_1 点短路时流经隔离开关的短路电流，分列运行大于并联运行的一半，故最大运行方式是分列运行）。由表 3-2 查得 K_1 点短路最大冲击电流为 30.6kA＜50kA，故动稳定符合要求。

（3）热稳定校验。最严重的情况是线路分列运行时所装横联差动保护撤出（其动作时限为零），即此时差动不起作用，当短路发生在 QF_1 的隔离开关后，并在断路器 QF_1 之前时，事故切除靠上一级变电所的过电流保护，继电器动作时限应比 35kV 进线的继电保护动作时限 2.5s 大一个时限级差，故 $t_{se}=2.5+0.5=3(s)$，此时短路电流经过隔离开关的总时间为

$$t=t_{eq}=t_{br}+t_{se}=0.2+3.0=3.2(s)$$

相当于 5s 的热稳定电流为

$$I_\infty\sqrt{\frac{t_{eq}}{t_{cw}}}=12\times\sqrt{\frac{3.2}{5}}=9.6(kA)<I_{cw}=14kA$$

故热稳定性符合要求。

三、高压负荷开关

高压负荷开关是一种结构简单，具有一定开断和关合能力的高压一次设备。其功能介于高压断路器和高压隔离开关之间，具有简单的灭弧装置，能通断一定的负荷电流和过负荷电流，可用于控制供电线路的负荷电流，也可以用来控制空载线路、空载变压器及电容器等。高压负荷开关也能关合一定的短路电流，但不能断开短路电流，所以一般与高压熔断器串联使用，借助熔断器来进行短路保护，在功率不大或可靠性能要求不高的配电回路中可用于代替断路器，以便简化配电装置，降低设备费用。负荷开关断开后，与隔离开关一样，也有明显可见的断开间隙，因此也具有隔离高压电源、保证安全检修的功能。

（一）高压负荷开关的作用

（1）隔离作用。高压负荷开关在断开位置时，像隔离开关一样有明显的断开点，因此可起电气隔离作用。对于停电的设备或线路提供可靠停电的必要条件。

（2）接通或开断电路。高压负荷开关具有简易的灭弧装置，因而可接通或开断额定电流之内的负荷电流，一定容量的变压器、电容器组，以及一定容量的配电线路。

（3）替代作用。配有高压熔断器的负荷开关，可作为断流能力有限的断路器使用。负荷开关本身用于接通或开断正常情况下的负荷电流，高压熔断器则用来切断短路故障电流。负荷开关结构简单、尺寸小、价格低，与熔断器配合可作为容量不大（400kV·A以下）或不重要用户的电源开关，以代替断路器。

（二）高压负荷开关的结构类型

高压负荷开关根据结构形式以及安装方式等不同可分为以下不同类型。

（1）按安装地点划分，可分为户内式和户外式。

（2）按灭弧形式和灭弧介质划分，可分为产气式、压气式、压缩空气式、油浸式、真空式、SF_6式等。

（3）按用途划分，可分为通用负荷开关、专用负荷开关、特殊用途负荷开关。目前有隔离负荷开关、电动机负荷开关、单个电容器组负荷开关等。

（4）按操作方式划分，可分为三相同时操作和逐相操作。

（5）按操动机构划分，可分为动力储能和人力储能。

（三）典型的高压负荷开关结构

1. 真空负荷开关

真空负荷开关完全采用了真空开关管的灭弧优点以及相应的操作机构，由于负荷开关不具备开断短路电流的能力，故它在结构上较简单，适用于电流小、动作频繁的场合，常见真空负荷开关有户内型及户外柱上型两种。如图3-31所示为FZN25-12RD型户内高压真空负荷开关与熔断器组合电器的外形，这种系列负荷开关的主要特点是无明显电弧、不会发生火灾及爆炸事故、可靠性好、使用寿命长、几乎不需要维护、体积小、重量轻，可用于各种成套配电装置，尤其是在城网中的箱式变电站、环网等设施中，具有很多优势。

2. SF_6负荷开关

SF_6负荷开关适用于10kV户外安装，它可用于关合负荷电流及关合额定短路电流，常用于城网中的环网供电系统,作为分段开关或分支线的配电开关。SF_6 负荷开关根据旋弧式原理进行灭弧,灭弧效果较好,同时,由于 SF_6 气体无老化现象,故 SF_6 负荷开关是城网建设中推荐采用的一种开关设备。如图 3-32 所示为 10kV 户外 SF_6 负荷开关的外形。

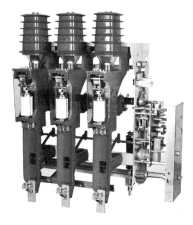

图 3-31　FZN25-12RD 型高压真空负荷开关

图 3-32　10kV 户外 SF_6 负荷开关

(四) 高压负荷开关的运行

高压负荷开关在运行时应注意以下几点:

(1) 负荷开关合闸时,应使辅助刀闸先闭合,主刀闸后闭合;分闸时,应使主刀闸先断开,辅助刀闸后断开。

(2) 灭弧筒内产生气体的有机绝缘物应完整无裂纹,灭弧触头与灭弧筒的间隙应符合要求。

(3) 开关框架、保护钢管等一定不能以串联的方式接地,还应该垂直安装。

(4) 在高压负荷开关工作前,高低压成套设备一定要进行反复试验,以确保转动没有卡死现象以及合闸到位情况。

(5) 为了在故障电流比负荷开关的开断能力大时先熔断熔体,应该选择合适的熔断器熔体与其串联。

(6) 在巡检的时候,应该注意是否有断裂、污垢、连接部是否过热等现象,不能用水冲洗开关。

负荷开关按额定电压、额定电流选择,按动稳定性和热稳定性进行校验。当负荷开关配有熔断器时,应校验熔断器的断流容量,其动稳定性和热稳定性则可不校验。

四、高压熔断器

熔断器是一种最简单、最早采用的保护电器,装设在电路中的薄弱环节。当电路中通过短路电流或长期过负荷电流时,熔体因自身产生的热量而熔断,从而切断电路,达到保护电气设备和载流导体的目的。熔断器不能用在正常时切断或接通电路,必须与其他开关电器配合使用。

(一) 熔断器的工作原理

熔断器主要由金属熔件(熔体)、支持熔件的触头、灭弧装置和绝缘底座四部分构成。

其中，决定其工作特性的主要是熔体和灭弧装置。常用的熔体材料有铅-锡合金、铅、锌、铜和银等。在500V以下低压熔断器中，熔件由铅、锌等低熔点金属制成。在高压熔断器中，则由铜、银等金属制成熔丝，表面还焊上一些小锡（铅）球，电流大时会先从这些点熔断。

图3-33所示为10kV户外跌落式熔断器，适用于变压器的短路保护。熔断器的熔件为铜丝，熔断的两端设有触头，熔丝的一头固定在下触头4上，另一头穿过熔断管拉紧在触头的活动关节（可以绕轴5转动的压板6）上。当熔丝熔断时，上动触头的活动关节不再与上静触头接触，熔管在上下触头压力推动下，加上熔管自身重量的作用，使熔管自动跌落，形成明显可见的隔离间隙，跌落式熔断器的名词由此而来。

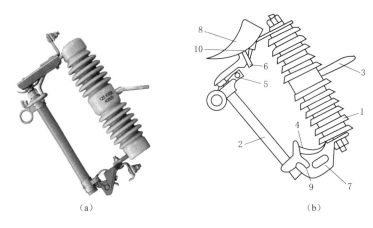

图3-33 10kV户外跌落式熔断器
(a) 外形图；(b) 结构图
1—绝缘支座；2—熔断管；3—安装固定板；4—下触头；5、9—轴；
6—压板；7—金属支座；8—鸭嘴罩；10—弹簧钢片

由于跌落式熔断器在灭弧时会喷出大量电离气体并发出很大的响声，所以一般只用在户外。这种熔断器的结构简单，熔断时不会出现截流，故过电压较低，但开断容量较小。

（二）熔断器的工作性能

熔断器的工作性能，可用下面的特性和参数表征。

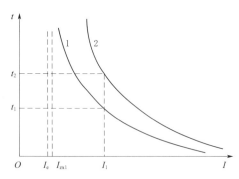

图3-34 熔断器的安-秒特性
1—熔体截面较小；2—熔体截面较大

1. 电流-时间特性

熔断器的电流-时间特性又称熔体的安-秒特性，用来表明熔体的熔化时间与流过熔体的电流之间的关系，如图3-34所示。一般来说，通过熔体的电流越大，熔化时间越短。每一种规格的熔体都有一条安-秒特性曲线，由制造厂给出。安-秒特性是熔断器的重要特性，在采用选择性保护时，必须考虑安-秒特性。

2. 熔体的额定电流与最小熔化电流

熔断器的额定电流与熔体的额定电流是两

个不同的值。熔体的额定电流是指熔体本身设计时所根据的电流。当电流减小到某值时，熔体不能熔断，熔化时间将为无穷长，此电流值称为熔体的最小熔化电流。通常最小熔化电流比熔体的额定电流大 1.1～1.25 倍。熔断器的额定电流是指熔断器载流部分和接触部分设计时所根据的电流。在某一额定电流的熔断器内，可安装额定电流在一定范围内的熔体，但熔体的最大额定电流不允许超过熔断器的额定电流。

3. 短路保护的选择性

熔断器主要用在配电线路中，作为线路或电气设备的短路保护。由于熔体安-秒特性的分散性较大，因此在串联使用的熔断器中必须保证一定的熔化时间差。如图 3-35 所示，主回路用 20A 熔体，分支回路用 5A 熔体。当 A 点发生短路时，其短路电流为 200A，此时熔体 1 的熔化时间为 0.35s，熔体 2 的熔化时间为 0.25s，显然熔体 2 先断，保证了有选择性切除故障。如果熔体 1 的额定电流为 30A，熔体 2 的额定电流为 20A，若 A 点短路电流为 800A，

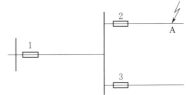

图 3-35　熔断器配合接线

则熔体 1 的熔化时间为 0.04s，熔体 2 为 0.026s，两者相差 0.014s，若再考虑安-秒特性的分散性以及燃弧时间的影响，在 A 点出现故障时，有可能出现熔体 1 与熔体 2 同时熔断，这一情况通常称为保护选择性不好。因此，当熔断器串联使用时，熔体的额定电流等级不能相差太近。

4. 额定开断电流

根据灭弧装置结构不同，熔断器大致分为两大类，即喷逐式熔断器与石英砂熔断器。

(1) 喷逐式熔断器，电弧在产气材料制成的消弧管中燃烧与熄灭。这种熔断器与内能式油断路器相似。开断电流越大，产气量亦越大，气吹效果越好，电弧越易熄灭。当开断电流很小时，由于电弧能量小，产气量也小，气吹效果差，可能出现不能灭弧的现象。因此，选用喷逐式熔断器时必须注意下限开断电流。

(2) 石英砂熔断器，电弧在充有石英砂填料的封闭室内燃烧与熄灭。当熔体熔断时，电弧在石英砂的狭沟里燃烧。根据狭缝灭弧原理，电弧与周围填料紧密接触受到冷却而熄灭。这种熔断器灭弧能力强，燃弧时间短，并有较大的开断能力。

5. 限流效应

当熔体的熔化时间很短，灭弧装置的灭弧能力又很强时，线路或电气设备中实际流过的短路电流最大值，将小于无熔断器时预期的短路电流最大值，这一效应称为限流效应。熔断器的限流作用比开关明显许多，无需过多地考虑线路和其他零配件的极限承受能力，同时还能开断比较大的故障电流。这种限流效应的意义在于保护电路，降低对电路中电气设备的动、热稳定性要求，提高电力系统的安全性和稳定性。

(三) 熔断器的种类

熔断器的种类很多，按电压可分为高压和低压熔断器，按装设地点又可分为户内式和户外式，按结构可分为螺旋式、插片式和管式，按是否有限流作用又可分为限流式和无限流式等。

国产 6～35kV 熔件，其额定电流等级有 3.5A、10A、15A、20A、30A、40A、50A、

75A、100A、125A、200A。

（四）高压熔断器的选择

高压熔断器除按工作环境条件、电网电压、负荷电流（对保护电压互感器的熔断器不考虑负荷电流）选择型号外，还必须校验熔断器的断流容量，即

$$S_{cs} \geqslant S''\qquad\qquad(3-18)$$

对具有限流作用的熔断器，不能用在低于额定电压等级的电网上（如 10kV 熔断器不能用于 6kV 电网），以免熔件熔断时弧电阻过大而出现过电压。

熔断器选择的主要指标是选择熔件和熔管的额定电流，熔断器额定电流按下式选取：

$$I_{N,Fu} \geqslant I_{N,Fe} \geqslant I\qquad\qquad(3-19)$$

式中　$I_{N,Fu}$——熔管额定电流（即熔断器额定电流）；

　　　$I_{N,Fe}$——熔件额定电流；

　　　I——通过熔断器的长时最大工作电流。

所选熔件应在长时最大工作电流及设备启动电流的作用下不熔断，在短路电流作用下可靠熔断；要求熔断器特性应与上级保护装置的动作时限相配合（即动作要有选择性），以免保护装置越级动作，造成停电范围的扩大。

对保护变压器的熔件，其额定电流可按变压器额定电流的 1.5～2 倍选取。

五、高压开关柜

高压开关柜属于成套配电装置，由制厂按一定的接线方式将同一回路的开关电器、母线、测量仪表、保护电器和辅助设备等都装配在一个金属柜中，成套供应用户，设备结构紧凑，使用方便。在泵站供配电系统中广泛用于控制和保护变压器、高压线路及高压电动机等。

为了适应不同接线系统的要求，配电柜一次回路由隔离开关、负荷开关、断路器、熔断器、电流互感器、电压互感器、避雷器、电容器及所用电变压器等组成多种一次接线方案。各配电柜的二次回路则根据计量、保护、控制、自动装置与操动机构等各方面的不同要求也组成多种二次接线方案。为了选用方便，一次、二次接线方案均有固定的编号。

选择高压开关柜首先应根据装设地点、环境选择，并按系统电压及一次接线选一次编号。在选择二次接线方案时，应首先确定是交流还是直流控制，然后再根据柜的用途及计量、保护、自动装置及操作机构的要求，选择二次接线方案编号。但要注意，成套柜中的一次设备，必须按上述高压设备的要求项目进行校验合格才行。

第四节　电力变压器的选择

电力变压器是一种静止的电气设备，是用来将某一数值的交流电压（电流）变成频率相同的另一种或几种数值不同的电压（电流）的设备，起着连接不同电压等级电力网的重要作用。变压器选择包括变压器形式、台数及容量的选择。

一、变压器类型的选择

（一）变压器的基本结构

电力变压器的基本工作原理为电磁感应原理，最基本的结构组成是电路和磁路部分。

1. 单相变压器的基本结构

如图 3-36 所示为单相变压器的基本结构示意图，它主要由铁芯、绕组组成。铁芯为一闭合磁路，在两铁芯柱上套装绕组，与系统电路和电源连接绕组的称为一次绕组，与负载连接的绕组为二次绕组。

在电力线路中，可采用 3 台单相变压器连接成三相组式变压器或用一台三相芯式变压器来完成电压的变换。一般情况下采用三相变压器，只有出现变压器运输困难时，才考虑采用单相变压器组。

2. 三相变压器的基本结构

三相变压器根据铁芯结构分为三相组式变压器和三相芯式变压器。

（1）三相组式变压器。根据电力网的线电压和各个一次绕组额定电压的大小，把 3 个单相变压器的一次、二次绕组接成星形或三角形，如图 3-37 所示，这种变压器称为三相组式变压器。

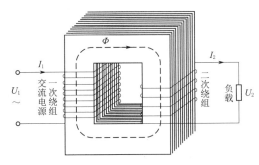

图 3-36　单相变压器的基本结构　　　　图 3-37　Y/Y 接线三相组式变压器

三相组式变压器由多组单相变压器连接而成，结构简单、灵活，维修方便；三相磁路相互独立，互不关联，且各磁路的几何尺寸完全相同，不存在相间绝缘破坏的可能性，工作可靠性很高；由于采用多组变压器连接而成，因此其电流能力很强，能够承受的容量相对较大。

（2）三相芯式变压器。三相芯式变压器铁芯的演变过程如图 3-38 所示。图 3-38（a）为三个单相铁芯的合并，当一次侧加上对称的三相交流电源电压，三相铁芯中感应的磁通也是对称的，合并铁芯柱中的三相铁芯的合成磁通为零，因此中间合并铁芯柱中

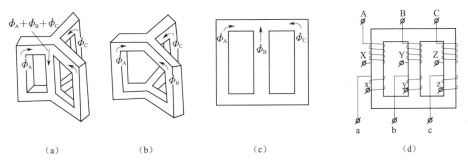

图 3-38　三相芯式变压器磁路

（a）三个单相铁芯；（b）除去中间铁芯柱；（c）三相平面铁芯；（d）三相变压器器身

无磁通，故可除去中间铁芯柱，如图3-38（b）所示。将三个铁芯柱做成一个平面，如图3-38（c）所示，即为三相变压器的磁路。图3-38（d）即三相芯式变压器的器身，每一铁芯柱就相当于一个单相变压器。通过改变三相变压器一次、二次绕组的匝数，便可达到升高或降低电压并传送电能的作用。

三相芯式变压器采用三相共同沿着U形铁芯包绕在一起的设计，结构紧凑、体积小、重量轻，大幅度节省了空间；三相磁路相互不独立，互相关联，各相磁路的长度不等，三相磁阻不对称；其铁芯经特殊处理，黏磁能力强，铁损小，因此变压器损耗也相对较小。

（二）三相变压器的主要部件

如图3-39所示是三相油浸式电力变压器外形，主要部件有铁芯、线圈、外壳和绝缘套管，另外还设有油枕、呼吸器、防爆管、散热器、温度计、油位表、分接头开关、冷却系统、保护装置等。变压器的铁芯和线圈是变压器的主要部分，称为变压器的器身。

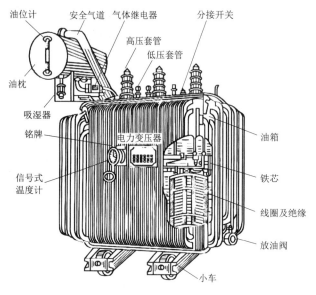

图3-39　三相油浸式电力变压器外形

1. 铁芯

变压器的铁芯由芯柱和铁轭两部分组成。线圈套装在铁柱上，而铁轭则用来使整个磁路闭合。

传统变压器的铁芯为叠装式，一般由厚度0.35～0.5mm的冷轧硅钢片叠成，片间涂以0.01～0.03mm厚绝缘漆膜，以避免片间短路并减少磁滞损耗。

新型节能型电力变压器采用卷铁芯，改革了传统电力变压器的叠片式磁路结构和三相布局，使产品性能更为优化。卷铁芯与叠装式铁芯结构的主要不同是：采用专门的铁芯卷绕机将硅钢带连续绕制成不间断连续封闭型整体铁芯，因没有接缝，导磁性能大大改善，变压器的空载电流、空载损耗相对降低；另外，不会像传统叠片式铁芯那样因磁路不连贯而发出噪声，可使噪声降低到最低限度，甚至达到静音状态。

2. 绕组

绕组是变压器的电路部分，由电解铜线或铝线绕制，导线外面包几层经绝缘油浸渍的高强度绝缘纸，也有用漆包、纱包或丝包线绕制的。

变压器中，接到电源端吸取电能的绕组称为一次绕组；输出电能端的绕组称为二次绕组。变压器按绕组与铁芯配置不同，将铁芯分为芯式和壳式两种。壳式变压器的铁芯包在绕组的外部，芯式变压器绕组包在铁芯的外部。壳式变压器的导热性能较好，机械强度较高，但制造工艺复杂，除了很小的电源变压器外，目前已很少使用。芯式变压器的制造工艺较为简单，所以被广泛使用。

变压器因容量和电压不同，绕组形式有所不同，一般有圆筒式、螺旋式、连续式和纠结式。

3. 外壳

变压器的外壳通常用钢板焊接而成。变压器的器身放在油箱内，箱内灌满变压器油。变压器油具有绝缘、散热两种作用。变压器在运行过程中，其铁芯会产生涡流及磁滞损耗；由于变压器线圈具有一定的直流电阻，因而会产生一定的功率损耗，所有这些损耗最终都形成热量。变压器油把这些热量传到箱壁，箱壁上根据变压器容量不同安装散热排管把热量散到周围空气中去。

4. 绝缘套管

绝缘套管是电力变压器高、低压线圈与外线路的连接部件。将变压器高、低压线圈的引线从油箱内引出至箱外，并使引线与接地的油箱绝缘，必须利用绝缘套管。套管不但作为引线对地绝缘，而且也担负着固定引线的作用。因此，电力变压器的套管必须具有规定的电压强度和足够的机械强度及良好的热稳定性。套管的形式很多，按结构不同可分为纯瓷质的、瓷质充油式和电容器式等。

我国电力变压器的套管在油箱盖上排列标志和顺序是：对三相电力变压器从高压侧看去，由左向右的顺序是高压侧 O—A—B—C，低压侧 o—a—b—c。对于单相变压器从高压侧看，由左向右的顺序是高压侧 A—X，低压侧 a—x。

5. 油枕

油枕又称储油器，用连通管与油箱接通，其作用是当变压器在运行中，油因受热而膨胀使变压器停止运行或温度降低使油冷缩时，始终保证变压器内部的油是充满的。同时也减小了变压器与空气的接触面，以减轻变压器油受到氧化和潮湿的影响。

为了观察油枕的油面，油枕的一端还装有油位表，显示油的容量。油枕里的油位不得超过最高刻度线或低于最低刻度线。

油枕上有一个呼吸器（吸湿器），呼吸管上端高出油枕，下端在油枕外部并装有玻璃器，内盛干燥剂，吸收进入油枕内的空气中的水分。一般采用硅胶为吸附剂，硅胶经处理后为蓝色，吸湿后颜色逐渐变浅至浅粉红色，吸湿饱和后硅胶为粉红色。变色硅胶中的蓝色全部消失后，就有必要将硅胶重新处理。

6. 油箱

油浸式变压器的器身放在油箱里，油箱中注满了变压器油。油既是冷却介质，又是绝缘介质。油箱侧壁有冷却用的管子（散热器或冷却器）。

7. 其他附件

（1）防爆阀和压力释放阀。防爆阀也称安全气道，通常安装在 750～1000kV·A 以上的大容量变压器上部。它由薄钢板制成，内径范围在 150～250mm，下端与油箱连通，上端用 3～5mm 厚的玻璃板（安全膜）密封。防爆阀的作用是在变压器内部发生故障、压力增加到 0.5～1atm 时，安全膜爆破，使气体喷出，从而降低内部压力，防止油箱爆裂，缩小事故范围。压力释放阀也称压力释放安全阀，安装在变压器的箱盖上。当变压器内部压力达到设定值时，压力释放阀开启，释放内部压力，同样起到安全保护作用，防止油箱爆裂。与防爆阀相比，压力释放阀能够更精确地控制释放压力，确保变压器的安全运行。

（2）气体继电器。气体继电器是变压器内部故障的保护装置，装设在主油枕和变压器油箱之间的连通管道内，用于变压器内部的保护。

（3）引线套管及连接。主变高压、低压绕组是通过引线套管接出变压器油箱后再与其他设备相连。引线套管由绝缘套筒和导电杆组成，引线套管穿过油箱盖后，其导电杆下端与绕组引线相连接，上端与线路相连接，使得绕组引线与油箱绝缘。

（4）油处理装置。油处理装置由加油孔、放油活门、油样活门、油渣塞、蝶形阀门、油位计、吸湿器及净油器组成。加油孔通常位于储油柜顶部。放油活门（阀门）可以取油样与放油两用，位于箱壁下部。油渣塞位于油箱箱底，用以彻底消除聚在变压器油箱和储油柜底部的油泥及杂质，以便清洗油箱和储油柜。净油器是用于 3150kV·A 以上的大型变压器，使变压器油连续净化再生的装置。

（5）分接开关。电网中各点电压有高有低，为了使处于不同地点的变压器输出电压符合电压质量要求，常采用变压器低压绕组匝数不变、高压绕组改变匝数的方法进行调压。为了保证二次端电压在允许范围之内，通常在变压器的高压侧设置抽头，并装设分接开关，调节变压器高压绕组的工作匝数，来调节变压器的二次电压。分接开关有两种形式：一种只能在断电情况下进行调节，称为无励磁分接开关；另一种可在带负荷的情况下进行调节，称为有载分接开关。

（6）冷却装置。电力变压器在运行中，绕组和铁芯的损耗热量先传给油，然后通过油传给冷却介质。根据变压器的容量不同，油浸变压器的冷却方式有以下三种。

1）油浸自冷。油浸自冷式采用管式油箱，在变压器油箱上焊接扇形油管，增加散热面积，依靠与油箱表面接触的空气对流把热量带走。变压器容量一般在 7500kV·A 及以下。当变压器容量超过 2000kV·A 时，需要油管多，箱壁布置不下，故制作成可拆卸的散热器，这种油箱称为散热式油箱。

2）油浸风冷式。油浸风冷式变压器是在散热器空腔内装上电风扇，增加散热效果。采用这种冷却方式的变压器一般容量在 10000kV·A 以上。

3）强迫油循环。当变压器容量达 100000kV·A 时，常用油泵迫使热油经过专门的冷却器冷却，然后再回送到变压器油箱里，称为强迫油循环冷却式。冷却器的冷却方式可以是风冷，也可以是水冷。

（三）三相变压器的连接

1. 三相绕组连接

三相变压器的三相绕组连接方式有星形连接和三角形连接。一次绕组的星形连接用"Y"表示，三角形连接用"D"表示；二次绕组的星形连接用"y"，三角形连接用"d"表示。

三相绕组采用不同的连接时，一次侧的线电压与二次侧对应的线电压之间可以形成不同的相位。为了表明高、低压线电压之间的相位关系，通常采用"时钟表示法"（图 3-40），把一次侧线电压作为时钟的长针，指向钟面的 12，再把二次侧线电压作为短针，短针所指的钟点就是该连接组的组号。根据组号可以推出长短针间的夹角，其意义表示了一次侧的线电压与二次侧对应的线电压之间可以形成的超前或滞后的相位差。定义为低压侧线电压滞后高压侧线电压时钟整点数乘以 30°的相位角。

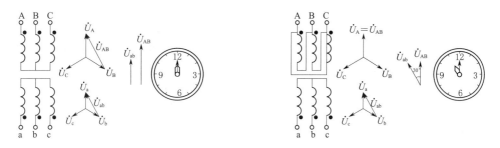

图 3-40　一次、二次绕组线电压的相位"时钟表示法"

2. 电力变压器的连接组别

电力变压器常用的连接组别有 Yyn0、Dyn11、Yzn11、Yd11、YNd11 等。在供用电系统中，电力变压器多采用 Yyn0、YNy0 和 Dyn11 两种常用的连接组别。

（1）Yyn0、YNy0 连接组别。6~10kV 的配电变压器常采用 Yyn0 连接组别。Y 表示一次绕组采用星形连接；y 表示二次绕组采用星形连接；n 表示二次绕组有中性线引出；组号 0 点表示二次绕组线电压与一次绕组线电压同相位。YNy0 连接组别中 N 表示一次绕组有中性线引出。

Yyn0、YNy0 连接的线路中可能有 $3n$（$n=1$、2、3、…）次谐波电流会注入公共的一次侧电网中，而且，其中性线的电流规定不能超过线电流的 25%。因此，负荷严重不平衡或 $3n$ 次谐波比较突出的场合不宜采用这种连接，但该连接组别的变压器一次绕组的绝缘强度要求较低（与 Dyn11 比较），因而造价比 Dyn11 连接稍低。在 TN 和 TT 系统中，当单相不平衡电流引起的中性线电流不超过二次绕组额定电流的 25%，且任一相的电流在满载都不超过额定电流时，可选用 Yyn0 连接组别的变压器。

（2）Dyn11 连接组别。6~10kV 的配电变压器常采用 Dyn11 连接组别。D 表示一次绕组采用三角形连接；y 表示二次绕组采用星形连接；n 表示二次绕组有中性线引出；组号 11 点表示二次绕组线电压超前一次绕组线电压 30°。

Dyn11 连接的一次绕组为三角形连接，$3n$ 次谐波电流在其三角形的一次绕组中形成环流，不致注入公共电网，有抑制高次谐波的作用；其二次绕组为带中性线的星形连接，按规定，中性线电流允许达到相电流的 75%，因此，其承受单相不平衡电流的能力远远大于 Yyn0 连接组别的变压器。对于现代供电系统中单相负荷急剧增加的情况，尤其在 TN 和 TT 系统中，Dyn11 连接的变压器得到大力的推广和应用。

（四）变压器的基本技术特性

1. 型号

变压器型号表示方法如图 3-41 所示，标示出结构、额定容量、电压等级、冷却方式等。

例如，OSFPSZ-250000/220 表示自耦三相强迫油循环风冷三绕组铜线有载调压，额定容量为 250000kV·A，高压绕组额定电压为 220kV 的电力变压器。

2. 基本参数

（1）额定电压。一次侧的额定电压为 U_{1N}，二次侧的额定电压为 U_{2N}。对三相变压

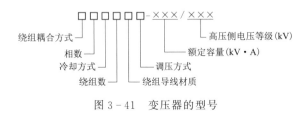

图 3-41　变压器的型号

器，U_{1N} 和 U_{2N} 为线电压，一般用 kV 表示，低压也可用 V 表示。

（2）额定电流。变压器的额定电流指变压器在允许温升下一次、二次绕组长期工作所允许通过的最大电流，分别用 I_{1N} 和 I_{2N} 表示。对三相变压器，I_{1N} 和 I_{2N} 为线电流，单位是 A。

（3）额定容量。变压器的额定容量是指它在规定的环境条件下，室外安装时，在规定的使用年限（一般以 20 年计）内能连续输出的最大视在功率，通常用 kV·A 作单位。

单相为

$$S_N = U_{1N}I_{1N} = U_{2N}I_{2N} \tag{3-20}$$

三相为

$$S_N = \sqrt{3}U_{1N}I_{1N} = \sqrt{3}U_{2N}I_{2N} \tag{3-21}$$

（五）变压器类型的选择

变压器类型选择包括确定变压器的相数、绕组数、绕组的接线方式，以及是否需要带负荷调压等。

在电力系统中为了简化配电装置，减少占地面积，应尽可能选用三相变压器。只有在特大型变电站，由于变压器容量过大而发生制造困难或运输困难时，才考虑采用单相变压器组连接成三相变压器。

同理，当变电站有三级电压时，例如 220/110/10kV，只要任何一级电压绕组的容量不小于其他绕组容量的 15%，则应选择三绕组变压器，以减少变压器台数，简化配电装置。

常用的变压器接线方式有 Y/△型及 Y/Y 型。在电力系统中为了消除三次谐波及其对通信及继电保护的不利影响，一般选用 Y/△接线方式。近年来，对于 220kV 以上大型自耦变压器或三绕组变压器亦有采用全星形变压器接线（Y/Y/Y）的，它不仅便于 35kV 侧电网并列，同时由于零序阻抗较大，有利于限制单相短路电流。

此外，在选择变压器时，还必须考虑是否需要采用带负荷调压变压器。通常，对用户电压质量要求较高的终端变电站，以及潮流变化较大从而电压波动较大的枢纽变电站，应考虑装设带负荷调压变压器。

二、变压器的台数及容量选择

随着电力系统最高电压等级不断提高、电压级别日益增多，使用的变压器容量也迅速增大。据统计，目前电力系统中变压器的总容量已达到发电容量的 9~10 倍。因此，合理选择变压器的容量对系统运行的可靠性及经济性有重大影响。

（一）变压器的负荷能力

变压器容量的选择与其负荷能力密切相关，因此首先讨论变压器的负荷能力问题。

变压器的负荷能力与变压器的额定容量具有不同的意义。变压器的额定容量，即铭牌上所标容量是指在规定的环境温度及冷却条件下，按该容量运行时变压器具有经济合理的效率和正常使用的寿命年限。

变压器的负荷能力是在一段时间内所能输出的功率，该功率可能大于变压器的额定容量。负荷能力的大小和持续时间根据一定运行情况和绝缘老化等条件决定。

在运行过程中，变压器绕组和铁芯中的电能损耗转化为热能，使变压器温度升高。变压器的运行温升对其绝缘寿命有直接影响。经验及理论证明，变压器绕组的最热点温度维持在98℃时，变压器能获得正常的使用年限（一般为 20～30 年），绕组温度每升高 6℃，使用年限将缩短一半。通常称此规律为变压器绝缘老化"六度定则"。例如，当变压器绕组最热点温度为 110℃时，变压器寿命将缩短为正常寿命的 1/4；而绕组最热点温度为 86℃时，变压器寿命将延长至 4 倍。

变压器运行时，绕组温度受气温、负荷波动的影响，变化范围很大。如将绕组最高允许温度规定为 98℃，则在大部分运行时间内达不到此值，变压器的负荷能力未得到充分利用；如不规定绕组的最高允许温度，变压器可能达不到正常的使用年限。为了解决这一问题，可应用等值老化原则。

等值老化原则的基本思想是，在一部分运行时间内根据运行要求允许绕组的最高温度大于 98℃，而在另一部分时间内绕组的温度必须小于 98℃。这样可以使变压器在温度较高时多消耗的寿命与温度较低时少消耗的寿命相互补偿，从而使变压器的使用寿命与恒温 98℃运行时等值。因此，利用等值老化原则可以使变压器在一定时间间隔内所损失的寿命为一常数。这就是确定变压器负荷能力的基本依据。

变压器在运行中的负荷经常变化，负荷曲线有峰荷和谷荷之分。变压器在峰荷时可以过负荷，其绝缘寿命损失将增加，而在谷荷时变压器寿命损失会减小，从而得到互相补偿，仍能获得规定的使用年限。因此，为了充分利用变压器容量，可以考虑在峰荷期让变压器带高于其额定容量的功率。这种允许超过的值称为变压器的正常过负荷能力，显然此值与负荷曲线的形状有关。负荷率越小，则正常过负荷能力越大。

表 3-4 示出自然循环油冷双绕组变压器的允许过负荷百分数。由表中可以看出，过负荷的幅值还与过负荷的持续时间有关。

表 3-4　　　　　　　　　自然循环油冷双绕组变压器的允许过负荷百分数

日负荷曲线的负荷率	最大负荷在下列持续小时下，变压器的允许过负荷百分数					
	2h	4h	6h	8h	10h	12h
0.50	28.0	24.0	20.0	16.0	12.0	7.0
0.60	23.0	20.0	17.0	14.0	10.0	6.0
0.70	17.5	15.0	12.5	10.0	7.5	5.0
0.75	14.0	12.0	10.0	8.0	6.0	4.0
0.80	11.5	10.0	8.5	7.0	5.5	3.0
0.85	8.0	7.0	6.0	4.5	3.0	2.0
0.90	4.0	3.0	2.0	—	—	—

此外，考虑到季节性负荷的参差情况，变压器运行规程还规定：如果在夏季（6—8月）三个月变压器的最高负荷低于其额定容量时，则每低 1%，允许在冬季（11 月至次年 2 月）四个月过负荷 1%。但对自然循环油冷、风冷及强迫循环风冷的变压器总过负荷量不能超过 15%，对强迫油循环水冷变压器不能超过 10%。这就是所谓的"百分之一规则"。

最后，在故障或紧急情况下，还允许变压器短时运行在事故过负荷状态。这是为了在发电厂或变电站发生事故时保证供电可靠性，牺牲变压器部分使用寿命，在较短时间内多带负荷以作应急，避免中断供电。但是为了避免由于承担事故过负荷而致使变压器立即损坏造成更大范围的事故，一般规定绕组最热点的温度不得超过 140℃；负荷电流不应超过额定电流的两倍，且持续时间不超过表 3 - 5 的值。

表 3 - 5　　　　　　　　　　　　变压器事故允许过负荷

过负荷倍数		1.30	1.60	1.75	2.00	2.40	3.00
允许时间 /min	户内	60.0	15.0	8.0	4.0	2.0	0.8
	户外	120.0	45.0	20.0	10.0	3.0	1.5

（二）变压器台数及容量的选择

变电站主变压器的台数对主接线的形式和配电装置的结构有直接影响。显然变压器的台数越少，则主接线越简单，配电装置所需的电气设备也越少，占地面积越少。因此，变电站一般装设两台变压器为宜。

变压器是一种静止电器，运行可靠性较高，其故障频率平均为 20 年一次。变压器大修 5 年一次，所以可以不设专门的备用变压器。

在确定变压器容量时应考虑两个因素，即负荷增长因素及变压器边负荷因素，选择变压器时应根据 5～10 年负荷增长情况综合分析，合理选择，并应适当照顾到远期负荷发展情况。对于规划只装两台变压器的变电站，其变压器的地基及土建设施应按大于变压器容量 1～2 级设计，以便在负荷发展时有可能更换大容量变压器。

在确定变压器容量时应注意变压器的过负荷能力，应考虑以下因素：

（1）变压器所带负荷的负荷曲线。

（2）变压器的冷却方式。

（3）变压器周围环境的气象条件。

（4）冬季和夏季的负荷曲线差异等。

第五节　母　线　的　选　择

一、材料及形状的选择

母线材料有铜、铝、钢等。铜的电导率高，抗腐蚀；铝质轻、价廉。在选择母线材料时，应遵循"以铝代铜"的技术政策，除规程只允许采用铜的特殊环境外，均应采用铝母线。

母线形状有矩形、管形和多股绞线等种类。室外电压在 35kV 以下，室内在 10kV 以下，通常采用矩形母线，较实心圆母线具有冷却条件好、交流电阻率小、在相同条件下截面较小的优点。矩形母线从冷却条件、集肤效应、机械强度等因素综合考虑，通常采用高宽比为 1/12～1/5 矩形材料。

电压 35kV 以上的室外配电线，一般采用多股绞线（如钢芯铝绞线），并用耐张绝缘子串固定在构件上，使得室外母线的结构和布置简单，投资少，维护方便。由于管形铝母线具有结构紧凑、构架低、占地面积小、金属消耗量少等优点，在室外得到推广使用。

二、母线截面积的选择

变电所汇流母线截面，一般按长时最大工作电流选，用短路条件校验其动、热稳定性。但对年平均负荷较大，线路较长的铝母线（如变压器回路等），则按经济电流密度选。

（一）母线截面选择

按长时最大工作电流选择母线截面，应满足下式要求：

$$I_{al} \geq I_{ar.m} \tag{3-22}$$

式中　I_{al}——母线截面的长时最大允许电流。

母线的长时最大允许电流是指环境最高温度为 25℃，导线最高发热温度为 70℃时的长时允许电流。当最高环境温度为 θ℃时，其长时允许电流按下式修正：

$$I'_{al} = K_\theta I_{al} = I_{al} \sqrt{\frac{\theta_{alm} - \theta}{\theta_{alm} - 25}} \tag{3-23}$$

式中　K_θ——最高环境温度为 θ℃时的修正系数；

$\quad\;\; \theta_{alm}$——母线最高允许温度，一般为 70℃；用超声波搪锡时，可提高到 80℃。

矩形母线平放时，散热条件较差，长时允许电流下降。当母线宽度大于 60mm 时，长时允许电流降低 8%；小于 60mm 时降低 5%。

（二）按短路条件进行校验

室内布置的母线应校验其热稳定性，对硬母线还应校验其动稳定性。

1. 母线热稳定性校验

按最小热稳定截面进行校验，即

$$S \geq S_{min} = I_\infty \frac{\sqrt{t_{eq}}}{C}$$

式中　S——母线截面积，mm^2；

$\quad\;\; S_{min}$——最小热稳定截面积，mm^2；

$\quad\;\; I_\infty$——稳态短路电流，A；

$\quad\;\; t_{eq}$——等值时间，s；

$\quad\;\; C$——母线材料的热稳定系数，其数值由表 2-7 查得。

2. 母线动稳定性校验

校验母线在短路冲击电流的电动力作用下是否会产生永久性变形或断裂，即是否超过母线材料应力的允许范围。

由于硬母线是采用一端或中间固定在支持绝缘子上的方式，可视为一端固定的均匀载荷多跨梁，其所受的最大弯矩 M_{max} 计算式如下：

（1）当母线跨数小于或等于 2 时：

$$M_{max} = FL/8 (N \cdot m) \tag{3-24}$$

式中　F——短路时母线每跨距导线所受的最大力，N；

$\quad\;\; L$——母线跨距，m。

（2）当母线跨距数大于 2 时：

$$M_{max} = FL/10 (N \cdot m) \tag{3-25}$$

母线材料的计算弯曲应力 σ_c 为

$$\sigma_c = M_{max}/W(\mathrm{N/m^2}) \tag{3-26}$$

式中 W——母线的抗弯矩，$\mathrm{m^3}$。

对矩形母线，平放时 $W = bh^2/6$，竖放时 $W = hb^2/6$；实心圆母线 $W \approx 0.1D^3$；管形母线 $W = \pi(D^4 - d^4)/(32D)$。b 和 h 为母线宽度与高度，D 和 d 分别表示外径及内径。

当材料的允许弯曲应力 σ_{al} 大于或等于计算应力 σ_c 时，其动稳定性符合要求，即

$$\sigma_{al} \geqslant \sigma_c \tag{3-27}$$

常用材料的允许弯曲应力为：铜 $\sigma_{al} = 1.372 \times 10^8 \mathrm{N/m^2}$；铝 $\sigma_{al} = 0.686 \times 10^8 \mathrm{N/m^2}$；钢 $\sigma_{al} = 1.568 \times 10^8 \mathrm{N/m^2}$。

若母线动稳定性不符合要求，可采取下列措施：增大母线之间的距离 a；缩短母线跨距 L；将竖放的母线改为平放；增大母线截面积 S；更换允许弯曲应力大的材料等。其中以减小跨距效果最好。

第六节 互感器的选择

互感器是一次电路与二次电路间的联络元件，用以变换电压或电流，分别为测量仪表、保护装置和控制装置提供电压或电流信号。

互感器按用途和性能特点，可分为测量用互感器和保护用互感器；按测量对象，可分为电流互感器、电压互感器和组合互感器。电流互感器又分为电磁式电流互感器和电子式电流互感器，电压互感器又分为电磁式电压互感器、电容式电压互感器和电子式电压互感器。

测量用互感器分为两大类：一类为电流互感器，也称仪用变流器，是将大电流变成小电流（5A 或 1A）的设备；另一类为电压互感器，也称仪用变压器，是将高电压变成低电压（如线电压为 100V）的设备。从结构原理上看，互感器与变压器相似，是一种特殊的变压器。

互感器的主要作用有：

(1) 隔离高压电路。互感器的一次侧和二次侧之间没有电的联系，只有磁的联系，仪表和保护电器与高压电路隔开，以保证二次设备和工作人员的安全。

(2) 扩大仪表和继电器使用范围。例如量程 5A 的电流表，通过电流互感器就可测量很大的电流；同样，量程 100V 的电压表，通过电压互感器就可测量很高的电压。

(3) 使测量仪表及继电器小型化、标准化，并可简化结构，降低成本，有利于大规模生产。

一、互感器的极性

电流互感器一次和二次绕组的绕向用极性符号表示。常用的电流互感器极性都按减极性原则标示。即当电流同时通入一次和二次绕组同极性端子时，铁芯中由它们产生的磁通是同方向。因此，当系统一次电流从同极性端流入时，电流互感器二次电流从二次绕组的同极性端流出。常用的一次绕组端子注有 L_1 及 L_2，二次绕组端子注有 K_1 和 K_2，其中 L_1 和 K_1 为同极性端子。如只需识别一次和二次绕组相对极性关系时，在同极性端注以符号

"＊"，如图 3-42 所示。

　　继电保护用的电流互感器一次绕组电流 I_1 和二次绕组电流 I_2 的正方向，系按照认为铁芯中的合成磁势等于一次磁势和二次磁势相量差的方法确定，若忽略电流互感器的空载电流，则有

$$W_1 \dot{I}_1 - W_2 \dot{I}_2 = 0 \tag{3-28}$$

$$\dot{I}_2 = \frac{W_1}{W_2} \dot{I}_1 = \dot{I}_1' \tag{3-29}$$

　　这样，$\dot{I}_2$ 和 $\dot{I}_1'$ 大小相等，相位相同，如图 3-43 所示。按这种表示法，进入一次绕组电流方向和进入二次侧负载电流方向一致，就像一次电流直接流入负载一样，较为直观。

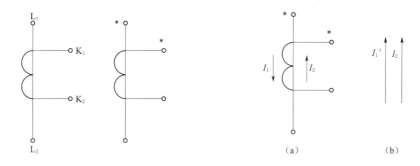

图 3-42　电流互感器的极性标志　　　　　图 3-43　电流互感器电流的正方向
(a) 正方向；(b) 相量

　　电压互感器的极性端和正方向与电流互感器的相同，采用减极性原则标志，即当一次绕组电流从同极性端子流入时，二次线圈电流从同极性端子流出。当忽略电压互感器数值误差和角度误差时，若一次电压 U_1 取自 L_1 至 L_2 作为正方向，而二次电压 U_2 取自 K_1 至 K_2 作为正方向时，则电压相量 $\dot{U}_1'$（一次电压折合至二次侧）与 $\dot{U}_2$ 相位相同、大小相等。其极性和相量图如图 3-44 所示。

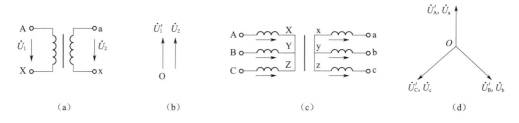

图 3-44　电压互感器的极性标示和相量图
(a) 单相电压互感器极性及正方向；(b) 单相电压互感器电压相量图；
(c) 三相电压互感器极性及正方向；(d) 三相电压互感器电压相量图

二、电流互感器

(一) 电流互感器的工作原理及特点

电流互感器（用字母 TA 表示）是依据电磁感应原理将一次侧大电流转换成二次侧小电流来测量或保护的仪器。电流互感器是由闭合的铁芯和绕组组成。

电流互感器及其工作原理如图 3-45 所示，其工作原理和变压器相似。

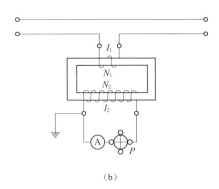

(a)　　　　　　　　　　　　　　(b)

图 3-45　电流互感器及其工作原理
(a) 现场安装的电流互感器；(b) 电流互感器工作原理

电流互感器一次、二次额定电流之比称为电流互感器的额定互感比，即

$$k_i = I_1 / I_2 \tag{3-30}$$

电流互感器的特点：

(1) 一次绕组串联于需要测量或保护的主回路中，并且匝数很少，故一次绕组中的电流完全取决于被测电路的负荷电流，而与二次电流大小无关。

(2) 电流互感器二次绕组所接仪表或继电器的电流线圈阻抗很小，所以正常情况下，电流互感器在近于短路的状态下运行。

(3) 正常工作时，互感器一次、二次电流产生的合成磁势很小。当二次侧开路时，一次电流全部用来产生磁势，使铁芯过度饱和，磁通由正弦波变为平顶波，磁通变化率剧增，使互感器二次侧产生很高的感应电势，对二次设备及人身安全造成威胁。另外，由于铁芯中磁感应强度大，磁滞涡流损失增大，铁芯严重发热，使精确等级降低，甚至损坏绝缘。故电流互感器工作时，二次不允许开路或接熔断路，工作中需要拆除二次回路设备时，应先将二次绕组短接。

电流互感器直接串接在主回路中，由一次电流转换为可计量的二次电流，通常电流互感器的额定变比标准规定为 50/5、75/5、100/5、150/5、200/5、300/5、400/5、600/5 等。

(二) 电流互感器的分类与结构

电流互感器按安装地点可分为户内式和户外式。20kV 及以下制成户内式；35kV 及以上多制成户外式。

按安装方式可分为穿墙式、支持式和装入式。穿墙式装在墙壁或金属结构的孔中，可节约穿墙套管；支持式则安装在平面或支柱上；装入式是套在 35kV 及以上变压器或多油断路器油箱内的套管上，故也称为套管式。

按绝缘可分为干式、浇注式、油浸式、气体绝缘等。

干式用绝缘胶浸渍，适用于低压户内型电流互感器。

浇注式利用环氧树脂作绝缘，广泛用于 35kV 及以下的电流互感器，如图 3-46 所示是 LCZ-35 型环氧树脂浇注绝缘线圈式电流互感器外形，这种互感器铁芯也采用硅钢片叠装，二次绕组在塑料骨架上，一次绕组用扁铜带绕制并经真空干燥后浇注成型。

35kV 及以上户外式电流互感器多为油浸式结构。油浸式电流互感器的绝缘结构可分为链型绝缘和电容型绝缘两种。链型绝缘用于 63kV 及以下互感器，电容型绝缘多用于 220kV 及以上互感器。110kV 互感器有采用链型绝缘的，也有采用电容型绝缘的。如图 3-47 所示是 LCW-110 型启外油浸式瓷绝缘电流互感器外形。

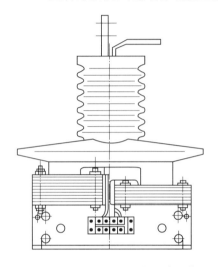

图 3-46 LCZ-35 型电流互感器外形

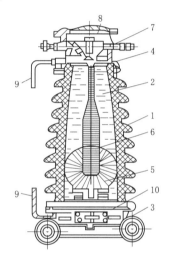

图 3-47 LCW-110 型电流互感器外形
1—瓷外壳；2—变压器油；3—小车；4—膨胀器；
5—环形铁芯及二次绕组；6——次绕组；7—瓷套管；
8——次绕组换接器；9—放电间隙；10—二次绕组引出端

SF$_6$ 气体绝缘电流互感器主要用在 110kV 及以上电力系统中。SF$_6$ 气体绝缘电流互感器有两种结构形式：一种是与 SF$_6$ 组合电器（GIS）配套用的；另一种是可单独使用的，通常称为独立式 SF$_6$ 互感器。

新型电流互感器的耦合方式可分为无线电电磁波耦合、电容耦合和光电耦合

（三）常用电流互感器的接线

电流互感器的二次绕组与测量仪表、继电器等常用的接线方式有单相接线、星形接线和不完全星形接线三种，如图 3-48 所示。

图 3-48（a）为单相接线，常用于三相对称负载电路；图 3-48（b）为星形接线，可测量三相电流；图 3-48（c）为不完全星形接线，流过公共导线上的电流为 A、C 两相电流的相量和，即 $\dot{I}_b = -(\dot{I}_a + \dot{I}_c)$，由于这种接线方式节省一个电流互感器，故被广泛采用。

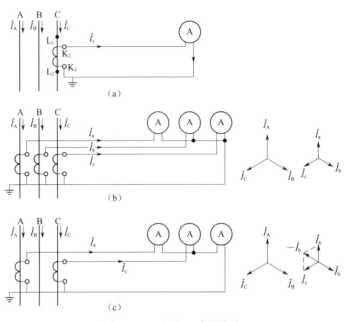

图 3 - 48 电流互感器接线

(a) 单相接线；(b) 星形接线；(c) 不完全星形接线

设 $K_1 = \dfrac{I_r}{I_2}$，$K_2 = \dfrac{I_L}{I_2}$ 为接线系数（I_2 是电流互感器的二次电流，I_r 是流过继电器的电流，I_L 是流过导线的电流），则不同电流互感器的接线系数见表 3 - 6。

表 3 - 6   不同电流互感器的接线系数

接 线 方 式		接线系数		备　　注
		K_2	K_1	
单相		2	1	（ ）内接线系数为经过 Y，d 变压器后，两相短路的数值
三相星形		1	1	
两相星形	三线接负载	$\sqrt{3}$（3）	$\sqrt{3}$（3）	
	二线接负载	$\sqrt{3}$（3）	1（1）	
两相差接		$2\sqrt{2}$（6）	$\sqrt{3}$（3）	
三角形		3	3	

（四）电流互感器的精确等级与误差

电流互感器根据测量时误差的大小划分为不同的精确等级。精确等级是指在规定的二次负荷范围内一次电流为额定值时的最大误差限值。误差分为电流误差及角误差。

电流误差是折算后的二次电流 $\dot{I}_2'$ 与一次电流 $\dot{I}_1$ 之差与一次电流比值的百分数，即

$$\Delta I = \frac{I_2' - I_1}{I_1} \times 100\% \qquad (3 - 31)$$

角误差是二次电流转 $180°$ 后与一次电流的相角差。当 $-\dot{I}_2'$ 超前 $\dot{I}_1$ 时，角误差为正，反之两种误差为负。两种误差均与互感器的励磁电流、一次电流、二次负载阻抗角等的大

小有关。

电流误差使所有接于电流互感器二次回路的设备产生误差，角误差仅对功率型设备有影响。

计算和保护用的电流互感器有不同的技术要求。计量用电流互感器除应具有需要的精确等级外，当电路发生过电流或短路时，铁芯应迅速饱和，以免二次电流过大，对仪表产生危害。

电流互感器精确等级和误差极限见表 3−7。

表 3−7 电流互感器备精确等级的最大允许误差

精确等级	一次电流占额定电流的百分数	最大允许误差		二次负荷变化范围
		电流误差（±%）	角误差（±′）	
0.2	10	0.50	20	
	20	0.35	15	
	100～120	0.20	10	
0.5	10	1.00	60	
	20	0.75	45	$(0.25～1)S_{2e}$
	100～120	0.50	30	
1	10	2.00	120	
	20	1.50	90	
	100～200	1.00	60	
3	50～120	3.00	不规定	$(0.5～1)S_{2e}$
10	50～120	10.00		

注 S_{2e} 为最高精确等级的二次额定负载。

（五）电流互感器的选择

电流互感器按使用地点、电网电压与长期最大负荷电流来选择，并按短路条件校验动、热稳定性。此外还应根据二次设备要求选电流互感器的精确等级，并按二次阻抗对精确等级进行校验。对继电保护的电流互感器应校验其 10% 误差倍数。具体选择步骤如下：

（1）额定电压应大于或等于电网电压。

（2）一次额定电流应大于或等于 1.2～1.5 倍的长时最大工作电流，即

$$I_{1N} \geqslant (1.2～1.5)I_{ar,N} \qquad (3-32)$$

（3）电流互感器的精确等级应与二次设备的要求相适应。互感器的精确等级与二次负载的容量有关，如容量过大、精确等级下降。要满足精确等级要求，二次总容量 $S_{2\Sigma}$ 应小于或等于该精确等级所规定的额定容量 S_{2N}，即

$$S_{2N} \geqslant S_{2\Sigma} \qquad (3-33)$$

因为 $S_{2\Sigma}=I_{2N}^2 R_{2Lo}$，电流互感器的二次电流 I_{2N} 已标准化（5A 或 1A），故二次容量仅决定于二次负载电阻 R_{2Lo}。由图 3−49 有

$$U_2=I_2 R_{2Lo}=I_L R_L+I_r R_r \qquad (3-34)$$

设 $K_1=I_r/I_2$、$K_2=I_L/I_2$ 为接线系数，由上式计算出 R_{2Lo}，再加上导线连接时的接

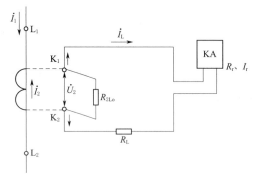

图 3-49　计算二次负载电阻图

R_{2Lo}——换算到电流互感器二次端子 K_1、K_2 上的负载电阻；

R_L、I_L——导线电阻及电流；R_r、I_r——

继电器中电阻（负载电阻）及电流

触电阻 R_C，可得

$$R_{2Lo} = K_1 R_r + K_2 R_L + R_C \qquad (3-35)$$

在二次负载电阻中考虑了导线连接时接触电阻，这是因为仪表和继电器的内阻均很小，R_c 不能忽略，在安装距离已知时，为满足精确等级要求，利用式（3-33）及式（3-34）可求得连接导线电阻应为

$$R_L \leqslant \frac{S_{2N} - I_{2N}^2 (K_1 R_r + R_c)}{K_2 I_{2N}^2} \qquad (3-36)$$

导线的计算截面为

$$S_L \leqslant \frac{L}{\gamma R_L} \qquad (3-37)$$

式中　γ——导线的电导系数，$\mathrm{m/(mm^2 \cdot \Omega)}$。

连接导线一般采用铜线，其最小截面积不得小于 $1.5\mathrm{mm}^2$，最大不可超过 $10\mathrm{mm}^2$。

（六）动、热稳定性校验

电流互感器的动稳定用动稳定倍数 K_{em} 表示，为电流互感器极限通过电流的峰值 $i_{\max}$ 与一次线圈额定电流 I_{1N} 峰值之比，即

$$K_{em} = \frac{i_{\max}}{\sqrt{2} I_{1N}} \qquad (3-38)$$

动稳定倍数 K_{em} 是制造厂通过互感器的设计和制造给出的保证值，一般只能在一定条件下（如相间距离一定，到最近一个支持绝缘子的距离一定）得到满足。

厂家除提供电流互感器的动稳定倍数 K_{em} 以外，还给出外部瓷帽端部或接地端处的允许应力时，尚应校验其外部动稳定。

内部动稳定需要满足：

$$\sqrt{2} K_{em} I_{1N} \geqslant i_{\max} \qquad (3-39)$$

外部动稳定则按下式校验：

$$F_{al} \geqslant 0.5 \times 1.73 \times 10^{-7} i_{sh}^2 \frac{L}{a} \qquad (3-40)$$

式中　F_{al}——作用于电流互感器端部的允许力，由制造厂提供，N；

L——电流互感器出线端部至最近一个母线支持绝缘间的跨距，m；

a——相间距离，m。

如产品样本未标明出线端部的允许力 F_{al}，而给出特定相间距离 $a = 0.4\mathrm{m}$ 和出线端部至最近一个母线支持绝缘子的距离 $L = 0.5\mathrm{m}$ 为基础的动稳定倍数 K_{em} 时，则其动稳定按下式校验：

$$\sqrt{2} K_1 K_2 K_{em} I_{1N} \geqslant i_{\max} \qquad (3-41)$$

式中　K_1——当回路相间距离 $a = 0.4\mathrm{m}$ 时，$K_1 = 1$，当相间距离 $a \neq 0.4\mathrm{m}$ 时，

$K_1 = \sqrt{2.5\alpha}$；

K_2——当电流互感器一次线圈出线端部至最近一个母线支持绝缘子的距离 $L=0.5\mathrm{m}$ 时，$K_2=1$；当 $L=1.0\mathrm{m}$ 时，$K_2=0.8$；当 $L=0.2\mathrm{m}$ 时，$K_2=1.15$。

当电流互感器为母线式瓷绝缘时，产品样本一般给出电流互感器端部瓷帽处的允许应力值，则其动稳定可按下式校验：

$$F_{\mathrm{al}}\geqslant 1.73\times 10^{-7}i_{\mathrm{sh}}^{2}\frac{L}{a} \qquad (3-42)$$

式中　a——相间距离，m；

L——母线相互作用段的计算长度，$L=(L_1+L_2)/2$，其中 L_1 为电流互感瓷帽端部至最近一个母线支持绝缘子的距离，m；L_2 为电流互感器两端瓷帽的距离，m。

对于环氧树脂浇注的母线式电流互感器如 LM_2 型，可不校验其动稳定性。

电流互感器的热稳定，可根据下式校验：

$$K_{\mathrm{sh}}I_{1N}\geqslant I_{\infty}^{2}t_{\mathrm{ph}} \qquad (3-43)$$

式中　K_{sh}——电流互感器的热稳定倍数，通常是查 $t=1\mathrm{s}$ 的热稳定倍数 K_{sh1}；

I_{1N}——电流互感器一次侧的额定电流。

（七）10%误差曲线校验

电流互感器保护级与测量级的精确等级要求有所不同，对于测量级电流互感器的要求是在正常工作范围内有较高的准确度，而保护级电流互感器主要是在系统短路时工作，一般只要求 3～10 级，但是对在可能出现的短路电流范围内，则要求互感器最大误差限值不得超过 −10%。为保护断电器可靠动作，允许其误差不超过 −10%，因此对所选电流互感器需进行 10% 的误差校验。

产品样本中提供互感器的 10% 误差曲线，它是在电流误差为 −10% 时一次电流倍数（一次最大电流与额定一次电流之比）m 与二次负载阻抗 Z_2 之间的关系，如图 3−50 所示。

校验时根据二次侧的负载阻抗值，从所选电流互感器的 10% 误差曲线上，查出允许的电流倍数 m，其数值应大于保护装置动作时的实际电流倍数 m_{p}，即

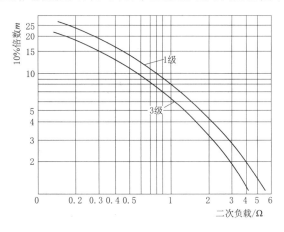

图 3−50　电流互感器 10%误差曲线

$$m>m_{\mathrm{p}}=1.1I_{\mathrm{op}}/I_{1N} \qquad (3-44)$$

式中　I_{op}——保护装置的动作电流；

1.1——考虑电流互感器的 10% 误差。

（八）电流互感器运行中应注意事项

（1）在连接时，一定要注意电流互感器的极性；否则二次侧所接仪表、继电器中流过的电流，就不是预想的电流，影响正确测量，乃至引起事故。

（2）电流互感器的二次线圈及外壳均应接地，接地线不应松动、断开或发热。其目的是防止电流互感一次、二次线圈绝缘击穿时，高压传到二次侧，损坏设备或危及人身的安全。

（3）电流互感器二次回路不准开路或接熔断器。如开路将危及人身安全及损坏设备。

（4）电流互感器套管应清洁，没有碎裂、闪络痕迹。电流互感器内部没有放电和其他噪声。

三、电压互感器

（一）电压互感器的工作原理及特点

电压互感器是二次回路中供测量和保护用的电压源，通过它能正确反映系统电压的运行状况。其作用：一是将一次侧的高电压改成二次侧的低电压，使测量仪表和保护装置标准化、小型化，并便于监视、安装和维护；二是使低压二次回路与高压一次系统隔离，保证了工作人员的安全。

电力系统广泛采用电磁式电压互感器和电容分压式电压互感器。泵站及变电站主要采用电磁式电压互感器。

电压互感器及其工作原理如图 3-51 所示，与变压器相似，两个相互绝缘的绕组装在同一闭合的铁芯回路上，一次绕组并接在被测电路上，一次侧加电压 U_{1e}，根据电磁感应原理，二次绕组上感应出电压 U_{2e}。电压互感器一次、二次绕组额定电压之比称为电压互感器的额定互感比，即

$$k_u = U_{1e}/U_{2e} \tag{3-45}$$

式中　U_{1e}——电压互感器安装处的电网额定电压；

U_{2e}——100V 或 $100/\sqrt{3}$ V，因此互感比也已标准化。

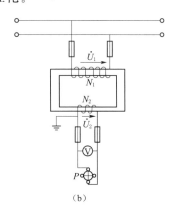

（a）　　　　　　　　　　　　　　　　（b）

图 3-51　电压互感器及其工作原理

（a）电压互感器实物；（b）电压互感器工作原理

电压互感器的特点是：电压互感器一次线圈并接在高压电路中，其匝数很多，阻抗很大，因而其接入对被测电路没有影响；二次线圈匝数很少，阻抗很小，类似一台小容量变压器；二次侧所接测量仪表和继电器的电压线圈阻抗很大，在正常运行时，电压互感器接近于空载运行。

电压互感器的铁芯、金属外壳及一次和二次线圈均接地，其目的是防止一二次线圈绝缘被击穿后，低压侧将出现高压危险，危及工作人员和设备的安全。为防止出现短路，电压互感器一二次线圈均装有熔断器。其一次侧熔断器是为防止电压互感器故障时波及高压电网，二次侧熔断器是当互感器过负荷时起保护作用。

（二）电压互感器的类型和结构

电压互感器的类型很多，按相数分为单相、三相三芯柱和三相五芯柱式，按线圈数分为双线圈和三线圈；按绝缘方式分为干式、油浸式和充气（SF_6）式；按安装地点分为户内和户外等多种型式。

干式电压互感器结构简单，但绝缘强度较低，只适用于 6kV 以下的户内装置。浇注绝缘式电压互感器供 3～35kV 户内使用。

图 3-52 所示为 JDJJ2-35 型户外油浸式电压互感器实物。JDJJ2-35 的第一个字母 J 为电压互感器；第二个字母 D 为单相、S 为三相；第三个字母 J 为油浸、Z 为浇注；第四个字母 J 为接地保护、X 为带有剩余电压绕组；数字 2 表示设计序号；35 表示电压等级 kV。JDJJ2-35 型电压互感器的铁芯由条形硅钢片叠成，为三柱芯式。该型号电压互感器为单相户外油浸式产品，适用于 35kV 电压等级的电压系统中，作电能计量、电压监控和继电保护用。

图 3-53 所示为 JDZX9-35 型户外干式电压互感器，该型号电压互感器适用于 35kV 电压等级的电压系统中，作电能计量、电压监测和继电保护用。

图 3-52　JDJJ2-35 型户外
油浸式电压互感器

图 3-53　JDZX9-35 型户外
干式电压互感器

（三）电压互感器的接线

电压互感器最常见接线方式如图 3-54 所示。

（1）单相电压互感器的接线。如图 3-54（a）所示，这种接线可以测量 35kV 及以下中性点不直接接地系统的线电压或 110kV 以上中性点直接接地系统的相对地电压。

（2）Vv 接线。Vv 接线又称不完全星形接线，如图 3-54（b）所示。它可以用来测量三个线电压，供仪表、继电器接于三相三线制电路的各个线电压，主要应用于 20kV 及以下中性点不接地或经消弧线圈接地的电网中。

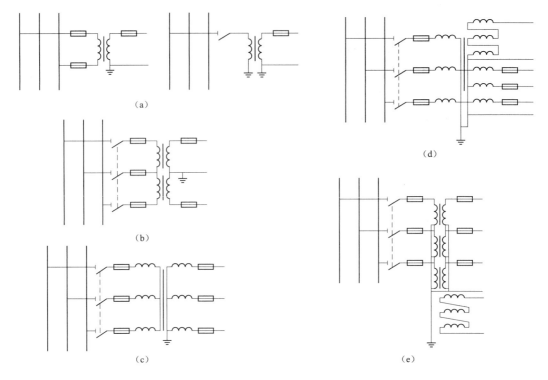

图 3-54 常用电压互感器的接线方式

(a) 单相电压互感器接线；(b) Vv 接线；(c) Yyn 接线；(d) YNynV 接线；(e) YNynd 接线

（3）一台三相三柱式电压互感器的 Yyn 接线。如图 3-54（c）所示，用于测量线电压。由于其一次绕组不能引出，所以不能用来检测电网对地绝缘，也不允许用来测量相对地电压。其原因是当中性点非直接接地电网发生单相接地故障时，非故障相对地电压升高，造成三相对地电压不平衡，在铁芯柱中产生零序磁通，由于零序磁通通过空气间隙和互感器外壳构成通路，所以磁阻大，零序励磁电流很大，造成电压互感器铁芯过热甚至烧坏。

（4）一台三相五柱式电压互感器的 YNynV 接线。如图 3-54（d）所示，这种接线方式中互感器的一次绕组、基本二次绕组均接成星形，且中性点接地，辅助二次绕组接成开口三角形。它既能测量线电压和相电压，又可以用作绝缘检查装置，广泛应用于小接地电流电网中。当系统发生单相接地故障时，三相五柱式电压互感器内产生的零序磁通可以通过两边的辅助铁芯柱构成回路，由于辅助铁芯柱的磁阻小，因此零序励磁电流也很小，不会烧毁互感器。

（5）三个单相三绕组电压互感器的 YNynd 接线。如图 3-54（e）所示，这种接线方式主要应用于 3kV 及以上电网中，用于测量线电压、相电压和零序电压。当系统发生单相接地故障时，各相零序磁通以各自的互感器铁芯构成回路，对互感器本身不构成威胁。这种接线方式的辅助二次绕组也接成开口三角形；对于 3～60kV 中性点非直接接地电网，其相电压为 100/3V；对中性点直接接地电网，其相电压为 100V。

（四）电压互感器的变比与误差

电压互感器的误差分为电压误差和角误差。电压误差是由折算后的二次电压 U_2' 与一

次电压U_1之差对一次电压的百分比，即

$$\Delta U = \frac{U_2' - U_1}{U_1} \times 100\% \qquad (3-46)$$

角误差是二次电压旋转$180°$后，与一次电压的相角差δ。当U_2'超前U_1时，角误差为正；反之为负。电压误差影响所有二次设备的电压精度，角误差仅影响功率型设备。电压互感器的两种误差均与空载励磁电流、一次电压大小、二次负载及功率因数有关。

电压互感器的精确等级是指在规定的一次电压和二次负荷变化范围内，负荷功率因数为额定值时，误差的最大限值。我国电压互感器精确等级和误差限值标准见表3-8。

表 3-8   电压互感器的精确等级和误差限值

精确等级	最大允许误差		一次电压变化范围	二次负荷变化范围
	电压误差（±%）	角误差（±′）		
0.2	0.2	10		
0.5	0.5	20	$(0.85 \sim 1.15)U_{1N}$	
1	1.0	30	$(0.25 \sim 1)S_{2N}^*$	
3	3.0	40	$\cos\varphi_2 = 0.8$	

* S_{2N}为最高精确等级的二次额定负载。

电压互感器对应于不同的精确等级有不同的容量，额定容量是指对应于最高精确等级下的容量。按照在最高工作电压下的长期工作允许发热条件，还规定了最大容量。容量增加则精确等级下降，因此只在供给对误差无严格要求的仪表和继电器或指示灯之类时，才允许用最大容量。

（五）电压互感器的选择

1. 一次额定电压的选择

电压互感器一次额定电压U_{1N}应与接入电网的电压U_1相适应，其数值应满足下式的要求：

$$1.1U_{1N} > U_1 > 0.9U_{1N} \qquad (3-47)$$

式中的1.1、0.9是互感器最大误差所允许的波动范围。

电压互感器的二次绕组电压按表3-9进行选择。一般情况下二次电压不得超过标准值的10%。

表 3-9   电压互感器的二次绕组电压

绕组	二次主绕组		二次辅助绕组	
高压侧接线	接于线电压上	接于相电压上	中性点直接接地	中性点不直接接地
二次绕组电压	100V	$100/\sqrt{3}$ V	100V	100/3V

2. 按二次负荷校验精确等级

校验电压互感器的精确等级应使二次侧连接仪表所消耗的总容量$S_{2\Sigma}$小于精确级所规定的二次额定容量S_{2N}，即

$$S_{2N} \geqslant S_{2\Sigma} \qquad (3-48)$$

$$S_{2\Sigma} = \sqrt{\left(\sum S_1 \cos\varphi\right)^2 + \left(\sum S_1 \sin\varphi\right)^2} \qquad (3-49)$$

式中 S_1——仪表的视在功率;

φ——仪表的功率因数角。

通常,电压互感器的各相负荷不完全相同,在校验精确等级时应取最大负荷相作为校验依据。

(六) 电压互感器的运行中应注意事项

(1) 电压互感器在运行时,二次侧不能短路,熔断器应完好。在正常运行时,其二次电流很小,近于开路,所以二次线圈导线截面小,当流过短路电流时,将会烧毁设备。

(2) 电压互感器二次绕圈的一端及外壳应接地,以防止一次侧高电压窜入二次侧时,危及人身和仪表等设备的安全。接地线不应有松动、断开或发热现象。

(3) 电压互感器在接线时,应注意一二次线圈接线端子上的极性,以保证测量的准确性。

(4) 电压互感器套管应清洁,没有碎裂或闪络痕迹;油位指示应正常,没有渗漏油现象;内部无异常声响。如有不正常现象,应退出运行,进行检修。

习 题

(1) 能够带负荷切换电路且能切断短路电流的开关设备是_____;常用于空载切换电路,形成明显断点的开关设备是_____。

(2) 电流互感器在运行中二次侧绝对不能_____,电压互感器在运行中二次侧绝对不能_____。

(3) 互感器的同极性端子的定义是,当电流从同极性端子_____时,在铁芯中由它们产生的磁通是同方向的;当电流从一次侧"*"端流出时,二次电流应从"*"端_____。

(4) 开关电弧的弧隙自由电子主要由强电场产生,热电场维持;电弧由热游离产生,碰撞游离维持。(　　)

(5) 电弧的熄灭依赖于去游离作用强于游离作用。(　　)

(6) 多油断路器油箱内的油有绝缘与灭弧作用,而少油断路器内的油主要用于灭弧。(　　)

(7) 断路器的开断能力是指断路器在切断电流时熄灭电弧的能力。(　　)

(8) 高压断路器在电网中起控制与保护作用。(　　)

(9) 高压断路器既能开断负荷电流又能开断短路电流。(　　)

(10) 隔离开关没有专门的灭弧装置,因此不能开断负荷电流。(　　)

(11) 熔断器在电路中起短路保护和过载保护。(　　)

(12) 隔离开关操作简单,价格低廉,有取代断路器的发展趋势。(　　)

(13) 手动合隔离开关,如合闸时产生弧光,运行人员应立即将隔离开关拉开。(　　)

(14) 隔离开关的合闸顺序是:先合隔离开关,再合其他用于控制负载的断路器。(　　)

(15) 隔离开关与断路器在操作时应满足"隔离开关先通后断"原则。(　　)

（16）运行中的电流互感器二次绕组严禁开路。（　　）

（17）电流互感器二次绕组可以接熔断器。（　　）

（18）运行中的电压互感器二次绕组严禁短路。（　　）

（19）电压互感器的一次及二次绕组均应安装熔断器。（　　）

（20）电流互感器的极性一般按减极性标注，因此当系统一次电流从同极性端子流入时，二次电流从同极性端子流出。（　　）

（21）电压互感器一次线圈接在相电压时，其二次线圈额定电压为100V。（　　）

（22）开关电弧的维持主要靠（　　）维持。

A. 碰撞游离　　　B. 强电场发射　　　C. 热游离　　　D. 热电场发射

（23）电压互感器一次线圈接在相电压时，其二次线圈额定电压为（　　）。

A. 110V　　　　B. 100V　　　　C. $\frac{100}{\sqrt{3}}$V　　　　D. $\frac{100}{\sqrt{3}}$V

（24）有关隔离开关的作用下列说法错误的是（　　）。

A. 隔离电源　　　　　　　　B. 倒闸操作

C. 接通和断开小电流电路　　　D. 可以带负荷操作

（25）简述电弧的形成过程。

（26）隔离开关的用途是什么？

（27）隔离开关与断路器的主要区别是什么？它们的操作程序应如何正确配合？

（28）运行中的电流互感器二次侧为什么不允许开路？

（29）运行中的电压互感器二次侧为什么不允许短路？

第四章　泵站防雷及接地

第一节　大气过电压

过电压是指在电气线路或电气设备所受电压的超过正常工作电压,并对绝缘有很大危害,甚至造成击穿损坏的异常电压。过电压按产生原因,可分为内部过电压和外部过电压。

内部过电压是电力系统正常操作、事故切换、发生故障或负荷骤变时使系统参数发生变化时电磁能产生振荡,积聚而引起的过电压。它可分为操作过电压、弧光接地过电压和谐振过电压。内部过电压的能量来自电力系统本身,经验证明,内部过电压一般不超过系统正常运行时额定相电压的3~4倍,对电力线路和电气设备绝缘的威胁不是很大。

外部过电压也称大气过电压或雷电过电压,是由于电力系统中的设备或建筑物遭受来自大气中的雷击(雷击过电压)或雷电感应(感应过电压)而引起的过电压。雷电冲击波的电压幅值可高达上亿伏,其电流幅值可高达几十万安,对电力系统的危害远远超过内部过电压,可能毁坏电气设备和线路的绝缘,烧断线路,造成大面积长时间停电。因此,必须采取有效措施加以防护。

两类过电压发生的原因不同,变化不同,变化的特性和防护的方法也不相同。本章主要介绍大气过电压及其防护措施。

一、雷击过电压

密集于大地上空的云,若带有大量负电荷或正电荷,则称为雷云。空中的雷云靠近大地时,雷云与大地之间形成一个很大的雷电场。因静电感应作用,地面出现异号电荷。当雷云中的电荷聚集量很大具有较高的电场强度时,在正、负雷云之间或雷云与大地之间,可能发生强烈的放电现象,称为雷电现象。

雷云的电位比大地高得多,两者类似于一个巨大的空间电容器。电荷在雷云中分布是不均匀的,当雷云中电荷密集处的电场强度达到25~30kV/cm时,就会击穿周围的空气,使周围的空气电离形成导电通道。电荷就沿着这个通道由电荷密集中心向地面发展,称为先导放电,如图4-1所示。

当先导放电进展到离地面100~300m时,大地上与雷云异极性的电荷与雷云中的电荷发生强烈中和而产生极大的电流(这一电流称为雷电流),并伴随着雷鸣与闪电,这就是主放电阶段(有时空中带有异性电荷的两块雷云也会发生类似现象)。主放电存在时间极短,一般为50~100μs,但雷电流可达数千安或数百千安。当主放电结束后,云中的剩余电

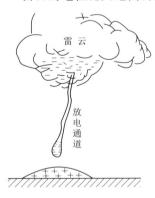

图4-1　雷云对地放电示意图

荷沿着主放电通道继续流向大地,这一阶段称为余辉放电,余辉持续时间为 $0.03 \sim 0.15\text{s}$,但电流较小,为几百安。

雷电波具有很高的电流幅值和电压幅值,后者难以测量,前者则可测得电流的幅值和增长速率(即雷电流陡度)。雷电流的幅值变化范围很大,一般为数十或数百千安。雷电流从先导放电开始到最大幅值时间很短,一般 $1 \sim 4\mu\text{s}$ 称为波头 t_{be};从最大幅值开始衰减,到幅值之半所经历的时间称为波尾 t_{td},为数十微秒。波头和波尾的整体波形为雷电流波形,通常可用斜角波头表示,如图 4-2 所示。

雷电流波形是一种脉冲波,所以常称为冲击波,且是有极性的。带负电荷的雷云对地放电时形成的雷称为负雷,是负极性;带正电荷的雷云对地放电时形成的雷称为正雷,是正极性。

电流的陡度用波头部分增长的速度来表示,以 $\text{kA}/\mu\text{s}$ 计量,据测定 a 可达 $50\text{kA}/\mu\text{s}$ 以上。雷电流陡度越大,产生的过电压 $u = L \dfrac{\mathrm{d}i}{\mathrm{d}t}$ 越大,对电气设备绝缘的破坏性越严重。目前我国在防雷设计中计算陡度时一般取 $2.6\mu\text{s}$。因此,应当设法降低雷电流的幅值和陡度,保护设备绝缘。

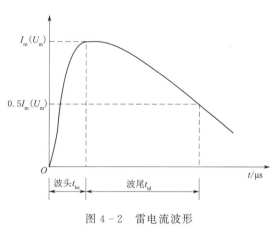

图 4-2 雷电流波形

采用雷暴日数来统计雷电的活动频度。在一天内只要听见雷声或看见闪电就算一个雷暴日。年平均雷暴日数 T_d 是指当地气象台站统计的多年雷暴日的年平均值。$T_d \leqslant 15$ 的地区为少雷区,$T_d \geqslant 40$ 的地区为多雷区。T_d 值越大的地区,防雷设计的标准相应越高,防雷措施越应加强。

一般来说,旷野中孤立的建筑物和建筑群中的高耸建筑物,易受雷击。金属屋顶、金属构架、钢筋混凝土结构的建筑物、地下有金属管道及内部有大量金属设备的厂房,易受雷击。建筑群中特别潮湿的地方、地下水位较高的地方、排出导电粉尘的厂房、废气管道、地下有金属矿物质的地带以及变电所、架空线路等易受雷击。

高压架空线路和工业企业的高耸建筑物或高大厂房,也是雷击的主要对象。城镇及工业企业内的 $3 \sim 10\text{kV}$ 及以下的架空线路,受高大建筑物的屏蔽保护,遭受直接雷击的概率很小。

二、感应过电压

在架空线路附近发生对地雷击时,架空导线上有可能感应出很高的电压,称为感应过电压。

在雷云放电的起始阶段,雷电先导中有大量电荷向地面靠近,这些电荷形成的电场对架空导线发生静电感应,于是导线上逐渐聚集起大量的与雷云电荷异号的束缚电荷 Q,如图 4-3(a)所示。由于架空导线与大地间形成电容 C,所以导线对地的雷电感应电压 U 可用下式表示:

$$U = \frac{Q}{C} \tag{4-1}$$

在雷云放电的同时，架空导线上的束缚电荷因失去外界束缚力而变为自由电荷（即感应雷电流），在雷电感应电压 U 作用下以电磁波的传播速度沿导线向两侧冲击涌流，称为感应冲击波，如图4-3（b）所示。

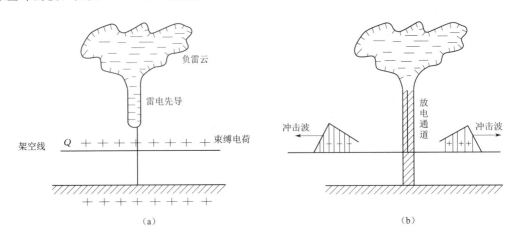

图 4-3 感应过电压
(a) 雷电感应；(b) 感应冲击波

高压线路上的感应过电压可高达几十万伏，低压线路上的感应过电压也可达几万伏，这对供电系统的危害是很大的。

感应过电压的幅值与雷电流的幅值成正比、与雷击地点到导线的垂直距离 s 成反比。若 $s \leqslant 65\mathrm{m}$，则导线上出现的过电压就可认为是直击雷形成的过电压。

直击雷或感应雷产生的高电位雷电波沿架空线路或金属管道侵入变电所或用户的过电压波，称为雷电波侵入或高电位侵入。雷电波侵入会对变压器绕组或电动机定子绕组的绝缘有很大破坏性，甚至使绝缘被击穿损坏设备。据统计，供电系统中由雷电波侵入造成的雷害事故，在整个雷电事故中占50%以上。

三、雷电的危害

雷电的破坏作用主要是雷电流引起的。它对电气设备的危害主要表现在以下几个方面：

（1）雷电的热效应。雷电流通过导体时产生大量的热能，此热能会使金属熔化，从而烧断导线和电气设备并引起火灾或爆炸。

（2）雷电的机械效应。雷电流产生的电动力可摧毁电气设备、杆塔和建筑物，伤害人和牲畜。

（3）雷电的闪络放电。可烧坏绝缘子，使断路器跳闸，使线路停电或引起火灾。

（4）雷电的电磁效应。可产生过电压，击穿电气绝缘，甚至引起火灾和爆炸，造成人身伤亡。

第二节　对直击雷的防护

直击雷的防护一船采用避雷针、避雷线或避雷网带，按具体的被保护对象而定。

一、避雷针

避雷针是一种高出被保护物的金属针，当雷电先导通道向地面迅速发展而距避雷针顶部较近时，雷云中的电荷即被引向避雷针而安全地导入大地，从而保护附近的被保护物（建筑物、设备等）免遭雷击。

避雷针由接闪器（针头）、接地引下线和接地体（接地电极）三部分组成。

接闪器（针头）也称受雷尖端，是避雷针最高部分，用来接收雷云放电，一般用 $1\sim2m$ 长的钢棒（直径大于 $16mm$）或镀锌圆钢管（直径 $20\sim25mm$）。

接地引下线是接闪器与接地体之间的连接线，用来将接闪器上的雷电流安全地引到接地装置，使之尽快泄入大地。接地引下线一般都采用经过防腐蚀处理的圆钢（直径 $8\sim12mm$）或扁钢（截面积不小于 $12mm\times4mm$）制成。一般应沿支持构架或建筑物外墙以最短路径入地，尽量减小雷电流在引下线上产生电压降。如果避雷针的支架是采用铁管或铁塔形式，可利用其支架作为引下线，而无须另设引下线。

接地体是避雷针的最下部分，埋入地下土壤中，可使雷电流很好地泄入大地。接地体分人工接地体和自然接地体两种。人工接地体是指为满足电力系统运行的需要人为埋在地下的扁钢、角钢、钢管等金属物；自然接地体是指已存在的建筑物的钢结构和钢盘、行车的钢轧、埋在地下的金属管道（可燃液体和可燃可爆气体的管道除外）以及铺设于地下且数量不少于两根的电缆金属外皮等。其接地电阻一般不能超过 10Ω。

（一）单支避雷针的保护范围

在一定高度的避雷针下面，有一个安全区域，在这个区域中的物体基本上不致遭受雷击，称为避雷针的保护范围。避雷针的保护范围是根据模型实验结果确定的。

电力行业对避雷针和避雷线的保护范围可按"折线法"来确定。单支避雷针的保护范围是以避雷针为轴的折线圆锥体，跟雨伞有些相似，如图 4-4 所示。

折线的确定方法是：A 点为避雷针顶点，避雷针高度为 h；$B-B'$ 水平线距地面高度为 $h/2$；C、C' 点是平面上距离避雷针为 $1.5h$ 的点，自 A 点作 45° 斜线的 $B-B'$ 水平的交点 B、B'。连接 ABC 和 $A'B'C'$ 折线所包围的空间即为单支避雷针的保护范围，在地面上的保护半径 $r=1.5h$。若被保护物的高度为 h_x，则在 h_x 水平面上（$X-X'$ 连线平面）的保护范围半径 r_x 可按下式计算：

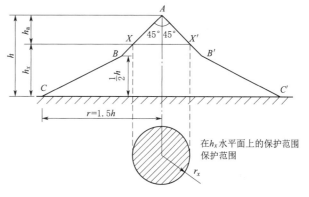

图 4-4　单支避雷针的保护范围

h—避雷针高度；h_x—被保护物高度；h_a—避雷针有效高度；
r_x—避雷针在 h_x 高度水平面上的保护半径

当 $h_x \geqslant \dfrac{h}{2}$ 时 $\qquad\qquad\qquad r_x = (h - h_x)P$ $\qquad\qquad\qquad$ (4-2)

当 $h_x < \dfrac{h}{2}$ 时 $\qquad\qquad\qquad r_x = (1.5h - 2h_x)P$ $\qquad\qquad\qquad$ (4-3)

式中 P——高度影响系数，当避雷针高度 $h \leqslant 30\mathrm{m}$ 时，$P = 1$；当 $30\mathrm{m} < h \leqslant 120\mathrm{m}$ 时，$P = 5.5/\sqrt{h}$。

被保护物的高度系指最高点的高度，被保护物必须完全处于折线锥体的空间范围之内，才免于遭受雷击。

（二）两支等高避雷针的保护范围

被保护物的范围较大时，用一支很高的避雷针往往不如用两支较矮的避雷针经济，且矮针易于安装施工。设两支避雷针的高度均为 h，两针之间的距离为 s，避雷针的有效高度为 h_a，且 $s \leqslant 7h_a$，则两支等高避雷针的联合保护范围如图 4-5 所示。

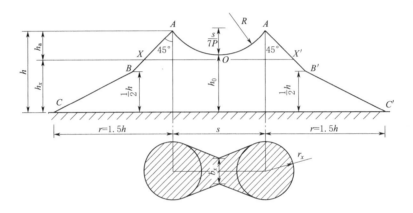

图 4-5 两支等高避雷针的联合保护范围

两针外侧的保护范围可按单支避雷针确定，中间部分在 h_x 水平面上的保护范围确定如下：

根据 $h_0 = h - \dfrac{s}{7P}$，计算时假定两针中间部位设了一支假想避雷针，高度 h_0；该针在地面上一侧的保护宽度 $b_x = 1.6h_0$，而在 h_x 水平面上侧的最小保护宽度为 $b_x = 1.6(h_0 - h_x)$。

整个被保护物的最高部位，必须都处于 h_x 水平面上的保护范围之内。否则，应重新确定两针间距 s 和避雷针有效高度 h_a。设计时，应使 b_x 小于 r_x 且两针间距 s 应小于 $7Ph_a$。

两支不等高的避雷针或多支避雷针的保护范围，与上述方法类似，详见有关设计手册。

二、避雷线

避雷线主要用来防止输配电线路遭受直击雷，与避雷针一样，将雷电引向自身，并安全地将雷电流导入大地。避雷线由悬挂被保护物上方的钢绞线、接地引下线和接地体三个主要部分组成。一般为 $35 \sim 70\mathrm{mm}^2$ 的镀锌钢绞线，顺着每根支柱引下接地线并与接地装置相连接。引下线应有足够的截面，接地装置的接地电阻一般应保持在 10Ω 以下。为了提高避雷线的保护作用，避雷线应悬挂到一定的高度。

单根避雷线的保护范围如图 4-6 所示。由避雷线向两侧作与垂直面成 25°的斜面，即构成了保护范围的上部分空间；在 $h/2$ 处转折，与地面上离避雷线水平距离为 h 的直线相连平面，构成了保护范围的下部空间，总体保护范围如同一个屋脊形空间，被保护物必须处于该保护空间之内。单根避雷线在 h_x 水平面上一侧的保护宽度 r_x 可按下式计算：

当 $h_x \geq \dfrac{h}{2}$ 时
$$r_x = 0.47(h - h_x)P \qquad (4-4)$$

当 $h_x < \dfrac{h}{2}$ 时
$$r_x = (h - 1.53h_x)P \qquad (4-5)$$

式中　h——避雷线的垂直高度；

　　　h_x——被保护物的高度；

　$h-h_x$——避雷线的有效高度，$h - h_x = h_a$；

　　　r_x——避雷线在 h_x 水平面上一侧保护宽度。

比较图 4-4 和图 4-6 可知，同样高度的避雷针和避雷线，避雷针的保护半径（宽度）较大，在地面上保护半径约为避雷线保护宽度的 1.5 倍，因为避雷针吸引雷电先导的能力大于避雷线。

利用两根平行的等高避雷线可以保护 110kV 及以上的高压输电线路、变电所或某些建筑物，其保护范围如图 4-7 所示。每根避雷线外侧的保护范围与单根避雷线相同，两根避雷线内侧的范围由经过 A、O、A' 三点作的圆弧确定。O 点的高度可按下式计算：

$$h_0 = h - \frac{s}{4P} \qquad (4-6)$$

式中　s——两根避雷线的水平距离；

　　　h——避雷线高度。

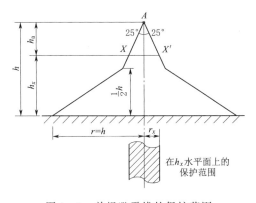

图 4-6　单根避雷线的保护范围

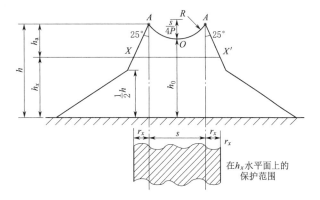

图 4-7　两根平行等高避雷线的保护范围

对于 110kV 及以上的架空输电线路，一般在全线路上装设避雷线（又称架空地线）；35kV 架空线路只在进变电所的 1~2km 线路上装设避雷线；10kV 架空线路的电杆较低，遭受雷击的概率甚小，而且绝缘子的耐压能力，可不装设避雷线。

三、避雷网带

避雷网和避雷带主要用来保护高层建筑物免遭直击雷和感应雷。

避雷网是在被保护建筑物屋顶上连接成的金属网格，用引下线接到接地体。金属网络可用直径大于 8mm 的钢筋或截面大于 12mm×4mm 的扁钢焊接而成，其边长不宜超过 6～10m。对于屋脊、屋檐、檐角等易受雷击的部位，采用避雷网防护直击雷，还能起防护雷电感应的作用。

避雷带是在建筑物的边缘及凸出部分装设的金属钢带，利用浇灌在建筑物上的支持铁卡加以固定。支持铁卡高出屋面 100～150mm，每两支铁卡间的距离为 1～1.5m；钢带一般采用直径大于 8mm 的圆钢或截面大于 12mm×4mm 的扁钢。避雷带同样需经引下线接至接地体，还可以与建筑物的钢筋焊接在一起，以减小接地电阻。

避雷网带经引下线与接地装置连接。引下线宜采用圆钢或扁钢，优先采用圆钢，其尺寸要求与避雷带（网）采用的相同。引下线应沿建筑物外墙明敷，并经最短的路径接地，建筑艺术要求较高者可暗敷，但其圆钢直径应不小于 10mm，扁钢截面应不小于 80mm^2。

四、变电所和建（构）筑物对直击雷的防护

建筑物根据其重要性、使用性质、发生雷电事故的可能性和后果，按防雷要求分为三类。

第一类是产生电火花时能引起爆炸的建（构）筑物，因为在它内部制造、使用或储存大量易爆物，或正常情况下能形成爆炸性混合物，爆炸后会造成人身伤亡或巨大破坏。泵站变电所一旦遭受雷击损坏，后果十分严重，一般按第一类建（构）筑物的要求标准设计防雷保护。

第二类是虽然制造、使用或储存爆炸物质，但电火花不易引起爆炸或只有非正常情况下才形成爆炸性混合物，引起爆炸的建（构）筑物。

第三类是除第一、第二类之外的爆炸、火灾危险的场所；历史上雷害事故较多地区的重要建（构）筑物；15～20m 以上的孤立高耸建（构）筑物，如烟囱、水塔等。

第一、第二类建（构）筑物和变电所一般都装设独立避雷针或避雷线（网）防护直击雷，当避雷针（线）的高度在 15～20m 以下时，多采用水泥支柱或木支柱；当避雷针较高时宜采用钢结构支柱。如果在技术上允许时，亦可将避雷针装设在变电所高压配电装置的门型构架上。

第三节 对雷电侵入波的防护

在泵站及变电所内装设着各种类型的高、低压变配电设备，这些设备与供电线路相连接。除了必须采取措施防止直击雷以外，还必须防范从线路传来的雷电过电压波可能造成电气设备的绝缘击穿而造成停电事故。为此，必须采取有效措施对雷电侵入波予以防范。

一、避雷器

(一) 避雷器的工作原理

如前所述，导线上之所以出现大气过电压，是因为雷击导线附近的大地，使得导线上突然增加了大量的电荷。如果在过电压到达设备之前，设法让这些电荷流到大地里面去，

就可使设备免受危害,为此需要让导线与大地接通。如果在导线与地之间装上一个开关,如图4-8(a)所示,平时开关是打开的,当过电压来到时,开关合上,过电压消失后,开关又立即打开,从而达到保护和正常供电的目的。然而,大气过电压作用时间很短暂,以普通开关开合的速度,尚来不及动作,大气过电压就已将设备损坏。

如果把图4-8(a)的开关换成一个间隙被气体介质隔开的一对电极,如图4-8(b)所示,在系统工频电压作用下间隙不放电,当系统中出现危及设备绝缘的大气过电压时,让间隙放电,使导线与大地实现电气上的高速接通,就可把大量的电荷泄入地中。这就是避雷器的保护原理。

但间隙放电后,原来是绝缘的空气,变成了导电的通路,导线上的工频电流,将紧接雷电流之后,沿着这个通路流入大地,在间隙上形成电弧。如果电弧不迅速熄灭则导线与地就不能在电气上重新断开。在不切断电源的情况下,要使电弧迅速地自动熄灭,最简单的办法,就是把间隙做成图4-9所示的形状。在系统工频电压作用下间隙不放电。当系统中出现大气过电压时,在间隙距离最小的地方首先发生放电,放电形成的电弧高温使周围空气温度急剧增加,热空气上升,把电弧向上吹,使电弧不断被拉长,当电弧伸长到一定程度,就会自动熄灭。这就是19世纪末出现的最原始的避雷器——角型避雷器。这种避雷器的缺点是电弧的拉伸需要一定时间,灭弧不够迅速,有时甚至不能自动熄弧,烧坏导线或造成短路事故。

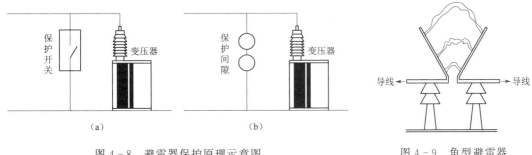

图4-8 避雷器保护原理示意图
(a)保护开关;(b)保护间隙

图4-9 角型避雷器

为了提高灭弧性能,可进一步把间隙放在产气材料制成的管子内(产气材料采用纤维纸板、有机玻璃管、硬橡胶管等),如图4-10所示,当内间隙放电形成电弧时,电弧的高温使产气材料分解,产生大量气体,管内压力迅速增加,气体便从喷口喷出,形成纵向吹弧,达到气吹灭弧的目的,这就是管型避雷器。

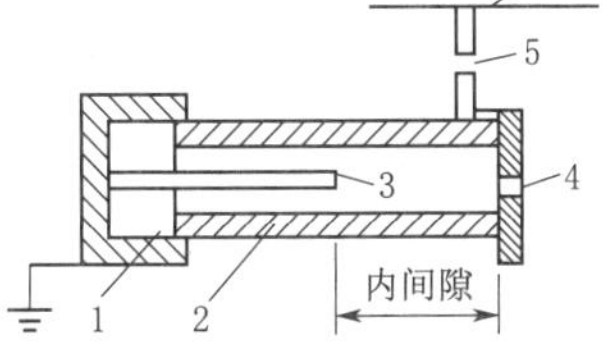

管型避雷器有很强的灭弧能力,但由于每放一次电都要消耗一部分管壁材料,随着放电次数的增加,产气量将减小,灭弧能力也就下降,因而使用寿命有限。特别是管型避雷器放电后,其两端电压突然下降到零值(这种幅值从某一值突然下降到零的电压,称为截波电压),对变压器这类有绕组的设备,构成新的威胁,即容易把绕组的匝间绝缘击穿,所以管型避雷器一般不用来保护输变电设备,而只用于

图4-10 管型避雷器结构原理
1—储气室;2—产气管;3—内电极
4—喷口;5—外间隙;6—高压线

保护输电线路和限制过高的大气电压进入泵站及变电所（例如旋转电动机防雷保护中）。

使避雷器真正成为高速自动开关的是阀型避雷器。如图4-11所示，阀型避雷器的放电间隙由许多个小间隙串联组成，小间隙电场比较均匀，可以改善避雷器的放电性能，电弧被小间隙隔成了许多短弧，有利于迅速冷却灭弧。为防通过间隙的电流太大，影响灭弧，一般串联一个电阻来限制通过避雷器的工频电流（又称工频续流或续流）。显然电阻值越大，续流就越小，对灭弧越有利。但雷电流流过电阻时，将在电阻上形成压降，即残留有过电压，称为残压，残压将继冲击电压之后作用在设备上，因此残压也不能过高，即放电时的电阻又不能太大。

流过线性电阻电流始终与电压成正比，其伏安特性为一直线，如图4-12中的直线Ⅰ。而非线性电阻的电阻值随所加电压的大小而变，其伏安特性一般为曲线，如图4-12中的曲线Ⅱ，电流（电压）小时电阻值大，电流（电压）大时电阻值小。当很大的雷电流流过避雷器时，串联电阻很小，避雷器上呈现的残压不高。当雷电流过去后，数值不高的工频电压作用在避雷器上时，串联电阻很大，可把续流限制到很小的数值，这种特性犹如一种不能关闭而能调节的电流阀门，称为阀性。具有阀性的非线性电阻片，称为阀片，装有阀片的避雷器称为阀型避雷器。

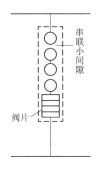

图4-11 阀型避雷器结构示意

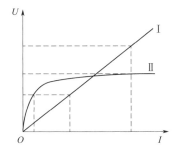

图4-12 线性电阻与非线性电阻
Ⅰ—线性电阻；Ⅱ—非线性电阻

压敏避雷器是没有放电间隙、全部用压敏电阻阀片叠装组成的阀型避雷器。阀片是由氧化锌、氧化铋等金属氧化物烧结而成的陶瓷非线性电阻元件，具有较好的伏安特性。当处于工频电压时，压敏电阻值极大；在雷电侵入波作用下，它的电阻值甚小。压敏电阻的通流能力很强，阀片面积较小，避雷器体积也较小，广泛用于低压电气设备的防雷保护。

上面以限制大气过电压为例说明了避雷器保护电器的基本原理。避雷器若用于限制操作过电压，基本原理也是一样的，只不过限制操作过电压对避雷器性能要求更高。

（二）避雷器与被保护绝缘伏秒特性的配合

伏秒特性是绝缘材料（含空气间隙）在不同幅值冲击电压作用下，其冲击放电电压值与放电时间的函数关系。伏秒特性代表绝缘材料承受冲击电压的能力，与施加的冲击电压波形密切相关，一般通过冲击耐压试验结果绘制而成，如图4-13所示。冲击电压幅度不高时，起始放电时间出现在波尾部分。若冲击电压值低于绝缘材料的冲击耐压值，则不会引起放电现象。把对应各个放电伏秒点连成曲线，就是这种绝缘材料的伏秒特性曲线。

伏秒特性曲线与绝缘介质电场强度均匀程度密切相关。电场强度分布越均匀，伏秒特性曲线越平缓，且分散性较小，如变压器的伏秒特性。绝缘介质内电场强度越不均匀，则伏秒特性越陡，且分散性较大，如管型避雷器。由于阀型避雷器采用了多个放电火花间隙相串联，所以电场强度比较均匀，其伏秒特性曲线比管型避雷器平缓，分散性较小。一般放电伏秒点是离散的，导致伏秒特性存在分散性，因为伏秒特性曲线一般是有包络线的带状曲线描述，如图 4-14 所示。带线越宽，说明伏秒特性的分散性越大，越不理想。

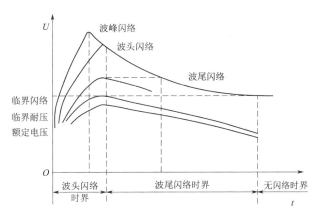

图 4-13　绝缘物的伏秒特性

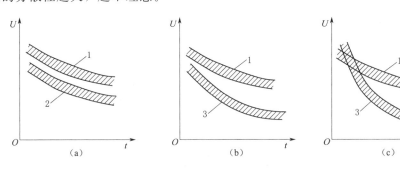

图 4-14　伏秒特性的配合

（a）理想的配合；（b）基本满足要求的配合；（c）不能满足要求的配合
1—变压器伏秒特性；2—阀型避雷器伏秒特性；3—管型避雷器伏秒特性

　　避雷器和被保护物的伏秒特性应适当配合，才能取得理想的效果。当避雷器伏秒特性带线的上部包络线完全低于被保护物伏秒特性曲线带线的下部包络线时，雷电冲击波电压侵入时总是避雷器首先对地放电。因此，图 4-14（a）中的阀型避雷器伏秒特性曲线与变压器绝缘伏秒特性曲线的配合比较理想；图 4-14（b）中的管型避雷器伏秒特性曲线与变压器绝缘伏秒特性曲线虽然也能配合，但不理想，而且管型避雷器放电间隙缩小后易于误动作；图 4-14（c）中的管型避雷器的伏秒特性曲线不能满足要求，不能可靠地保护变压器。

二、变电所对雷电冲击波的防护

　　变压器是变电所防护雷电冲击波破坏的主要对象。最理想的方案是将阀型避雷器与变压器直接并联，但实际上往往有一段距离，根据理论分析结果得知，从避雷器连接点到变压器连接点之间的最大电气距离不得超过下式的计算值：

$$s_{\max}=\frac{(U_{sh}-U_{sh.F})v}{2a} \tag{4-7}$$

式中　$s_{\max}$——最大电气距离，m；

U_{sh}——变压器绝缘的冲击耐压值，通常可取 $5U_N$，kV；

$U_{sh.F}$——避雷器的冲击放电电压，可查产品手册；

υ——冲击波速度，为 $300m/\mu s$；

a——雷电冲击波陡度，$kV/\mu s$。

目前 $35\sim110kV$ 变电所的防雷保护方案一般如图 $4-15$ 所示。在进线段架设 $1\sim2km$

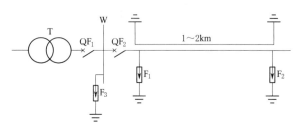

图 $4-15$ $35\sim110kV$ 变电所进线保护方案

避雷线，防止进线段遭受雷击和发生雷电感应。装设管型避雷器 F_2（工频接地电阻小于 10Ω）可削减沿导线侵入的冲击波波幅值，但铁塔或钢筋混凝土杆用铁横担的线路可不装设 F_2；装设管型避雷器 F_1 在于保护断路器 QF_2 免遭雷电过电压的破坏，因为当断路器处于断开位置时，较高的折射

电压可能使触头间或带电触头对地击穿闪络，甚至烧毁触头。阀型避雷器 F_3 用以保护变压器及互感器等所有高压电气设备。

对于 $35kV$ 进线而容量小于 $5600kV\cdot A$ 的变电所，其进线保护方案可根据运行经验适当简化，如避雷线缩短为 $500\sim600m$，不装设 F_2；对于容量小于 $3200kV\cdot A$ 的变电所，可以不装设避雷器，只将避雷线所有绝缘瓷瓶的铁脚接地即可，或者只装设阀型避雷器。

三、旋转电动机对雷电侵入波的保护

当旋转电动机与架空线路直接相连（包括经过一段电缆和架空线路连接的情况），线路上传递来的雷电冲击波会沿导经直接侵入电动机的定子绕组，直接威胁电动机的绝缘。为此，必须采取相应的防雷保护措施。

由于高压电动机绕组全靠其固体介质来绝缘，固体介质在制造过程中又很容易被擦伤，因而电动机绕组绝缘的冲击耐压水平较低。

表 $4-1$ 给出了高压电动机出厂冲击耐压试验的规定值与相应电压的磁吹避雷器残压值，以及同级变压器的出厂试验耐压值。

表 4-1　　　　　　　　　　　　　　高压电动机耐压特性比较

电动机额定电压 U_N （有效值）/kV	3.15	6.30	10.50
电动机出厂工频试验电压 （有效值）/kV	$2U_N+1$	$2U_N+1$	$2U_N+1$
电动机出厂冲击耐压值 （大约值） 幅值/kV	10.3	19.2	34.0
同级变压器出厂冲击试验电压 （幅值）/kV	43.5	60	80
磁吹避雷器 3kA 冲击电流时的残压 （幅值）/kV	9.5 （FCD-3）	19 （FCD-6）	30 （FCD-10）
运行中电动机的安全冲击耐压值 （幅值） $1.52\sqrt{2}U_N$/kV	6.7	13.4	22.3

由表 $4-1$ 可知，在同级电压下，电动机的出厂冲击耐压值只有相同电压等级变压器的 $1/3$ 左右，比相同电压等级的磁吹避雷器 $3kA$ 时的残压只稍高一点，这就要求对电动机防雷时必须降低侵入波的陡度，否则保护的可靠性很低。

由于电动机的固体绝缘介质在运行过程中既容易受潮，又长期受热，故很容易老化。一般情况下，运行中的电动机预防性试验电压只规定为 $1.5U_N$，故其安全冲击耐压值只能达到 $1.25\sqrt{2}U_N$（表 4-1 中最后一栏），已低于相同电压等级的磁吹避雷器的残压。因此，只用磁吹避雷器来保护高压电动机是不可靠。

磁吹避雷器需要与电容器、电缆段等联合起来对直配电动机进行防雷保护。电动机定子绕组的中性点不接地，当雷电冲击波由三相同时侵入电动机绕组并到达不接地的中心点（相当于开路，折射系数约等于 2）时，折射电压比进口处电压提高一倍，对绕组绝缘危害很大。因此，对于中性点能引出的大功率高压电动机，应在中性点加装相电压磁吹避雷器或普通型避雷器进行保护，对于中性点不能引出的电动机，为保护中性点的绝缘，可采用 FCD 磁吹阀型避雷器同电容器 C 并联的办法来降低侵入波的陡度，如图 4-16 所示。

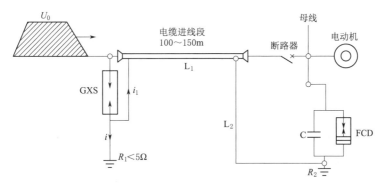

图 4-16　直配电动机的防雷保护接线

图 4-16 中 GXS 的一端与电缆的外皮连接在一起，当侵入波使首端的 GXS 避雷器间隙击穿时，电缆首端的外皮和芯线间就短路了。由于雷电波的等值频率很高，强烈的趋肤效应使雷电流沿电缆外皮流动，而流过芯线的雷电流就比较少，电动机母线所受过电压就比较低，即使 FCD 磁吹避雷器动作，流过 FCD 中的雷电流及残压值也不会超过允许的数值。因此，GXS 避雷器可以限制侵入波到达电动机母线上的过电压幅值。

单机功率为 1500～6000kW 或少雷区无电缆段的直配电动机可用图 4-17 所示的保护接线。其进线段 l_b 一般采用 450～600m，用避雷针或避雷线作为直击雷保护，并在进线段的首端装设一组管型避雷器 GB_1。当进线段首端受雷击时，使 GB_1 放电，雷电流大部

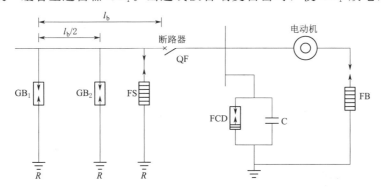

图 4-17　无电缆段的直配电动机保护接线

分由此泄入大地，从而防止通过母线上 FCD 磁吹避雷器的雷电流超过允许值。阀型避雷器 FB 是专门用来保护电动机中性点对地绝缘的，进线段上的 GB_2 起到分流保护的作用。

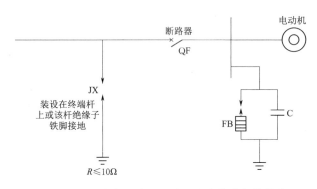

图 4-18　小功率的直配电动机进线简化保护接线

为了限制 FCD 中雷电流不超过允许值，要求接地电阻 $R(\Omega)$ 与进线段的长度 l_b 符合以下要求：对 3～6kV 线路，$l_b/R \geqslant 200$；对 10kV 线路，$l_b/R \geqslant 150$。

单机功率为 300kW 及以下的小型电动机，可采用如图 4-18 所示的简化保护接线。

保护旋转电动机的中性点绝缘的阀型避雷器，其额定电压应不低于电动机最高运行相电压。避雷器型式可按表 4-2 选定。

表 4-2　　　　　　　　　　　保护旋转电动机中性点的避雷器

电动机额定电压/kV	3	6	10
中性点避雷器型式	FCD-2	FCD-4	FCD-6
		FZ-4	FZ-6
	FZ-2	(FS-4)	FS-6

当旋转电动机经变压器与架空线路连接时，一般不要求对它们采取特殊的防雷保护措施。因为经过变压器转换的雷电波，除了极少数情况外，不会引起电动机绝缘损坏。但是在多雷区，不属架空直配线的特别重要的电动机，在运行中也应考虑防止变压器高压侧的雷电波通过变压器危及电动机的绝缘。为此，可在电动机出线上装设一组磁吹避雷器。

第四节　接　地　装　置

一、接地的有关概念

（一）接地和接地装置

电气设备的某部分与土壤之间作良好的电气连接，称为接地。与土壤直接接触的金属物体，称为接地体或接地极。专门为接地而装设的接地体，称为人工接地体。兼作接地体用的直接与大地接触的各种金属构件、金属管道及建筑物的钢筋混凝土基础等，称为自然接地。连接接地体及设备接地部分的导线，称为接地线。接地线和接地体合为接地装置。由若干接地体在大地中互相连接而组成的总体，称为接地网。接地线又可分为接地干线和接地支线，如图 4-19 所示。按规定，接地干线应用不少于两根导体在不同的地点与接地网连接。

（二）接地电流和对地电压

当电气设备发生接地故障时，电流通过接地体向大地作半球形散开，称为接地电流，

用 I_E 表示。由于在距接地体越远的地方球面越大，所以距接地体越远的地方散流电阻越小，其电位分布曲线如图 4-20 所示。

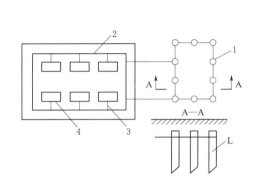

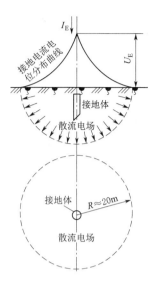

图 4-19　接地装置示意

1—接地体；2—接地干线；3—接地支线；4—电气设备

图 4-20　接地电流、对地电压及接地电流电位分布曲线

试验证明，在距单根接地体或接地故障点 20m 左右的地方，实际上散流电阻已趋于零，即电位已趋近于零。电位为零的地方称为电气上的"地"或"大地"。电气设备的接地部分，如接地的外壳和接地体等，与零电位的"大地"之间的电位差，称为接地部分的对地电压 U_E。

（三）接触电压和跨步电压

在电气设备发生接地故障的接地体散流场内，人触及故障设备或进入散流区域，就会发生接触电压或跨步电压触电。

如图 4-21 所示，人站在发生接地故障的电气设备旁边（约距设备水平距离 0.8m），手触及设备的外露可导电部分，则人所接触的两点（手与脚，高差约 1.8m）之间所呈现

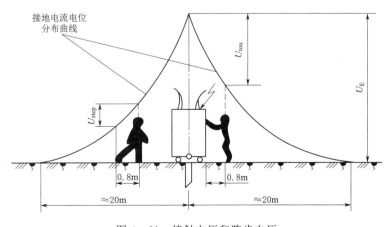

图 4-21　接触电压和跨步电压

的电位差，称为接触电压 U_{tou}。人在接地故障周围行走，两脚之间（最大距离约 0.8m）所呈现的电位差，称为跨步电压 U_{step}。

二、接地的类型

电力系统和设备的接地，按其功能分为工作接地和保护接地两大类，此外尚有为进一步保护接地的重复接地。

（一）工作接地

为保护电力设备达到工作要求而进行的接地，称为工作接地，如电源中性点的直接接地或经消弧线圈的接地以及防雷设备的接地等，各种工作接地都有各自的功能。例如电源中性点的直接接地，能在运行中维持三相系统中相间电压不变；电源中性点经消弧线圈的接地，能在单相接地时消除接地的继续电弧，防止出现过电压。至于防雷设备的接地，其功能更是显而易见，不接地就无法对地泄放雷电流，从而无法实现防雷的要求。

（二）保护接地

为保护人身安全、防止间接触电而将设备的外露可导电部分进行接地，称为保护接地（代号 PE）。保护接地的形式有两种：一种是设备的外露可导电部分经各自的 PE 线分别直接接地；另一种是设备的外露可导电部分经公共的 PE 线或 PEN 线接地。前者我国称为保护接地，而后者我国称为保护接零。

低压配电系统按保护接地的形式不同，分为 TN 系统、TT 系统和 IT 系统。

1. TN 系统

TN 系统的电源中性点直接接地，并引出有 N 线，属三相四线制系统。当其设备发生一相接地故障时，就形成单相短路，其过电流保护装置动作，迅速切除故障部分。TN 系统又依其 PE 线的形式分为 TN-C 系统、TN-S 系统和 TN-C-S 系统。

（1）如图 4-22（a）所示为 TN-C 系统，N 线和 PE 线合为一根 PEN 线，所有设备的外露可导电部分均与 PEN 相连。当三相负荷不平衡或只有单相用电设备时，PEN 线上有电流通过。在一般情况下，如开关保护装置和导线截面选择适当，则能够满足供电可靠性的要求，而且节约导电材料，投资较省。

（2）如图 4-22（b）所示为 TN-S 系统，N 线和 PE 线是分开的，所有设备的外露可导电部分均与公共 PE 线相连。优点在于公共 PE 线在正常情况下没有电流通过，不会对接 PE 线上的其他设备产生电磁干扰，适于供数据处理、精密检测装置等使用；但消耗的导电材料较多，投资增加。

由于其 N 线与 PE 线分开，N 线断线也并不影响接在 PE 线上设备的防间接触电的安全。这种系统多用于环境条件较差、对安全可靠性要求较高及设备对电磁干扰要求较严的场所。

（3）如图 4-22（c）所示为 TN-C-S 系统，前面为 TN-C，后面为 TN-S 系统（或部分地为 TN-S 系统），兼有 TN-C 系统和 TN-S 系统的特点，常用于配电系统末端环境条件较差或有数据处理等设备的场所。

2. TT 系统

TT 系统的电源中性点直接接地，也引出有 N 线，属三相四线制系统，而设备的外露可导电部分则经各自的 PE 线分别直接接地。其保护接地的功能可用图 4-23 来说明。

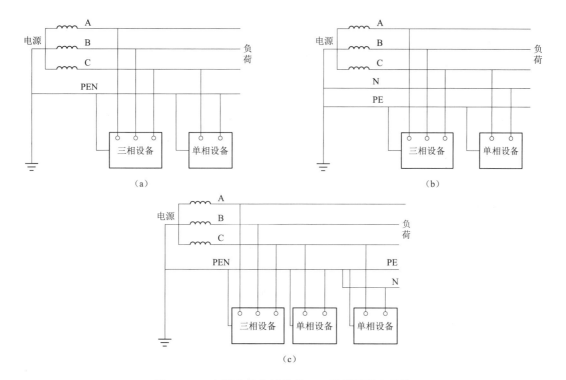

图 4-22 电源电性点接地的 TN 型低压配电系统
(a) TN-C 系统；(b) TN-S 系统；(c) TN-C-S 系统

　　如果设备的外露可导电部分未接地，如图 4-23（a）所示，则发生一相接地故障时，设备外露可导电部分会带上危险的相电压。由于故障设备与大地接触不良，单相故障电流可能较小，不足以使故障设备电路中的过电流保护装置动作切除故障设备，一旦人体触及这一故障设备的外露可导电部分，单相故障电流就要通过人体，这是相当危险的。

　　如果设备的外露可导电部分采用直接接地，如图 4-23（b）所示，则当设备发生一相接地故障时，就通过保护接地装置形成单相短路电流，足以使故障设备电路中的过电流保护装置动作，迅速切除故障设备，从而减少了人体触电的危险。

　　但是，如果这种 TT 系统中的设备只是绝缘不良引起漏电时，由于漏电电流较小而可能使电路中的过电流保护装置不动作，从而使漏电设备外露可导电部分长期带电，这就增加了人体触电的危险。因此，为保障人身安全，这种系统应考虑装设灵敏的触电保护装置。

　　TT 系统由于所有设备的外露可导电部分都是经各自的四线分别直接接地的，各自的 PE 线间无电磁联系，因此也适于对数据处理、精密检测装置等供电；同时 TT 系统又与 TN 系统一样属三相四线制系统，接用单相设备非常方便，如果装设触电保护装置，对人身安全也有保障，所以这种系统应用比较广泛。

　　3. IT 系统

　　IT 系统的电源中性点不接地或经阻抗（约 1000Ω）接地，通常不引出 N 线，一般为三相三线制系统，其中电气设备的外露可导电部分均经各自的 PE 线分别直接接地。系统

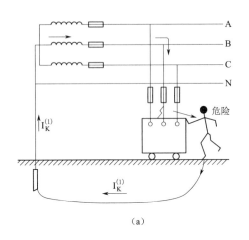 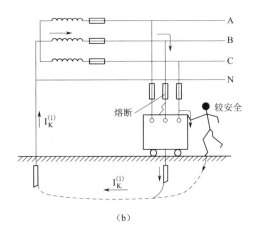

（a）　　　　　　　　　　　　　（b）

图 4-23　TT 系统保护接地功能说明

（a）外露可导电部分未接地时；（b）外露可导电部分接地时

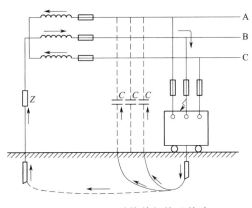

图 4-24　IT 系统单相接地故障

中的设备如发生一相接地故障时，其外露可导电部分将呈现对地电压，并经设备的接地装置、大地和非故障的两相对地电容以及电源中性点接地装置（如采取中心点经阻抗接地时），而形成单相接地故障电流，如图 4-24 所示。

如果电源中性点不接地，则此故障电流完全为电容电流，属小电流接地系统。在发生一相接地故障时，其三相电压仍维持不变，因此三相用电设备仍可继续正常运行；但应装设绝缘监测装置或单相接地保护，发生接地故障时发出音响灯光信号，防止发展为两相接地短路，导致供电中断。

IT 系统的一个突出优点是在发生一相接地故障时，所有三相用电设备仍可暂时继续运行。但同时另两相的对地电压将由相电压升高到线电压，增加了对人身安全的威胁。IT 系统与 TT 系统一样，各台设备的 PE 线间无电磁联系，因此也适于对数据处理、精密检测装置等供电。

（三）重复接地

在电源中性点直接接地的 TN 系统中，为确保公共 PE 线或 PEN 线安全可靠，除在电源中性点进行工作接地外，还必须在 PE 线或 PEN 线的一些地方进行必要的重复接地：

（1）在架空线路的干线和分支的终端及沿线每 1km 处。

（2）在电缆和架空线引入大型建筑物处。

否则，在 PE 线或 PEN 线发生断线并有设备发生一相接地故障时，接地断线后面的所有设备的外露可导电部分都将呈现接近于相电压的对地电压，即 $U_E \approx U_\varphi$，如图 4-25（a）所示，这是很危险的；如果进行了重复接地，如图 4-25（b）所示，则在发生同样故障时，断线后面的 PE 线或 PEN 线的对地电压 $U'_E \approx I'_E R'_E$。假设电流中性点接地电

阻 R_E 与重复接电阻 R'_E 相等，则断线后面一般 PE 线或 PEN 线的对地电压 $U'_E \approx U_\varphi/2$，危险程度大大降低。

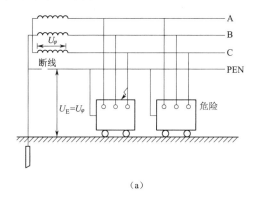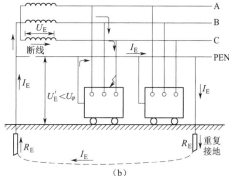

图 4-25　重复接地功能示意图

(a) 没有重复接地的系统中，PE 线或 PEN 线断线时；

(b) 采用重复接地的系统中，PE 线或 PEN 线断线时

当然实际上，由于 $R_E > R'_E$，所以 $U'_E > U_\varphi/2$，对人还是有危险的，因此 PE 线或 PEN 线的断线故障应尽量避免，运行中要注意对 PN 线和 PEN 线状况的监视。而且，PE 线和 PEN 线上一般不允许装设开关或熔断器。

三、接地故障的保护

接地故障是配电系统中的相线对地或与地有联系的导电体之间的短路，它包括相线与大地、相线与 PE 线或 PEN 线以及相线与设备的外露可导电部分之间的短路。

接地故障的危害很大。有的场合接地故障电流很大，必须迅速切断电路，否则将产生严重的后果，甚至引起火灾或爆炸；有的场合接地故障电流较小，但故障设备的外露可导电部分又可能呈现危险的对地电压，如不及时予以信号报警或切除故障，就可能发生人身触电事故。

（一）接地故障保护的要求

接地故障保护的装设，应与配电系统的接地型式和故障回路的阻抗相适应。当发生接地故障时，除了应满足短路热稳定度的要求外，还应迅速切断故障电路，或者迅速发出报警信号以便及时排除故障，防止发生人身触电伤亡和火灾爆炸事故。

从确保人身安全的角度考虑，接地故障保护装置的动作电流 I'_{ope} 应保护故障设备外露可导电部分的对地电压 $U_E \leqslant 50V$。如设备外露可导电部分的接地电阻为 R_E（单位为 Ω），则接地故障保护的动作电流 I_{ope}（单位为 A）应为

$$I_{ope} \leqslant \frac{U_E}{R_E} = \frac{50}{R_E} \tag{4-8}$$

对三相四线制系统（包括 TN 系统和 TT 系统），式（4-8）适用于切断故障电路的接地故障保护装置，如低压熔断器、低压断路器及专用的触电保护器（漏电断路器）。但其动作时间的要求为：

（1）对只接有固定设备的公共 PE 线和 PEN 线，其保护装置动作时间 $t_{ope} \leqslant 5s$。

（2）对接有手握设备和移动设备的公共 PE 线和 PEN 线，为确保人身安全，其保护

装置动作时间 $t_{\text{ope}} \leqslant 0.4\text{s}$。

对三相三线制系统（IT 系统）来说，式（4-8）适用于只发出音响或灯光信号的单相接地保护装置，在另一相发生接地故障时则应切断故障电路，其接地故障保护装置如低压熔断器、低压断路器及专用的触电保护器（漏电断路器）的动作电流应为

$$I_{\text{ope}} \leqslant \sqrt{3}\frac{U_{\text{E,N}}}{2Z_{\varphi-\text{PE}}} \qquad (4-9)$$

式中 $U_{\text{E,N}}$——线路对地额定电压（相电压），V；

$\qquad Z_{\varphi-\text{PE}}$——包括相线和 PE 线在内的故障回路阻抗，$\Omega$。

式（4-9）是考虑到保护装置动作的故障电流实际上是两相接地短路电流，作用的电压为线电压，即 $\sqrt{3}U_{\text{E,N}}$，而故障回路是两个不相同的线路，因此故障回路总阻抗是一个故障线 $Z_{\varphi-\text{PE}}$ 的 2 倍，而保护动作时间规定为 $t_{\text{ope}} \leqslant 0.4\text{s}$。

（二）漏电断路器的基本结构原理

漏电断路器又称漏电保护器或触电保护器。它按工作原理分为电压动作型和电流动作型两种。图 4-26 所示为电流动作型漏电断路器工作原理。它由零序电流互感器 TAN、放大器 A 和低压断路器 QF（内含脱扣器 YR）三部分组成。设备正常运行时，主电路三相电流相量和为零，因此零序电流互感器 TAN 的铁芯中没有磁通，其二次测没有输出电压。

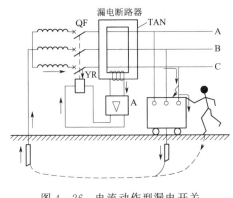

图 4-26 电流动作型漏电开关
工作原理示意

如果设备发生漏电或单相接地故障，由于主电器三相电流的相量和不为零，零序电流互感器 TAN 的铁芯中就有零序磁能，其二次侧就有输出电流，经放大器放大后，通入脱扣器 YR 上，使断路器 QF 跳闸，从而切除故障电路，避免人员发生触电事故。

四、接地装置的要求和装设

（一）接地电阻及其要求

接地电阻是接地体的流散电阻与接地线和接地体电阻的总和。由于接地线和接地体电阻相对很小，可略去不计，因此可认为接地电阻就是指接地体流散电阻。工频接地电流流经接地装置所呈现的接地电阻，称为工频接地电阻；雷电流流经接地装置所呈现的接地电阻，称为冲击接地电阻。《建筑物防雷设计规范》（GB 50057—2010）规定了独立接闪杆、架空接闪线或架空接闪网的独立的接地装置冲击接地电阻不宜大于 10Ω（在土壤电阻率高的地区，可适当增大冲击接地电阻，但在 3000m 以下的地区，冲击接地电阻不应大于 30Ω），防闪电感应的接地装置工频接地电阻值不宜大于 10Ω；电缆与架空线连接处的户外型电涌保护器，其冲击接地电阻不应大于 30Ω。

关于 IT 系统中电气设备外露可导电部分的保护接地电阻 R_{E}，按规定应满足在接地电流 I_{E} 通过 R_{E} 时产生的对地电压 $U_{\text{E}} \leqslant 50\text{V}$（安全电压值），因此

$$R_{\mathrm{E}} \leqslant \frac{50}{I_{\mathrm{E}}} \qquad\qquad (4-10)$$

如果漏电断路器的动作电流 I_{ope} 取为 30mA，即 $I_{\mathrm{E}}=30\mathrm{mA}$ 时断路器动作，则 $R_{\mathrm{E}} \leqslant$ 1667Ω。这一接地电阻值很大，容易满足要求。一般取 $R_{\mathrm{E}} \leqslant 100\Omega$，以确保安全。

对 TN 系统，其中所有设备的外露可导电部分均接在公共 PE 线或 PEN 线上，故无所谓保护接地电阻。

（二）接地装置的装设一般要求

在设计和装设接地装置时，首先应充分利用自然接地体，以节约投资，节约钢材。如果实地测量所利用的自然接地电阻已能满足要求而且这些自然接地体又满足热稳定条件时，就不必再装设人工接地装置，否则应装设人工接地装置作为补充。

电气设备的人工接地装置的布置，应使接地装置附近的电压分布尽可能均匀，以降低接触电压和跨步电压，保证人身安全，如接触电压和跨步电压超过规定值时，应采取措施。

（三）自然接地体的利用

可作为自然接地体的有：建筑物的钢结构和钢筋、行车的钢轨、埋地的金属管道（但可燃液体和可燃可爆气体的管道除外）以及敷设于地下且数量不少于两根的电缆金属外皮等。

变配电所可利用钢筋混凝土基础作为自然接地体。

（四）人工接地体的装设

人工接地体有垂直埋设和水平埋设两种基本结构形式，如图 4-27 所示。

最常用的垂直接地体为直径 50mm、长 2.5m 的钢管。如果采用直径小于 50mm 的钢管，则由于钢管的机械强度较小，易变形，不适于采用机械方法打入土中；如果采用直径大于 50mm 的钢管，例如直径由 50mm 增大到 125mm 时，流散电阻仅减少 15% 而钢材料消耗则大大增加，经济上极不合理。如果采用的钢管长度小于 2.5m 时，则既难于打入土中，而流散电阻减少也不显著。由此可见，采用上述直径为 50mm、长度为 2.5m 的钢管是经济合理的。为了减少外界温度变化对流散电阻的影响，埋入地下的垂直接地体上端距地面不应小于 0.5m。

影响土壤电阻率的主要因素有：

（1）土壤成分和结构。沿垂直层理方向的电阻率大于沿层理方向的电阻率。

（2）含水量。含水量越高，电阻率越低。

（3）温度。电阻率随温度的增加而下降。温度在 0° 以上，随着温度升高，电阻率缓慢减小，变化不明显。

（4）外加电场频率。土壤电阻率随频率增加而减小。

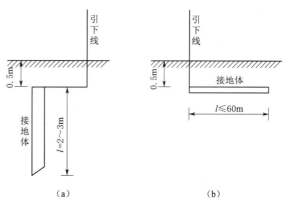

图 4-27 人工接地体

（a）垂直埋设的棒形接地体；（b）水平埋设的带形接地体

139

（5）外界电场强度。电阻率随电场强度增加而下降。

影响集中接地体冲击接地电阻的主要因素有：

（1）冲击电流幅值。随冲击电流幅值的增大而减小。

（2）接地装置的几何尺寸。随几何尺寸的增大而减小。

（3）土壤电阻率。随土壤电阻率的增大而增大。

（4）接地装置设计时的结构选择。

（5）冲击电流作用时的利用系数。

当土壤电阻率偏高时，例如土壤电阻率 $\rho \geqslant 300\Omega \cdot m$ 时，为降低接地装置的接地电阻，可采取以下措施：

（1）采用多支线外引接地装置，其外引线长度不应大于 $2\sqrt{\rho}$，这里 ρ 为埋设外引线处的土壤电阻率，地下较深处土壤 ρ 较低时，可采用深埋接地体。

（2）局部地进行土壤转换处理，换成 ρ 较低的黏土或黑土，或者进行土壤化学处理，填充降阻剂。

钢接地体和接地线的最小尺寸规格可查有关设计手册。对于敷设在腐蚀性较强的场所的接地装置，应根据腐蚀的性质，采用热镀锡、热镀锌等防腐措施，或适当加大截面。

当多根接地体相互靠拢时，入地电流的流散相互受到排挤，称为屏蔽效应，使得接地装置的利用率下降，所以垂直接地体的间距一般不宜小于接地体长度的 2 倍，水平接地体的间距一般不宜小于 5m。

接地网的布置应尽量使地面的电位分布均匀，以减小接触电压和跨步电压。人工接地网外缘应闭合，外缘各角应做成圆弧形。35～110/6～10kV 变电所的接地网内应敷设水平均压带。为保护人身安全，经常有人出入的走道处，应采用高绝缘路面（如沥青碎石路面）或加装帽檐式均压带。

（五）防雷装置的接地要求

防雷设施用接地体，其效果和作用的大小可用冲击接地电阻 R_{sh} 来表达，R_{sh} 越小则说明该接地体效果越好。所谓冲击接地电阻，就是通过接地体引泄雷电流时的电阻。由于接地体引泄雷电流时电流密度很大，使接地体周围土壤的电场强度增大，所以接地体周围将产生局部火花放电。在火花放电范围内，土壤中的电压降有所减少，相当于增大了接地体的尺寸，冲击接地电阻比工频接地电阻要小些，即

$$R_{sh} \leqslant \alpha_{sh} R_E \tag{4-11}$$

式中　R_{sh}——工频接地电阻（可测得）；

α_{sh}——冲击系数，一般小于 1。

独立避雷针均有独立的接地体，按规定冲击接地电阻宜小于 10Ω。防雷设施在雷雨季节必须处于良好的运行状况，接闪器与引下线之间、引下线与接地体之间应可靠连接；还应特别注意避雷针（线）与被保护物之间的距离，防止雷电流产生的高电位对被保护物发生反击现象。工程上对如图 4-28 所示的安全空气距离，按正式确定

$$S_{saf} \geqslant 0.3R_{sh} + 0.12h \tag{4-12}$$

式中　S_{saf}——安全空气距离，m。

为保证安全可靠，避雷针（线）的安全空气距离 S_{saf} 不得小于 5m。

为了防止雷针（线）接地体在土壤中对被保护物接地体发生闪络，两接地体之间必须保持足够的地中距离 S_E，通常可按下式确定

$$S_E \geqslant 0.3 R_{sh} \qquad (4-13)$$

要求 S_E 不小于 3m。

对于 35kV 及以下配电装置，其门型构架或屋顶上因为绝缘较弱，不宜装设避雷针（线）。但对 60kV 及以上的高压配电装置，由于电气设备和母线的绝缘水平较强，不易产生反击现象，允许将避雷针（线）装设在门型构架或屋顶上，此时避雷针接地可利用变电所的避雷针（线）引下线入地点至变电所的主接地网，并在附近装设辅助的集中接地体。为防止一旦发生反击现象时损坏变压器，避雷针（线）引下线入地点到变压器接地线入地点之间的距离 S_E 不得小于 15m。各类建（构）筑物对直击雷的防护要求可参见有关设计规范。

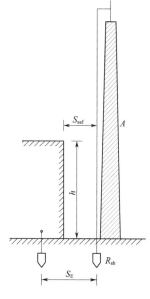

图 4 - 28　避雷针与保护物的距离

习　　题

（1）由于直接雷击或雷电感应而引起的过电压，称为_____；因开关操作或故障而引起的过电压，称为_____。

（2）发生雷电时，雷云中电荷聚集，向大地方向击穿空气形成导电的空气通道，形成_____；与此同时，地面上感应出来的异号电荷也在相对集中，形成_____。

（3）防直击雷装置一般包含_____、_____和_____。

（4）避雷针一般由_____、_____和_____组成。

（5）阀型避雷器采用的非线性电阻的特点是：当外加电压低时，其电阻值就很_____，当外加电压高时，其电阻值很_____，伏安特性为_____。

（6）避雷器可以用来防护直击雷。（　　）

（7）接地体的埋设深度不应小于 0.5m，且必须在大地冻土层以下。（　　）

（8）垂直接地体的长度不应小于 2.5m，其相互之间间距一般不应小于 5m。（　　）

（9）引下线不应沿建筑物外墙明敷设，以避免影响建筑美观和增加维护难度。（　　）

（10）什么是接触电压、跨步电压？

（11）什么是工频接地电阻、冲击接地电阻？

（12）影响土壤电阻率的主要因素有哪些？

（13）影响集中接地体冲击接地电阻的主要因素有哪些？

（14）简述电力系统接地的分类及其目的。

第五章　泵站及变电所电气主接线

第一节　概　　述

　　泵站及变电所的电气主接线是由电力变压器、断路器、隔离开关、电动机、互感器、避雷器、母线和电缆等电气设备，按一定顺序连接的，用以接收和分配电能的电路。

　　电气主接线图亦称一次回路图，一般以单线图表示，即只表示三相交流电气装置中一相的连接顺序。局部图面，例如互感器，由于三相不尽相同，应以三线图表示。如有中性线时，在图上用虚线单独表示。

　　在电气主接线图中，所有电气设备均用规定的图形符号，按它们的正常状态画出，主要电气设备的图文符号见表 5-1。所谓"正常状态"，就是电器处在所有电路无电压及无任何外力作用下的状态，比如断路器和隔离开关是处于断开的位置。供安装使用的电气主接线图，在图上还应标出主要设备的型式和技术参数。

表 5-1　　　　　　　　　　　　　主接线图中主要电气设备的图文符号

名称	文字符号	图形符号	名称	文字符号	图形符号
变压器	T TM—电力变压器 TR—整流变压器	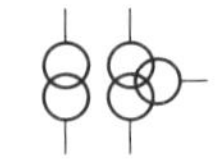	熔断式 负荷开关	QW	
电动机	M MD—直流 MA—异步 MS—同步		电压互感器	TV	
断路器	QF		电流互感器	TA	
隔离开关	QS		避雷器	F	
负荷开关	QL		架空线 电缆	WL	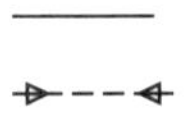
熔断器	FU		母线	W	
跌开式 熔断器	FF		接地系统		

电气主接线图不仅标明了各主要设备的规格、数据，而且反映了各设备的作用、连接方式和各回路相互关系，从而构成泵站及变电所电气部分的主体，其方案的拟定对泵站电气设备的选择、配电装置布置、继电保护的配置、自动装置和控制方式的选择以及运行的可靠性与经济合理性有密切关系。所以拟定主接线是泵站电气设计中一项综合性的重要任务。

泵站中有许多机械为泵站主机组和辅助设备服务，这些机械和辅助设备大多采用电力拖动，亦需从电网获取电能。泵站辅助设备及机械用电和照明用电称为站用电。大中型泵站的电气一次回路除泵站及变电所电气主接线外，还应包括站用电接线。

在设计泵站电气主接线时应满足如下基本要求：

（1）可靠性。根据泵站用电负荷的等级，保证在各种运行方式下提高供电的连续性，力求供电可靠。如城市供水泵站和排水泵站对供电的可靠性要求比农业排灌泵站的供电可靠性要求更高；因此，分析和估计接线的可靠性，不能脱离负荷等级和各类泵站的具体条件。

（2）灵活性。主接线应力求简单、明显、没有多余的电气设备，投入或切除某些设备或线路操作更方便。这样不仅可以避免误操作，又能提高运行的可靠性，处理事故也能简单迅速。灵活性还表现在具有适应发展的可能性。

（3）安全性。保证在进行一切操作切换时，工作人员和设备的安全检修工作，以及能在安全条件下进行维护工作。

（4）经济性。应使主接线的初投资与运行费达到经济合理。此外，对电气主接线中元件的选择，还应根据有关规范要求，选择适当的规格和数量，并确定其连接方式。

第二节　泵站及变电所电气主接线的基本形式

一、单母线接线

泵站及变电所的主变压器与各主电动机之间采用何种主接线连接以保证工作可靠、灵活是重要的技术问题。主接线的基本单元是电源（变压器）和引出线。在多数情况下，引出线数目要比电源数目多好几倍，通常解决的措施是采用母线制，通过不同的母线接线方式来使数量少的变压器向多台主电动机馈电，或者保证主机从不同的变压器获得供电。

母线又称汇流排，在原理上是电路中的一个电气节点，起着集中变压器的电能和给各台主电动机馈送和分配电能的作用。通过母线连接的方式既有利于电能交换，也可使接线简单明显和运行方便。一般具有四个分支回路以上时就应该设置母线。但是，当母线发生故障时，将使配电装置工作全遭破坏，供电中断。故在设计、安装、运行中，对母线工作的可靠性应予以足够的重视。

在泵站电气主接线中，只有一组母线的接线称为单母线接线，图5-1是典型的单母线接线图，电源和馈电线回路都经断路器和母线隔离开关接到一条公共的母线上。任一台主电动机或任一条引出线都可以从母线获得电能。图中的电源在泵站变电所中是指主变压器；断路器的作用是切断负荷电流或故障电流；隔离开关的作用是隔离母线电源，以检修断路器。

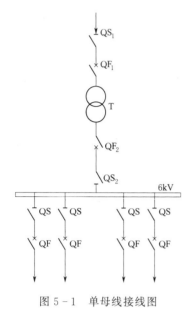

图 5-1　单母线接线图

单母线接线的优点是接线简单清晰，操作方便，所用电气设备少，配电装置的建造费用低，隔离开关仅在检修时作隔离电压之用，不做其他任何操作。

单母线接线的缺点是当母线或母线隔离开关故障或检修时，必须断开所有回路的电源，而造成整个泵站停电，所以工作的可靠性和灵活性较差。但大多数排灌泵站一年之内有排灌任务的时间不太长，在非排灌季节有充分的时间进行检修，一般在运行时停电检修的情况比较少。因此不分段单母线接线方式在电力排灌泵站中使用比较广泛。但对于供电可靠性要求较高的，相当于一、二类负荷的泵站，单母线接线难以满足要求。对此，可采用单母线分段的接线方式。

单母线分段是为了克服单母线不分段接线存在的工作不可靠、灵活性差等缺点。单母线分段是根据电源的数目和功率、电网的接线情况来决定分段的数目为 2～3 段。通常每段接一个或两个电源，引出线分别接在各段上，并使各段引出电能分配与电源功率相平衡，尽量减少各段之间的功率交换。单母线有用隔离开关分段，也有用断路器分段，如图 5-2 所示。由于分段的开关设备不同，其作用也有差别。

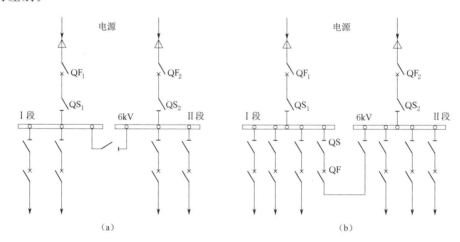

（a）　　　　　　　　　　　　　　　　（b）

图 5-2　单母线分段接线图
（a）用隔离开关分段；（b）用断路器分段

（一）用隔离开关分段的单母线接线

用隔离开关分段的单母线接线，母线检修可以分段进行，当母线故障段经过倒闸操作切除故障时，可保证其他段继续运行，可保证 50% 左右的容量不停电，故比单母线不分段接线的可靠性有所提高，适用于由双回路供电的、允许短时停电的相当于二级负荷供电的泵站或机组单机功率大、台数多的大型泵站。

这种接线可以作分段运行，也可作并列运行。

采用分段运行时，各段相当于单母线不分段状态，各段母线的电气系统互不影响，但也互相分裂，母线电压按非同期考虑。任一段母线故障或检修时，仅停止对该段所带的负荷供电。当任一段电源线路故障或检修时，若其余运行电源功率充足能负担全部出线的负荷，则可经过"倒闸操作"恢复对全部引出线的供电，否则，故障或检修电源所带的负荷应停止运行或部分停止运行。

采用并列运行时，若遇电源检修，无须母线停电，只需断开电源的断路器及其隔离开关，调整另外电源的负荷即可。但是当母线故障或检修时，将会引起正常母线段的短时停电。

在实际运行中，视具体情况而采用不同的运行方式。对单母线分段（开关联络回路），二、三级负荷可采用隔离开关分段，一级负荷或每段母线馈出回路在 5 回路以上时采用断路器分段。

（二）用断路器分段的单母相接线

分段断路器除具有分段隔离开关的作用外，该断路器还装有继电保护，除能切断负荷电流或故障电流外，还可自动分、合闸。母线检修时不会引起正常线段的停电，可直接操作分段断路器，拉开隔离开关进行检修，其余各段母线继续运行。在母线故障时，分段断路器的继电保护动作，自动切除故障段母线，所以用断路器分段的单母线接线，可靠性提高。

图 5-2 （b）系采用断路器分段的单母线接线的泵站。如母线采用分段运行方式，则分段断路器还应装设 ATS 装置（自动投入装置），当任一电源故障，其电源断路器自动断开，在 ATS 的作用下，分段断路器可以自动接通，保证全部或部分馈出线继续供电。

通常在运行时，母线分段断路器是断开的，这样可以减小短路电流（与两段母线并联运行时相比）。此外，引入线分别工作可使继电保护较简单，并保证在相邻分段之一的电路内发生短路时，维持本分段母线上的剩余电压。

二、桥式接线

对于具有二回电源进线、两台终端式降压变压器的相当于一、二级负荷的大型泵站，亦可采用桥式接线，它实质上连接两个 35～110kV 线路（变压器组的高压侧），其特点是有一条横连跨接的"桥"，桥式接线要比分段单母线接线简化，它减少了断路器的数量，四回电路只采用三台断路器，根据跨接横连位置不同，可分为内桥接线（图 5-3）和外桥接线（图 5-4）两种。

图 5-3 所示为内桥接线，跨接桥靠近变压器侧，桥开关 QF_3

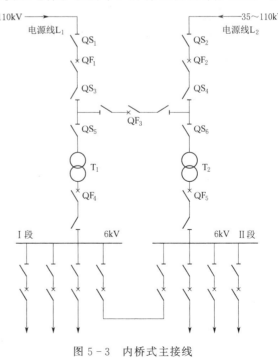

图 5-3　内桥式主接线

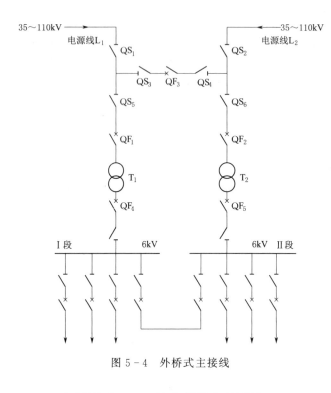

装在线路开关 QF₁ 和 QF₂ 之内，变压器回路仅装隔离开关，不装断路器。采用内桥接线可提高输电线路 L₁ 和 L₂ 运行的灵活性，例如当线路 L₁ 检修时，断路器 QF₁ 断开，此时变压器 T₁ 可由线路 L₂ 经过横连桥继续受电，而不致停电。同理，当检修线路开关 QF₁ 或 QF₂ 时，借助横连桥的作用，两台变压器仍能始终维持正常运行。

当变压器回路如 T₁ 发生故障或检修时，经断开 QF₁、QF₃ 及 QF₅，切断无故障电源线路 L₁。恢复供电则须经过"倒闸操作"，拉开 QS₅，再闭合 QF₁ 和 QF₅，从而恢复 L₁ 正常供电。根据这些特点，内桥接线适用于：

图 5-4　外桥式主接线

（1）向相当于一、二级负荷供电的泵站。

（2）35kV 及以上故障概率大的长线路和变压器不需要经常操作的负荷曲线较平稳的泵站。

（3）终端型的泵站及变电所。

图 5-4 所示为外桥接线，跨接桥靠近线路侧，桥开关装在变压器开关 QF₁ 和 QF₂ 之外，进线回路仅装隔离开关，不装断路器。故外桥接线对变压器回路的操作是方便的，而对电源进线回路操作是不方便的。当电源线路 L₂ 发生故障或检修时，须断开 QF₂ 及 QF₃，经过"倒闸操作"，拉开 QS₂，再闭合 QF₂ 和 QF₃，方能恢复正常供电。可见外桥接线适用于：

（1）向相当于一次、二级负荷供电的泵站。

（2）35kV 及以上供电线路较短的泵站。

（3）泵站负荷曲线变化大，主变压器需要经常操作的泵站。

（4）中间型的降压变电站，使之易于构成环形电网，它可使环网内的电源不通过受电断路器，这对减少受电断路器（QF₁ 和 QF₂）的事故及对变压器继电保护装置的稳定是有利的。

三、单元接线

电力装置中各元件串联连接，其间没有任何横的联系的接线，称为单元接线，用于只有一回电源线路的情况。在泵站供电系统只有一回电源和单台变压器时，通常采用线路-变压器组单元接线。显然它是指从电源点至泵站主变压器的接线系统。

大中型泵站一般是由一回 35～110kV 电源进线，经过一台降压变压器供电到泵站配电母线上，共有三种典型接线方式，如图 5-5 所示。

图 5-5 (a) 在变压器两侧均设有断路器，当变压器内部故障时，继电保护装置动作于 QF_1 跳闸；当变压器二次侧母线故障时，继电保护装置动作于 QF_2 跳闸。隔离开关 QS_1 和 QS_2 在检修变压器及断路器时打开，起隔离两边电源的作用。在操作顺序上，合闸时，首先闭合 QS_1 和 QS_2，然后闭合 QF_1 和 QF_2；打开时，先打开 QF_2 和 QF_1，然后打开 QS_1 和 QS_2。

图 5-5 (b) 与图 5-5 (a) 的区别在于，省去了电源侧断路器，这时，变压器内部故障必须依靠线路电源端继电保护装置来完成，而且隔离开关 QS_1 应能切断变压器的空载电流。这种简化接线的使用条件是：

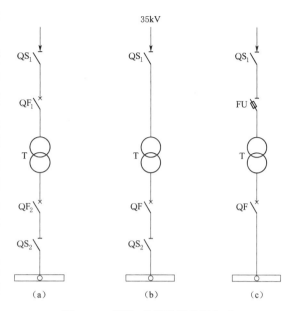

图 5-5 线路-变压器组接线方式

(1) 变压器由区域变电所专线供电。

(2) 供电线路较短，区域变电所出口处继电保护能可靠实现对变压器的保护。

(3) 变压器容量小，能满足用隔离开关切断变压器空载电流的要求。

图 5-5 (c) 通常用于由 35kV 供电的小型泵站变电所 (35/0.4kV)，具有接线简单、投资少等优点。变压器的过电流和内部故障保护由跌落式熔断器完成，低压母线的故障保护由变压器二次侧低压断路器完成。

上述单回路进线的线路-变压器组接线可用于对二、三级负荷的泵站供电。

四、泵站及变电所主接线示例

图 5-6 所示为某泵站及变电所的主接线，两台变压器 T_1 和 T_2 的容量均为 8000kV·A，互为备用，由来自电力网不同供电点的双回路电源供电，以保证一、二级负荷对供电可靠性的要求。35kV 侧为内桥接线，6kV 侧为分段单母线接线方式，正常运行时 6kV 断路器 QF_6 处于分断状态，以减小短路电流。

在主变压器的 35kV 侧和 6kV 侧装设电流互感器，供连接继电保护装置和电测量仪表的电流线圈用；在 35kV 侧还装有电压互感器 TV_1 和 TV_2，供连接继电保护装置和电测量仪表的电压线圈用。按供电部门要求，在高压侧计费。

为防止雷电波沿线路 L_1 和 L_2 侵入变电所而损坏主变压器，在进线处装设避雷器 F_1 和 F_2。为防止雷电波沿 6kV 线路侵入变电所而损坏主变压器，在 6kV 母线 W_1 和 W_2 上装有避雷器 F_3 和 F_4。为监测 6kV 线路的绝缘状况，以及供连接测量仪表的电压线圈用，在每段 6kV 母线上还分别装有电压互感器 TV_3 和 TV_4。

在 6kV 母线 W_1 和 W_2 上接有多台主电动机配出线。

泵站站用电源采用两台 400kV·A、6/0.4kV 站用变压器 T_3、T_4，分别接于 6kV 母

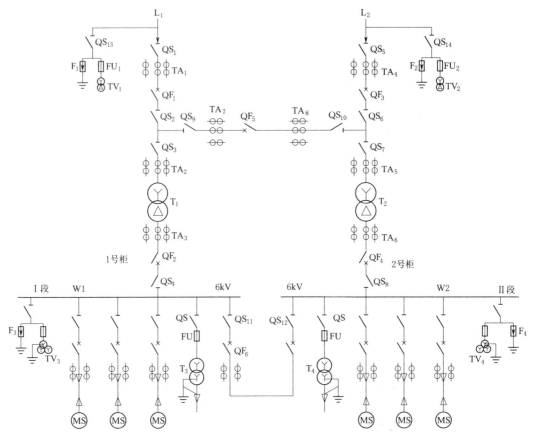

图 5-6　某泵站及变电所主接线示例

线 W_1 和 W_2 上，两台站用变压器互为备用，以供给全站的断路操作控制、信号装置，泵站辅助设备，以及照明等低压用电设备用电。

6kV 配电装置均采用 GG-1A（F）Ⅱ型高压开关柜，以节约投资。

在主接线图上尚应标明一次设备的型号规格，高压开关柜的一次线路方案号，电源进线引自何处，各回配出线路的用途等情况，以便人们对全站的供配电情况一目了然。

要说明的是，对于站用电源，如能从变电所外引入一个可靠的低压备用站用电源时，在有两台及以上主变压器的泵站及变电所中，也可只装设一台站用变压器，当站用变压器因故停电时，自动投入低压备用站用电源；当 35/6kV 泵站及总变电所只有一回电源进线和一台主变压器时，可以在电源进线断路器之前装设一台站用变压器，直接将 35kV 电压降为 220/380V，以提高站用电源的供电可靠性。

第三节　主机电压为 380V 的泵站主接线及站用电接线

单机功率较小的泵站，驱动水泵的电动机大多采用 380V。此外，大型泵站辅助设备所配用的电动机亦为 380V。通常有如下几种接线方式。

一、高压侧为线路-变压器组接线

这种接线方式比较简单、运行方便、投资省，适用于只有一台变压器的泵站。其缺点是当高压侧电气设备发生故障时，将造成全部停电，因此适用于三级负荷。当低压侧与其他变电所有联络线时，也可用来向一、二级负荷供电。这种接线高压侧开关电器类型的选择，主要决定于变压器的容量及变电所的结构型式，兹分别叙述如下。

（1）变压器容量在 630kV·A 及以下的露天变电所，高压侧可选户外高压跌落式熔断器，如图 5-7 所示。跌落式熔断器可以接通和断开 630kV·A 及以下的变压器的空载电流（变电所停电时，须先切除低压侧负荷）。在检修变压器时，拉开跌落式熔断器可起隔离开关的作用。在变压器内部发生短路时，又可以作为保护元件自动断开变压器。

变压器二次侧经自动空气开关和闸刀开关与低压母线相连接。如果变压器高压侧开关拉开时，低压侧若无其他电源，则不必装检修用的闸刀开关。

（2）变压器容量在 320kV·A 及以下的户内、外变电所，当变压器装于户内，且容量在 320kV·A 以下时，高压侧可选用隔离开关和户内式高压熔断器，如图 5-8 所示。隔离开关用在检修变压器时切断变压器与高压电源的联系，但隔离开关仅能切断 320kV·A 及以下的变压器的空载电流，故停电时要先切除变压器低压侧的负荷，然后才可拉开隔离开关。高压熔断器起短路和过载保护作用。

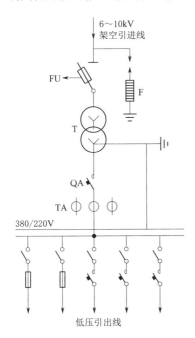

图 5-7　630kV·A 及以下露天
变电所的接线

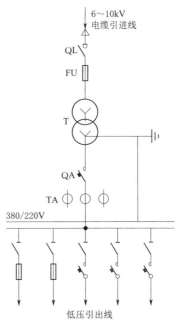

图 5-8　320kV·A 及以下
变电所的接线

为了加强变压器低压侧的保护，变压器低压侧出口总开关应采用自动空气开关。

（3）变压器容量为 560～1000kV·A 的变电所，变压器高压侧选用负荷开关和高压熔断器，如图 5-9 所示。负荷开关作为正常运行时操作变压器之用，熔断器作为短路时保护变压器之用。当熔断器不能满足继电保护配合条件，高压侧应选用高压断路器，如图 5-10 所示。

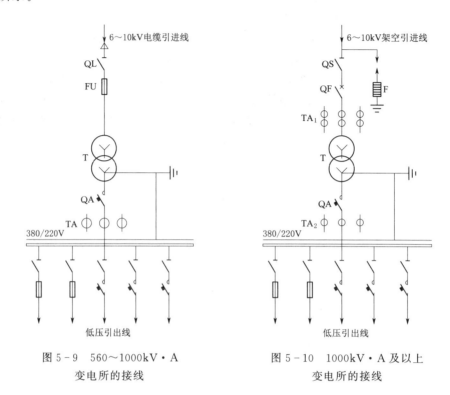

图 5-9 560～1000kV・A 变电所的接线

图 5-10 1000kV・A 及以上 变电所的接线

（4）变压器容量为 1000kV・A 以上时，变压器高压侧选用隔离开关和高压断路器，如图 5-10 所示。高压断路器作为正常运行时接通或断开变压器之用，并作为故障时切除变压器之用。隔离开关作为断路器、变压器检修时隔离电源之用，故要装设在断路器之前。

为了防止电气设备遭受大气过电压的袭击而损坏，上述几种接线中的 6～10kV 电源为架空线路引进时，在入口处需装设避雷器，并尽可能地采用不少于 30m 的电缆引入段。

二、低压电动机的供电接线

在设计小型泵站电气主接线和大型泵站站用电接线时，对于 380V 功率较大的电动机，一般采用单独供电方式，即每台电动机直接连接在 380V 的母线上，由低压配电柜中的一个回路向它供电。380V 低压电动机通常采用闸刀开关、自动空气开关、接触器（或磁力启动器）、熔断器等，作为控制和保护电器。在一般低压供电回路中应有切断短路电流的保护设备和正常接通的断开回路的操作设备。保护设备一般采用熔断器或自动空气开关。操作设备通常采用接触器、磁力启动器、闸刀开关和自动空气开关等。对于额定电流小于 6A 的不重要且不易过负荷的电动机，可采用闸刀开关或组合开关作为操作设备。对于需要降压启动的大功率电动机，在低压供电回路中还应装设降压启动设备。根据电动机的功率、启动和控制方式，低压电动机的供电回路通常有如下几种接线方案。

如图 5-11 所示为低压电动机为全电压启动的一次接线图。图 5-11（a）中自动空气开关 QF 作为保护电器，保护比较完善。也可作为 75kW 以上的电动机手动操作或电动操作电器。图 5-11（b）中的自动空气开关 QF 作为保护电器，交流接触器 KM 作为操作电器。这样，保护较为完善，操作也方便。

图 5-12 所示为采用补偿启动器降压启动的情况，是多台电动机共用一台补偿启动器的接线图，降压启动器的滑动触头引出的降压绕组连接到启动母线上，每台电动机增装一台交流接触器与启动母线连接。

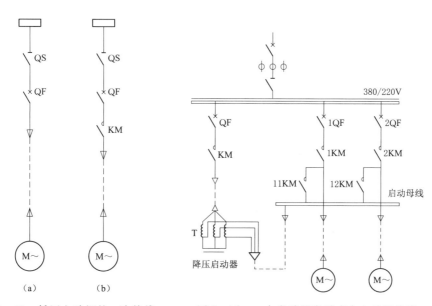

图 5-11　低压电动机的一次接线　　　图 5-12　一台启动器启动多台电动机接线

三、站用电接线

（1）单层辐射式。该型式自主屏（站用低压配电屏）呈辐射状直接供给站用负荷。此种接线一般用于供给距主屏较近的站用负荷，或者负荷容量较大而又较重要的站用负荷，这样在一回路内发生故障，断开所在回路的保护电器，不致引起其他回路的正常供电，如机组自用电、厂房吊车以及较大功率的供水泵、排水泵及真空泵等都采用此种接线。

（2）双层辐射式。此种接线是自主屏呈辐射状供给分屏，再由分屏呈辐射状供给负荷。这种供电方式适用于站用负荷距主屏较远而负荷又较集中的接线形式，这时可由主屏引出一回路接至分屏，再由分屏呈辐射状供电，以节省电缆及便于就地维护管理，如机修间、油处理室、检修闸门启闭室等站用电负荷。

（3）两端供电。此种方式用于较重要的一级、二级负荷。排灌站用电动机组台数多、功率大且需要采用两台站用变压器时，可采用这种接线形式。

（4）混合式供电。指以上几种供电方式的混合。

大中型排灌站中的站用电接线，应根据站用电负荷的重要程度、负荷分布特点及大小而确定其接线方式。

习　题

（1）熟悉主接线图中主要电气设备的图文符号。

（2）单母线接线的优缺点是什么？

（3）单母线接线的分段有哪些方式？如何选择？

（4）简述桥式接线的"倒闸操作"。

第六章　泵站及变电所继电保护

第一节　继电保护基础

一、继电保护的任务

泵站供配电系统在运行中，可能出现各种故障和不正常运行状态。

常见的主要故障是相间短路、接地短路，以及变压器、电动机一相绕组的匝间短路等。短路故障往往造成严重后果，使电气设备遭到短路电流的电动力作用和热作用而损坏，甚至使电力系统运行紊乱。

不正常运行状态主要是指过负荷、一相断线、小接地电流系统中的单相接地等不正常工作情况。长时间的过负荷，会引起电器过热、加速绝缘老化和设备损坏；一相断线易引起电动机过负荷；小接地电流系统中单相接地时，易形成电弧接地过电压，并使其他的两相对地电压升高到 $\sqrt{3}$ 倍，若不及时处理往往可能引起相间短路。

泵站供配电系统一旦发生短路故障，必须尽快地使故障元件脱离电源，以防故障蔓延，并应及时发现和消除对用户或电气设备有危害的不正常工作状态，以保证电气设备运行的可靠性。

实践证明，快速切除故障元件是防止电气设备损坏和事故扩大的最有效措施。切除故障元件的速度经常需要小到几秒以至几十分之一秒。当然在这样短的时间内，运行人员还没注意到故障的发生就已将故障元件切除。因此，在高压供电系统中，一般采用由继电器构成的保护装置。这种装置是由互感器和一个或多个继电器组成的自动装置，统称为继电保护装置。

继电保护装置的任务是：

（1）发生故障时，自动地、迅速地借助前方最近的断路器，将故障部分从供电系统中切除，以减轻故障危害，防止事故蔓延。

（2）在系统出现不正常工作状态时，发出报警信号，提醒运行值班人员及时处理，无人值班时可延时跳闸，以免发展为故障。

另外，继电保护装置还可以和供电系统的自动装置，如自动重合闸装置（automatic reclosing device，ARD）、备用电源自动投入装置（auto put – into device，APD）等配合，缩短故障停电时间，提高供电系统运行的可靠性。

继电保护是随着电力系统的发展而发展起来的，19 世纪后期，熔断器作为最早、最简单的保护装置已经开始使用。但随着电力系统的发展，电网结构日趋复杂，熔断器早已不能满足选择性和快速性的要求；到 20 世纪初，出现了作用于断路器的电磁型继电保护装置；20 世纪 50 年代，由于半导体晶体管的发展，开始出现了晶体管继电保护装置；80 年代后期，随着电子工业向集成电路技术的发展，集成电路继电保护装置已逐步取代晶体管继电保护装置。随着大规模集成电路技术的飞速发展，微处理机和微型计算机普遍使用，微机保护在硬件结构和软件技术方面已经成熟，现已得到广泛应用。

微机保护具有强大的计算、分析和逻辑判断能力，有存储记忆功能，因而可以实现任何性能完善且复杂的保护原理，目前的发展趋势是进一步实现其智能化。

二、继电保护的组成及工作原理

供配电系统发生故障时，会引起电流的增加和电压的降低，以及电流、电压间相位角的变化。因此，利用故障时参数与正常运行时的差别，就可以构成不同原理和类型的继电保护。

例如，利用短路时电流增大的特征，可构成过电流保护；利用电压降低的特征，可构成低电压保护；利用电流和电压之间相位关系的变化，可构成方向保护；利用比较被保护设备各端电流大小和相位的差别可构成差动保护等。此外，也可根据电气设备的特点实现反映非电量的保护，如反映变压器油箱内故障的瓦斯保护，反映电动机绕组温度升高的负荷保护等。

继电保护的种类虽然很多，但是就一般情况而言，它是由测量部分、逻辑部分、执行

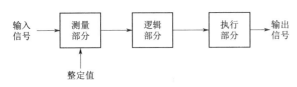

图 6-1　继电保护装置的原理框图

部分组成的，其原理结构如图 6-1 所示。测量部分从被保护对象输入有关信号，再与给定的整定值相比较，决定是否动作。根据测量部分各输出量的大小、性质、出现的顺序或它们的组合，使保护装置按一定的逻辑关系工作，最后确定保护应有动作行为，由执行部分立即或延时发出警报信号或跳闸信号。

三、对继电保护的基本要求

作用于跳闸的继电保护，在技术上有四项基本要求，即选择性、快速性、灵敏性和可靠性。

1. 选择性

选择性是指当系统发生故障时，保护装置仅将故障元件切除，使停电范围尽量缩小，从而保证非故障部分继续运行。

如图 6-2 所示的电路，各断路器都装有保护装置。当 K_1 点短路时，保护应首先跳开断路器 QF_1 和 QF_2，其余部分继续供电；当 K_3 点短路时，$QF_1 \sim QF_6$ 均有短路电流，保护应首先跳开 QF_6，除变电站 D 停电外，其余继续供电。

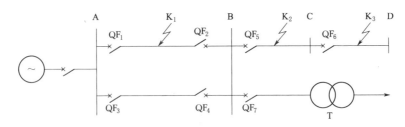

图 6-2　单侧电源网络继电保护动作的选择性

当 K_3 点短路时，若断路器 QF_6 因本身失灵或保护拒动而不能跳开，此时断路器 QF_5 的保护应使 QF_5 跳闸，这显然符合选择性的要求，这种作用称为远后备保护。

2. 快速性

快速切除故障可以减轻故障的危害程度，加速系统电压的恢复，为电动机自启动创造条件等。

故障切除时间等于继电保护动作时间与断路器跳闸时间（包括熄弧时间）之和。

对于反映不正常运行状态的保护，一般不要求迅速，而应按照选择性条件，带延时发出信号。

3. 灵敏性

灵敏性是指保护装置对保护范围内故障的反应能力，通常用灵敏系数 K_s 来衡量。

在进行继电保护整定计算时，常用到最大运行方式和最小运行方式。所谓最大运行方式和最小运行方式，是指在同一点发生同一类型短路，流过某一保护装置的电流达到最大值和最小值的运行方式。

反映故障参数增加的保护装置，其灵敏系数为

$$K_s = \frac{I_{k,\min}}{I_{op}} \tag{6-1}$$

式中　$I_{k,\min}$——保护区末端金属性短路时故障电流的最小计算值；

　　　I_{op}——保护装置的动作电流。

反映故障参数降低的保护装置，其灵敏系数为

$$K_s = \frac{U_{op}}{U_{k,\max}} \tag{6-2}$$

式中　U_{op}——保护装置的动作电压；

　　　$U_{k,\max}$——保护区末端金属性短路时故障电压的最大计算值。

各种保护装置灵敏系数的最小值，在《继电保护和安全自动装置技术规程》（GB/T 14285—2023）中都有具体规定。

4. 可靠性

可靠性是指在该保护装置规程的保护范围内发生了它应该动作的故障时，应正确动作，不应拒动；而在任何其他故障该保护不应该动作的情况下，则不应误动。保护装置动作的可靠性是非常重要的，任何拒动或误动都将使事故扩大，造成严重后果。

以上四项是对继电保护的基本要求，是选择设计继电保护的依据，四个基本要求是互相联系而又互相矛盾的，故在选用、设计保护装置时，应从全局出发，统一考虑。

四、继电保护的保护方式

按保护所起的作用，继电保护的保护方式可分主保护、后备保护、辅助保护和备用保护。

1. 主保护

主保护是指在被保护元件整个保护范围内发生故障时，能够在几毫秒到几十毫秒内启动，迅速切断故障电路或隔离故障设备，并保证系统中其他非故障部分继续运行的保护，防止故障扩大或蔓延。它满足系统稳定和设备安全的要求，能够快速、有选择地切除被保

护设备和故障线路。主保护的启动条件严格，只有在满足特定条件时才会动作，确保系统的稳定性和设备的安全性。

在电气工程中，主保护广泛应用于各种电气设备中，如变压器、发电机等。例如，变压器的差动保护通过比较变压器两侧的电流来判断是否发生故障，瓦斯保护通过检测变压器内部故障时产生的气体来触发保护动作。这些主保护措施能够确保电气设备在发生故障时迅速切断电路，防止设备损坏和事故扩大。主保护指的是优先进行动作的保护，一旦检测到故障信号，则立即动作，保护被保护设备不受过电流、过电压等故障影响。主保护一般采用快速可靠的电流互感器和电压互感器等设备，用于提高电力系统对重要设备的保护水平。

2. 后备保护

后备保护是主保护的备用保护，当主保护失效或不能实现完全保护时，后备保护就会发挥作用，保证被保护设备的安全稳定运行。后备保护通常采用慢速、精度较低的电流互感器和电压互感器等设备，其作用就是保证保护系统的可靠性和完备性。

后备保护又分为远后备保护和近后备保护两种。远后备保护是当主保护或断路器拒动时，由相邻电力设备或线路的保护来实现的后备保护。近后备保护是当主保护拒动时，由本设备或线路的另一套保护来实现后备的保护；当断路器拒动时，由断路器失灵保护来实现近后备保护。

后备保护在电力系统中起着至关重要的作用。它确保了当主保护或断路器因故障拒动时，能够及时切除故障，防止事故扩大，保障电力系统的安全稳定运行。

3. 辅助保护

辅助保护是指在主保护和后备保护的基础上，增加的一些针对特定故障的保护。辅助保护通常是通过监控电路的状态或检测电路参数变化来触发的。辅助保护是为了弥补主保护和后备保护的缺陷（如死区）而增设的简单保护，这种保护通常不是必需的，但是可以提高保护系统的全面性和可靠性。例如，差动保护可以通过增加零序电流保护来提高其对接地故障的保护能力。

4. 备用保护

备用保护是指当主保护、后备保护和辅助保护都无法实现故障保护时，备用保护将起到最后防线的作用。备用保护通常采用机械式开关、失压保护或定时器等简单设备来实现，其作用就是保证系统在主、备保护失效时仍能稳定运行。比如，备用电源就是一种常见的备用保护。

五、常用继电器

继电器可分为反应电量和非电量两类。属于反应电量的有保护变压器的瓦斯继电器（气体继电器）和温度继电器等。

继电器按其应用分，有控制继电器和保护继电器两大类。水泵机组控制电路应用的继电器属于控制继电器；供电系统应用的继电器属于保护继电器。根据反应电量的性质分，继电器可分为电流、电压、功率、频率等继电器。按工作原理分，继电器可分为电磁式、感应式、热力式以及晶体管继电器等。按所反应参量变化情况，继电器可分为反应过量的（如过电流、过电压继电器）和反应欠量的（如低电压继电器）。

继电器还可以按接入被保护回路方法分为一次式和二次式；也可以按作用于断路器的方法而分为直接作用和间接作用的继电器。

（一）电磁继电器

电磁继电器是利用电磁铁控制工作电路通断的开关。电磁继电器主要有三种不同的结构形式：螺管线圈式、吸引衔铁式和转动舌片式，如图 6-3 所示。不论哪种结构形式的继电器，都由电磁铁、可动衔铁、线圈、接点、反作用弹簧和止挡组成。

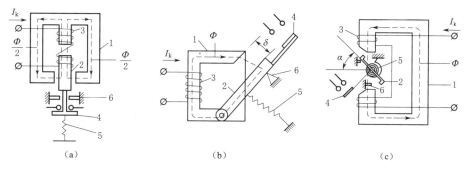

图 6-3　电磁继电器的原理
（a）螺管线圈式；（b）吸引衔铁式；（c）转动舌片式
1—电磁铁；2—可动衔铁；3—线圈；4—接点；5—反作用弹簧；6—止挡

电磁继电器由于结构简单、工作可靠，被制成各种用途的继电器，如电流、电压、中间、信号和时间继电器等。

1. 电磁电流继电器

现以泵站供配电系统继电保护中常用的转动舌片式为例，说明电磁电流继电器的工作原理和主要特性。

当在继电器的线圈 3 中通入电流 I 时，在磁路内产生磁通 Φ，它经由铁芯、空气隙和衔铁构成闭合回路。衔铁被磁化后，产生电磁力 F 或电磁力矩 M。当其足以克服弹簧的反作用力矩 M_s 时，衔铁被吸向电磁铁，常开接点闭合，称为继电器动作，这就是电磁继电器的基本工作原理。

根据电磁理论，作用在衔铁上的电磁力矩 M 与磁通 Φ 的平方成正比，即

$$M = K_1 \Phi^2 \tag{6-3}$$

当气隙足够大时，磁阻 R_m 呈线性，由磁路欧姆定律可知：

$$\Phi = IW / R_m \tag{6-4}$$

则

$$M = K_1 \frac{W^2}{R_m^2} I^2 \tag{6-5}$$

式中　K_1——比例系数；

W——继电器线圈匝数。

式（6-5）说明，电磁力矩 M 与电流平方成正比，故与通入线圈中电流方向无关，为一恒定旋转方向力矩。所以，采用电磁原理不仅可构成直流继电器，也可构成交流继电器。

继电器动作的条件是电磁力矩 M 大于弹簧反作用力矩 M_s 和可动系统摩擦力矩 M_f 之和，即

$$M \geqslant M_s + M_f \tag{6-6}$$

或

$$K_1 \frac{W^2}{R_m^2} I^2 \geqslant M_s + M_f \tag{6-7}$$

当电流 I 达到一定值后，上式即成立，继电器动作。能使继电器动作的最小电流称为动作电流，用 I_{op} 表示。由临界动作条件得动作电流，即

$$I_{op} = \frac{R_m}{W} \sqrt{\frac{M_s + M_f}{K_1}} \tag{6-8}$$

从上式可以看出，电磁继电器的动作电流可用下列方法进行调节：①改变继电器的线圈匝数 W；②改变弹簧反作用力矩 M_s；③改变磁阻 R_m，即调节空气隙 δ 的大小。

继电器动作后，当电流减小时，在弹簧力矩的作用下衔铁返回，这时摩擦力矩起阻碍衔铁返回的作用，电磁力成为制动力。因此继电器的返回条件是

$$M_s \geqslant M + M_f \tag{6-9}$$

能使继电器返回的最大电流值称为返回电流，用 I_{re} 表示。

通常把返回电流 I_{re} 与动作电流 I_{op} 的比值称为继电器的返回系数 K_{re}，即

$$K_{re} = \frac{I_{re}}{I_{op}} \tag{6-10}$$

返回系数是继电器的一项重要质量指标。对于反应参数增加的继电器，如过电流继电器，K_{re} 总小于 1，此时灵敏系数越高，反应轻微故障的能力越强。而反应参数减小的继电器，如低电压继电器，其返回系数 K_{re} 总大于 1，此时灵敏系数越小，反应轻微故障的能力越强。因此，返回系数越接近 1 越好。

一般，过电流继电器的返回系数 K_{re} 应不低于 0.85，低电压继电器的返回系数 K_{re} 应不大于 1.25。为使返回系数 K_{re} 接近 1，应尽量减少继电器运行系统的摩擦力，并尽量使电磁力矩与反作用力矩配合适当。

国产的 DL-10 系列电磁电流继电器有 DL-11、DL-12、DL-13 型号，此外还有 DL-20C 和 DL-30 系列，结构都是转动舌片式，后者改进了铁芯和接点系统，体积较小。

常用的 DL-10 系列电磁电流继电器的内部结构如图 6-4 所示。当继电器线圈 1 通过电流时，电磁铁 2 中产生磁通，力图使 Z 形钢舌片 3 向凸出磁极偏转。与此同时，轴 10 上的反作用弹簧 9 又力图阻止钢舌片偏转。当继电器线圈中的电流增大到使钢舌片所受的转矩大于弹簧的反作用

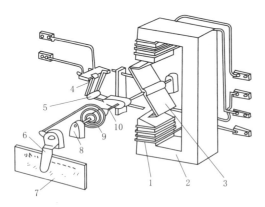

图 6-4　DL-10 系列电磁电流继电器的内部结构
1—线圈；2—电磁铁；3—钢舌片；4—静触点；5—动触点；
6—启动电流调节转杆；7—标度盘（铭牌）；8—轴承；
9—反作用弹簧；10—轴

力矩时，钢舌片被吸引靠近磁极，使常开触点闭合，常闭触点断开，这个过程称为继电器动作。过电流继电器线圈中使继电器动作的最小电流，称为继电器的动作电流。过电流继电器动作后，减小其线圈电流到一定值时，钢舌片在弹簧作用下返回起始位置。使过电流继电器由动作状态返回到起始位置的最大电流，称为继电器的返回电流。

2. 电磁电压继电器

结构与电磁电流继电器相似，不同之处是线圈所用导线细且匝数多，阻抗大，以适应接入电压回路的需要。

电压继电器分为过电压和低电压两种。过电压继电器是反应电压升高而动作的继电器，因而它与过电流继电器的动作、返回概念相同。而低电压继电器是反应电压降低而动作的继电器，它与过电流继电器的动作与返回概念相反。能使低电压继电器动作，即使其常闭接点闭合的最大电压，称为动作电压。能使低电压继电器返回，即使其常闭接点断开时的最小电压，称为返回电压。故低电压继电器的返回系数总大于1。

国产电磁电压继电器，有 DJ-100 系列的，其中 DJ-111、DJ-121、DJ-131 型为过电压继电器，DJ-112、DJ-122 和 DJ-123 型为低电压继电器。此外，还有 DY-20C 系列和 DY-30 系列电压继电器。

3. 中间继电器

在继电保护和自动装置中，主保护继电器的接点容量不够或接点数量不足时，采用中间继电器作为中间转换继电器。其特点是接点数量多、容量大。磁路结构大多采用吸引衔铁式。中间继电器的种类很多，有单线圈式和多线圈式，电压式和电流式。多线圈分为工作线圈和保持线圈，有的还带延时特性。通常带有不同数量的常开和常闭接点以供选择。

4. 信号继电器

在继电保护和自动装置中，用信号继电器作为动作指示，以便判别故障性质及时处理。它本身具有掉牌显示，并带有接点用以接通灯光或音响信号回路，掉牌动作后用人工手动复归。信号继电器分为电流型和电压型。

国产电磁信号继电器有 DX-11、DX-20、DX-30 以及 DXM-2A、DXM-3A 等型号，它们均为电压或电流启动，电压保持或释放，具有灯光信号。DX-31 型信号继电器具有掉牌信号，并机械闭锁。

5. 时间继电器

时间继电器的作用是建立保护装置动作时限。它由螺管线圈式电磁构件和钟表机构组成。当螺管线圈通入电流时，衔铁在电磁力的作用下，立即克服塔形弹簧反作用力而被吸入线圈。衔铁被吸入的同时，上紧钟表机构的发条，钟表机构开始带动可动接点，经整定延时闭合其接点，完成计时。

国产电磁时间继电器有 DS-100、DS-120 系列产品，前者为直流，后者为交流。此外，还有 DS-20A、DS-30（直流）和 BSJ-1 型（交流）以及 MS-12、MS-21 型（多电路）等时间继电器。

（二）感应继电器

感应电流继电器兼有上述电磁电流继电器、时间继电器、信号继电器和中间继电器的功能，即它在继电保护装置中既能作为启动元件，又能延时给出信号和直接接通跳闸回路,实现过电流保护兼电流速断保护,从而可简化继电保护装置。而且采用感应电流继电器组成的保护装置采用交流操作,可进一步简化二次系统,减少投资,因此在泵站及变电所中应用非常普遍。

常用的 GL-10、GL-20 系列感应电流继电器的内部结构如图 6-5 所示。这种电流继电器由两组元件构成,一组为感应元件,另一组为电磁元件。感应元件主要包括线圈 1、带短路环 3 的电磁铁 2 及装在可偏转铝框架 6 上的转动铝盘 4。电磁元件主要包括线圈 1、电磁铁 2 和衔铁 15。线圈 1 和电磁铁 2 是两组元件共用的。

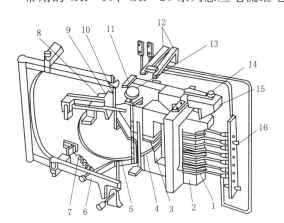

图 6-5　GL-10、GL-20 系列感应电流
继电器的内部结构

1—电流线圈;2—电磁铁;3—短路环;4—铝盘;5—钢片;
6—铝框架;7—调节弹簧;8—制动永久磁铁;9—扇形齿轮;
10—蜗杆;11—扁杆;12—继电器触点;13—限时调节螺杆;
14—速度电流调节螺钉;15—衔铁;16—动作电流调节插销

当继电器线圈电流增大到继电器的动作电流值 I_{op} 时,铝盘受到的力也增大到可克服弹簧的阻力,使铝盘带动框架前偏,使蜗杆 10 与扇形齿轮 9 啮合,这称为继电器动作。铝盘继续转动,使扇形齿轮沿着蜗杆上升,最后使触点 12 切换,同时使信号牌掉下,从观察窗口可看到红色或白色的信号指示,表示继电器已经动作。

使感应元件动作的最小电流,称为其动作电流 I_{op}。继电器线圈中的电流越大,铝盘转动得越快,使扇形齿轮沿蜗杆上升的速度也越快,因此动作时间也越短,这说明继电器的动作时限不是固定不变的,而是与通入继电器线圈中的电流大小成正比,故称为反时限特性,其特性曲线见图 6-6 所示。当电流 I 超过一定值后,铁芯便饱和,转矩 M 不再随 I 增大,所以动作时限不再随电流变化,构成继电器的定时限特性。

铝盘转动时,切割制动永久磁铁 8 的磁场,因此在铝盘中感生涡流。涡流与制动永久磁铁的相互作用便产生了制动力矩,其大小与铝盘转速成正比。

制动力矩可使铝盘的转速均匀。转动限时调节螺杆 13,即可改变扇形轮的起始位置,从而达到调节动作时限的目的。

图 6-6 所示为继电器动作时限曲线。1 对应于定时限部分动作时限为 2s,速断电流倍数为 8 的动作时限特性曲线;2 对应于定时限部分动作时限为 4s,速断动作电流倍数大于 10(瞬动电流整定旋钮扭到最大位置)的特性曲线。继电器上所标志的时间是 10 倍动作电流的动作时间。

继电器动作电流的整定用改变线圈抽头的

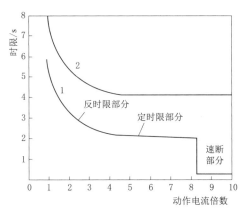

图 6-6　GL-10 型继电器反时限特性

方法实现。调整瞬动衔铁气隙大小,可改变瞬动电流倍数,调整范围为 2～8 倍。

GL-10 系列继电器接点容量较大,能实现直接跳闸。

(三)整流继电器

具有反时限特性的 LL-10 系列整流继电器的保护性能与 GL-10 系列感应继电器基本相同,可以取代后者使用。图 6-7 是 LL-10 系列整流电流继电器原理框图。

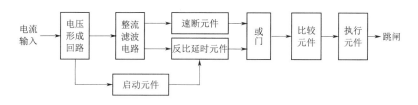

图 6-7 整流电流继电器原理框图

图中的电压形成回路、整流滤波电路是测量元件,逻辑元件分为反时限部分(由启动元件和反比延时元件组成)和速断部分,它们共用一个执行元件(又称出口元件)。其中的电压形成回路作用有二:一是进行信号转换,把从一次回路(仪用互感器)传来的交流信号进行变换和综合,变为测量所需要的电压信号;二是起隔离作用,用它将交流强电系统与半导体电路系统隔离开来。LL-10 系列电流继电器的电压形成回路是电抗变换器,它的结构特点是磁路带有气隙,因此不易饱和,使二次线圈的输出电压与一次线圈输入被测电流呈正比关系。

(四)晶体管继电器

晶体管继电器与机电型(即电磁型、感应型的总称)相比,具有灵敏度高、动作速度快、可靠性高、功耗少、体积小、耐震动及易构成复杂的继电保护等特点。

晶体管继电器与整流继电器在保护的测量原理上有许多共同之处。图 6-8 为反时限电流继电器的构成原理框图。一般它由电压形成回路、比较电路(反时限和速断两部分)、延时电路和执行元件等构成。

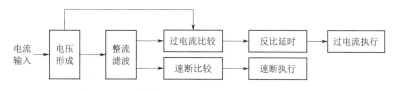

图 6-8 晶体管反时限过电流继电器原理框图

微电子学的飞速发展,大规模集成电路的生产,使分立元件的晶体管保护逐渐为集成电路保护所取代,是目前最新的模拟式保护装置。

(五)微机保护

微型计算机和微处理器的出现,为继电器保护数字化开辟了美好的前景,微机保护得到了迅速发展和广泛应用。微机保护的硬件系统框图如图 6-9 所示。其中 S/H 表示采样/保持,A/D 表示模/数转换。

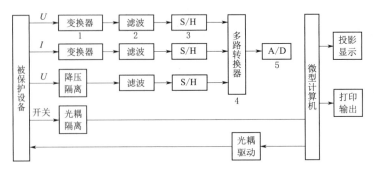

图 6-9　微机保护硬件系统框图

六、二次回路图

(一) 二次回路的基本概念

泵站及变电所的电气设备，通常可以分为一次设备和二次设备两大类。所谓二次设备，是计量和测量表计、控制及信号、继电保护装置、自动装置、远动装置等，这些设备构成了泵站及变电所的二次系统。表示二次设备互相连接关系的电路，称为二次回路或二次接线。在泵站及变电所中，虽然一次接线是主体，但是必须运用二次接线来实现安全、可靠、优质、经济的运行，因此，一次回路和二次回路是相辅相成的。

按二次回路电源的性质，分为交流回路和直流回路。交流回路是由电流互感器、电压互感器等构成的全部回路；直流回路是由直接电源（硅整流、蓄电池组、电容储能放电等）的正极到负极的全部回路。按二次回路的用途，可以分为操作电源回路、测量回路、测量仪表（及计量表计）回路、断路器控制和信号回路、中央信号回路、继电保护和自动装置回路等。

(二) 二次回路的图形符号和文字符号

二次接线图中，为了说明各二次元件之间的连接状况，每个元件须用具有一定特征的图形和文字符号表示，以免发生混淆。表 6-1 列出了二次接线图中部分元件的图形符号，表 6-2 列出了二次接线图中常用元件及保护装置的文字符号。

表 6-1　　　　　　　　　　　二次接线图中部分元件的图形符号

序号	图形符号	名　称	序号	图形符号	名　称
1		操作器件一般元件	4		时间继电器
2		反时限过电流继电器	5		动合触点继电器
3		气体（瓦斯）继电器	6	I >	过电流继电器

序号	图形符号	名　称	序号	图形符号	名　称
7	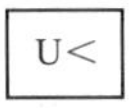 U<	低电压继电器	13	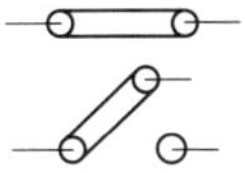	连接片
8	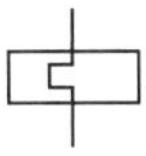	热继电器驱动元件	14	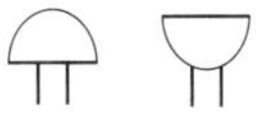	电铃、蜂鸣器
9		电流互感器	15		延时闭合动断触点
10		电压互感器	16		延时断开动断触点
11	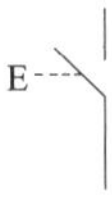 E	动合按钮	17		延时闭合动合触点
12	 E	动断按钮	18		延时断开动合触点

表 6-2　　　　二次接线图中常用元件及保护装置的文字符号

序号	元件名称	文字符号	序号	元件名称	文字符号
1	电流继电器	KA	18	绿灯	HG
2	电压继电器	KV	19	光字牌	HP
3	时间继电器	KT	20	蜂鸣器、电铃	HA
4	中间继电器、接触器	KM	21	按钮开关	SB
5	信号继电器	KS	22	电阻	R
6	热继电器	KR	23	连接片	XB
7	气体继电器（瓦斯）	KG	24	端子板（切换片）	XT
8	差动继电器	KD	25	熔断器	FU
9	信号脉冲继电器	KSP	26	断路器	QF
10	极化继电器	KP	27	隔离开关	QS
11	自动重合闸装置	AR	28	刀开关	QK
12	合闸线圈	YC	29	电流互感器	TA
13	合闸接触器	KMC	30	电压互感器	TV
14	跳闸线圈	YR	31	直流控制回路电源小母线	+WC、−WC
15	控制、选择开关	SA	32	直流信号回路电源小母线	+WS、−WS
16	一般信号灯	HL	33	直流合闸电源小母线	+WO、−WO
17	红灯	HR	34	预告信号小母线	WW

续表

序号	元件名称	文字符号	序号	元件名称	文字符号
35	事故音响信号小母线	WFA	40	电度表	PJ
36	电压小母线	WV	41	电容	C
37	闪光母线	WF	42	逆变器、整流器	U
38	电流表	PA	43	二极管、三级管	V
39	电压表	PV			

（三）二次回路归总式原理图

二次回路接线图按用途通常可分为归总式原理图、展开接线图和安装图。

归总式原理图是用来表示继电保护、测量表计、控制信号和自动装置等工作原理的一种二次接线图。采用的是集中表示方法，即在原理图中，各元件是用整体的形式，与一次接线有关部分画在一起，然后分别与电压回路和电流回路相联系，这样可以对整个装置形成一个明确的完整概念，所以原理接线图对了解整套装置的动作过程十分方便。

但当元件较多时，接线有时要相互交叉，显得零乱，不容易表示清楚，而且元件端子及连接线又无标号，实际使用时常感不便，因此仅在解释动作原理时，才使用这种图形。

图 6-10 是 6～10kV 线路两相式过电流保护的原理接线图，图中属于一次设备的有母线、隔离开关 QS、断路器 QF、电流互感器 TA 和线路等。

组成过电流保护的二次设备有：电流继电器 KA₁、KA₂；时间继电器 KT；信号继电器 KS；断路器的辅助点及跳闸线圈 YR 等。

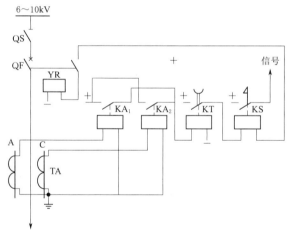

图 6-10　6～10kV 线路过电流保护原理接线图

电流继电器经电流互感器线圈分别串接于对应的电流互感器二次侧，两个电流继电器的动合触点并联后接于时间继电器线圈电路内，时间继电器触点与信号继电器线圈相串联，通过断路器辅助触点接于断路器跳闸线圈回路中。

正常运行情况下，电流继电器线圈内通过电流低于其动作值，其触点是断开的，因此，时间继电器线圈与电源构不成回路，保护处于不动作状态。线路有故障情况下，如在线路某处发生短路故障时，线路上流过短路电流，并通过电流互感器反映到二次侧，使所接的电流继电器线圈中通过与之成一定比例的电流，当达到其动作值时，电流继电器 KA₁ 或 KA₂ 瞬时动作，闭合其动合触点，将由直流操作电源正母线来的正极加在时间继电器 KT 的线圈上，其线圈的另一端接在由操作电源的负母线引来的负极上，时间继电器 KT 启动，经过一定时限后其触点闭合，电源正极通过其触点和信号继电器 KS 的线圈、断路器的辅助触点和跳闸线圈 LT 接至电源负极。信号继电器 KS 的线圈和跳闸线圈 YR

中通有电流，使断路器 QF 跳闸，短路故障被切除，继电器 KS 动作发出信号。此时电流继电器线圈中的电流突变为零，保护装置返回。信号继电器动作后，一方面接通中央事故信号装置，发出事故音响信号；另一方面信号继电器"掉牌"，并在控制屏上显示"掉牌未复归"的光字牌。

由此可见，归总式原理图能较完整地说明保护装置或自动装置的总体工作概况，能够清楚地表明二次设备中各元件形式、数量、电气联系和动作原理。但对于一些细微部分不能表示清楚，对直流操作电源也仅标明了极性，当线路支路多、二次回路比较复杂时，回路中的缺陷不易发现和寻找，因此，仅有归总式原理图，还不能对二次回路进行维修和安装布线，而必须与展开式接线图及安装接线图配合使用。

七、电流保护的接线方式

电流保护的接线方式，是指保护中电流继电器与电流互感器二次线圈之间的连接方式。

常用的接线方式有三种：完全星形接线，如图 6-11（a）所示；不完全星形接线，如图 6-11（b）所示；两相电流差接线，如图 6-11（c）所示。

（一）接线系数

对于完全星形接线方式［图 6-11（a）］和不完全星形接线方式［图 6-11（b）］，通过继电器的电流是互感器的二次侧电流。对于图 6-11（c）所示两相电流差接线方式，通过继电器的电流是两相电流之差，即 $\dot{I}_r = \dot{I}_a - \dot{I}_c$。

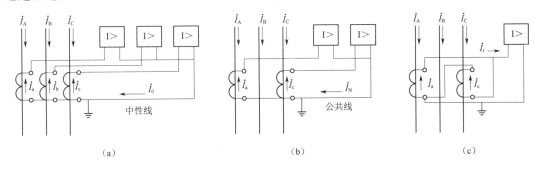

图 6-11 电流保护的接线方式
（a）完全星形接线；（b）不完全星形接线；（c）两相电流差接线

图 6-12 表示在不同类型的短路情况下两相电流差接线的电流相量图，在三相短路时 $I_r = \sqrt{3}I_a = \sqrt{3}I_c$；在 A、C 两相短路时，$I_r = 2I_a = 2I_c$；在 A、B 两相或 B、C 两相短路时，$I_r = I_a$ 或 $I_r = I_c$。

由此看出，接线方式不同，通过继电器的电流与互感器的二次电流是不相同的。在保护装置的整定计算中，引入一个接线系数 K_{wc}，即

$$K_{wc} = \frac{I_r}{I_2} \tag{6-11}$$

式中 I_r——通过继电器的电流；

I_2——电流互感器的二次电流。

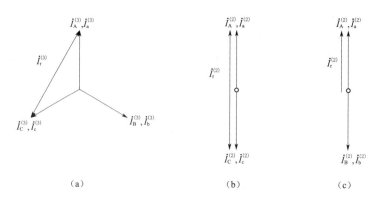

图 6-12　两相电流差接线电流相量图

(a) 三相短路；(b) A、C 两相短路；(c) A、B 两相短路

对于星形接线，$K_{wc}=1$；对于两相电流差接线，在不同短路形式下，K_{wc} 是不同的，对称短路时 $K_{wc}=\sqrt{3}$，两相短路时为 2 或 1，单相短路为 1 或 0。

（二）保护性能评价

完全星形接线方式能保护任何相间短路和单相接地短路，不完全星形和两相电流差接线方式能保护各种相间短路，但在没有装设电流互感器的一相（如 B 相）发生单相接地短路时，保护装置不会动作，不过对于小接地电流电网（中性点不直接接地系统），单相接地故障通常采用专门的零序保护。三种接线方式都能反映任何相间短路，下面分析在几种特殊故障下的保护性能。

1. 两点接地短路情况

在小接地电流电网中，单相接地时允许继续短时运行，可以为运行人员提供时间来检测和定位故障，采用相应的措施进行排除，减少故障的影响范围。故不同的两点接地时，只需切除一个接地点，以减小停电范围。如图 6-13 所示的供电网络中，假设在线路 L_1 的 B 相和线路 L_2 的 C 相发生两相接地短路，并设线路 L_1、L_2 上的保护具有相同的动作时限。如果用完全星形接线方式，则线路 L_1 和 L_2 将被同时切除；如果采用两相两继电器不完全星形接线方式，并且两条线路的保护都装在同名相上，例如 A、C 相，则线路 L_2 将被切除，线路 L_1 可继续运行。

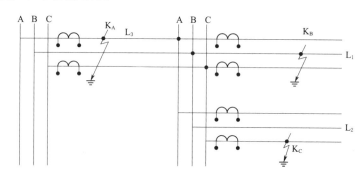

图 6-13　两点接地短路

对于各种两点接地故障，两相两继电器方式可以有 2/3 的机会只切除一条故障线路，仅有 1/3 机会是切除两条故障线路。从保护两点接地故障来看，不完全星形接线方式是可行的，而且采用的电流互感器和继电器也较少，节约投资。

如果两相继电器接线方式中，电流保护不是按同名相装设，则在发生两点接地故障时，有 1/2 机会要同时切除两条故障线路，有 1/6 机会保护装置不动作，只有 1/3 机会切除一条故障线路。因此，用不完全星形接线方式时，必须注意将保护装置安放在同名的两相上。

当在辐射式供电线路上发生纵向两点接地短路，如图 6-13 中 L_1 的 B 相和 L_3 的 A 相，这时由于没有短路电流流过线路 L_1 的保护装置，所以线路 L_1 不能切除，而由 L_3 切除，造成无选择性动作。如果此时采用完全星形接线方式，由于上下两级可用延时来保证选择性，则无此缺点。

2. Y，d 变压器后两相短路的情况

在 Y，d11 接线的变压器 d 侧发生 a、b 两相短路时，Y 侧短路电流的分布情况如图 6-14 所示。

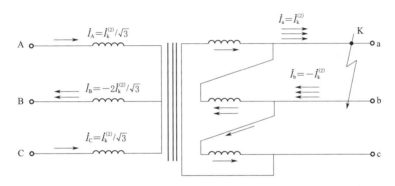

图 6-14　Y，d 变压器后两相短路电流分布

为简化分析，假设变压器一次、二次电压之比为 $K_T=1$。则一次、二次电流的变换关系为

$$\dot{I}_A=\frac{1}{\sqrt{3}}(\dot{I}_a-\dot{I}_c),\dot{I}_B=\frac{1}{\sqrt{3}}(\dot{I}_b-\dot{I}_a),\dot{I}_C=\frac{1}{\sqrt{3}}(\dot{I}_c-\dot{I}_b)\qquad(6-12)$$

当变压器 d 侧 a、b 两相短路时，各线电流为

$$\dot{I}_a=-\dot{I}_b=\dot{I}_k^{(2)},\dot{I}_c=0\qquad(6-13)$$

反映到 Y 侧的短路电流为

$$\dot{I}_A=\frac{1}{\sqrt{3}}\dot{I}_k^{(2)},\dot{I}_B=-\frac{2}{\sqrt{3}}\dot{I}_k^{(2)},\dot{I}_C=\frac{1}{\sqrt{3}}\dot{I}_k^{(2)}\qquad(6-14)$$

对于 D，y 接线的变压器，在 y 侧发生两相短路时，D 侧各线电流分布也有类似情况。

从上述分析可知，A、C 两相短路电流相等且同相位，但只等于 B 相的一半。如果 y

侧的保护装置采用不完全星形接地，反映 A、C 两相短路电流，则它的保护灵敏度只有完全星形接线的一半。如果按两相电流差接线，在上述情况下，保护装置则根本不会动作，因为通过继电器的电流正比于 A、C 两相电流之差，恰好为零。

由上面分析可知，对小接地电流电网，采用完全星形和不完全星形两种接线方式时，各有利弊。但考虑到不完全星形接线方式节省设备和平行线路上不同相两点接地的概率较高，故多采用不完全星形接线方式。

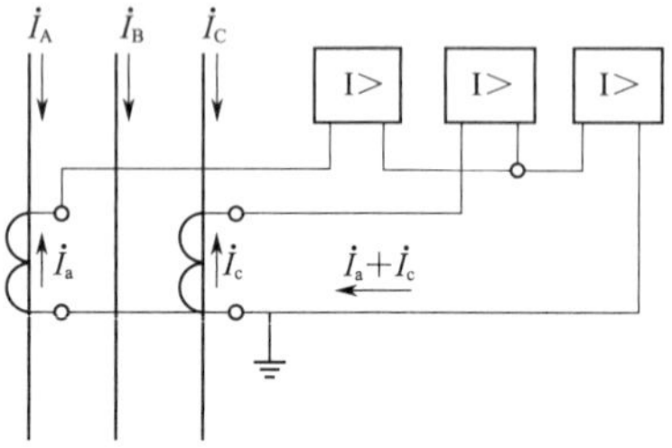

图 6-15　两相三继电器接线

当保护范围内接有 Y，d 接线的变压器时，为提高对两相短路保护的灵敏度，可以采用两相三继电器的接线方式，如图 6-15 所示。接在公共线上的继电器，可反应 B 相电流。

对于大接地电流电网，为适应单相接地短路保护的需要，应采用完全星形接线。

第二节　变 压 器 的 保 护

一、变压器的故障及保护方式

变压器是泵站供配电系统的重要设备之一，发生故障会对供电可靠性和系统的正常运行带来严重的影响，同时大容量变压器也是非常贵重的设备。因此必须根据变压器容量和重要程度来装设专用的保护装置。

变压器可能发生的故障有：

（1）变压器内部绕组的相间短路、绕组匝间短路、单相接地短路等变压器的内部故障。内部故障是很危险的，因为短路电流产生的电弧不仅会破坏绝缘，烧坏铁芯，还可能使绝缘材料和变压器油受热而产生大量气体，引起变压器油箱爆炸。

（2）变压器外部绝缘套管及引出线上的相间短路、单相接地短路等外部故障。

变压器的不正常运行状态有由外部短路引起的过电流、过负荷及油面过低和温度升高等。

变压器常用的保护装置有：

（1）瓦斯保护。作为变压器油箱内部故障的主保护以及油面降低保护。

（2）纵差保护。作为变压器内部绕组、绝缘套管及引出线相间短路的主保护。

（3）过电流保护。作为外部短路的过电流保护，并作为变压器内部短路的后备保护。

（4）零序电流保护。当变压器中性点接地时，作为单相接地保护。

（5）过负荷保护。变压器过负荷时发出信号。在无人值班的变电所内，也可作用于跳闸或自动切除一部分负荷。

为了保证变压器的安全运行，根据《电力装置的继电保护和自动装置设计规范》（GB/T 50062—2008），针对变压器的上述故障和不正常运行状态，变压器应装设以下保护：

（1）瓦斯保护。容量 800kV·A 及以上的油浸式变压器、容量为 400kV·A 及以上的室内油浸式变压器，以及带负荷调压变压器的充油调压开关均应装设瓦斯保护，当壳内故障产生轻微瓦斯或油面下降时，应瞬时动作于信号；当产生大量瓦斯时，应动作于断开。

（2）纵联差动保护或电流速断保护。容量6300kV·A及以上并列运行的变压器、10000kV·A及以上单独运行的变压器、发电厂中厂用电变压器中6300kV·A及以上重要的变压器，均应装设纵联差动保护。容量10000kV·A及以下的电力变压器应装设电流速断保护，其过电流保护的动作时限应大于0.5s。对于容量2000kV·A以上的变压器，当电流速断保护的灵敏度不满足要求时，也应装设纵联差动保护。

（3）相间短路的后备保护。相间短路的后备保护可反映外部相间短路引起的变压器过电流，作为瓦斯保护和纵联差动保护（或电流速断保护）的后备保护。相间短路的后备保护类型较多，有过电流保护和低电压启动的过电流保护，宜用于中、小容量的降压变压器；复合电压启动的过电流保护，宜用于升压变压器和系统联络变压器，以及过电流保护灵敏度不能满足要求的降压变压器；容量6300kV·A及以上的升压变压器，应采用负序电流保护及单相式电压启动的过电流保护；对于大容量升压变压器或系统联络变压器，为了满足灵敏度要求，还可采用阻抗保护。

（4）接地短路的零序保护。中性点直接接地系统中的变压器，应装设零序电流保护，用于反映变压器高压侧（或中压侧）以及外部元件的接地短路；变压器的中性点可能接地或不接地运行时，应装设零序电流、电压保护。零序电流保护延时跳开变压器各侧断路器，零序电压保护作为中性点不接地变压器保护。

（5）过负荷保护。容量400kV·A以上的变压器，当数台并列运行或单独运行并作为其他负荷的备用电源时，应装设过负荷保护。过负荷保护通常只装在一相，其动作时限较长，延时动作于发出信号。

（6）其他保护。高压侧电压为500kV及以上的变压器，对于频率降低和电压升高而引起的变压器励磁电流升高，应装设变压器过励磁保护。对于变压器温度和油箱内压力升高，以及冷却系统故障，按变压器现行标准要求，应装设相应的保护装置。

二、变压器的瓦斯保护

变压器的内部故障，如匝间或层间短路、单相接地短路等，有时故障电流较小，可能不会使反映电流的保护动作。对于油浸变压器，油箱内部故障时，由于短路电流和电弧的作用，变压器油和其他绝缘物会因受热而分解出气体，这些气体上升到最上部的油枕。故障越严重，产气越多，形成强烈的气流。能反映此气体变化的保护装置，称瓦斯保护。

瓦斯保护是利用瓦斯继电器（又称气体继电器）来实现的。瓦斯继电器安装于油箱和油枕之间的管道中，为便于气体的流动，在安装变压器时，使油箱顶盖与水平面有1%～1.5%的斜度，连接管具有2%～4%的斜度，如图6-16所示。

常用的瓦斯继电器有三种类型，分别为浮筒式、挡板式和复合式。运行经验表明，浮筒式瓦斯

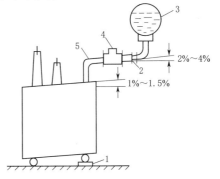

图6-16 瓦斯继电器安装
1—钢垫块；2—阀门；3—油枕；
4—气体继电器；5—导油管

继电器存在一些严重的缺点，如防振性差，以及因浮筒的密封不良，而失去浮力使汞触点闭合，造成误动作等。用挡板代替浮筒的挡板式瓦斯继电器，仍保留浮筒且克服了浮筒渗油的缺点，运行比较稳定，可靠性相对提高，但当变压器油面严重下降时，动作速度不快。因此，开口杯和挡板构成的复合式瓦斯继电器，结构如图 6-17 所示，用磁力干簧触点代替汞触点，具有浮筒式和挡板式瓦斯继电器的优点，在工程实践中应用较多。瓦斯保护有轻、重瓦斯保护之分。当变压器发生轻微故障时，油箱内产生的气体较少且速度慢，由于油枕处于油箱的上方，气体沿管道上升，气体继电器内的油面下降，当下降到动作门槛时，轻瓦斯保护动作，发出告警信号。变压器发生严重故障时，故障点周围的温度剧增而迅速产生大量的气体，变压器内部压力升高，迫使变压器油从油箱经过管道向油枕方向冲去，气体继电器感受到的油速达到动作门槛时，重瓦斯保护动作，瞬时作用于跳闸回路，切除变压器，以防事故扩大。

轻瓦斯保护动作值采用气体容积大小表示，整定范围通常为 $250\sim300\text{cm}^3$。重瓦斯保护动作值采用油流速度大小表示，整定范围通常为 $0.6\sim1.5\text{m/s}$。

瓦斯保护接线如图 6-18 所示。中间继电器 2 是出口元件，是带有电流自保线圈的中间继电器，这是考虑到重瓦斯保护时，油流速度不稳定而采用的。切换片 4 是为了在变压器换油或进行瓦斯继电器试验时，防止误动作而设，可利用切换片 4 使重瓦斯保护临时只作用于信号回路。

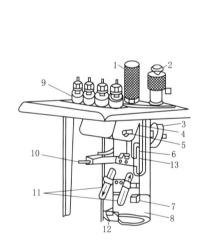

图 6-17　瓦斯继电器结构
1—探针；2—放气阀；3—重锤；4—开口杯；
5—永久磁铁；6—干簧触点；7—磁铁；
8—挡板；9—接线端子；10—流速整定
螺杆；11—干簧触点（重瓦斯）；
12—终止挡；13—弹簧

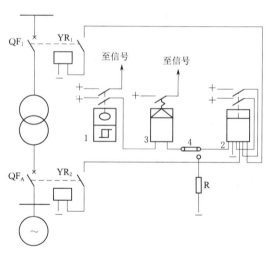

图 6-18　瓦斯保护接线
1—气体继电器；2—中间继电器；
3—信号继电器；4—切换片

瓦斯保护的主要优点是动作快，灵敏度高，稳定可靠，接线简单，能反映变压器油箱内部的各种类型故障，特别是短路匝数很少的匝间短路，其他保护可能不动作，对这种故障，瓦斯保护具有特别重要的意义，所以瓦斯保护是变压器内部故障的主要保护之一。

三、变压器的电流速断保护

瓦斯保护不能反映变压器外部故障，尤其是套管的故障。因而，对于较小容量的变压器（如 5600kV·A 以下），特别是配电用变压器（容量一般不超过 1000kV·A），广泛采用电流速断保护作为电源侧绕组、套管及引出线故障的主要保护。再用时限过电流保护装置，保护变压器的全部，并作为外部短路所引起的过电流及变压器内部故障的后备保护。

图 6-19 为变压器电流速断保护的原理接线图，电流互感器装于电源侧。电源侧为中性点直接接地系统时，保护采用完全星形接线方式；电源侧为中性点不接地或经消弧线圈接地系统时，则采用两相式不完全星形接线。

速断保护的动作电流 $I_{op,qb}$，按躲过变压器外部故障（如 K_1 点）的最大短路电流整定，即

$$I_{op,qb} = K_{co} I_{k,max}^{(3)} \qquad (6-15)$$

式中 $I_{k,max}^{(3)}$——变压器二次侧母线最大三相短路电流；

K_{co}——可靠系数，取 1.2～1.3。

变压器电流速断保护的动作电流，还应躲过励磁涌流。根据实际经验及实验数据，变压器空载投入时的励磁涌流一般为 (3～5) $I_{N,T}$，$I_{N,T}$ 是保护安装侧变压器的额定电流。

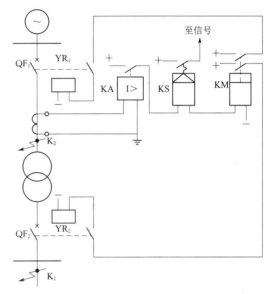

图 6-19 变压器电流速断保护单相原理

变压器电流速断保护的灵敏系数

$$K_s = \frac{I_{k,min}^{(2)}}{I_{op,qb}} \geqslant 2 \qquad (6-16)$$

式中 $I_{k,min}^{(2)}$——保护装置安装处（如 K_2 点）最小运行方式时的两相短路电流。

电流速断保护的优点是接线简单、动作迅速，但作为变压器内部故障保护存在以下缺点：

(1) 当系统容量不大时，保护区很短，灵敏度达不到要求。

(2) 在无电源的一侧，套管引出线的故障不能保护，要依靠过电流保护，这样切除故障时间长，对系统安全运行影响较大。

(3) 对于并列运行的变压器，负荷侧故障时，如无母联保护，过电流保护将无选择性地切除所有变压器。

所以，并列运行容量大于 6300kV·A 变压器和单独运行容量大于 10000kV·A 的变压器，不采用电流速断，而采用纵联差动保护。对于 2000～6300kV·A 的变压器，当电流速断保护灵敏系数小于 2 时，也可采用纵差保护。

四、变压器的差动保护

（一）保护原理及不平衡电流

变压器差动保护原理接线如图 6 - 20 所示。在正常运行和外部故障时，流入继电器的

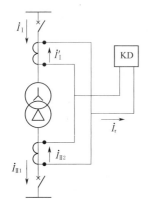

图 6 - 20 变压器差动保护原理

电流为两侧电流之差，即 $\dot{I}_r = \dot{I}_{I2} - \dot{I}_{II2} \approx 0$，其值很小，继电器不动作。

当变压器内部发生故障时，若仅 I 侧有电源，$\dot{I}_r = \dot{I}_{I2}$，其值为短路电流，继电器动作，使两侧断路器跳闸。由于差动保护无须与其他保护配合，因此可瞬动切除故障，用来保护变压器内部线圈及引出线的相间短路、单相接地短路和匝间短路。

由于许多因素的影响，在正常运行和外部故障时，在继电器中流过不平衡电流，会影响差动保护的灵敏度。

下面分析不平衡电流产生的原因和解决办法。

1. 电流互感器的影响

由于变压器两侧电压不同，装设的电流互感器型式便不同，其特性也必然不同，因此引起不平衡电流。另外，还会因电流互感器变比不同产生不平衡电流。例如，图 6 - 20 中，变压器的变比为 K_T，为使两侧互感器二次电流相等，应满足：

$$I_{I2} = \frac{I_{I1}}{K_{TA,I}} = I_{II2} = \frac{I_{II1}}{K_{TA,II}} \qquad (6-17)$$

由此得

$$K_T = \frac{K_{TA,II}}{K_{TA,I}} = \frac{I_{II1}}{I_{I1}} \qquad (6-18)$$

上式表明，两侧互感器变比的比值等于变压器的变比时，才能消除不平衡电流。但是由于互感器产品变比的标准化，这个条件很难满足，由此产生不平衡电流。

另外，变压器带负荷调压时，改变分接头其变比也随之改变，也将产生不平衡电流。

2. 变压器接线方式的影响

对于 Y，d11 接线方式的变压器，其两侧电流之间有 30°相位差而产生不平衡电流。为消除相位差造成的不平衡电流，通常采用相位补偿的方法，即变压器 Y 侧的互感器二次接成 d 形，变压器 d 侧互感器接成 Y 形，使相位得到校正，如图 6 - 21 （a）所示。图 6 - 21 （b）是电流互感器一次侧电流相量图，$\dot{I}_{A1}$ 与 $\dot{I}_{ab1}$ 有 30°相位差，图 6 - 21 （c）是电流互感器二次电流相量图，通常补偿后 $\dot{I}_{AB2}$ 与 $\dot{I}_{ab2}$ 同相。

相位补偿后，为了使每相两差动臂的电流数值相等，在选择电流互感器时应考虑电流互感器的接线系数 K_{wc}。电流互感器按三角形接线时 $K_{wc} = \sqrt{3}$，按星形接线时 $K_{wc} = 1$。两侧电流互感器变比可按下式计算。

变压器三角形侧电流互感器变比

$$K_{TA(d)} = I_{N,T(d)}/5 \qquad (6-19)$$

变压器星形侧电流互感器变化

$$K_{TA(Y)} = \sqrt{3} I_{N,T(Y)}/5 \qquad (6-20)$$

式中　$I_{N,T(d)}$——变压器三角形侧额定线电流；

　　　$I_{N,T(Y)}$——变压器星形侧额定线电流。

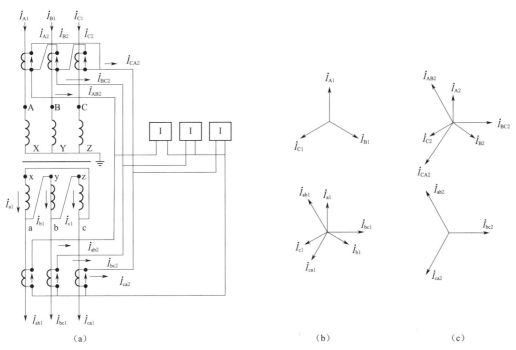

图 6-21　Y，d11 变压器差动保护接线和相量图

(a) 保护接线；(b) 一次电流相量图；(c) 二次电流相量图

3. 变压器励磁涌流的影响

变压器的励磁电流只在电源侧流过。它反映到变压器差动保护中，就构成不平衡电流。不过正常运行时变压器的励磁电流只不过是额定电流的 3%～5%。当外部短路时，由于电压降低，励磁电流也相应减小，其影响就更小。

但是，在变压器空载投入或外部短路故障切除后电压恢复时，可能产生很大的励磁电流。这是由于变压器突然加上电压或电压突然升高时，铁芯中的磁通不能突变，引起非周期分量磁通的出现。与电路中的过渡过程相似，在磁路中引起过渡过程，在最不利的情况下，合成磁通的最大值可达正常磁通的两倍。如果考虑铁芯剩磁的存在，且方向与非周期分量一致，则总合成磁通更大。虽然磁通只为正常时的两倍多，但由于磁路高度饱和，所对应的励磁电流却急剧增加，其值可达变压器额定电流的 6～10 倍，故称为励磁涌流，其波形如图 6-22 所示。

励磁涌流有如下特点：

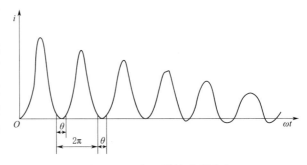

图 6-22　变压器的励磁涌流

（1）励磁涌流中含有很大的非周期分量，波形偏于时间轴的一侧，并且衰减很快。对于中、小型变压器经 0.5～1s 后，其值一般不超过 0.25～0.5 倍额定电流。

（2）涌流波形中含有高次谐波分量，其中二次谐波可达基波的 40%～60%。

（3）涌流波形之间出现间断，在一个周期中间断角为 θ。

4. 减小不平衡电流的措施

（1）对于电流互感器特性和变比不同而产生的不平衡电流，可在继电器中采取补偿的办法减小，并且可用提高整定值的办法来躲过。

（2）对于励磁涌流可利用它所包含的非周期分量，采用具有速饱和变流器的差动继电器来躲过涌流的影响，或者利用励磁涌流具有间断角和二次谐波等特点制成躲过涌流的差动继电器。

（二）差动继电器

根据上面分析可知，变压器差动保护继电器必须具有躲过励磁涌流和外部故障时所产生的不平衡电流的能力，而在保护区内故障时，应有足够的灵敏度和速动性。目前我国生产的差动保护继电器型式有电磁型 BCH 系列、整流型 LCD 系列和晶体管型 BCD 系列。变压器保护常用 BCH-2 型差动继电器。

BCH-2 型差动继电器原理如图 6-23 所示，由一个 DL-11/0.2 型电流继电器和一个带短路线圈的速饱和变流器组成。速饱和变流器铁芯的中间柱 B 上绕有差动线圈 W_d（变量 W 表示匝数）和两个平衡线圈 $W_{bⅠ}$、$W_{bⅡ}$；右边柱 C 上绕有二次线圈 W_2 与电流继电器相连；还有两个短路线圈 W_k' 和 W_k''，分别绕在中间柱 B 和左侧柱 A 上，W_k'' 与 W_k' 的匝数比为 2:1，缠绕时使它们产生的磁通对左边窗口来说是同方向的。

为了说明 BCH-2 型差动继电器的工作原理，先介绍速饱和变流器的工作原理。

速饱和变流器的铁芯截面小，很容易饱和，其磁化曲线如图 6-24 中的曲线 1。当在差动线圈 W_d 中只通过周期分量电流时，如图 6-24（a）所示，电流沿曲线 2 变化，铁芯中的磁感应强度 B 沿磁滞回线 3 变化。在 Δt 时间内 B 的变化（ΔB）很大，因此在二次线圈 W_2 中感应的电势也很大（正比于 $\Delta B/\Delta t$），故周期分量容易通过速饱和变流器而变换到二次侧，使继电器动作。

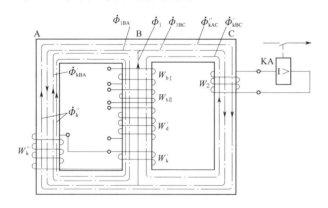

图 6-23　BCH-2 型差动继电器原理

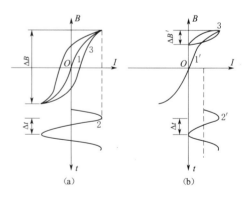

图 6-24　速饱和变流器工作原理

（a）通过周期分量电流；（b）通过非周期分量电流

当差动线圈中通过暂态不平衡电流时，由于它含有很大的非周期分量，电流曲线完全偏于时间轴的一侧，如图 6-24（b）中曲线 2′所示，因而使 B 沿着局部磁滞回线 3′变化。在相同的 Δt 时间内，B 的变化 $\Delta B'$ 很小，因此，在二次线圈中感应的电势也很小，故非周期分量不易通过速饱和变流器而变换到二次侧，此时继电器不动作。

因此，速饱和变流器的作用是躲过励磁涌流。应该指出，当主变压器内部短路时，因最初 1～2 个周期内短路电流有较大的非周期分量，此时速饱和变流器也相应地暂时处于图 6-24 所示的状态之下，因此，继电器不能立即动作。需待非周期分量衰减以后，继电器才能动作。因此，使用速饱和变流器延缓了差动保护动作时间。

短路线圈的作用是进一步改善变流器躲过周期分量的性能，可用图 6-23 说明。

当差动保护范围内发生短路时，差动线圈 W_d 中流过接近正弦波形的短路电流 $\dot{I}_1$（因短路电流中的非周期分量衰减很快）。$\dot{I}_1$ 在 W_d 中产生磁通 $\dot{\Phi}$，它分成 $\dot{\Phi}_A$、$\dot{\Phi}_C$ 两部分分别通过铁芯柱 A 和 C。$\dot{\Phi}$ 在中间柱 B 的短路线圈 W'_k 中产生感应电流 $\dot{I}_k$，这个电流流过 W'_k 和 W''_k 时，又分别产生磁通 $\dot{\Phi}'_k$ 和 $\dot{\Phi}''_k$。由图 6-23 可见，$\dot{\Phi}'_k$ 通过右侧柱 C 的那部分磁通 $\dot{\Phi}'_{kC}$ 与 $\dot{\Phi}_C$ 方向相反，起去磁作用；而 $\dot{\Phi}''_k$ 通过 C 柱的那部分磁通 $\dot{\Phi}''_{kC}$ 与 $\dot{\Phi}_C$ 方向相同，起助磁作用。因此，通过 C 柱的总磁通为

$$\dot{\Phi}_2 = \dot{\Phi}_C - \dot{\Phi}'_{kC} + \dot{\Phi}''_{kC} \tag{6-21}$$

由于 B 柱截面为 A、C 柱截面的两倍，在铁芯未饱和时，A、B、C 三柱的磁阻有 $R_A = R_C = 2R_B = R$ 的关系。在线圈匝数 $W''_k / W'_k = 2$ 的情况下，短路线圈在 C 柱上产生的磁通数值分别为

$$\dot{\Phi}'_{kC} = \frac{\dot{I}_k W'_k}{R_B + R_A // R_C} \times \frac{R_A}{R_A + R_C} = \frac{\dot{I}_k W'_k}{2R} \tag{6-22}$$

$$\dot{\Phi}''_{kC} = \frac{\dot{I}_k W''_k}{R_B + R_A // R_C} \times \frac{R_A}{R_A + R_C} = \frac{\dot{I}_k W''_k}{2R} \tag{6-23}$$

可见 $\dot{\Phi}'_{kC}$ 与 $\dot{\Phi}''_{kC}$ 大小相等方向相反，即在 C 柱上的助磁和去磁作用相互抵消。这说明，在内部故障时，短路线圈的存在并不影响继电器动作安匝和保护的灵敏度。

当差动线圈中流过励磁涌流时，它的非周期分量就像直流一样，使铁芯迅速饱和，使磁阻增大，$\dot{\Phi}$ 及 $\dot{\Phi}_C$ 减小，W_2 中感生的电流也减小。由于各柱截面不同，各柱的饱和程度不同，A 柱比 B 柱饱和程度高，故 R_A 较 R_B 增加得多，使 $\dot{\Phi}''_{kC}$ 减少的比 $\dot{\Phi}'_{kC}$ 减少的多；并且由于 $\dot{\Phi}''_{kC}$ 比 $\dot{\Phi}'_{kC}$ 的磁路长，漏磁较大，使 $\dot{\Phi}''_{kC}$ 比 $\dot{\Phi}'_{kC}$ 减小更厉害，即助磁作用比去磁作用减小得更厉害，故 C 柱中的总磁通 $\dot{\Phi}_2$ 将进一步减小，从而使继电器更不容易动作。

在 W''_k 与 W'_k 匝数同时增多时，由于铁芯处于饱和状态，短路线圈的感抗变化不大，只是回路电阻增加，总阻抗增大不多。因此，感应电流 $\dot{I}_k$ 有所增加，而磁势 $I_k W'_k$ 和 $I_k W''_k$ 却大大增加，因此 $\dot{\Phi}''_{kC}$ 比 $\dot{\Phi}'_{kC}$ 大得更多，去磁作用更强。当采用短路线圈匝数越多时，躲过励磁涌流的性能越好。

图 6-25 给出采用 BCH-2 型继电器构成的双绕组变压器差动保护单相原理接线图，两个平衡线圈 W_{bI} 和 W_{bII} 分别接于差动保护的两臂上，W_d 接在差动回路时，它们都有插头可以调整匝数，匝数的选择应满足在正常运行和外部故障时使中间柱内的合成磁势为零的条件，即 $I_{I2}(W_{bI}+W_d)=I_{II2}(W_{bII}+W_d)$，从而 W_2 上没有感应电势，电流继电器中没有电流。这就补偿了因两臂电流不等所引起的不平衡电流。但由于平衡线圈匝数不能平滑调节，故仍存在一定的不平衡电流。

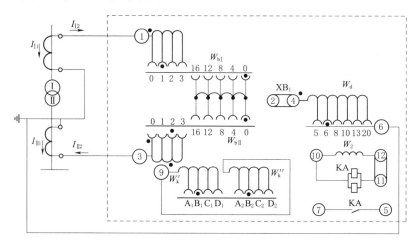

图 6-25 BCH-2 型继电器内部接线原理

（三）差动保护的整定计算

采用 BCH-2 型差动继电器，保护双线组变压器的整定计算方法如下。

1. 计算变压器的两侧额定电流

由变压器的额定容量及平均电压计算出变压器两侧的额定电流 $I_{N,T}$，按 $K_{wc}I_{N,T}$ 选择两侧电流互感器一次额定电流，然后按下式算出两侧电流互感器二次回路的额定电流：

$$I_{2N}=K_{wc}I_{N,T}/K_{TA} \tag{6-24}$$

式中　K_{wc}——接线系数，电流互感器为星形接线时 $K_{wc}=1$，三角形接线时 $K_{wc}=\sqrt{3}$；

　　　K_{TA}——电流互感器变比。

取二次额定电流 I_{2N} 最大的一侧为基本侧。

2. 确定保护装置的动作电流 I_{op}

（1）躲过变压器的励磁涌流：

$$I_{op}=K_{co}I_{N,T} \tag{6-25}$$

式中　K_{co}——可靠系数，取 1.3。

　　　$I_{N,T}$——变压器额定电流。

（2）躲过外部故障时的最大不平衡电流：

$$I_{op}=K_{co}I_{dsq,m}=K_{co}(K_{sm}f_i+\Delta U+\Delta f)I_{k,max} \tag{6-26}$$

式中　K_{co}——可靠系数，取 1.3；

　　　$I_{dsq,m}$——最大不平衡电流；

　　　$I_{k,max}$——外部故障时最大短路电流的周期分量；

K_{sm}——电流互感器同型系数，型号相同时取 0.5，不同时取 1；

f_i——电流互感器的容许最大相对误差，为 0.1；

ΔU——变压器改变分接头调压引起的相对误差，一般采用调压范围的一半，取 5%；

Δf——由于继电器的整定匝数与计算匝数不相等而产生的相对误差，初算时可取中间值 0.05（最大值为 0.091）。

在确定了两侧匝数后，再按下式验算：

$$\Delta f = \frac{W_b - W_{b,s}}{W_b + W_{d,s}} \tag{6-27}$$

式中 W_b——平衡线圈计算匝数；

$W_{b,s}$——平衡线圈整定匝数；

$W_{d,s}$——差动线圈整定匝数。

（3）躲过电流互感器二次回路断线引起的不平衡电流。考虑到电流互感器二次回路可能断线，这时应躲过变压器正常运行时最大负荷电流所造成的不平衡电流：

$$I_{op} = K_{co} I_{t,max} \tag{6-28}$$

式中 K_{co}——可靠系数，取 1.3；

$I_{t,max}$——变压器的最大工作电流，在无法确定时，可采用变压器的额定电流。

根据以上三个条件计算的结果，取其最大者作为基本侧的动作电流整定值。

3. 基本侧差动线圈匝数的确定

继电器的动作电流为

$$I_{op,r} = K_{wc} I_{op} / K_{TA} \tag{6-29}$$

基本侧线圈匝数可按下式计算：

$$W_{ac} = AW_0 / I_{op,r} = 60 / I_{op,r} \tag{6-30}$$

式中，AW_0 是 BCH - 2 型继电器的额定动作安匝，按照继电器线圈的实际抽头，选用差动线圈 W_d 与接在基本侧的平衡线圈 W_{bI} 匝数之和 W_{ac} 小且接近，作为基本侧的整定匝数 W_I，即

$$W_I = W_d + W_{bI} \leqslant W_{ac} \tag{6-31}$$

根据 W_I 再计算出实际的继电器动作电流和一次动作电流

$$I'_{op,r} = 60 / W_I \tag{6-32}$$

$$I_{op,r} = I'_{op,r} K_{TA} / K_{wc} \tag{6-33}$$

4. 非基本侧平衡线圈匝数的确定

$$W_{bII} = W_I I_{2NI} / I_{2NII} - W_d \tag{6-34}$$

式中 I_{2NI}——基本侧二次额定电流；

I_{2NII}——非基本侧二次额定电流。

选用接近 W_{bII} 的匝数作为非基本侧平衡线圈的整定匝数 W_{bII}，则非基本侧工作线圈的匝数为

$$W_{bII} = W_{bII,s} + W_d \tag{6-35}$$

5. 计算 Δf

由于非基本侧平衡线圈整定匝数与计算匝数不等引起的相对误差,按式(6-27)计算,将各匝数计算值代入后计算出 Δf,若 $\Delta f > 0.05$,则应以计算得的 Δf 值代入式(6-26)重新计算动作电流值。

6. 确定短路线圈的匝数

如图 6-25 所示,继电器短路线圈有四组抽头,匝数越多,躲过励磁涌流的性能越好,然而内部故障时,电流中所含的非周期分量衰减则较慢,继电器的动作时间延长。因此,要根据具体情况考虑短路线圈匝数的多少。对于中、小型变压器,由于励磁涌流倍数大,内部故障时非周期分量衰减快,对保护的动作时间要求较低,一般选较多的匝数,如 $C_1 - C_2$ 或 $D_1 - D_2$。对于大型变压器则相反,励磁涌流倍数较小,非周期分量衰减较慢,而又要求动作快,则应采用较少的匝数,如 $B_1 - B_2$ 或 $C_1 - C_2$。所选抽头匝数是否合适,最后应通过变压器空载投入试验确定。

7. 灵敏系统校验

按差动保护范围内的最小两相短路电流来校验:

$$K_s = I_{kmin,r} / I_{op,r} \tag{6-36}$$

式中 $I_{kmin,r}$——保护范围内短路时,流过继电器的最小短路电流;

$I_{op,r}$——继电器的整定电流。

【例 6-1】 以 BCH-2 作为单侧电源降压变压器的差动保护。已知:$S_{N.T} = 15 MV \cdot A$,$35 \pm 2 \times 2.5\%/6kV$,Y,d 接线,$U_k\% = 8\%$。35kV 母线的短路电流 $I_{k,max}^{(3)} = 3570A$,$I_{k,min}^{(2)} = 2140A$。6kV 母线短路电流 $I_{k,max}^{(3)} = 9420A$,$I_{k,min}^{(2)} = 7250A$,归算至 35kV 侧后,$I'^{(3)}_{k,max} = 1600A$,$I'^{(2)}_{k,min} = 1235A$,6kV 侧最大工作电流 $I_{l,max} = 1300A$。试对 BCH-2 进行整定计算。

解:(1)计算各侧一次额定电流,选出电流互感器,确定二次回路额定电流,结果见表 6-3。

表 6-3   二次回路额定电流计算值

名　　称	各 侧 数 值	
额定电压 $U_{N,T}/kV$	35	6
变压器额定电流 $I_{N,T}/A$	$\dfrac{15000}{\sqrt{3} \times 35} = 247.4$	$\dfrac{15000}{\sqrt{3} \times 6.6} = 1312.2$
电流互感器接线方式	d	Y
接线系数 K_{wc}	$\sqrt{3}$	1
电流互感器计算变比 $K_{TA.c}$	$\dfrac{\sqrt{3} \times 247.4}{5} = \dfrac{428.6}{5}$	$\dfrac{1312.2}{5}$
电流互感器变比 K_{TA}	$600/5 = 120$	$1500/5 = 300$
电流互感器二次回路额定电流 I_{2N}/A	$\sqrt{3} \times \dfrac{247.4}{120} = 3.57$	$\dfrac{1312.2}{300} = 4.37$

由表 6-3 可以看出,6kV 侧电流互感器二次回路额定电流大于 35kV 侧。因此,以

6kV 侧为基本侧。

（2）计算保护装置 6kV 侧的一次动作电流。

1）按躲过外部最大不平衡电流：

$$I_{op} = K_{co}(K_{sm}f_i + \Delta U + \Delta f)I_{k,max}^{(3)}$$
$$= 1.3 \times (1 \times 0.1 + 0.05 + 0.05) \times 9420 = 2450(A)$$

2）按躲过励磁涌流：

$$I_{op} = K_{co}I_{N,T} = 1.3 \times 1312.2 = 1706(A)$$

3）按躲过电流互感器二次断线。

因为最大工作电流为 1300A，小于变压器额定电流，故不予考虑。

综合考虑，应按躲过外部故障不平衡电流条件，选用 6kV 侧一次动作电流 $I_{op} = 2450A$。

（3）确定线圈接线与匝数。

平衡线圈 I 、II 分别接于 6kV 侧和 35kV 侧。

计算基本侧继电器动作电流：

$$I_{op,r} = K_{wc}I_{op}/K_{TA} = 1 \times 2450/300 = 8.17(A)$$

计算基本侧工作线圈计算匝数：

$$W_{ac} = 60/I_{op,r} = 60/8.17 = 7.34(匝)$$

根据 BCH-2 内部实际接线，选择实际整定匝数 $W_I = 7$ 匝，其中取差动线圈匝数 $W_d = 6$，平衡线圈 I 的匝数 $W_{bI} = 1$。

（4）确定 35kV 侧平衡线圈的匝数。

$$W_{bII} = W_I I_{2N,I}/I_{2N,II} - W_d = 7 \times 4.37/3.57 - 6 = 2.6(匝)$$

确定平衡线圈 II 实际匝数 $W_{bII,s} = 3$ 匝。

（5）计算由于实际匝数与计算匝数不等产生的相对误差 Δf。

$$\Delta f = \frac{W_{bII} - W_{bII,s}}{W_{bII} + W_d} = \frac{2.6 - 3}{2.6 + 6} = -0.0465$$

因 $|\Delta f| < 0.05$，且相差很小，故不需核算动作电流。

（6）初步确定短路线圈的抽头，选用 C_1-C_2 抽头。

（7）计算最小灵敏系数。

按最小运行方式下，6kV 侧两相短路校验。因为基本侧互感器二次额定电流最大，故非基本侧灵敏系数最小。

35kV 侧通过继电器的电流为

$$I_{k,min,r} = \sqrt{3}I'^{(2)}_{k,min}/K_{TA} = \sqrt{3} \times 1235 \times \frac{\sqrt{3}}{2}/120 = 15.4(A)$$

继电器的整定电流为

$$I_{op,r} = AW_0/(W_d + W_{bII,s}) = 60/(6+3) = 6.67(A)$$

则最小灵敏系数为

$$K_s = I_{k,min,r}/I_{op,r} = 15.4/6.67 = 2.31 > 2$$

最小灵敏系数满足要求。

五、变压器的过电流保护

为了防止外部短路引起变压器线圈的过电流，并作为差动和瓦斯保护的后备保护，变压器还必须装设过电流保护。

对于单侧电源的变压器，过电流保护安装在电源侧，保护动作时切断变压器各侧开关。过电流保护的动作电流应按躲过变压器的正常最大工作电流整定（考虑电动机自启动，并联工作的变压器突然断开一台等原因而引起的正常最大工作电流），即

$$I_{op} = K_{co} I_{1,max} / K_{re} \qquad (6-37)$$

式中　K_{co}——可靠系数，取 $1.2 \sim 1.3$；

　　　K_{re}——返回系数，一般取 0.85；

　　$I_{1,max}$——变压器可能出现的最大工作电流。

保护装置灵敏度为

$$K_s = I_{k,min}^{(2)} / I_{op} \qquad (6-38)$$

式中　$I_{k,min}^{(2)}$——最小运行方式下，在保护范围末端发生两相短路时的最小短路电流。

当保护变压器低压侧母线时，要求 $K_s = 1.5 \sim 2$，在远后备保护范围末端短路时，要求 $K_s \geqslant 1.2$。

过电流保护按躲过最大工作电流整定，启动值比较小，往往不能满足灵敏度的要求。为此，可以采用低电压闭锁过电流保护，以提高保护的灵敏度，其原理接线如图 6-26 所示。

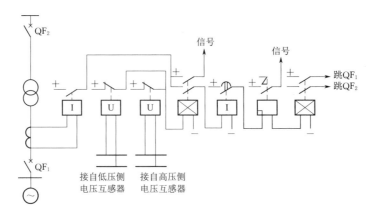

图 6-26　低电压闭锁过电流保护原理接线

当采用低电压闭锁的过电流保护时，保护中电流元件的动作电流按大于变压器的额定电流来整定，即

$$I_{op} = K_{co} I_{N,T} / K_{re} \qquad (6-39)$$

式中　$I_{N,T}$——变压器额定电流。

可靠系数 K_{co} 取 1.2，返回系数 K_{re} 取 0.85。

低电压继电器的动作电压，可按正常运行的最低工作电压整定，即

$$U_{op} = U_{w,min} / (K_{co} K_{re}) \qquad (6-40)$$

式中，最低工作电压取 $U_{w,min} = 0.9 U_N$；可靠系数 K_{co} 取 1.2，返回系数 K_{re} 取 0.85。

过电流保护的动作时限整定，要求与变压器低压侧所装保护相配合，比它大一个时限阶段，即 $\Delta t = 0.5 \sim 0.7\text{s}$。

六、变压器的过负荷保护

变压器过负荷大多是三相对称的，所以过负荷保护可采用单电流继电器接线方式，经过一定延时作用于信号，动作时间通常取 10s，保护装置的动作电流，按躲过变压器额定电流整定，即

$$I_{\text{op,ol}} = K_{\text{co}} I_{\text{N,T}} / K_{\text{re}} \tag{6-41}$$

式中，可靠系数 K_{co} 取 1.05，返回系数 K_{re} 取 0.85。

第三节　高压电动机的保护

高压异步电动机和同步电动机在运行过程中有可能发生各种短路故障和不正常工作状态，若不及时发现予以处理，往往会导致严重烧损，因此必须装设相应的保护装置尽快地切离电源，以防故障扩大，保证电动机安全运行。

电动机的主要故障是定子绕组的相间短路故障、单相接地以及一相匝间短路故障。相间短路故障使供电电网的电压显著下降，破坏了其他设备的正常工作，可能造成电动机的严重损坏。因此，在电动机上应装设防止相间短路的保护装置。

在中性点接地方式的系统中，当电动机发生单相接地短路时，保护装置应快速动作于跳闸。高压电动机单相接地后，接地电流大于 5A 时，应装设单相接地保护。接地电流为 10A 以下时，保护装置可动作于跳闸或信号，但接地电流超过 10A 时，保护装置动作于跳闸。

由于电压和频率降低而使电动机转速下降、电动机启动和自启动时间过长、一相熔断器熔断等都将使电动机过负荷。长时间的过负荷将使电动机温升超过允许值，从而加速绝缘老化。因此，应根据电动机的重要程度及不正常工作状态条件而装设过负荷保护。

《继电保护和安全自动装置技术规程》（GB/T 14285—2023）规定，对 3kV 及以上电压等级的三相异步电动机和同步电动机，应针对下列故障及异常运行状态，配置相应的保护：①定子绕组相间短路；②定子绕组单相接地；③定子绕组过负荷；④定子绕组低电压；⑤相电流不平衡及断相；⑥异步电动机启动时间过长或堵转；⑦同步电动机失步、失磁，出现非同步冲击电流；⑧其他故障和异常运行状态。3kV 以下电压等级的电动机可参照执行。

一、高压电动机的过负荷与电流速断保护

高压电动机负载过重而引起的过负荷是最常见的不正常工作状态，一旦长期过负荷，会造成电动机过热，使绝缘过早老化，严重时甚至烧毁电动机。因此，在容易发生过载的电动机上和不允许自启动的电动机上应装设过负荷保护。

根据电动机允许过热条件，过负荷倍数越大，允许过负荷运行时间越短，如图 6-27 中实线曲线。根据这种特点，高压电动机的过负荷保护宜选用具有反时限特性的继电器，而且反时限动作时限特性曲线不超过电动机过负荷允许持续时间曲线，如图中虚线曲线，只有这样才能起到保护作用。当出现过负荷时，经整定延时保护装置发出预告信号，以便

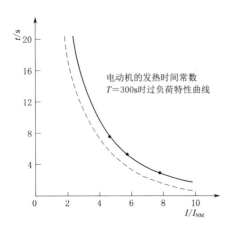

图 6-27　电动机过负荷特性曲线

及时减轻所带机械负载。如不能减轻负载或不允许带机械负载自启动时，也可以及时切除电动机，视具体情况而定。

电动机的主要故障是定子绕组的相间短路、单相接地以及一相绕组的匝间短路。相间短路易引起电动机的严重损坏，应装设瞬时电流速断或差动保护尽快地将故障电动机切离电源。瞬时电流速断保护一般用于功率小于 2000kW 的电动机。

一般采用 GL-13（23）、GL-14（24）以及 GL-16（26）型感应电流继电器构成电动机的过负荷与瞬时电流速断保护，其反时限特性的感应系统作过负荷保护，其瞬动的电磁系统实现瞬时电流速断保护。

图 6-28 所示是 GL-13（23）型、GL-14（24）型继电器构成保护的接线。

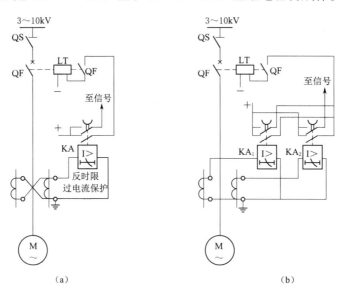

图 6-28　高压电动机的过负荷保护与瞬时电流速断保护

(a) 两相差式接线；(b) 两相式接线

（一）过负荷保护的动作电流

在正常运行时，高压电动机过负荷保护不应动作，因此过负荷保护的动作电流应躲开高压电动机的额定电流 $I_{N,M}$，即继电器的动作电流为

$$I_{ac} = \frac{K_{co}K_w}{K_{TA}K_{re}}I_{N,M} \tag{6-42}$$

式中　K_{co}——可靠系数，当动作于信号时，$K_{co}=1.05\sim1.1$；动作于跳闸时，$K_{co}=1.2\sim1.25$；

K_{TA}、K_w——电流互感器的变比与接线系数；

K_{re}——返回系数，通常取 $0.8 \sim 0.85$，对 GL 型继电器，取 0.8。

一次侧的动作电流为

$$I_{ac1} = \frac{K_{TA} I_{ac}}{K_w} \qquad (6-43)$$

（二）过负荷保护的动作时间

高压电动机过负荷保护的动作时间应大于被保护电动机的启动时间 t_{st}，但不应超过电动机过负荷允许持续时间 t_{ol}，通常启动时间远小于过负荷允许持续时间，故过负荷保护的动作时间可按下列原则确定：

（1）一般启动的电动机应躲开电动机的启动时间，即

$$t_{ac} > (1.1 \sim 1.2) t_{st} \qquad (6-44)$$

（2）在实际整定中，采用感应继电器时，其动作时间 t_{ac} 可按两倍动作电流与两倍动作电流时的过负荷允许持续时间 t_{ol}，在继电器时限特性曲线上，求出 10 倍动作电流时的动作时间，即为应整定的动作时限。两倍动作电流的过负荷允许持续时间 t_{ol} 可按下式计算：

$$t_{ol} = \frac{150}{\left(\frac{2 I_{ac} K_{TA}}{K_w I_{N,M}}\right)^2 - 1} \qquad (6-45)$$

（三）瞬时电流速断保护的动作电流

高压电动机瞬时电流速断保护的动作电流应躲过电动机的最大启动电流，即继电器的动作电流。

$$I_{ac} = K_{co} K_w \frac{I_{st.max}}{K_{TA}} = K_{co} K_w \frac{K_{st} I_{N,M}}{K_{TA}} \qquad (6-46)$$

一次侧动作电流为

$$I_{ac1} = \frac{I_{ac}}{K_w} K_{TA} = K_{co} K_{st} I_{N,M} \qquad (6-47)$$

式中 $I_{N,M}$、$I_{st.max}$——电动机的额定电流、最大启动电流的有效值；

K_{co}——可靠系数，对 GL 型继电器，$K_{co} = 1.8 \sim 2$；对 DL 型继电器，$K_{co} = 1.4 \sim 1.6$；

K_{st}——电动机的启动倍数。

同步电动机瞬时电流速断保护的动作电流，除应躲过最大启动电流 $I_{st.max}$ 外，尚应躲开外部短路时同步机供出的最大三相短路电流 $I''^{(3)}_{k,max}$。$I''^{(3)}_{k,max}$ 可按下式计算：

$$I''^{(3)}_{k,max} = \left(\frac{1.05}{X''_M{}^*} + 0.95 \sin\varphi_N\right) I_{N,M} \qquad (6-48)$$

式中 $X''_M{}^*$、φ_N——同步电动机的次暂态电抗与其额定功率因数角。

当 $I''^{(3)}_{k,max} < I_{st.max}$ 时，速断继电器的动作电流按式（6-46）计算；当 $I''^{(3)}_{k,max} > I_{st.max}$ 时，则应将式（6-46）中的 $I_{st.max}$ 以 $I''^{(3)}_{k,max}$ 置换后进行计算。

电动机瞬时电流速断保护的灵敏度可按下式校验：

$$K_{s,min} = \frac{I''^{(2)}_{k,min}}{I^{(2)}_{ac}} = \frac{\sqrt{3} I''^{(3)}_{k,min}}{2 I^{(2)}_{ac}} \qquad (6-49)$$

式中　$I''^{(3)}_{k,min}$——在系统最小运行方式下，电动机端子上最小三相短路电流次暂态值。

二、高压电动机的差动保护

《继电保护和安全自动装置技术规程》（GB/T 14285—2023）规定，功率在2000kW以下的电动机，应配置电流速断保护作为相间短路故障的主保护；电流速断保护灵敏系数不符合要求时，应配置纵联差动保护或者磁平衡差动保护。功率在2000kW及以上的电动机，应配置纵联差动保护或者磁平衡差动保护。宜配置过电流保护作为相间短路故障的后备保护。纵联差动保护应具有防止在电动机启动和自启动过程中误动作的措施。

功率在5000kW以下的电动机差动保护多按两相式接线由两只DL-11或BCH-2型继电器组成，其原理接线如图6-29（a）所示。功率在5000kW以上的电动机，多采用BCH-2型差动继电器组成三相式结构，其原理接线如图6-29（b）所示，其出口均作用于高压断路器跳闸。

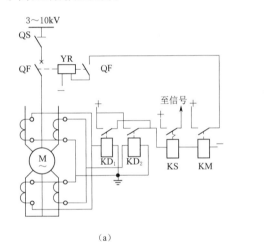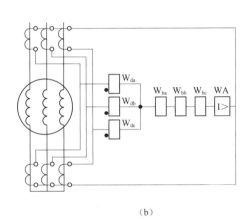

（a）　　　　　　　　　　　　　　　　　　　　　（b）

图6-29　高压电动机的差动保护
（a）两相式接线；（b）三相式结构

当采用DL-11型电流继电器组成差动保护时，为躲开电动机启动时非周期分量电流的影响，可利用一个带0.1s延时的出口中间继电器动作于高压继路器跳闸，也可以在继电器线圈回路串联一个附加电阻来限制差动回路中的不平衡电流，并加速非周期分量电流的衰减，这对降低非周期分量不平衡电流的影响虽然较显著，但会增大电流互感器二次侧负担，使保护的灵敏度降低，只有在躲不过启动电流的情况下才用此方法。附加电阻值为5~15Ω，且应满足长期通过5A电流的热稳定要求，串接电阻越大对保护的灵敏度影响也越大。

高压电动机差动保护的动作电流应躲开电动机的启动电流所引起的不平衡电流，即

$$I_{ac1} = K_{co}K_{sm}f_i I_{st,max} = 1.3 \times 0.5 \times 0.1 \times I_{st,max} \qquad (6-50)$$

$$I_{ac} = \frac{I_{ac}}{K_{TA}} = 1.3 \times 0.5 \times 0.1 \times \frac{I_{st,max}}{K_{TA}} \qquad (6-51)$$

若为同步电动机的差动保护，其动作电流尚应躲开外部三相短路时，电动机输出的最大电流$I''^{(3)}_{k,max}$。当$I''^{(3)}_{k,max} \leqslant I_{st,max}$时，保护装置的动作电流可按式（6-50）及式（6-51）

计算；当 $I''^{(3)}_{k,max} > I_{st,max}$ 时，应将式（6-50）、式（6-51）中的 $I_{st,max}$ 以 $I''^{(3)}_{k,max}$ 置换后进行计算。

在实际整定计算中，当采取 DL-11 型继电器组成电动机的差动保护时，若差动回路内不串接附加电阻，则继电器的动作电流为

$$I_{ac} = (1.2 \sim 1.5) I_{N,M}/K_{TA} \tag{6-52}$$

若差动回路中串接 15Ω 的附加电阻，则继电器的动作电流为

$$I_{ac} = (0.4 \sim 0.6) I_{N,M}/K_{TA} \tag{6-53}$$

当采用 BCH-2 型继电器时，建议用高灵敏度的差动保护，其原理接线如图 6-29（b）所示。继电器的差动线圈 W_d 接在相应的差动回路中，各相的平衡线圈 W_b 均串接在中性线回路中，且与差动线圈呈反极性连接，要求在电流互感器二次回路断线时，保护装置不误动作。当保护区内发生两相或三相短路时，短路电流将反映到两个或三个差动线圈，而平衡线圈则无短路电流流过，所以只要在 W_d 中有较小的故障电流流过，差动继电器就能动作。

当任一相二次连线断线时，沿断线相的差动线圈和三个平衡线圈均有电流通过，由于断线相的差动线圈与其平衡线圈是反极性连接，所以它们产生的磁通互相抵消，故该断线相的继电器不会误动作。而其他非断线相两只继电器的差动线圈内无电流，但其平衡线圈中有断线相的负荷电流。要想使非断线相继电器不发生误动，必须让平衡线圈所产生的安匝数 $I_{N,M}W_b$ 小于继电器动作安匝 $AN = 60$ 安匝，故平衡线圈 W_b 的匝数应为

$$W_b = \frac{AN}{K_{co}I_{N,M}} K_{TA} \tag{6-54}$$

式中　$I_{N,M}$、K_{co}——高压电动机的额定电流与可靠系数，通常取 $K_{co} = 1.1$。

依此计算值选其相差较小的实有匝数作为平衡线圈的整定匝数 $W_{b,s}$。

同样，断线相差动继电器所产生的总安匝值 $\dfrac{I_{N,M}}{K_{TA}(W_d - W_b)}$ 也不应超过继电器动作安匝 $AN = 60$ 安匝，故差动线圈 W_d 的匝数应为

$$W_d = \frac{2AN}{K_{co}I_{N,M}} K_{TA} \tag{6-55}$$

依此计算值选其相差较小的实有匝数作为差动线圈的整定匝数 $W_{d,s}$。考虑到 $AN = I_{ac}W_d$，则差动保护继电器的动作电流为

$$I_{ac} = 0.55 I_{N,M}/K_{TA} \tag{6-56}$$

可见，高灵敏度差动保护的动作电流，可按电动机额定电流的 55% 来整定。这样整定后，当发生两点接地短路，且其中有一点在差动保护范围以内时，保护的灵敏度不会比通常接线的差动保护低。因此，可以推广使用这种高灵敏度差动保护。为了监视电动机差动保护二次回路断线，可在差动回路性线上串接一只电流继电器，作用于信号。BCH-2 型继电器的短路线圈的抽头，一般宜选取 $3-3'$ 或 $4-4'$，当功率大于 5000kW 时，可选取 $2-2'$ 或 $1-1'$。高压电动机差动保护的灵敏度可按式（6-49）进行检验。

三、高压电动机的单相接地保护

在中性点不接地的电力系统中，当电动机发生单相接地，接地电容电流大于 5A 时，

被认为是危险的，有可能过渡到相间短路，甚至造成电动机着火。因此，当接地电容电流大于5A时，高压电动机应装设单相接地保护。如果接地电容电流大于10A，接地保护应动作于跳闸。当接地电容电流为5～10A时，应作用于信号或跳闸。但功率在2000kW以上的电动机接地电容电流达5A，即应装设跳闸的单相接地保护。

电动机的单相接地保护多由零序电流互感器与电流继电器构成，其接线和动作电流的整定以及灵敏度检验与小接地电流线路的单相接地保护基本相同。

四、高压电动机的低电压保护

电动机低电压保护是一种辅助保护，当电源电压短时降低或中断时，泵站主电动机由于生产工艺条件和技术安保要求，不允许自启动，故必须装设低电压保护，并应带有一定时限动作于跳闸。其动作时限常整定为0.5s，动作电压整定为额定电压的40%～50%。构成电动机低电压保护应满足下列基本要求：

（1）能反映对称和不对称电压下降。三相电压对称下降到整定值时能可靠地启动，防止电压回路断线信号装置误发信号。

（2）当电压互感器一次侧隔离开关检修或误操作断开，以及二次侧熔断器一相、两相或三相同时熔断时，低电压保护不应误动作。

（3）当电压下降到额定电压的40%～50%时，低电压保护应以0.5s的延时断开电动机断路器。

电磁型低电压保护的原理接线如图6-30所示。在正常运行时，各低电压继电器所受电压为额定电压，继电器被吸动，各常开接点闭合，各常闭接点断开，使时间断电器与出口执行中间继电器均失掉正电源，低电压保护不能动作。

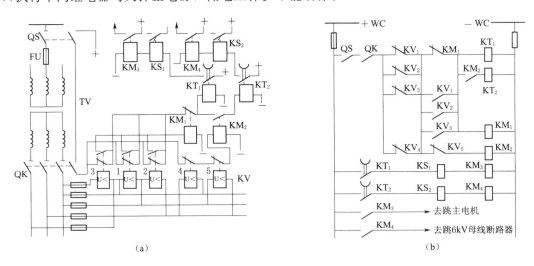

（a）　　　　　　　　　　　　　　（b）

图6-30　高压电动机的低电压保护
（a）原理接线图；（b）展开图

五、高压同步电动机的失步保护

高压同步电动机在运行过程中，当出现母线电压过分降低、所带负荷过大、转子回路断线或其他原因造成失磁时，同步机就会失步。同步机失步后，定子电流增大超过额定电流，在转子阻尼笼中产生感应电流，使温度升高，同时定子端电压与定子电流相角也发生变化，功率因数变得滞后。如果同步机长期处于异步运行状态，则将造成定子绕组烧损和阻尼笼端环开焊事故。因此，同步机需装设失步保护。高压同步机失步保护装置主要有定子过电流的失步保护和转子回路出现交变电流的失步保护。

（一）定子过电流的失步保护

这种保护方式较简单，在泵站中普遍采用。它可由 GL-10（20）系列过电流继电器组成，其电磁系统作为相间短路保护，感应系统兼作失步保护和过负荷保护，如图 6-29 所示。继电器的动作电流可按式（6-42）计算，不过其中 K_{co}/K_{re} 应取 1.4～1.5。尚须指出，当电动机失步后，在电动机定子绕组中流动脉动电流，峰值要比额定电流大几倍，而最低值有时比额定电流还小，在这种情况下继电器仍要可靠地动作。因此，应用 GL-10（20）系列继电器时，必须使流入继电器脉动电流峰值大于动作电流整定值的 2～4 倍。失步保护的时限取决于过负荷保护的时限。这种保护方式的动作时限较长，对某些大功率的同步机灵敏度较低，有可能不动作。

另外，也可以利用 DL-10 系列继电器构成失步保护，其原理接线如图 6-31 所示。为了保证失步时失步保护能可靠地动作，在电流继电器与时间继电器之间接入一个辅助的中间继电器。此中间继电器带有延时释放的常开接点，以便在脉动电流两个峰值之间使时间继电器不致失电而返回，此时电流继电器的动作电流可按下式计算：

$$I_{ac} = (1.2 \sim 1.3) \frac{K_w I_{N,M}}{K_{TA}} \qquad (6-57)$$

其动作时限应大于同步电动机的启动时间。

（二）转子回路出现交变电流的失步保护

同步电动机这种失步保护的原理接线如图 6-32 所示。在正常运行时，转子回路内流过直流励磁电流，电流互感器 TA 的二次侧不产生感应电势，电流继电器不动作；当同步机失步后，转子回路感应出交变电流，并传变到 TA 的二次侧使继电器动作，为避免时间继电器在振荡时返回，应加设延时断开接点的中间继电器。这种失步保护的动作时限应大于网路内不对称短路的持续时间，因为不对称短路时，定子回路中出现负序电流，势必在

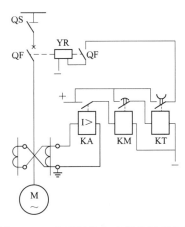

图 6-31　定子回路失步保护原理电路

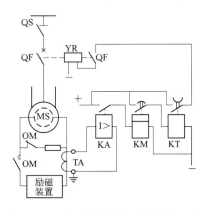

图 6-32　转子回路失步保护原理电路

转子回路内感应出交变电流，可能引起误动作。图中电流继电器的动作电流通常在同步电动机调整试车时确定。

尚须指出的是，在同步电启机启动过程中，灭磁开关 OM 已将励磁回路断开，因而失步保护并未投入，只有当 OM 常开接点闭合加励磁后，失步保护才投入。此时虽然尚未同步，但转子的转差很小，所产生的脉动交变电流不足以使失步保护动作。失步保护一旦动作后使高压断路器跳闸，同时也应将励磁回路断开即将灭磁开关 OM 断开。

习　题

(1) 继电保护的基本组成部分包括_____、_____、_____和_____。

(2) 继电保护根据其地位和作用可分为_____、_____和_____。

(3) 继电保护要求有_____性、_____性、_____性和_____性。

(4) 反应整个被保护元件上的故障，并能以最短的时限有选择地切除故障的保护称为_____。

(5) 当主保护或断路器拒动时，由相邻电力设备或相邻线路保护实现后备称为_____；主保护拒动时由本设备另一套保护实现后备、断路器拒动时由断路器失灵保护实现后备称为_____。

(6) 继电保护动作的_____是指保护装置动作时，仅将故障元件从电力系统中切除，使停电范围尽量缩小，以保证系统中的无故障部分仍能继续安全运行。

(7) 在继电保护整定计算中，通常要考虑系统的_____、_____两种极端运行方式。

(8) 常用的反映变压器油箱内部故障的保护为_____保护，用_____继电器来实现。

(9) 变压器瓦斯保护的作用是保护变压器内部线圈短路或铁芯故障，并反映变压器油面_____。

(10) 变压器瓦斯保护分为轻瓦斯和重瓦斯保护，其中_____保护动作于跳闸，_____保护动作于信号。

(11) 为消除变压器接线方式产生的不平衡电流，对 Y/△-11 接线方式的变压器，其差动保护变压器二次侧的电流互感器的二次线圈接成_____形，变压器一次侧的电流互感器的二次线圈接成_____形。

(12) 为了防止变压器外部短路引起变压器线圈的过电流及作为变压器本身差动保护和气体保护的后备，变压器必须装设_____。

(13) 能满足系统稳定及设备安全要求，能以最快速度有选择性地切除被保护设备和线路故障的保护称为主保护。(　　)

(14) 主保护或断路器拒动时，用来切除故障的保护是辅助保护。(　　)

(15) 为了保证电力系统运行稳定性和对用户可靠供电，以及避免和减轻电气设备在事故时所受的损失，要求继电保护动作越快越好。(　　)

（16）继电保护装置是保证电力元件安全运行的基本装备，任何电力元件不得在无保护的状态下运行。（　　）

（17）电流互感器的两相两继电器不完全星形接线可以保护所有的相间短路，故可以代替三相三继电器完全星形接线。（　　）

（18）瓦斯保护能反映变压器油箱内的各种短路、运行比较稳定、可靠性比较高，因此能完全取代差动保护的作用。（　　）

（19）瓦斯保护可以反映变压器油箱内部故障，但不能反映油箱外部的故障。（　　）

（20）为消除变压器接线方式产生的不平衡电流，对 Y/△-11 接线方式的变压器，其差动保护的高压侧电流互感器的二次线圈与低压侧电流互感器的二次线圈应接线一致。（　　）

（21）3～10kV 电动机的单相接地保护应只动作于信号。（　　）

（22）当系统发生故障时，正确地切断离故障点最近的断路器，是继电保护装置的（　　）的体现。

A. 快速性　　　　　B. 选择性　　　　　C. 可靠性　　　　　D. 灵敏性

（23）为了限制故障的扩大，减轻设备的损坏，提高系统的稳定性，要求继电保护装置具有（　　）。

A. 快速性　　　　　B. 选择性　　　　　C. 可靠性　　　　　D. 灵敏性

（24）所谓继电器动合触点是指（　　）。

A. 正常时触点断开　　　　　　　　B. 继电器线圈带电时触点断开

C. 继电器线圈不带电时触点断开　　D. 正常时触点闭合

（25）低电压继电器是反映电压（　　）。

A. 上升而动作　　　　　　　　　　B. 低于整定值而动作

C. 为额定值而动作　　　　　　　　D. 视情况而异的上升或降低而动作

（26）气体（瓦斯）保护是变压器的（　　）。

A. 主后备保护　　　　　　　　　　B. 内部故障的主保护

C. 外部故障的主保护　　　　　　　D. 外部故障的后备保护

（27）变压器励磁涌流可达变压器额定电流的（　　）。

A. 6～8 倍　　　　B. 1～2 倍　　　　C. 10～12 倍　　　　D. 14～16 倍

（28）当变压器外部故障时，有较大的穿越性短路电流流过变压器，这时变压器的差动保护（　　）。

A. 立即动作　　　　　　　　　　　B. 延时动作

C. 不应动作　　　　　　　　　　　D. 视短路时间长短而定

（29）过电流保护的两相不完全星形连接，一般保护继电器都装在（　　）。

A. A、B 两相上　　B. C、B 两相上　　C. A、C 两相上　　D. A、N 上

（30）过电流保护两相两继电器的不完全星形连接方式，能反映（　　）。

A. 各种相间短路　　B. 单相接地短路　　C. 开路故障　　　D. 两相接地短路

（31）过电流保护三相三继电器的完全星形连接方式，能反映（　　）。

A. 各种相间短路　　　　　　　　　B. 单相接地故障

C. 两相接地故障　　　　　　　　　D. 各种相间和单相接地短路

（32）什么是瓦斯保护？瓦斯保护的保护范围是什么？有哪些优缺点？

（33）什么是近后备保护？近后备保护的优点是什么？

（34）变压器差动保护不平衡电流是怎样产生的？

第七章 大型水泵机组的结构

泵站中的机电设备分为主机组和辅助设备两大类。直接为排灌服务的水泵和动力机称为主机组。主机组按水泵类型可分为轴流泵机组、离心泵机组和混流泵机组；按泵轴方向可分为立式机组、卧式机组和斜式机组。一般叶轮直径 1.6m 以上或功率 800kW 以上的水泵机组为大型机组。

泵站除了拥有主机组之外，还有保证主机组安全、经济运行的辅助设备系统，包括供排水系统、压缩空气及抽真空系统、润滑油系统、压力油系统、液压启闭机系统、起重设备等。辅助设备系统是大中型泵站不可缺少的重要组成部分，在保证主机组正常、安全运行，实行优化调节和实现泵站自动化，以及机组设备检修中起着十分重要的作用。

本章及后面各章分别介绍泵站主机组及主要辅助设备。

第一节 立式轴流泵的结构

轴流泵机组按叶片的调节方式可分为全调节机组和半调节机组。图 7-1 所示为 64ZLB-50 型立式半调节轴流泵的结构；图 7-2 所示为 28CJ-56 型立式全调节轴流泵机组的结构。全调节立式轴流泵由四大部分组成：固定部分、转动部分、主轴承及密封部件、叶片调节机构。

一、固定部分

固定部分包括底座、叶轮外壳、导叶体、中间接管及出水弯管等。

（一）底座

底座是水泵的下部基础，其下半部埋入钢筋混凝土进水流道出口中，上半部露出混凝土面，作为叶轮外壳的支承面。有的底座内有前导叶，起稳定进水流态的作用。底座的外壁有基础板，上面一般装有特制的千斤顶，专供安装调节底座高程和水平用。底座的上法兰面上开有梯形槽，内放橡皮圈，起止漏作用。

有些水泵在叶轮外壳以下有 2～3 个部件（预埋底座、套管、填料压环组等），最下部仍称底座，底座与叶轮外壳之间的部件则称为接管、锥管。锥管一般为分瓣结构以便拆装检修。

（二）叶轮外壳

对应于转轮叶片所在位置的外壳部分称为叶轮外壳（或称转轮室），常做成分半结构，安装及检修时可拆开。其外壁有若干条加强筋，以防壳体变形；内壁为球面，与叶片间有一定的间隙，使转轮工作和调节叶片时保持叶片间隙不变，不致与外壳相碰，一般间隙大，增加水量漏泄，影响水泵效率，间隙小效率高，但安装调整比较困难。

球面上有一圈中心线，供确定机组安装高程用，在外壳分半的中间，有的泵设有一对

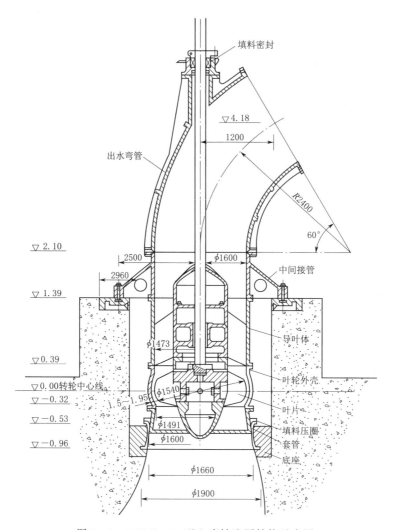

图 7-1 64ZLB-50 型立式轴流泵结构示意图

观察孔，用以在运行中观察汽蚀现象和检查叶片与叶轮外壳之间的间隙。叶轮外壳的上下直段设有连接法兰面，上下面均为凹止口。

在叶轮外壳与底座之间，以及导叶体与叶轮外壳之间，常有一定的轴向间隙，以便检修时能使叶轮外壳上下活动，方便拆卸，并用橡皮绳或填料封堵以防漏水。

（三）导叶体

导叶体一般为整体铸件，安装在叶轮外壳的上方，根据水泵型号不同，导叶体内分别铸有 6～12 片导水叶，用来消除经转轮后的水流的旋转运动，使水流的旋转动能转化为压力能，将水流导流成轴向运动。导叶体为上大下小的锥形，可使流速逐渐减小，以减少压力损失。

当出水管为混凝土现浇时，导叶体的一端一般牢固地埋入混凝土内，使其接合良好并防止漏水。考虑到叶轮安装起吊或更换导叶体的需要，有些水泵的导叶体做成可拆卸的型式，埋设一衬圈于混凝土中，再将导叶体固定在衬圈上。导叶体中部装有水泵导轴承，对

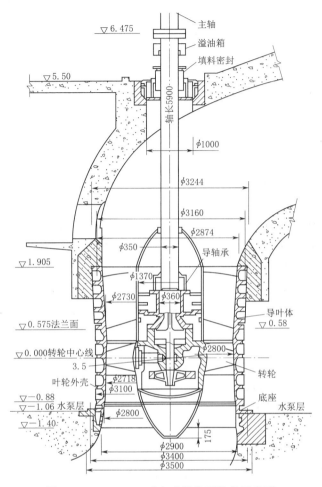

图 7-2 28CJ-56型立式轴流泵结构示意图

转动部分起径向支承作用。导叶的上部有后导水锥。

导叶体的法兰面上开有梯形槽，供安放橡皮绳作密封止水用。

（四）中间接管及出水弯管

叶轮直径1.6m以下的机组一般设置有中间接管、进出水弯管等铸件，将泵体的固定金属流道和泵体连接。中间接管是泵体固定部分的基础，也称为泵座，一般为整体式铸铁件，上面支承着出水弯管，下面悬挂着导叶体、叶轮外壳及套管，中间设有人孔；两臂支承在钢筋混凝土泵墩上，支臂上设有圆孔，供穿钢管作吊装叶轮用；臂端下面装有基础板，就位时放在泵墩基础混凝土的调整垫铁上，基础板用三只地脚螺栓与泵墩混凝土连接。

出水弯管为整体式铸铁件，一般分为大弯管和小弯管。大弯管上口法兰与小弯管相接，下口法兰支承在中间接管上，其顶部泵站轴穿过处设有上橡胶轴承窝，供安装上橡胶轴承及填料压盖用。小弯管后面接出水流道，根据出水流道上升段的走向确定其转弯角度。对于需要从机组中部垂直吊出叶轮及泵轴的水泵，弯管及连接段则应成为方便装拆和吊运的部件。

叶轮直径 1.6m 以上的机组，出水导叶后接水泵出水室，一般用钢筋混凝土浇筑而成。常见的有弯管出水和蜗壳出水两种。

二、转动部分

（一）叶轮

叶轮是水泵的关键部件之一，由泵轴带动旋转运行，将机械能传给液体。叶轮由叶片和轮毂两部分组成，叶片安装固定在轮毂上，轮毂与泵轴连接成水泵的转动部分。轮毂及叶片一般由铸钢制成，根据叶片在轮毂上的固定方式，可将叶轮分为三种：固定式、半调节式、全调节式。

固定式叶轮的叶片与轮毂铸成整体或用连接件固定在轮毂上，不能改变叶片的安放角。

半调节式叶轮在制造时就预先留出几个供调整叶片角度用的定位孔，叶片靠螺母和定位销固定在轮毂上，在安装或检修时可以根据需要调整叶片的安放角。图 7-1 所示的 64ZLB-50 型立式轴流泵的叶轮即为半调节式叶轮。

全调节式叶轮能在运行过程中通过调节机构在给定的调节范围内调整叶片角度。全调节式叶轮的叶片转动机构装设在轮毂内，如图 7-2 所示。

1. 叶片转动机构

叶片转动机构由活塞、活塞轴、操作架、耳柄、连杆和拐臂等组成。活塞缸位于轮毂的上部并与轮毂铸为一体。操作架与耳柄为刚性连接，耳柄与连杆、连杆与转臂之间均采用铰接，转臂与叶片轴为刚性连接。当活塞在压力油的作用下在活塞缸内上下运行时，操作架、耳柄及连杆随活塞一起上下运动，从而带动转臂转动，与转臂相连的叶片的安装角度也随之转动，从而实现了叶片安装角度的调节。

2. 叶片定位

叶片部件由叶片和叶片轴组成，叶片与叶片轴可以是整体铸件，也可以是组合件，若为组合件，则由螺钉装配连接成整体。

叶片部件与叶轮轮毂体是通过镶在轮毂体上的铜套作叶片径向定位的，为了防止叶轮在旋转时叶片相对于轮毂体作轴向运动，在拐臂内侧用卡环定位，这样叶片既可以在铜套（滑动轴承）内作转动，又不至于因离心力作用而甩出轮毂体。

3. 叶轮的密封

叶轮的密封有活塞的密封、活塞轴的密封、叶片轴的密封以及叶轮与底盖的密封等。

（1）叶片轴的密封。为了防止流过叶片的水沿叶片轴渗入轮毂体内与操作油接触而锈蚀叶轮部件，保证油水严格分离，在叶片轴与轮毂体外缘交接处设有密封装置。在大型轴流泵中，常用的为 λ 型密封装置，如图 7-3 所示，由 λ 型橡胶密封圈、顶紧环、压缩弹簧、预紧

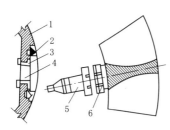

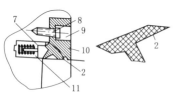

图 7-3　叶片根部的密封结构

1—轮毂；2—λ 型密封圈；3—轴套；
4—轴孔；5—叶片枢轴；6—叶片根部
连接螺孔；7—顶紧环；8—螺钉；
9—环氧树脂或铅；10—压环；
11—压力弹簧盒

力调节螺钉和压环等组成。顶紧弹簧放在轮毂体的弹簧座孔内,一端压在顶紧环上。

密封圈的一侧与顶紧环相接触,另一侧与压环相配合,当压环紧固后,λ型密封圈受到端面压缩,沿径向膨胀,向内膨胀的部分就贴紧叶片轴,向外膨胀的部分贴紧轮毂体,构成叶片轴与轮毂体交接处的密封。密封的松紧程度要适宜,过松不能满足密封要求,过紧则摩擦阻力增大,导致叶片转动困难。密封的松紧程度可通过调节螺钉改变弹簧的伸长值进行调节。

(2) 活塞轴的密封。为了保证下油腔的密封性,在活塞轴与缸体底部之间设有密封装置,一般由带金属骨架的 HP 型橡胶密封圈和压盖组成。由于活塞轴在上下运动,特别是向上运动时,密封圈容易被带起,因而密封圈要用压盖固定,使密封圈紧贴活塞轴和轮毂体。油缸与轮毂体内腔隔离,保证叶片调节的可靠性。

(3) 活塞与活塞缸体之间的密封。为了保证上油腔与下油腔严格隔离,在活塞外圆面上开有安装活塞环的环形槽。

活塞环一般用耐油橡胶制成,它既是密封件又是易损件,便于更换,避免了活塞与缸体之间的直接磨损。如果活塞与缸体密封不严,则上下油腔之间的压差不能建立,活塞就不能上下运动或运动不灵活;若活塞密封过紧,则活塞会出现卡阻,反而使叶片调节不灵活。

(4) 轮毂体与泵轴、轮毂体与底盖之间的密封。轮毂体与泵轴、轮毂体与底盖之间的密封部位如图 7-4 所示。为了防止操作油外溢,造成污染和浪费,在泵轴与轮毂体法兰面以及轮毂体与底盖之间均用不同直径的橡皮绳进行密封。

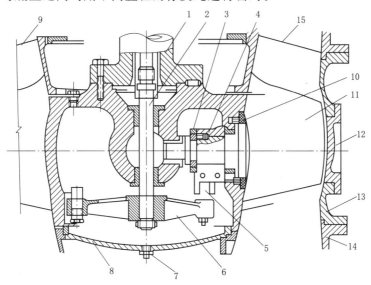

图 7-4 轮毂体与泵轴、轮毂体与底盖之间的密封
1—泵轴;2—操作杆;3—卡环;4—转臂;5—耳柄;
6—操作架;7—放油塞;8—底盖;9—导叶体;
10—λ型密封圈;11—叶片;12—观察孔;
13—叶轮外壳;14—套管;15—导叶体

（5）叶轮检修排油装置。叶轮在脱轴检修之前有两处的存油需要排放，一处是叶轮体油缸（活塞缸）和内外操作油管的存油；另一处是叶轮轮毂体内腔（即底盖的上部空间）的存油。为了便于排放叶轮轮毂体内腔的存油，有的水泵在油缸壁上开设有两个对称的轴向通孔，与轮毂体内腔相通，其中一个孔的下端接一根 L 形管，直伸到底盖的上方。

在机组运行时，活塞缸内长期充有压力油，由于活塞要上下运动，而活塞轴的密封又不可能绝对止漏，因而活塞下油腔的压力油就会顺轴下漏至轮毂体内腔，使该空间集油，这些集油从无到有，从无压到有压，当压力上升到某一值时，轮毂体内腔的油便会穿过油缸壁上的漏油孔沿漏油管上升，溢入固定油盆回收。

轮毂体内腔的集油会增加转动部分的重量，也会由于叶轮的旋转和振动而引起油荡，影响机组运行的稳定性。因而要定期地从一根漏油管向轮毂体内通入压缩空气，以便增加集油压力，迫使漏油由另一根漏油管溢入固定油盆。

检修前也可用上述方法吹出轮毂体内腔的集油，然后旋开底盖最低处的放油塞放尽存油。在检修前可从一根漏油管向油缸内通入压缩空气，迫使漏油由另一根漏油管溢入固定油盆，然后旋开底盖最低处的放油塞放尽轮毂体内腔存油。

在油缸壁上活塞的上下腔各开设有一个径向放油孔，只要松开丝堵即可放尽油缸及内外油管的存油。

（二）主轴

主轴又称水泵轴，大型全调节水泵轴是一个空心锻件，两端带有法兰，一端与电动机联轴法兰相接，另一端与轮毂体法兰相接，起着传递电动机扭矩的作用。主轴结构如图 7-5 所示。

为了防止主轴的磨损和锈蚀，在主轴与轴承，填料密封接触的部位一般都镶有耐磨的不锈钢衬套。主轴中间装有一根下操作油管。下操作油管的上端与中操作油管相接，下端与活塞相接，管内外分别通入压力油，供调节叶片角度用。有的空心轴内还有两根漏油管，当叶轮内腔的压力油超过某一压力值时，油便沿漏油管流入集油盒。

主轴要有一定的强度和刚度，法兰端面与主轴轴线之间具有很高的垂直度，法兰表面的平直度、轴衬与轴的同轴度要求也很高，因此主轴的结构虽然简单，但加工、安装和调整却十分困难。

三、主轴承及密封部件

主轴承又称水导轴承（水泵导轴承或水轮机导轴承），其主要作用是承受水泵轴上的径向荷载（如水力不平衡、汽蚀振动、转动部分的质量不平衡、电动机磁拉力不平衡等），保证水泵轴围绕其几何轴线运行。中小型立式轴流泵通常采用橡胶导轴承，有上、下导轴承之分，上导轴承设在泵轴穿过泵壳（出水弯管）处，下导轴承

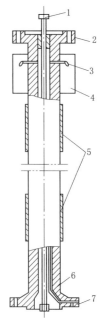

图 7-5　泵轴结构示意图
1—内油管；2—联轴法兰；3—甩油管；
4—油箱；5—不锈钢轴套；6—外油管；
7—接力器法兰

设在导叶毂内，橡胶导轴承均以水作润滑剂。大型立式轴流泵通常只设位于导叶毂内的导轴承。

主轴承按其润滑方式可分为水润滑轴承和油润滑轴承，其中水润滑轴承根据轴孔的材质不同又可分为橡胶轴承、桦木轴承和尼龙轴承等，其中以橡胶轴承较为常用。油润滑轴承又可根据油的形态不同而分为干油润滑轴承和稀油润滑轴承，且以稀油滑润轴承在大型水泵机组中较为常见。目前国产大型水泵机组中采用的油润滑轴承主要有转动油盆式轴承和毕托管式轴承两种。

（一）橡胶轴承

橡胶轴承由轴承体、橡胶轴瓦及轴瓦衬等组成，可制成整体结构或分块组合结构。橡胶轴瓦浇注于铸钢的轴瓦衬上，轴瓦衬用螺钉固定在分半的铸铁轴承体上，轴承体用螺钉（或螺栓）固定在导叶体内。轴瓦背面的调整螺栓用来调整轴瓦和轴颈的间隙，轴颈上焊有不锈钢轴衬防止主轴锈蚀。

橡胶轴承采用水润滑，橡胶轴承上部有润滑水箱与供水系统相通，润滑水由专门的供水设备提供过滤清水。橡胶轴瓦内表面开有纵向槽，运行时一定压力的润滑水从橡胶轴瓦与轴颈之间流过，从摩擦表面底部流出后，经叶轮上的泄水孔排出。润滑水箱与轴采用平板橡胶密封。图7-6所示是水润滑橡胶导轴承结构。

橡胶导轴承结构简单，工作可靠，安装检修方便，其位置较稀油润滑的导轴承更接近转轮，硬质橡胶轴瓦具有一定的吸振作用，可提高机组的运行稳定性。但橡胶轴承对水质的要求很高，水中含有泥沙时易磨损轴颈和轴瓦，轴瓦间隙易随温度变化，轴承寿命较短，刚性不如稀油润滑轴承，运行时间长后易发生振动。

（二）转动油盆式轴承

转动油盆式轴承的瓦衬为锡基合金，在国产 ZL30-7 型水泵机组中采用，它是利用转动油盆随机组旋转时所形成的抛物面状

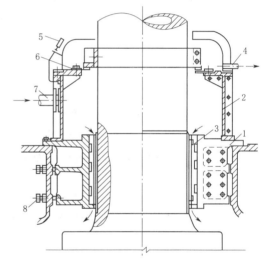

图7-6　水润滑橡胶导轴承
1—轴承体；2—润滑水箱；3—橡胶轴瓦；
4—排水管；5—压力表；6—橡胶平板密封；
7—进水管；8—调整螺栓

的油压力使油盆内的油沿油盆的进油孔进入轴承。在轴瓦面上开有 60° 的斜油槽，由于压力油有黏性，在主轴旋转的带动下沿斜槽上升而润滑轴承。进入轴承上油槽的油，冷却后由回油管流入转动油盆，形成封闭的油润滑系统。

轴承的上油量与机组的转速和进油口直径有关。对于高速机组仅利用转动油盆旋转所形成的静压力即能使油顺利地沿油口沟上升，因而进油盘上的进油孔一般钻成径向；对于低速机组，为了使油能顺利地沿轴承油沟上升，往往将进油孔钻成斜孔，以利用部分动压力使油沿油槽上升，转动油盆式稀油轴承的结构如图7-7所示。

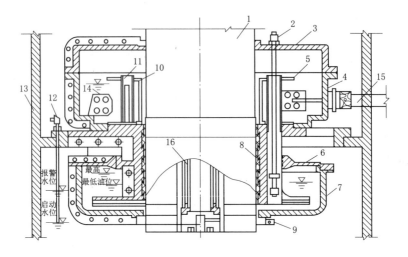

图 7－7　转动油盆式水导轴承结构示意图

1—水泵轴；2—油面信号器；3—上油箱盖；4—上油箱；5—支承盘；6—转动油盘盖；7—转动油盘；
8—锡基合金轴承；9—卡圈；10—支承架；11—回油管；12—水位信号器；
13—导叶体内腔；14—油冷却器；15—供水管；16—下操作油管

（三）毕托管式轴承

毕托管式稀油轴承的瓦衬亦为锡基合金，由毕托管、轴承体、转动油盆、固定油盆等部件组成，转动油盆中的润滑油在机组旋转产生的离心力作用下，油面成为一抛物面，在抛物面油压力作用下，润滑油沿毕托管上升至上油盆，上油盆的油则进入轴承润滑油沟，润滑轴承，多余的油沿回油孔流回转动油盆，如此自动循环，形成一个封闭的润滑油系统。

在出油管略高于油面 5mm 处设有进气孔，以免停机后由毕托管将上油槽中的油虹吸回转动油盆。毕托管的上油量同样与机组的转速有关，除此之外，还与毕托管的形状和位置有关。

一般取毕托管的弯曲半径 $R=3.5d$ （d 为毕托管直径）。为了减少毕托管进口处的回击油花，毕托管宜用椭圆形进口。若在毕托管管口背面开一条槽，使一部分油进入油管。一部分油自管口排出，则只有一部分造成回击油花，从而减轻了甩油程度。

采用稀油润滑的机组轴瓦与轴颈的磨损量小，机组运行稳定性好。但油轴承的结构比橡胶轴承复杂，检修维护较麻烦，轴承的制造及机组安装精度要求高，且需要可靠的密封止水装置。

（四）主轴承密封装置

水泵主轴承常用的密封装置有下列几种：

1. 石棉盘根水封

石棉盘根水封装置由盘根箱和盘根环等部件组成，如图 7－8 所示。盘根式封水装置结构简单，零件数目少，密封可靠，在大、中、小型机组中均为常用，通常在水封环上下各装 2～3 根盘根填料。将技术供水通入水封环，除了作压力水封外，技术供水还可作为润滑水和防止泥沙渗入的密封面，以减少磨损，盘根式水封因滑动面发热而影响材料的耐久性。

一般合理的应用范围为封水压力 0.5MPa，圆周速度 10m/s 以下，除了用石棉作为盘根之外，还可采用聚四氟乙烯作为盘根材料。应当说明，盘根式封水装置虽然结构简单，但由于纤维质、泥沙等杂质容易进入填料中形成砂纸作用，从而使主轴或轴衬磨损这一致命的缺点，盘根式水封装置不能用于泥沙含量大的场合，如因轴衬的磨损而翻新，则成了维修费用高的密封装置。

2. 平板橡胶密封

平板橡胶密封装置如图 7-9 所示，由与主轴同轴旋转的钢质转环、固定在水箱上的平板橡胶环等部件组成，来自供水系统的清洁水通过水管输入水箱均压后供给轴承起冷却和润滑作用，同时向上挤压平板橡胶环使之贴紧密封转环，将润滑水与流道中的水隔离。平板橡胶密封具有结构简单，不磨损主轴及摩擦损失小等优点，但漏水量大。

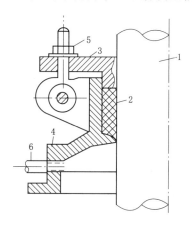

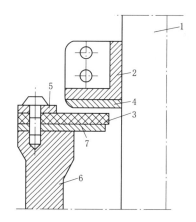

图 7-8　石棉盘根水封
1—主轴；2—石棉盘根；3—盘根压环；
4—盘根箱；5—压紧螺栓；6—水管

图 7-9　平板橡胶密封装置
1—主轴；2—密封转环；3—水封橡胶板；
4—衬盖；5—压板；6—水箱；7—盖板

3. 梳齿密封

梳齿密封由一对梳齿环即固定的上梳环和转动的下梳环通过增长漏水途径来消耗漏水的能量，达到密封的目的。为进一步改善密封效果，可在漏水途径的末端即上梳环顶部增加橡胶防漏圈和压板，并在转动梳齿环与主轴配合处加一道 O 形密封圈以防止配合不严密而使水沿配合接触面漏入主轴承。梳齿密封结构的特点是对轴无磨损，本身摩擦损失也很小，但密封效率不高。

4. 端面密封

端面密封主要是通过动环与静环接触来实现的，动环一般由钨钢制成，随轴一起转动，静环采用硬质橡胶或 MC 尼龙制成，静环上面为固定座，静环与静环固定座装在水泵导叶体下端的固定支座上，两者之间有压力弹簧，在静环自身的重力和弹簧压力作用下，动环与静环之间的端面密切接触，起到密封止水的作用。

5. 空气围带密封

空气围带密封一般与其他封水装置配合使用，作为主轴承及密封部件检修时的密封。

它是一种 O 形橡胶环，装在轴套与轴颈之间，通过充入压缩空气使围带膨胀来堵塞间隙，达到封水的目的。因此，机坑不排水也可进行主轴承及密封装置的检修，在机组运动时，空气围带内不充气，由其他密封装置起密封作用，如图 7 - 10 所示。

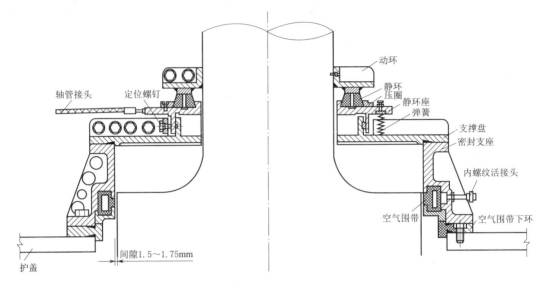

图 7 - 10　空气围带与平面密封装置配合使用示意图

四、叶片调节机构

大型全调节水泵的叶片调节机构原理如图 7 - 11 所示。调节器有机械齿轮式和液压调节器两类，而以液压调节器应用较为广泛。液压调节器由受油器、配压阀、操作和测量机构等部件组成。调节器通过调节器底座安装于电动机罩壳上，为了防止产生轴电流，在调节底座与电动机罩壳之间垫有绝缘垫。

（一）受油器

受油器是一个与内、外油管相通的腔体，镶有维持内、外油管旋转轴线和内油管轴向运动的轴承以及防漏密封装置。受油器的作用是把配压阀通入受油器的高压油送到活塞的上油腔或下油腔，推动活塞达到转动叶片的目的。因此，在受油器内将活塞的上下油腔油路严格分开，并通过一对分离轴承将内操作油管随电动机轴旋转的转动转换为上下往复运动。

（二）配压阀

配压阀由阀体、阀套和活塞组成三腔四通结构，与受油器和操作油系统相连，其作用是调配压力油进入受油器的上油腔油路或下油腔油路。

（三）操作及测量机构

由调节杆、蜗轮、蜗杆、手轮组成，调节杆通过连臂另一端与受油器的随动轴连接，中间和配压阀的活塞杆铰接，测量部件是一与内油管连接的回复杆及指针，叶轮活塞的轴向移动通过内操作油管带动回复杆同步向上移动，在叶片角度指标板上反映通过调节后的叶片实际角度。

叶片角度调节的操作方式有两种：一种是现场手动操作，由人工转动手轮使调节杆上下移动，从而改变配压阀活塞的位置来分配压力油；另一种是远动操作，由中控室发出信号，指示操作电动机正转或反转带动蜗轮蜗杆来改变配压阀活塞的相对位置，完成压力油分配。

在调节器底座内装有固定的集油盆，它与调节器转动部分构成梳齿状密封装置，使受油器的漏油直接由集油盆通过回油管流入集油箱。

液压式叶片调节系统的调节过程是：油泵和压缩空气管根据压力油罐内的油位和压力大小自动开关，向其内充油、补充压缩空气，使压力油罐内油位和压力保持在额定范围内。

1. 调大叶片角度

当需要调大叶片角度时，转动手轮使调节杆上的 A 点向下移动，直到叶片角度刻度盘指针指示在相应角度位置时停止。

在上述调节过程中，由于接力器的活塞腔尚未有压力油输入，所以 C 点作为支点不动，而配压阀的活塞在杠杆作用下，阀杆 B 点和调节杆 A 点一起以回复杆 C 点为支点向下移动。

由于配压阀活塞向下移动后，压力油就由配压阀通过内操作油管进入接力器活塞的下腔，使接力器活塞向上移动，通过操作架和耳柄、连杆、转臂的叶片转动机构，使叶片向正角度方向转动。同时活塞上腔的油通过操作油管外腔、回油管回到回油箱。

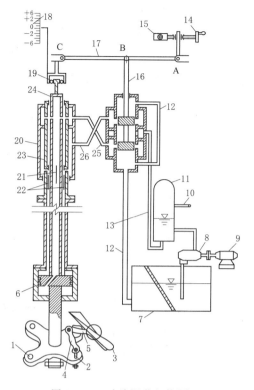

图 7 - 11　叶片调节机构原理

1—操作架；2—耳柄；3—叶片；4—连杆；5—转臂；6—接力器活塞；7—油箱；8—油泵；9—电动机；10—压缩空气管；11—储压器；12—回油管；13—进油管；14—手轮；15—伺服电机；16—配压阀活塞杆；17—回复杆；18—叶片角度刻度盘；19—随动轴换向接头；20—受油器；21—至活塞下腔；22—至活塞上腔；23—中间隔管；24—上操作油管；25—至操作油管内腔油管；26—至操作油管外腔油管

接力器活塞向上移动时，由操作油管带动 C 点向上移动，带动配压阀阀杆 B 点以 A 点为支点向上移动，一直到配压阀活塞恢复到原来位置将油管口堵住，水泵的叶片就固定在调大的安装角位置上运行。

2. 调小叶片角度

当需要调小叶片角度时，转动手轮使调节杆 A 点向上移动，C 点不动，配压阀活塞阀杆 B 点和调节杆 A 点一起以回复杆 C 点为支点向上移动，压力油就由配压阀通过外操作油管进入接力器活塞的上腔，使接力器活塞向下移动。C 点带动阀杆 B 点以 A 点为支点向下移动，一直到配压阀的活塞恢复到原来位置时，水泵的叶片就固定在调小的安装角度位置上运行。同时活塞下腔的油通过内操作油管腔、回油管回到回油箱。

五、内置式液压调节器

传统的液压调节器普遍采用外供油的形式，配套专门油压装置，因此，设备庞大、系统复杂、辅助设备多、运行操作管理麻烦、维护费用较高，而且运行时间较长后，容易产生油压异常、密封漏油磨损等问题，且安装检修标准高，安装不到位，也会引起渗漏油、调节力不够等现象，影响机组运行可靠性。新型内置式液压调节器安装在机组主轴顶端，随机组一起转动，由内置式微型液压站及微伺服电动机提供叶片调节需要的工作压力，省去了配压阀、外供油系统，从而避免了传统叶片调节器的易漏油、易振动、故障率高的弊端，近十多年来在我国大型泵站中得到了广泛应用。

第二节 卧式离心泵的结构

卧式水泵机组的基本特征是其轴线为一条水平线，如图 7 - 12 所示。一般卧式水泵包括叶轮和轴在内的旋转部件和壳体、填料函及轴承组成的静止部件，在泵的静止部件与旋转部件之间，存在三个动静交接而需要防漏的部位。

图 7 - 12 卧式水泵机组

（1）旋转的泵轴为与电动机轴连接而穿出静止的泵壳的部位，需要有轴封装置防止漏水。

（2）旋转的叶轮进口与静止的泵壳内壁接缝处，需要设置减漏环防止叶轮加压后高压水流回到水泵进口的低压区，增加流量损失和能量损失。

（3）将旋转的泵轴定位到静止的泵座，需要转动连接装置——轴承座。

一、轴封装置

轴封装置在泵轴与泵体之间起密封作用，可防止空气进入泵内或大量的水从泵内渗漏出来。

（一）填料密封

填料密封设在泵轴穿过泵壳的地方，其作用是密封泵轴在穿过泵壳处的缝隙，防止大量的水从泵内流出和空气进入泵内，此外，它还部分地支承泵轴并引水润滑，冷却泵轴。

填料密封的结构如图 7 - 13 所示，主要由填料函、填料、水封环、填料压盖和底衬环等组成。

填料函（盘根箱）用来安放填料和水封环，离心泵与混流泵的填料函和泵体铸为一体，轴流泵的

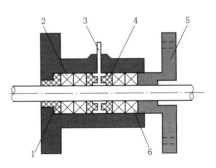

图 7 - 13 填料密封装置
1—底衬环；2—填料；3—水封管；
4—水封环；5—填料压盖；6—填料函

填料函装在弯管上面。

填料也称盘根，起密封作用，填料截面呈矩形，用石棉绳编制，用石蜡或油、石墨浸透后压制而成。具有耐高温，既柔又刚的特性。

水封环（填料环）的作用是把压力水分布到填料中进行水封和冷却。

填料压盖用来压紧填料，填料的松紧程度可由填料压盖螺栓进行调节，若填料过紧，压力水无法进入填料进行冷却，致使填料发热烧坏，且使泵轴与填料之间的摩擦力增大，增加泵的轴功率，甚至会出现抱轴的现象；填料过松，则易漏水漏气，一般以从填料中滴水 $30 \sim 60$ 滴/min 为宜。

底衬环（填料套）的作用在于阻挡填料被压出，并起部分支承泵轴的作用，由泵内的水进行润滑和冷却。

填料密封的优点在于结构简单，成本低，安装容易，更换时不需拆下泵的零件。缺点是石棉填料容易磨损变质，使用寿命短，需要经常更换，且密封性能差。

（二）黄油密封

黄油密封的结构如图 7-14 所示，通过黄油杯的压力使适量黄油在槽形套与填料函之间形成油环，起到密封作用。

为了防止黄油漏出或被吸入泵内，在轴套两端各加 $1 \sim 2$ 圈石棉填料。采用黄油密封后，黄油可润滑泵轴，减少摩擦损失，降低水泵的轴功率，另外，黄油加注比较方便。但黄油浸水后容易吸入泵内或被水冲走，故需经常加注，成本较高。

（三）有骨架的橡胶密封

有骨架的橡胶密封的主要构件是密封碗，利用橡胶弹簧压力将密封碗紧压在轴（或轴套）上，优点是结构简单、体积小，可以缩短轴向尺寸，密封效果比较显著，但由于密封碗内孔尺寸易超差，因而容易将轴压得太紧，造成功率消耗增大。有骨架的橡胶密封安装要求比较严格，寿命比较短，因而在小泵上用得较多，在大泵上很少采用。

（四）机械密封

机械密封又称端面密封，结构如图 7-15 所示，是靠弹簧和密封介质的压力，在旋转的动环和静环的接触表面上产生适当的压紧力，使摩擦副端面紧密贴合，端面间维持一层极薄的液体膜而达到密封的目的。这层液体膜具有动、静水压力，起着润滑和平衡压力的作用。

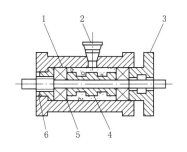

图 7-14 黄油密封结构示意图

1—填料盖；2—黄油杯；3—填料压盖；
4—轴套；5—填料；6—填料套

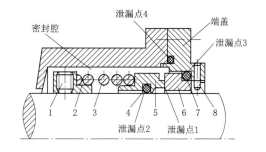

图 7-15 单端面机械密封示意图

1—紧定螺钉；2—弹簧座；3—弹簧；4—动环密封圈；
5—动环；6—静环；7—静环密封圈；8—防转销

机械密封主要由下列三部分组成：

（1）主要密封元件，由动环（旋转环）和静环（回定环）组成。动环可沿轴移动，工作时动环受液压和弹簧的压力作用，紧压在静环上做相对运动。

（2）辅助密封元件，由动、静环密封圈和垫片组成，常用 O 形、U 形和楔形等密封圈。

（3）压紧元件及其他辅助元件，如弹簧、推环、传动座、防转销等。

只有一个动环和一个静环的称为单端面机械密封，有两个动环和两个静环的称为双端面机械密封。

二、减漏环

在叶轮吸入口的外圆与泵壳内壁的接缝处存在一个转动缝，它正是高低压交界面，且具有相对运动的部位，很容易发生泄漏，使泵效率降低。为了减少泵壳内高压水向吸入口的回流量，一般采用以下两种减漏方式：

（1）减小接缝间隙（一般取 0.1～0.5mm 为宜）。

（2）增加泄漏通道中的阻力。

在实际应用中，由于加工、安装以及轴向力等问题，在接缝间隙处理很容易发生叶轮与泵壳间的磨损现象。为了延长叶轮和泵壳的使用寿命，通常在泵壳上镶嵌一个金属环，称为减漏环（又称口环、承磨环、密封环、阻水环），其作用是使泵体与叶轮保持适当间隙，减少高压水的回流损失，同时起承磨作用。如图 7-16 所示即为镶在叶轮上的减漏环。

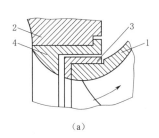 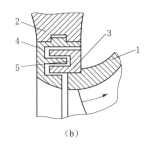 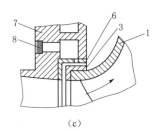

(a)　　　　　　　　　　(b)　　　　　　　　　　(c)

图 7-16　减漏环结构

（a）双 L 型；（b）迷宫型；（c）水冲洗型

1—叶轮；2—泵壳；3—叶轮减漏环；4—泵壳减漏环；

5—降压室；6—吸入盖减漏环；7—吸入盖；8—清水进口

在实际运行中，在这个部件摩擦是难免的，有了减漏环，当间隙增大后，只需要更换减漏环而不致使叶轮或泵壳报废，因此，减漏环是一个易损件，选择材料时除了硬度要低些外，还应具有较好的耐磨性，通常用优质铸铁或不锈钢制成。

减漏环装在叶轮或泵壳上，有平直型和曲折型两种。只设一个减漏环的称单环结构，设两个配套使用的称双环结构。内密封的漏水量取决于叶轮进出口的压差和减漏环的结构型式和间隙。实践证明，曲折型减漏环漏水量小，且间隙可适当留大些，可减少制造和装配上的困难。

大泵的减漏环多采用曲折型，其中最常见的有：

（1）双 L 型。固定环的凸缘紧靠在泵壳内壁，与叶轮之间有较大的轴向间隙，以降低泄漏回流的速度，如图 7-16（a）所示。

（2）迷宫型。内密封或承磨要求较高的泵型，可用迷宫型减漏环，如图 7-16（b）所示。其阻泄接缝通常由两个或几个降压室串联而成。

（3）水冲洗型。抽送含泥沙水的泵，可采用水冲洗型减漏环，如图 7-16（c）所示，该结构可将高压清水用接管引到叶轮进口，经过孔道到固定环，通过固定环的孔和槽分配到泄漏缝隙中去。高压水充满整个泄漏缝隙，并以一定的速度向泵进口流动，阻止沙砾进入间隙内。

三、轴承及轴承座

（一）轴承

轴承装在轴承座内作为转动体的支承部件。轴承依荷载特性分为径向轴承和止推式轴承，只承受径向荷载的称径向轴承，只承受轴向荷载的称止推式轴承，同时承受径向及轴向荷载的称径向止推轴承。卧式机组的荷载主要在径向上，有时也存在一些不平衡的轴向推力，故主要是径向轴承，也有根据需要另外设止推轴承的。

水泵中常用的轴承有滚动轴承和滑动轴承两类。滚动轴承又分为滚珠轴承和滚柱轴承，其构造基本相同，一般在荷载较大时采用滚柱轴承。大中型水泵常采用青铜或铸铁（巴氏合金衬里）制造的金属滑动轴瓦，用油进行润滑，也有采用橡胶、合成树脂、石墨等非金属材料制成的滑动轴承，使用水润滑和冷却。若采用滑动轴承，则必须采取专门措施来承受轴向推力。

（二）轴承座

轴承座是用来支承轴的，轴承座通常与壳体铸为一体。轴承座的基本构造如图 7-17所示，轴承入座后用轴承端盖压紧密封。在轴承发热量较大，单采用空气冷却不足以将热量散逸时，可采用冷却水套接冷却水管的形式来冷却。泵用滚动轴承的润滑一般用填脂法或油杯法。

四、联轴器

动力机的动力是通过联轴器传给水泵的，联轴器又称靠背轮，有刚性和挠性两种。刚性联轴器实际上是用两个圆法兰盘连接，在运行中对出现的泵轴与动力机轴的不同轴度无调节余地。

图 7-18 所示为常用的圆盘形挠性联轴器，实际上是钢柱销上带有弹性橡胶圈的联轴器，用平键分别与电动机轴承和水泵轴连接。在一般大中型卧式泵机组安装中，为了减少传动时轴线有少量偏心而引起的周期性振动和弯曲应力，常采用这种挠性联轴器，在运行中应定期检查橡胶圈的完好情况，以免发生刚性柱销与法兰孔的直接碰撞，造成法兰孔失圆的现象。

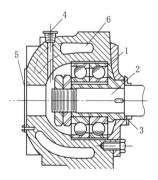

图 7-17　泵用滚动轴承座
基本结构示意图

1—双列滚珠轴承；2—泵轴；
3—阻漏油橡胶圈；4—油杯
孔；5—封板；6—冷却水套

五、泵轴与轴套

泵轴的主要作用是支承叶轮和其他旋转部件的重量并传递扭矩，泵轴必须在其挠度小于转动和固定零件间最小间隙的情况下工作。泵轴承受的荷载有扭矩、零部件的重量、径向及轴向水推力。泵轴的材料常为碳素钢或不锈钢，以保证足够的抗扭强度和刚度，其挠度不能超过允许值，工作转速不能接近产生共振现象的临界转速。通常用轴套来保护填料函、泄漏接缝及流道中的泵轴，使之不受侵蚀和磨损。

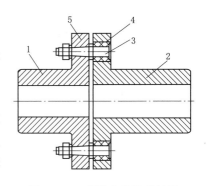

图 7-18　弹性套柱销联轴器
1—泵侧联轴器；2—电动机侧联轴器；
3—柱销；4—弹性圈；5—挡圈

六、泵壳与泵座

泵壳的过流部分要求有良好的水力条件，在选择泵壳的材料时，除了考虑介质对过流部分的腐蚀与磨损之外，还应使泵壳具有足够的机械强度。泵座上有与底板或基础固定用的法兰孔，为了保证连接固定的可靠性，应当具有足够的强度和刚度。

七、叶轮

叶轮是泵的主要零件之一，其形状和尺寸由水力计算决定，在选择叶轮材料时，除了考虑在离心力作用下的机械程序之外，还要考虑材料的耐磨和耐腐蚀性能。

叶轮与泵轴用平键连接，这种键只能传递扭矩而不能固定叶轮的轴向位置，在大中型泵中，叶轮的轴向位置用轴套和紧固轴套的螺母来定位。

第三节　电动机的结构

我国机电排灌中的大型水泵机组大多以电动机为动力机。根据轴线的布置方式，电动机可分为立式和卧式两类。卧式电动机除了在轴承及推力轴承部分与立式电动机不同之外，其结构与立式电动机基本相同，本书不专门介绍。

按照推力轴承所处的位置不同，立式电动机又可分为伞型（图 7-19）和悬吊型（图 7-20）两种。伞型电动机的推力轴承位于下机架处，适用于转速 150r/min 以下，机组高度低，但推力轴承磨耗大，安装维护不方便。

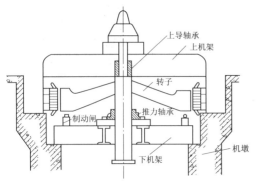

图 7-19　伞型电动机

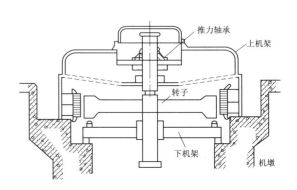

图 7-20　悬吊型电动机

悬吊型电动机的推力轴承位于上机架处，多用于转速 100r/min 以上的机组，其特点是推力轴承磨损小，运行稳定，安装方便，但机组高度较大。

我国大型机电排灌工程中采用的大多数为立式悬吊型同步电动机，一般由定子、转子、上机架、下机架、推力轴承、导轴承、冷却器、制动器和碳刷装置等部件组成，如图 7-21 所示。

一、定子

电动机的定子由定子壳体、铁芯和线圈等部件组成，如图 7-22 所示。

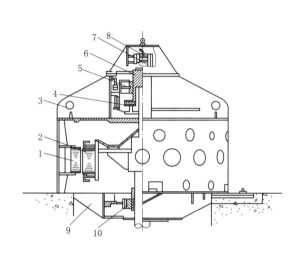

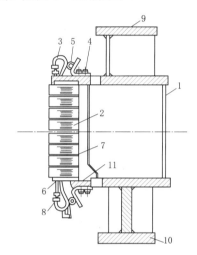

图 7-21　800kW 立式同步电动机
1—定子；2—转子；3—上机架；4—推力瓦；5—上导轴承；
6—推力头；7—碳刷架；8—集电环；9—下机架；
10—下导轴承

图 7-22　定子壳体结构
1—机座；2—铁芯；3—线圈；4—支架；
5—端箍；6—槽楔板；7—Ⅰ形衬条；
8—绝缘片；9—上环；10—下环；
11—齿压板

1. 定子壳体

定子壳体是用来固定铁芯的，对于悬吊型机组，它还起着将上机架所受的力传给基础的作用。壳体由钢板焊接而成，当外径大于 4m 时必须作成分瓣组合式，但一般不得多于 6 瓣。壳体应具有一定的刚度，以免定子产生变形或振动。

2. 铁芯

铁芯一般由 0.35～0.5mm 厚的两面涂有绝缘漆的扇形硅钢片叠压而成。空冷式电动机铁芯沿高度分成若干段，段与段之间用Ⅰ形衬条隔成通风沟，以便通风散热。铁芯上、下端有齿压板，通过拉紧螺杆将叠片压紧。铁芯外圆上开有燕尾槽，通过定位筋和托板将整个铁芯固定在壳体上，铁芯内圆上有矩形嵌线槽，用以嵌放绕组线圈。

3. 线圈

定子绕圈用带有绝缘的扁铜线绕制而成，在外面包扎绝缘层。定子线圈有叠式、绕式两种型式，为了减少电动机的附加损耗，在线圈绕制时，要进行编织定位，能使并联导体电流的分配均匀。

二、转子

电动机的转子由主轴、支架、磁轭、磁极、风扇和制动环板等组成，如图 7-23 所示。

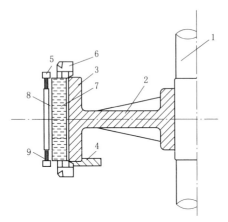

图 7-23　转子
1—主轴；2—支架；3—磁轭；
4—制动环；5—阻尼环；6—风扇；
7—铁芯；8—线圈；9—阻尼条

1. 主轴

电动机主轴的作用是传递扭矩并承受转动部分的轴向力，主轴一般由高强度钢锻制而成。大中型电动机主轴均制成空心的，这样不仅能增加刚度、减轻重量，而且还能在其内装设操作油管。

2. 支架

电动机转子支架的作用是支承磁轭，并将获得的转矩传给主轴。支架均为铸焊结构，当直径较大时，受运输条件的限制，支架可分解成轮辐和转臂两部分。

3. 磁轭

磁轭的作用是产生转动惯量，固定磁极并构成磁路的一部分。直径小于 4m 的磁轭用铸钢或厚钢板制成，也可与支架铸成整体，当直径大于 4m 时，磁轭由 3~5m 的钢板冲压成扇形，再交错叠成整圆，并用螺栓紧固成整体，然后用键固定在转子支架上。磁轭外圆有 T 形槽以便固定磁极。

4. 磁极

磁极是产生磁场的主要部件。由铁芯、线圈和阻尼条组成，并用 T 形结构固定磁轭上，磁极铁芯由 1~1.5mm 厚的钢板冲片叠压而成，两端加极靴压板并用双头螺栓紧固。

极靴上装有阻尼绕阻，它由阻尼铜条和两端阻尼环组成，将各极之间的阻尼环连成整体构成阻尼绕组，作为同步电动机进行异步启动用。

5. 励磁线圈

励磁线圈由扁裸铜条或铝条绕成，匝间粘贴石棉或玻璃纤维布作绝缘，也可用导体表面氧化层的方法绝缘，对地绝缘采用绝缘筒和垫板。

三、机架

1. 上机架

大型立式轴流泵配套悬吊型电动机的上机架为荷重机架，由油槽和外伸的支腿组成，与电动机定子上表面连接，用来承受机组转动部分的重量及轴向水推力，应有足够的强度和刚度。

油槽内装有上导轴承、推力轴承和油冷却器等，如图 7-24 所示。

2. 下机架

与定子相连接的下机架，要完成由定子到基础的力的传递过程。下机架由圆形油槽及支腿焊接而成，如图 7-25 所示。它有与定子直接连接的，也有不与定子相连接而落在与定子不同的混凝土基础上的结构形式。下机架油槽内装有下导轴承、油冷却器等，其支腿上装有制动器。

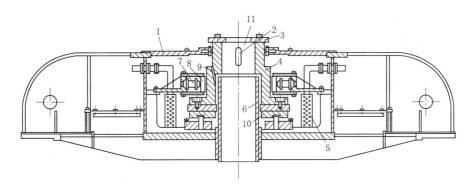

图 7 - 24 上机架

1—罩壳；2—键；3—卡环；4—推力头；5—油冷却器；6—挡油筒；

7、8—上导轴承；9—回油孔；10—推力瓦；11—电动机轴

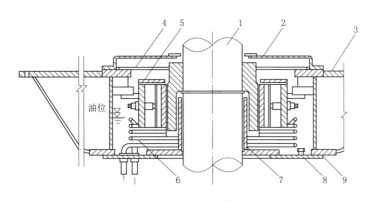

图 7 - 25 下机架

1—电动机轴；2—挡板；3—下机架；4—盖板；5—下导轴承；

6—油冷却器；7—挡油筒；8—底环；9—耐油橡胶绳

四、推力轴承

推力轴承也称止推轴承，其作用是承受轴向力，将旋转部分的重量转换到固定部分上去。大中型水泵配套的同步电动机常用的推力轴承为刚性支柱式，由推力头、镜板、推力瓦和轴承座等部件组成，如图 7 - 26 所示，因结构简单、安装维护方便而在大型水泵机组中广泛采用。

1. 推力头

推力头用键或热套法与主轴连接，并随主轴旋转，一般为铸钢件，如图 7 - 27 所示，为防止推力头轴向位移。其上端面与卡环连接，卡环嵌入主轴上的卡环槽内，其下端面与镜板相连，在推力头与镜板之间夹有 1～2 层绝缘垫。

2. 镜板

镜板是固定在推力头下面的转环，用锻钢制成。由于镜板是一个平面，对其平行度、光洁度

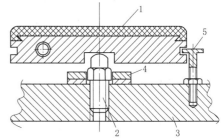

图 7 - 26 刚性支柱式推力轴承

1—推力瓦；2—抗重螺栓；3—轴承座；

4—锁片；5—限位螺钉

要求很高。镜板是整个机组中精度最高的零件。荷重越大，其表面光洁度和形位公差要求就越高，一般用优质钢材锻制研磨而成，是一转动的环形部件。

3. 推力瓦

推力瓦与镜板构成平面摩擦副，是推力轴承的静止部件，将旋转部分的重量转换成固定部分的荷载，推力瓦为扇形分块式，如图 7-28 所示。

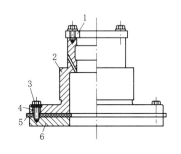
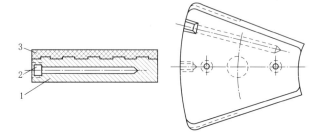

图 7-27　推力头
1—卡环；2—推力头体；3—连接螺钉；
4—绝缘套；5—绝缘垫；6—镜板

图 7-28　推力瓦
1—钢坯；2—温度计孔；3—锡基轴承合金

推力瓦由瓦钢坯和瓦衬组成，即在瓦钢坯上浇铸一层锡基合金，一般约为 5mm 厚，轴瓦下端面开设有偏心的圆形槽，槽内垫有铜片，作为轴瓦与球头支承螺栓接触的易损件。这种球面接触和圆形槽的偏心能使推力瓦在机组运行中自由倾斜，形成楔形油膜，增大最大与最小油膜的比值，有利于推力瓦的润滑和冷却。在推力瓦的扇形长弧侧开有螺纹内孔，用来安装测温元件。

4. 轴承座

轴承座（又称推力瓦座）是支承推力瓦的部件，上部装有推力瓦支承螺栓，并有控制轴瓦位移的定位螺钉。通过推力瓦支承螺栓调节各块推力瓦顶面的高程从而使所有的推力瓦受力均匀。

五、冷却器

1. 油冷却器

大型立式电动机的推力轴承及上、下导轴承在运转时产生机械摩擦，此损失以热能的形式积聚在轴承中，由于轴承是浸在润滑油中的，故引起轴承及油槽内润滑油的温度升高。此热量如不能及时排出，将影响轴承的使用寿命及安全，并且加速透平油的劣化。

油槽内油的冷却方式有内部冷却和外部冷却两种。外部循环冷却系统，是将润滑油用油泵抽到油槽外浸于流动冷却水中的冷却器进行冷却，如图 7-29 所示为机组推力轴承外循环冷却系统。油冷却器置于油槽外，便于检修、维护。

内部冷却是在油槽内安装一组铜合金管制成的油冷却器，冷却水自一端进入冷却器内，吸收透平油的热量，降低轴承及油的温度，由另一端排出，将部分热量带走。立式电动机的内部油冷却器如图 7-30 所示。冷却水的温度应保持在 25℃ 以内，水温过高，水流通过冷却器的吸收热能力降低，影响轴承的正常运转。

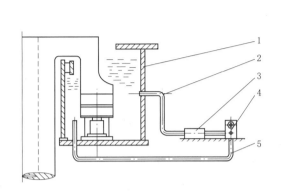
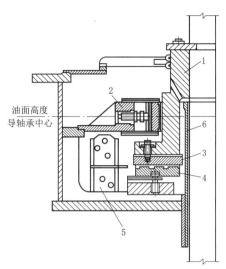

图 7 - 29 推力轴承外循环冷却系统   图 7 - 30 立式电动机的内部油冷却器

1—油槽；2—热油管；3—外加泵装置；   1—推力头；2—导轴承；3—镜板；

4—冷却器；5—冷油管   4—推力瓦块；5—油冷却器；6—挡油圈

油冷却器的结构有半环式、盘香式、弹簧式、抽屉式、箱式、圆形等形状。图 7 - 31 所示是立式电动机轴承用 LYJH 型油冷却器。图 7 - 32 所示是某泵站主泵推力轴承油冷却器的布置，在推力轴承油槽中串联有 8 个抽屉式冷却器。

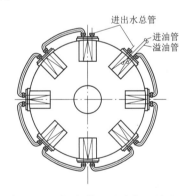

图 7 - 31 LYJH 型油冷却器   图 7 - 32 推力轴承油冷却器的布置

2. 空气冷却器

电动机在运行过程中有电磁损失和机械损失。这些损耗将转化为热量，如果热量不能及时散发出去，不但会降低电动机的出力，而且还会因局部过热破坏线圈的绝缘，甚至引起烧毁电动机的事故。因此，必须对运转中的电动机加以冷却。电动机大多采用空气作为冷却介质，用流动的空气对定子、转子绕组以及定子铁芯表面进行冷却，带走电动机产生的热量。按照冷却空气的循环形式，泵站电动机的通风方式可分为开敞式通风、管道式通风和密闭循环通风。

开敞式通风是利用电动机周围环境空气自流冷却，电动机转子的上下装有风扇，当电动机旋转后，冷风通过风扇从上下机架吸入，在定转子之间的气隙和定子铁芯通风槽中流动，吸收热量后经定子外壳上的通风孔排在厂房内。开敞式通风的优点是无须增加设备，简便易行；缺点是通风量小，冷却热负荷小，电动机热量直接散发在泵房内，泵房温度较高；电动机的温度直接受环境温度的影响，防尘、防潮能力差。一般用于额定功率800～1600kW及以下的电动机。

管道式通风是在电动机下方定子外壳与定子铁芯外侧之间设置环形风道，环形风道一侧开口连接主风道，主风道出口设在泵房进水侧。根据主风道内空气流动的动力来源，可分为管道拔风式和风机强排式。

管道拔风式设有从水泵层到电动机下方，甚至到泵房上部的管道，借助高差的拔风作用，将温度较低的水泵层的空气引入电动机下方，靠风压作用将热空气经风道排至厂外。管道式通风的散热能力在相同条件下比开敞式通风高。

风机强排式如图7-33所示，相比开敞式通风，增加了电动机下方通向进水侧的风道。在风道出口的排风机，热空气经风道强排至厂外，不影响室内环境，冬季还可打开风道盖板取暖。由于没有从水泵层引入冷风的风道，故也称半管道式。优点是通风量大，冷却效果好；不足之处是外部空气中的灰分会进入电动机，吸附在空气过流发热面，降低冷却效率。1600～3000kW的电动机大多采用半管道式通风方式。

功率更大的电动机采用密闭自循环通风方式，其原理如图7-34所示，电动机四周设密闭的环形风道，其中包含一定体积的空气，利用转子上装置的风扇，强迫空气流动，冷空气通过转子绕组，再经过定子中的通风沟，吸收电动机绕组和铁芯等处的热量成为热空气，热空气通过设置在电动机四周的空气冷却器，经冷却后重新进入电动机内循环工作。

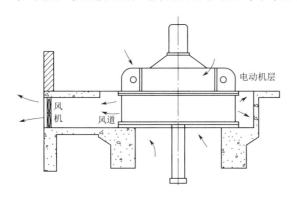
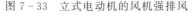

图7-33 立式电动机的风机强排风

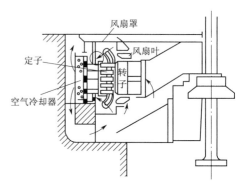

图7-34 电动机密闭自循环通风方式

冷却水由一端进入空气冷却器，吸收热空气的热量变成温水，从另一端排出，如此循环，从而将电动机产生的热量发散出机外。空气冷却器由多根冷却水管、上下承管板、密封橡皮垫和上下水箱盖零部件组成，如图7-35所示。空气冷却器是由许多根黄铜管和两端的水箱所组成，为了增加吸热效果，在黄铜管上装置许多铜片（或由许多铜丝绕成）。

图7-36所示是TL7000-80/7400型电动机的空气冷却器的布置，共有8个，分为4组，每组2只串联，并联于进出水管之间。

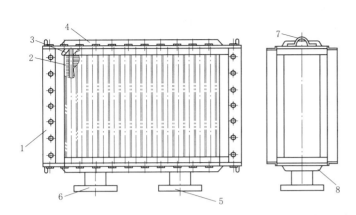

图 7-35　电动机空气冷却器结构　　　　　图 7-36　空气冷却器的连接布置
1—固定支架；2—冷却管；3—上承管板；4—上水箱盖；
5—进水管；6—出水管；7—吊攀；8—下水箱盖

六、导轴承

同步电动机导轴承包括上、下油槽内导轴承。导轴承由转轴轴颈、导轴瓦、压板及瓦架等部件组成。为防止轴电流通过导轴瓦，在每块瓦的背后部装有绝缘垫。在导轴瓦上部开有螺纹孔，用来安装测温元件。导轴承对主轴起径向支撑作用，在 800kW 电动机中，上、下油槽内各装有 4 块导轴瓦；在 1600kW 电动机中，上、下油槽中各装有 8 块导轴瓦。导轴瓦是承受主轴旋转径向力的，除形状为分块圆弧式，其他与推力瓦相似。

七、制动器

当水泵机组停机时，在跳闸断流以后，机组还需旋转一段时间才会完全停止下来。机组长期低速旋转时，推力瓦与镜板之间不易形成油膜，使推力轴承润滑情况严重恶化，甚至因干性摩擦损坏轴瓦，因此需要对电动机进行制动。当电动机转速降到 30%～40% 额定转速时可利用制动器进行制动，以免转子由于惯性作用而长期低速旋转。水泵机组的制动方式主要有电气制动和气压制动两种。随着科学技术的进步，通过产生反向电磁力矩使电动机停止转动的电气制动方式，逐步代替了气压制动器抱轴产生的机械磨损、撞击使电动机停止转动的制动方式。电气制动对设备损伤小，能实现快速停机。因此，机组气压制动的应用已越来越少。

气压制动是将制动器与压缩管道接通，向制动器输送 0.6～0.8MPa 的压缩空气，刹住正在惰转的转子。一般，制动操作必须在惰转转速为额定转速的 30%～40% 时进行。在电动机下机架的每个支腿上都安装有制动器，用于机组制动。制动闸一般为油气合一的单缸结构，结构如图 7-37 所

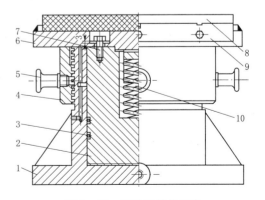

图 7-37　制动闸结构示意
1—底座；2—活塞；3—O 形密封圈；4—螺母；5—手柄；
6—制动板；7—螺钉；8—动块；9—夹板；10—弹簧

示，由气缸、活塞、闸板、回复弹簧等组成。

制动器的活塞下腔接到压缩空气的管道上，同时也接到高压油泵或手动高压油泵的压力油管道上，通过截止阀及电磁阀的动作，使制动器执行顶转子或制动的操作。

活塞在压缩空气和回复弹簧的作用下在气缸内上下滑移，其顶部固接带有石棉橡胶板的制动闸板。立式机组制动时，制动闸板在压缩空气的作用下向上顶起，顶压在电动机转子下方的制动环上产生摩擦力矩，形成摩擦制动。卧式机组制动时，两个制动闸板在压缩空气的作用下从两侧紧紧夹持转子而形成制动力矩。制动装置在转子静止后排出压缩空气，活塞和制动闸板在回复弹簧的作用下回复到原来位置。

制动闸除用于制动外，也可同时作为顶车——启动前抬高转子之用。还可在机组启动前顶起转子使镜板与推力轴瓦之间形成油膜，改善机组的启动性能。

因长时间停机后，推力轴承的油膜可能被破坏，故在开机前要将转子抬起，使之形成油膜。顶起转子一般是用移动式高压油泵，将油压加到8～12MPa（大型水泵机组油压更大），由制动闸将转子抬起3～5mm（大型水泵机组更大），保压时间一般10min以内。在高压油泵的进油管上，要装上溢流阀、安全阀及压力指示装置，以保证输油安全。

机组制动操作系统的原理如图7-38所示，机组制动分为自动操作和手动操作。

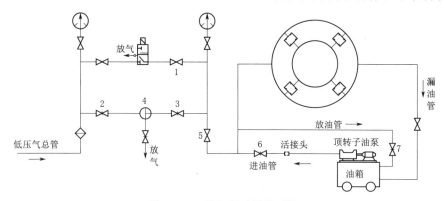

图7-38　机组制动操作系统

自动操作：当机组停机断流后，转速降到30％～35％额定值时，由转速继电器控制的电磁空气阀自动打开，经过一定时间（供气延续时间由时间继电器整定）后，使电磁空气阀复归（关闭），于是制动闸与大气相通，排出剩气，制动完毕，并由电接点压力表发回监测信号。

手动操作：机组转速由操作柜上的转速表监视；关闭阀门1，打开阀门2、3，当转速达到30％～35％额定值时，切换三通阀4，使压缩空气进入制动闸。制动完毕后，再切换三通阀使与大气相通，排出制动闸中的空气。

顶转子操作：首先切断制动系统各元件与制动闸的联系，关闭阀门5，打开阀门6，用高压油泵打油到制动闸，使机组转子抬起3～5mm。开机前放出制动闸中的油，打开阀门7，油沿着排油管路经阀门7排回油箱。

习　　题

（1）大型水泵机组采用的水导轴承有_____和_____两类。按受力方向，承受径向力的称为＿＿＿＿＿＿＿＿，承受轴向力的称为＿＿＿＿＿＿＿＿。

（2）卧式水泵填料密封的填料又称＿＿＿＿＿＿＿＿，减漏环又称＿＿＿＿＿＿＿＿，联轴器又称＿＿＿＿＿＿＿＿。

（3）推力头用键与主轴连接，并随主轴旋转。（　　）

（4）水泵口环磨损后更换麻烦，应和叶轮保持足够间距。（　　）

（5）为满足强度要求，大型立式全调节轴流泵的泵轴不应采用空心轴。（　　）

（6）立式轴流泵固定部分、转动部分各有哪些部件？

（7）什么是水导轴承？其润滑方式有哪些？

（8）水泵机组的推力轴承的作用是什么？

（9）传统的水泵叶片调节机构是怎样调节叶片的？

（10）大型立式电动机一般有哪些冷却器？

第八章 泵站油系统

水泵机组及电气设备在运行中，为了保证设备的安全和正常运行，在叶片角度调节、机组运转的润滑散热，以及电气设备的绝缘消弧时，都是以油为介质来完成的。泵站油系统是用管网把用油、储油、油处理设备连接起来的油务系统。

第一节 泵站用油种类、作用及基本性质

一、泵站用油的种类

我国石油产品及润滑剂可以分为 F-燃料、S-溶剂及化工原料、L-润滑剂及相关产品、W-蜡、B-沥青、C-焦六大类。其中 L-润滑剂及相关产品又分为 19 组，见表 8-1，各组应用场合不同，如 T 组应用于涡轮机（汽轮机），D 组应用于压缩机。

表 8-1　　　　　　　　　　润滑剂及相关产品（L 类）的分类

组别	应用场合	组别	应用场合	组别	应用场合
A	全损耗系统	H	液压系统	T	涡轮机
B	脱模	M	金属加工	U	热处理
C	齿轮	N	绝缘液体	X	润滑脂
D	压缩机	P	气动工具	Y	其他应用场合
E	内燃机	Q	热传导	Z	蒸汽气缸
F	主轴、轴承和离合器	R	暂时保护防腐蚀		
G	导轨	S	特殊润滑剂应用场合		

泵站用油主要包括润滑油和绝缘油两类。润滑油中有供主机组轴承润滑和叶片调节机构操作用的透平油；供液压启闭机和液压减载装置用的液压油；供空气压缩机润滑用的空气压缩机油，供真空泵用的真空泵油；供小型电动机、站用其他机械设备润滑用的机油和润滑脂等。绝缘油主要是供变压器和油开关用的变压器油。

（一）透平油

透平油也称涡轮机油或者汽轮机油，主要用于大型水泵电动机轴承的润滑，以及液压传动轴的基础油。在电动机轴承内主要起到润滑、冷却的作用。透平油具备良好的氧化安定性、适宜的黏度和良好的黏温性、良好的抗乳化性、良好的防锈防腐性、良好的抗泡性和空气释放性。

我国汽轮机油采用 ISO 6743 标准分类，其中蒸汽轮机油细分为 TSA、TSC、TSD、TSE 四种牌号。《涡轮机油》（GB 11120—2011）将 L-TSA（矿油型）、TSE（极压矿油型）汽轮机油按 40℃ 运动黏度中心值分为 32、46、68、100 四个黏度等级（牌号），并分A 级和 B 级。L-TSA 和 L-TSE 汽轮机油技术见表 8-2。

表 8-2　　　　　　　　　　L-TSA 和 L-TSE 汽轮机油技术要求

项　目			质量指标							试验方法
			A 级			B 级				
黏度等级（按 GB/T 3141）			32	46	68	32	46	68	100	
外观			透明			透明				目测
色度/号			报告			报告				GB/T 6540
运动黏度（40℃）/(mm²/s)			28.8~35.2	41.4~50.6	61.2~74.8	28.8~35.2	41.4~50.6	61.2~74.8	90.0~110.0	GB/T 265
黏度指数	≥		90			85				GB/T 1995①
倾点②/℃	≤		-6			-6				GB/T 3535
密度（20℃）/(kg/m³)			报告			报告				GB/T 1885③
闪点（开口）/℃	≥		186	186	195	186	186	195	195	GB/T 3536
酸值（以 KOH 计）/(mg/g)	≤		0.2			0.2				GB/T 4945④
水分（质量分数）/%	≤		0.02			0.02				GB/T 11133⑤
泡沫性（泡沫倾向/泡沫稳定)⑥/(mL/mL)	程序Ⅰ（24℃）	≤	450/0			450/0				GB/T 12579
	程序Ⅱ（93℃）	≤	100/0			100/0				
	程序Ⅲ（后 24℃）	≤	450/0			450/0				
空气释放值（50℃）/min	≤		5	5	6	5	6	8	—	SH/T 0308
铜片实验（100℃，3h）/级	≤		1			1				GB/T 5096
液相锈蚀（24h）			无锈			无锈				GB/T 11143
抗乳化时间（乳化液达到 3mL 的时间)/min	54℃	≤	15	15	30	15	15	30	—	GB/T 7305
	82℃	≤	—	—	—	—	—	—	30	
旋转氧弹⑦/min			报告			报告				SH/T 0193
氧化安定性	1000h 后总酸值（以 KOH 计）/(mg/g)	≤	0.3	0.3	0.3	报告	报告	报告	—	GB/T 12581
	总酸值达 2.0（以 KOH 计）	≥	3500	3000	2500	2000	2000	1500	1000	GB/T 12581
	1000h 后油泥/mg	≤	200	200	200	报告	报告	报告	—	SH/T 0565
承载能力⑧齿轮机试验/失效级	≥		8	9	10	—				GB/T 19936.1
过滤性	干法/%	≥	85			报告				SH/T 0805
	湿法		通过			报告				
清洁度⑨/级	≤		-/18/15			报告				GB/T 14039

注　L-TSA 类分 A 级和 B 级，B 级不适用于 L-TSE 类。

① 测定方法也包括 GB/T 2541，结果有争议时，以 GB/T 1995 为仲裁方法。

② 可与供应商协商较低的温度。

③ 测定方法也包括 SH/T 0604。

④ 测定方法也包括 GB/T 7304 和 SH/T 0163，结果有争议时，以 GB/T 4945 为仲裁方法。

⑤ 测定方法也包括 GB/T 7600 和 NB/SH/T 0207，结果有争议时，以 GB/T 11133 为仲裁方法。

⑥ 对于程序Ⅰ和程序Ⅲ，泡沫稳定性在 300s 时记录，对于程序Ⅱ，在 60s 时记录。

⑦ 该数值对使用中油品监控是有用的。低于 250min 属不正常。

⑧ 仅适用于 TSE。测定方法也包括 NB/SH/T 0306，结果有争议时，以 GB/T 19936.1 为仲裁方法。

⑨ 按 GB/T 18854 校正自动粒子计数器（推荐采用 DL/T 432 方法计算和测量粒子）。

泵站一般使用 32 或 46 黏度等级的透平油，传统的品牌号为 HU-32、HU-46，新品牌号 L-TSA32、L-TSA46。《电厂运行中矿物涡轮机油质量》（GB/T 7596—2017）规定了运行中的透平油质量标准，见表 8-3。泵站运行中矿物涡轮机油质量可以参考执行此标准。

表 8-3　　　　　　　　　　　　运行中的涡轮机油质量标准

序号	项　　目		设备规范	质量指标	检验方法
1	外观			透明	DL/T 429.1
2	运动黏度（40℃）/(mm²/s)	32[①]		28.8～35.2	GB/T 265
		46[①]		41.4～50.6	
3	闪点（开口杯）/℃			>180，且比前次测定值不低 10	GB/T 267 GB/T 3536
4	机械杂质		200MW 以下	无	GB/T 511
5	清洁度[②]（NSA1638）/级		200MW 及以上	≤8	DL/T 432
6	酸值/(mg KOH/g)	未加防锈剂		≤0.2	GB/T 264
		加防锈剂		≤0.3	
7	液相锈蚀			无锈	GB/T 11143
8	破乳化时间（54℃）/min			≤30	GB/T 7605
9	水分/(mg/L)			≤100	GB/T 7600 GB/T 7601
10	起泡沫试验/mL	24℃		500/100	GB/T 12579
		93.5℃		50/10	
		后 24℃		500/10	
11	空气释放值（50℃）/min			≤10	SH/T 0308

① 32、46 为汽轮机油的黏度等级。

② 润滑系统和调运系统共用一个油箱，也用矿物汽轮机油的设备，此时油中洁净度指标应参考设备制造厂提出的控制指标执行。

（二）液压油

液压油用于泵站液压启闭机和液压减载装置，是液压传动系统中的工作介质。在液压系统中起着能量传递、抗磨、系统润滑、防腐、防锈、冷却等作用。要求液压油黏度适当、黏温性能好、润滑性和抗磨性良好、抗泡沫性好；还要求有良好的抗乳化性能、防锈性能、不腐蚀金属，以及对密封材料有良好的适应性能。液压系统采用普通机械油或透平油（L-TSA32）作传动介质时，工作可靠性不高，油的使用寿命较短。对精密的液压传动装置需用专用液压油。

我国液压油的产品执行标准以《液压油（L-HL、L-HM、L-HV、L-HS、L-HG)》（GB 11118.1—2011）为基准，分为 L-HL 抗氧防锈液压油、L-HM 抗磨液压油（高压、普通）、L-HV 低温液压油、L-HS 超低温液压油和 L-HG 液压导轨油五个品种，以 40℃ 黏度划分为 15、22、32、46、68、100、150 等 7 个牌号。选择液压油时要从工作压力、温度、环境、液压系统以及零部件的结构和材质及经济性等诸多方面综合考虑。

（三）压缩机油和真空泵油

压缩机油主要用于活塞式空气压缩机气缸运动部件及排气阀的润滑，并起防锈、防腐、密封和冷却作用。因与压缩空气接触，氧的密度大，工作温度高，故油易氧化。为了保证高温下安全运行，要求油的闪点至少要比排气温度高 40℃，一般允许排气温度最高不得超过 160℃，所以油的闪点不得低于 200℃。压缩机油具有良好的热氧化安定性，不宜用其他油代替，否则容易生成油泥把活塞环粘住，甚至引起气缸爆炸。

《润滑剂、工业用油和有关产品（L 类）的分类　第 9 部分：D 组（压缩机）》（GB/T 7631.9—2014）将往复的十字头和筒状活塞或滴油回转（滑片）式压缩的空气压缩机润滑剂按使用负荷和 40℃运动黏度分为 L-DAA 和 L-DAD 两个品种。每个品种按黏度等级又各分为 32、46、68、100、150 等 5 个牌号。

真空泵油用于润滑和密封各种真空泵机件。要求油品具有低的饱和蒸气压，才能在真空泵中的高温、低压条件下，不易蒸发，以保证获得低的真空度。《润滑剂、工业用油和有关产品（L 类）的分类　第 9 部分：D 组（压缩机）》（GB/T 7631.9—2014）规定了往复式、滴油回转式、喷油回转式（滑片和螺杆）真空泵润滑剂分为 L-DVA、L-DVB 两个品种。

（四）润滑脂

润滑脂俗称黄油，是润滑油与稠化剂的膏状混合物，有润滑、密封、防护及节约能源等作用。滚动轴承润滑及小型机组导水叶轴承润滑用油，也对机组部件起防锈作用。

某些机械摩擦部位由于工作条件的限制，不能采用润滑油而需要采用润滑脂，如开放式润滑部位要求润滑剂不得流失或滴落；在有尘埃、水分或有害气体侵蚀的情况下，要求有良好的防护性；因使用条件的限制，要求长时间不换润滑剂的部位；温度和速度变化范围较大的摩擦部位的润滑，以及某些机械设备的封存、防腐、防锈等。

试验证明，当润滑脂的基础油与润滑油的黏度相同时，润滑脂的油膜厚度比使用润滑油薄 30%，摩擦力减小，可以降低动力消耗。

润滑脂分钙基、钠基和锂基。

（五）绝缘油

早期变压器油和断路器油产品以凝固点高低划分为三个牌号，分别是 10 号、25 号和45 号变压器油，油的凝固点分别为 -10℃、-25℃、-45℃及以下温度。变压器油的牌号有 DB-10、DB-25、DB-45 三种，其中 D 表示电力用油，B 表示变压器油，南方前两种牌号用得较多，而北方后两种牌号用得较多。断路器油的牌号为 DU，室外油断路器，在长江以南可采用凝固点为 -10℃的 DU-10 断路器油，而东北、西北严寒地区则需要用凝固点为 -45℃的 DU-45 断路器油。

按《润滑剂和有关产品（L 类）的分类　第 15 部分：N 组（绝缘液体）》（GB/T 7631.15—2014），L-NT 表示用于变压器和开关的绝缘液体，故 10 号、25 号和 45 号变压器油或断路器油产品上已标注牌号为 L-NT-10、L-NT-25 和 L-NT-45。

按《电工流体　变压器和开关用的未使用过的矿物绝缘油》（GB 2536—2011），变压器油和低温开关油根据抗氧化添加剂含量的不同，分为三个品种：不含抗氧化添加剂油用U 表示；含微量抗氧化添加剂油用 T 表示；含抗氧化添加剂油用 I 表示。按最低冷态投运温度，有 0℃、−10℃、−20℃、−30℃、−40℃等。I−0℃、I−10℃、I−30℃变压器油（通用）GB 2536 相当于原 10 号、25 号和 45 号变压器油。《运行中变压器油质量》（GB/T 7595—2017）给出了运行中的变压器油质量标准，部分指标见表 8−4。

表 8−4　　　　　　　　　　　　运行中的变压器油质量标准

序号	项　　目	电压等级/kV	质量指标		检验方法
			投入运行前的油	运行油	
1	外观		透明、无杂质或悬浮物		外观目视
2	色度/号		≤2.0		GB/T 6540
3	水溶性酸/（pH 值）		＞5.4	≥4.2	GB/T 7598
4	酸值[a]（以 KOH 计）/（mg/g）		≤0.03	≤0.1	GB/T 264
5	闪点（闭口）[b]/℃		≥135		GB/T 261
6	水分[c]	330～1000	≤10	≤15	GB/T 7600
		220	≤15	≤25	
		≤110	≤20	≤35	
7	界面张力（25℃）/（mN/m）		≥35	≥25	GB/T 6541
8	介质损耗因数（90℃）	500～1000	≤0.005	≤0.020	GB/T 5654
		≤330	≤0.010	≤0.040	
9	击穿电压/kV	750～1000	≥70	≥65	GB/T 507
		500	≥65	≥55	
		330	≥55	≥50	
		66～220	≥45	≥40	
		≤35	≥40	≥30	
10	体积电阻率[d]（90℃）/（Ω·m）	500～1000	≥6×10^10	≥1×10^10	DL/T 421
		≤330		≥5×10^9	
11	油中含气量[e]（体积分数）/%	750～1000	＜1	≤2	DL/T 703
		330～500		≤3	
		电抗器		≤5	
12	油泥与沉淀物（质量分数）/%			＜0.02（以下可忽略不计）	GB/T 8926—2012
13	颗粒污染度/粒	1000	＜1000	＜3000	DL/T 432
		750	＜2000	＜3000	
		500	＜3000	—	

a　测试方法也包括 GB/T 28552，结果有争议时，以 GB/T 264 为仲裁方法。
b　测试方法也包括 DL/T 1354，结果有争议时，以 GB/T 261 为仲裁方法。
c　测试方法也包括 GB/T 7601，结果有争议时，以 GB/T 7600 为仲裁方法。
d　测试方法也包括 GB/T 5654，结果有争议时，以 DL/T 421 为仲裁方法。
e　测试方法也包括 DL/T 423，结果有争议时，以 DL/T 703 为仲裁方法。

二、泵站用油的作用

大型泵站用油主要包括：

（1）电动机的推力轴承和上下导轴承、主泵的油导轴承的润滑用油。当机组轴承的润滑油系统油温过高时常危及机组的安全运行，严重时被迫停机。

（2）叶片调节机构、液压启闭机、液压减载装置的压力用油。当压力油系统漏油严重、压力升不上去时，这些设备就无法工作。

（3）辅助设备如空气压缩机、真空泵等用油。它们对用油有特殊要求，故所用油类也不同于前者，有专用的空压机油、真空泵油。空压机的气缸温度很高，如用油不合理时，极易使油质劣化，是空压机故障和事故的主要原因之一。

在泵站中，油对各类设备的正常运行起到润滑、散热和液压传递等作用。

（一）透平油的作用

透平油在机组运行中的作用主要是润滑、散热和液压操作。

（1）润滑作用。油在机组的运动部件（轴）与约束部件（轴承）之间的间隙中形成油膜，以润滑油膜内部的液态摩擦代替固体之间的干摩擦，从而降低摩擦系数，减少设备的磨损和发热，以延长设备的使用寿命，保证设备的功能和运行安全。在两个相对摩擦表面之间加入润滑油，形成一个润滑油膜的减摩层，就可以降低摩擦系数，减小摩擦阻力。在液体润滑时，两摩擦表面不直接接触，由一层 $1.5 \sim 2 \mu m$ 以上的润滑油膜完全分开，依靠润滑油的压力来平衡外载荷。此时的摩擦阻力主要是液体润滑膜内部分子间相互滑移的低剪切阻力，也属于内摩擦，因此摩擦系数很小，通常为 $0.001 \sim 0.008$。

（2）散热作用。设备在运行中，虽然润滑油降低了摩擦系数，减少摩擦热的产生，但仍有摩擦作用而产生热量。这些热量对设备及润滑油的寿命和功能都有很大的影响，因此必须设法散出。热量的一部分由机体向外扩散，其余部分则不断使机械温度升高。润滑油的作用之一就是将热量传出，然后加以发散，使机械控制在所要求的温度范围内运转。一般小机组通过甩油环将油槽中冷油甩到轴承上起润滑和散热作用。而大机组因散热量大，油温上升快，要在油槽中安放油冷却器，通过油和冷却水之间的热量交换把热量散发出去，从而使油和设备的温度不致升高到超过规定值，以保证设备的安全运行。

（3）液压传递。油可以作为传递能量的工作液体，有传递功率大和平稳可靠的优点。在大型泵站上有许多设备是用液压操作的，如泵的叶片角度调节机构、快速闸门的启闭机、主机的液压减载轴承和管道上的液压操作阀等，都需要用高液压来操作，常用透平油作为传递能量的工作介质。因为需要的操作力很大，所以必须用高压油来操作。水泵叶片角度调节机构工作油压有 2.5MPa、4.0MPa、6.3MPa 等，而闸门启闭机的工作油压一般为 $5 \sim 10MPa$。

（二）绝缘油的作用

绝缘油在设备中的作用是绝缘、散热和消弧。

（1）绝缘作用。由于绝缘油的绝缘强度比空气大得多，因而用绝缘油作绝缘介质可大大提高电气设备的运行可靠性，并可缩小设备尺寸，使设备布置紧凑。同时，绝缘油还对棉纤维的绝缘材料起到一定的保护作用，使其不受空气和水分的侵蚀而变质，从而提高它的绝缘性能。

（2）散热作用。变压器运行时，由于线圈本身具有电阻，当通过强大电流时，会产生大量的热，此热量若不及时散发，温升过高将损害线圈绝缘，甚至烧毁变压器。绝缘油吸收了这些热量，在油流温差作用下利用油的对流作用，把热量传递给冷却器（例如水冷式变压器的水冷却器或自冷式、风冷式变压器外壳的散热片）而散发出去，使变压器温度维持在正常水平，保证变压器的功能和安全运行。

（3）消弧作用。当油开关切断电力负荷时，在触头之间发生电弧。电弧的温度很高，如果不设法很快将热量传出，使之冷却，弧道分子的高温电离就会迅速扩展，电弧也就会不断地发生，这样就可能烧坏设备。此外，电弧的继续存在，还可能使电力系统发生振荡，引起过电压，击穿设备。绝缘油在受到电弧作用时，发生分解，产生约含70%的氢的混合气体。氢是一种活泼的消弧气体，它在油被分解过程中从弧道带走大量的热，同时也直接进入弧柱地带，将弧道冷却，限制弧道分子的离子化，而且使离子结合成不导电的分子，使电弧熄灭。

三、泵站用油的基本性质

（一）黏度

黏度是流体黏滞性的一种度量，是流体流动力对其内部摩擦现象的一种表示。当液体质点受外力作用而相对移动时，在液体分子间产生的阻力称为黏度，即液体的内摩擦力。黏度是流体抵抗变形的能力，也表示流体黏稠的程度。油的黏度表示油分子运动时阻止剪切和压力的能力。

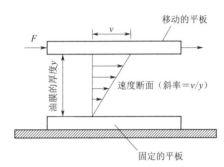

图 8-1 平行平板间黏性液体的速度断面

在图 8-1 中有两块平行的平板，中间被厚度 y 的油膜所隔开。下平板是固定不动的，上平板在作用力 F 的推动下以速度 v 向前移动。由于油的黏性，油黏附在平板的表面上，因此与下平板接触的油层速度为零，而与上平板接触的油层速度为 v，结果获得一个线性变化的速度断面，其斜率为 v/y。

油的动力黏度可表示为

$$\mu = \frac{\tau}{v/y} = \frac{\text{油中切应力}}{\text{速度断面的斜率}} \qquad (8-1)$$

式中 τ——在油膜的相邻层次间形成的剪切应力，Pa；

v——移动的平板的速度，m/s；

y——油膜厚度，m。

油的黏度分为动力黏度、运动黏度和相对黏度。动力黏度和运动黏度也称绝对黏度。

1. 动力黏度

如移动平板与油膜接触的面积是 $1cm^2$，而上平板速度 $v = 1cm/s$，油膜厚度 $y = 1cm$，则有

$$\mu = \frac{\tau}{v/y} = \frac{\tau}{1/1} = \frac{\text{剪切力}}{\text{剪切面积}} = \frac{\text{剪切力}}{1} = F \qquad (8-2)$$

此时，相对移动时液体分子间产生的阻力即为此液体的动力黏度，以 μ 表示，单位为 Pa·s 或 mPa·s，1Pa·s＝1000mPa·s。

在温度为 20.2℃时，水的动力黏度＝0.001Pa·s。

2. 运动黏度

在相同的试验温度下，液体的动力黏度与它的密度比，称为运动黏度，以 ν 表示，$\nu=\mu/\rho$，单位为 m^2/s 或 mm^2/s。

运动黏度是润滑油最重要的一项指标，是选用润滑油的主要依据。如 46 号透平油表示该油在 40℃时的运动黏度为 $(41.4\sim50.6)\times10^{-6}m^2/s$。

3. 相对黏度（或称比黏度）

液体的动力黏度 μ 与 20.2℃的水的动力黏度 μ_0 的比 $\eta=\mu/\mu_0$，称为该液体的相对黏度。η 是无量纲值。

4. 恩氏黏度

工业上常用恩格勒（Engler）黏度计来测定黏度，也称恩氏黏度，用 $°E$ 表示。即温度 t℃时 200mL 的油从恩氏黏度计中流出的时间 T_t，与同体积的蒸馏水在 20℃时从同一黏度计流出的时间 T_{20} 之比，即 $°E_t=T_t/T_{20}$，就是试油在 t℃时的恩氏黏度。时间 T_{20} 称为恩氏黏度计的"水值"，以标准仪器校验应不小于 50s 和不大于 52s。

将恩氏黏度 $°E$ 换算为运动黏度 ν 时，可按乌别洛德近似公式计算，即

$$\nu=7.31°E-6.31/°E \quad (mm^2/s) \tag{8-3}$$

另外，美国用赛氏黏度 SSU，英国用雷氏黏度 R。

黏度是油的重要特性之一，油的黏度大小不仅影响油的流动性，还影响两摩擦面所形成的油膜厚度。

高黏度的润滑油能承受较大的载荷，不易从摩擦面被挤出去，在工作条件相同的情况下，比低黏度的油形成的油膜厚度大，油膜强度也较高。但是高黏度的油，由于内摩擦大，在高速运转下油温易升高，功率损耗也大，反而不利于机器的正常运行。所以，黏度范围要选择适当。一般规律是重负荷低转速的部位用高黏度油，轻负荷高转速的部位用低黏度油。低黏度的油抗乳化度好，而且抗氧化性也好。因而在允许范围内，尽量采用黏度小的透平油。

对变压器中的绝缘油，黏度宜尽可能小一些，因为变压器的绕组靠油的对流作用来进行散热，黏度小则流动性大，冷却效果好。开关内的油也有同样的要求，黏度小易于散出切断电路时电弧产生的热量，提高灭弧能力，以免损坏开关。但是油的黏度降低到一定限度时，闪点亦随之降低，因此绝缘油需要适中的黏度。规定在 50℃时，黏度不大于 $1.8°E$。

水泵机组各部轴承润滑采用的是流体动压润滑，即利用轴与轴瓦间的相对运动，将油带进摩擦面之间，建立压力油膜把摩擦面分隔开。根据雷诺流体动压方程，压力油膜压力的变化与润滑油的黏度大小、表面滑动速度和油膜厚度有关。可见，轴承润滑性能的好坏，油的黏度起着重要的作用。

对透平油，当黏度大时，易附着金属表面不易挤压出，有利于保持液体摩擦状态，但产生较大阻力，增加磨损，散热能力降低；当黏度小时，则性质相反。一般在压力大和转

速低的设备中使用黏度较大的油；反之，用黏度较小的油。规定在 50℃时新透平油黏度：轻质的不大于 $3.2°E$，中质的不大于 $4.3°E$。透平油和绝缘油的黏度，一般在正常运行中，随着使用时间的延长而增加。

（二）黏温特性

在实际工作中油品的黏度，并不是一般在实验室里所测得的黏度，而是随工作温度和压力变化的一种暂时黏度。油的黏度随温度而变化，所以在表示黏度时，必须注明是在什么温度下测定的黏度。图 8-2 所示为油的黏度与温度的关系。

油品的黏度和黏度性质主要取决于它的组成。对于一般的油品，温度上升、压力下降，则黏度降低；温度下降、压力上升，则黏度增高。一般用黏度指数 V_i 表示流体黏度随温度变化的程度。被测油液的 V_i 值，可用下式：

$$V_i = \frac{L-U}{L-H} \times 100 \quad (10^{-6} \, \text{m}^2/\text{s}) \tag{8-4}$$

式中　H——$V_i=100$ 的已知油料，在 $100°F$（或 $37.8℃$）时的黏度；

　　　　L——$V_i=0$ 的已知油料，在 $100°F$（或 $37.8℃$）时的黏度；

　　　　U——被测油液在 $100°F$（或 $37.8℃$）下的黏度。

选定 $V_i=0$、$V_i=100$ 两种参考油液的条件是它们在 $210°F$（或 $98.9℃$）时的黏度与被测油液相同。

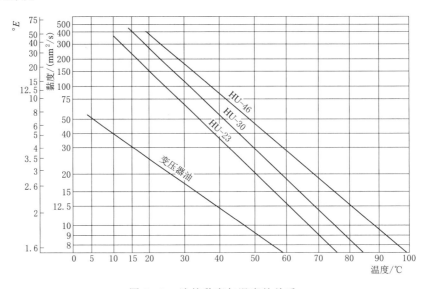

图 8-2　油的黏度与温度的关系

油的黏度指数是衡量流体黏度受温度影响程度的一个指标。黏度指数越高，表示流体黏度受温度的影响越小，黏度对温度越不敏感。根据黏度指数 V_i 的不同，润滑油可以分为三类：黏度指数 35~80 为中级黏度指数润滑油；80~110 为高级黏度指数润滑油；110以上为特高级黏度指数润滑油。

黏度指数处于 100~170 的机油为高档次多级润滑油，具有黏温曲线变化平缓性和良好的黏温性。

（三）闪点

闪点是保证油品在规定的温度范围内储运和使用的安全指标，也就是用以控制其中轻馏分含量不许超过某规定的限度，同时这一指标也可以控制它的储运和使用中的蒸发损失，并且保证在某一温度（闪点）之下，不致发生火灾和爆炸。对于变压器，还可预报内部故障。

闪点是在一定条件之下加热油品时，油的蒸气和空气所形成的混合气，在接触火源时即呈现蓝色火焰并瞬间自行熄灭（闪光现象）时的最低温度，如果继续提高油品的温度，则可继续闪光且生成的火焰越来越大，熄灭前所经历的时间也越来越长。

并不是任何油气与空气混合气都能闪光，其必要条件是混合气中烃或油气的浓度在一定的范围内，低于这一范围，油气不足，高于这一范围则空气不足，均不能闪光。因此，这一浓度范围称为闪光范围。据研究，混合气中油品蒸气的分压达到 $40\sim50mmHg$ 时，不会闪光，因此油品的闪光与其沸点或蒸气分压密切相关，沸点越低，闪点也越低。

对于运行中的绝缘油和透平油，在正常情况下，一般闪点是升高的；但是若有局部过热或电弧作用等潜伏故障存在，油品因高温而分解致使油的闪点显著降低。闪点过低，容易引起设备火灾或爆炸事故。

油品的闪点，不仅取决于化学组成（如含石蜡较多的油品，闪点较高），而且与物理条件有关，如测定的方法、仪器、温度和压力等。油气和空气形成混合气的条件——蒸发速度和蒸发空间，对闪点的测定也有影响。因此，闪点是在特殊的仪器内在一定的条件下测定的，是条件性的数值，所以没有标明测定方法的闪点是毫无意义的。新透平油的闪点用开口式仪器测定，不小于 $180℃$，新绝缘油用闭口式仪器测定，不小于 $135℃$。在测定闪点时，无论是开口或闭口仪器，油面越高，蒸发空间越小，越容易达到闪点浓度，所以闪点也越低。

（四）凝固点

凝点是将油品降温使其失去流动性时的最高温度。油品在低温时失去流动性或凝固的含义有两种情况：一是对于含蜡很少或不含蜡的油品而言，当温度降低时，其黏度很快上升，待黏度增加到一定程度时，变成无定形的玻璃状物质而失去流动性，此种情况称为黏温凝固。

另一种情况是由于含蜡的影响，当含蜡油受冷，温度逐渐下降，油品中所含的蜡到达它的熔点时，就逐渐结晶出来，起初是少量的极微小的结晶，使原来透明的油品中出现了云雾状的混浊现象。若进一步使油品降温，溶质与溶剂相互作用，则结晶大量生成，靠分子引力连接成网，形成结晶骨架，由于机械的阻碍作用和溶剂化作用，结晶骨架便把当时尚处于液态的油包在其中，使整个油品失去流动性，此种情况称为构造凝固。

油品刚刚失去流动性时的温度称为凝固点。油品作为一种有机化合物的复杂混合物，没有固定的凝固点。它是在一定的仪器中在一定的试验条件下，油品失去流动性时的温度。所谓丧失流动性，也完全是条件性的，即当油品冷却到某一温度时，将储油的试管倾斜 $45°$ 角，经过 $1min$ 的时间，肉眼看不出试管内液面有所移动，此时油品就被看作凝固了，相当于产生这种现象的最高温度就称为该油品的凝固点。

凝固点是评价油品低温性能的指标，对其使用、储存和运输都有重要的意义。油凝固后不能在管道及设备中流动，会使润滑油的油膜破坏。对于绝缘油，既降低散热和灭弧作用，又增大油开关操作的阻力。因此，要求油有较低的凝固点。

一般润滑油在凝固点前 5～7℃时黏度已显著增大，因此一般润滑油的使用温度必须比凝固点高 5～7℃，否则启动时必然产生干摩擦现象。一般规定，轻质新透平油的凝固点不大于－15℃，中质透平油的凝固点不大于－10℃，绝缘油的凝固点为－45～－35℃。室外开关油，在长江以南可采用凝固点为－10℃的 10 号开关油，而东北地区则需要用凝固点为－45℃的 45 号开关油。

由于透平油是在厂房内、机组中使用，故其凝固点不像使用在室外电气设备中，特别是在寒冷地区使用的绝缘油，对其凝固点要求较宽。为便于运输、储存、保管，以及提供使用中的低温极限，在国家标准中规定透平油的凝固点低于－7℃。

（五）透明度

作透明度测定在于判断新油及运行中的油的清洁和被污染的程度。如油中含有水分和机械杂质等，油的透明度会受影响。若胶质和沥青含量越高，油的颜色也越深，要求油呈橙黄色透明。

（六）水分

油品在出厂前一般不含水分。油品中水分的来源，一是外界侵入，如运行中混入水、空气中水汽被吸入等；二是油氧化而生成的。润滑油中混进水分，会使油膜强度降低，影响油的润滑性能；产生泡沫或乳化变质，加速油的氧化；助长有机酸对金属的腐蚀，生成金属皂化物；还会使添加剂分解沉淀，使其性能降低乃至失去作用，加速油的老化。绝缘油中混入水分，会使耐压能力大大降低。

润滑油中混进水分，会使油膜强度降低、产生泡沫或乳化变质、加速油的氧化、助长有机酸对金属的腐蚀，还使添加剂分解沉淀，使其性能降低乃至失去作用。绝缘油中混入水分，会使耐压能力大大降低，如变压器油中有 0.01% 的水分时，就使其耐电压降低到 1/8 以下；会使介质损失角增大；能加速绝缘纤维的老化。规定新油或运行中的油均不允许有水分存在。

油中水分可按《运行中变压器油和汽轮机油水分含量测定法（库仑法）》（GB/T 7600—2014）、《石油产品水含量的测定 蒸馏法》（GB/T 260—2016）进行定量测定。一般定性测试，可将试油注入干燥的试管中，当加热到150℃左右时，可以听到响声，而且油中产生泡沫，摇动试管变成混浊状态，这时便认为试油中含有水分。简单的办法是用干纸从油盆取样管浸上试油，用火点燃，听其响声，可以大致判断油中是否混入水分。

（七）酸值

油中游离的有机酸含量称为油的酸值（酸价）。用中和 1g 油中的酸性物质所需氢氧化钾的毫克数（mg KOH/g）来表示酸值的大小。

酸值是保证储运容器和使用设备不受腐蚀的指标之一，也是评定新油品和判断运行中油质氧化程度的重要化学指标之一。一般来说，酸值越高，油品中所含的酸性物质就越多，新油中含酸性物质的数量，随原料与油的精制程度而变化。国产新油几乎不含酸性物质，其酸值常为 0.00。而运行中油因受运行条件的影响，油的酸值随油质的老化程度而增大，因而可由油的酸值判断油质的老化程度和对设备的危害性。

绝缘油的酸值升高后，不但腐蚀设备，同时还会提高油的导电性，降低油的绝缘性能。如遇高温时，还会使固体纤维绝缘材料产生老化现象，进一步降低电气设备的绝缘水平，缩短设备的使用寿命。故对运行中绝缘油的酸值有严格的指标限制。

运行中透平油如酸值增大，说明油已深度老化，油中所形成的环烷酸皂等老化产物，会降低油的破乳化性能，促使油质乳化，破坏油的润滑性能，引起机件磨损发热，在有水分存在的条件下，其腐蚀性会增大，造成机组腐蚀、振动，调速系统卡涩，严重威胁机组的安全运行。

一般规定新透平油和新绝缘油的酸值都不能超过 0.05mg KOH/g；运行中的绝缘油的酸值不超过 0.1mg KOH/g；运行中的透平油的酸值不超过 0.2mg KOH/g。

（八）水溶性酸或碱

油品中的水溶性酸或碱，是指能溶于水中的无机酸或碱，以及低分子有机酸或碱性化合物等物质。水溶性酸或碱测定时，以等体积的蒸馏水和试油混合摇动，取其水抽出液，注入指示剂，观察其变色情况，判断试油中是否含水溶性酸或碱。如水抽出液对于酚酞不变色，可认为不含水溶性碱；对于甲基橙不变色，则可认为不含水溶性酸。

水溶性酸或碱的存在，使油品生产、使用或储存时，腐蚀与其接触的金属部件。水溶性酸几乎对所有的金属都有较强烈的腐蚀作用，而碱只对铝腐蚀。油品中含有水溶性酸或碱，会促使油品老化，在受热的情况下，会引起油品的氧化、胶化及分解。

绝缘油中水溶性酸对变压器的固体绝缘材料老化影响很大，油中水溶性酸的存在，会直接影响变压器的运行寿命。

按规定，无论新油或运行中的油都要求是中性油，无酸碱反应。

（九）抗氧化性

使用中的油在较高温度下抵抗和氧发生化学反应的性能，称为抗氧化性，也称氧化安定性。油在使用中劣化变质的主要原因是氧化。氧化速度与温度、压力、催化剂等外界条件有关，还与油品本身抗氧化能力有关。油的氧化程度以氧化后酸值和沉淀物的数值来表示。

油的抗氧化性越好，氧化试验测得的酸值和沉淀物数量就越小，危害也越小，油的使用寿命就越长。由于油氧化后，沉淀物增加，酸价提高，使油质劣化，并引起腐蚀和润滑性能变坏，不能保证安全运行。如生成的有机酸（特别当有水分存在时）能腐蚀金属，缩短金属设备的使用寿命。酸与金属作用生成的皂化物，更能加速油的氧化。对于变压器油来说，油中的酸性产物能使纤维质绝缘材料变坏，降低油及纤维材料的绝缘强度。

溶于油中的胶质和沥青质，可加深油的颜色，增大黏度，影响正常润滑和散热作用。在变压器中不溶于油的氧化产物能析出较多的沉淀物，沉积在变压器线圈表面，堵塞线圈冷却通道，易造成过热，甚至烧坏设备。如果沉淀物在变压器的散热管中析出，还会影响油的对流散热作用。在透平油系统中，特别是在冷却器温度较低的地方，沉淀物使传热效率降低，沉淀物过多时，会堵塞油路，威胁安全运行。

由于透平油和绝缘油在运行中都有不断氧化的特性，故新油必须做氧化安定性试验。因为单凭油的酸值、闪点、黏度等指标合格，并不能肯定油品是否能够长期使用。

按规定，变压器油的氧化后沉淀物不得大于 0.05％，氧化后酸值不得大于 0.2mg KOH/g。为了减缓运行中油的氧化速度，延长使用期，常在油中添加抗氧化剂。常用的有芳香胺、2,6 -二叔丁基对甲酚（T501）等。

（十）抗乳化时间

在规定条件下，使油与水混合形成乳化液，在一定的温度下静置，达到油与水完全分离所需要的时间，称为抗乳化度，也称抗乳化时间、破乳化时间。抗乳化时间越短，则油的抗乳化性能越好。不论新的或旧的透平油，抗乳化时间不应大于 8min。

油被乳化后，影响设备运行安全，甚至破坏设备。如油乳化后黏度增高，加大摩擦力，使油温上升；乳化物在轴承处析出水时，可能破坏油膜；乳化物腐蚀金属；当乳化物沉积在油循环系统中时，妨碍油的循环，造成油量供给不足。油乳化后加速油的劣化，使酸值增加，产生较多的沉淀物，反过来进一步降低油的抗乳化性。

润滑脂的抗乳化性通过抗乳化试验来测定，这一试验旨在测量油和水分离的能力。根据不同的标准方法，抗乳化试验可以分为两种主要类型，分别适用于不同黏度的润滑脂。对于低黏度润滑脂，测试方法可按照《石油和合成液水分离性测定法》（GB/T 7305—2003）的标准进行。对于高黏度润滑脂，测试可按照《润滑油抗乳化性能测定法》（GB/T 8022—2019）的标准进行。

（十一）灰分

灰分是指在规定的条件下，油品完全燃烧后剩下的残留物（不燃物）的质量占油样质量的百分比，这些残留物主要由金属盐类和金属氧化物组成。透平油含有过多灰分时，会增大机械损伤，使油膜不均匀，润滑性能变差，产生的油泥沉淀物不易清除，遇高温则易形成硬垢。

（十二）机械杂质

油中的机械杂质，是指油品中侵入的不溶于油的颗粒状物质，有砂粒、锈皮、金属末屑以及不溶于溶剂的沥青胶质和过氧化物等。油中含有机械杂质，会影响绝缘油的击穿电压、介质损耗因数及抗乳化度等指标，使油不合格。如果机械杂质超过规定值，润滑油在摩擦表面的流动便会遭受阻碍，破坏油膜，使润滑系统的油管或滤网堵塞，使摩擦部件过热，加大零件的磨损率等。此外，还会促使油劣化，降低油的抗乳化性能。规定透平油和绝缘油均不含机械杂质。砂粒和金属末屑对摩擦面危害极大，应尽力杜绝。

透平油不应含有机械杂质，但在使用过程中，机械杂质的含量会逐渐增高，促使油的颜色变深变黑，因此，要适时进行过滤处理。如颜色没有改善，甚至继续加深，就应当换油。

（十三）污染度

《液压传动 油液 固体颗粒污染等级代号》（GB/T 14039—2002）规定了液压系统的油液中固体颗粒污染等级标准，共有 30 个等级代号，其含义见表 8 - 5。使用自动颗粒计数器计数所报告的污染等级代号由三个代码组成，分别代表每毫升油液中三个特征颗粒尺寸（$\geqslant 4\mu m$、$\geqslant 6\mu m$ 和 $\geqslant 14\mu m$）的颗粒数。

例如：代码 22/18/13，表示在每毫升液样中，$\geqslant 4\mu m$ 的颗粒数在 20000～40000 之间；$\geqslant 6\mu m$ 的颗粒数在 1300～2500 之间；$\geqslant 14\mu m$ 的颗粒数在 40～80 之间。

表 8－5   油液污染度等级国家标准（部分）

等级代号	每毫升油液中的颗粒数	等级代号	每毫升油液中的颗粒数
＞28	＞2500000	14	80～160
28	1300000～2500000	13	40～80
27	640000～1300000	12	20～40
26	320000～640000	11	10～20
25	160000～320000	10	5～10
24	80000～160000	9	2.5～5
23	40000～80000	8	1.3～2.5
22	20000～40000	7	0.64～1.3
21	10000～20000	6	0.32～0.64
20	5000～10000	5	0.16～0.32
19	2500～5000	4	0.08～0.16
18	1300～2500	3	0.04～0.08
17	640～1300	2	0.02～0.04
16	320～640	1	0.01～0.02
15	160～320	0	0.00～0.01

第二节　油的净化处理

一、油的劣化原因和防止措施

油在使用或储存过程中，由于种种原因而生成酸和其他各种氧化物，使油的酸值增大及杂质增多，油的使用性能变坏，这种变化称为油的劣化。根据劣化程度的不同，可采取不同措施加以净化，恢复油原来的品质。

（一）油劣化的原因

油劣化的根本原因是氧化。油被氧化后其酸值增高，闪点降低，黏度增大，颜色加深，并有胶质及油泥沉淀物析出。这将影响正常润滑及散热作用，腐蚀金属及纤维，使操作控制系统失灵等。促使油加速氧化的因素有：

（1）水分。水使油乳化，加速油的氧化。水分是从以下几方面混入油中的：油与空气接触时吸收大气中水分；运行时随着油与空气温度的变化，空气在低温油表面冷却而凝结出水分；设备连接处不严密漏水或冷却器破裂漏水；变压器、储油罐的呼吸器中干燥剂失效或效率低会带入空气中水分；从油系统或操作系统中混进的水分。

（2）温度。油温升高吸氧速度加快，从而加速氧化。据试验，在正常压力下，油温30℃时氧化很少；50～60℃时开始加速氧化。通常规定透平油的油温不得高于45℃，绝缘油的油温不得高于65℃。泵站油系统油温升高的原因是设备运行不良，如冷却水中断或冷却效果下降，过负荷以及设备中油膜破坏出现干摩擦等。

（3）空气。空气中含有氧和水分，其影响如上所述。空气中还含有沙粒及尘埃等，增加油中的机械杂质。油与空气除直接接触外，还有泡沫接触，泡沫使接触面增大，加快氧化速度。产生泡沫的原因常有：运行人员加油时速度太快，因油的冲击而带入空气；油罐中排油管设计不当或流速太大造成泡沫；油在齿轮油泵或轴承中被剧烈搅动也会产生泡沫。

（4）天然光线。天然光线含有紫外线，对油的氧化起触媒作用。经天然光线照射后的油，再转到阴暗处，劣化还会继续进行。

（5）电流。穿过油内部的电流会使油分解劣化。如发电机转子铁芯所产生的涡流，通过轴颈后穿过轴承的油膜时，油的颜色将较快地变深并生成油泥沉淀物。

（6）其他因素。如金属与油接触（特别是铜）促使油品氧化变质；检修清洗不良；净油与污油相混合而污染等。

（二）防止油劣化的措施

（1）在储油罐上设置呼吸器，或称通气罩，内置干燥剂，防止湿空气直接与油面接触；设备密封可靠，冷却器水管不渗水，以防止水直接进入轴承油槽或从油系统混入。

（2）维持设备在正常状况下运行，防止设备因过载、冷却水中断或设备中的油膜被破坏产生干摩擦等故障而引起油温升高。

（3）当油中产生泡沫时，扩大了与空气的接触面积，会加速油的氧化。为避免泡沫的产生，在补油时速度不能太快；油泵的吸油管要完全插入油中；在设计回油管时，不要使油回到油箱的速度太快。

（4）油罐的位置应避免日光直射，因紫外线对油的氧化能起触媒作用，促使油质劣化。

（5）在轴承中采用绝缘垫，以防止电动机转子铁芯中产生的涡流穿过轴承用油。

（6）设备检修后涂上合适的油漆（如亚麻仁油、红铅油、白漆即氧化铝等），加以清洗。

尽管采取了相应措施，可以减缓油的劣化，但在长期运行中，油难免变质，应根据劣化程度采取不同措施加以净化，以恢复原来的使用性能。

二、油的净化

泵站上轻度劣化或被水和机械杂质污染了的污油，经过简单的净化方法处理后仍可使用。

（一）沉降法

油在较长时间处于静止状态时，重度大的水分及机械杂质便会逐渐沉降下来。沉降的速度与悬浮颗粒的密度和形状及油的黏度有关，颗粒的密度越大，油的黏度越小，则杂质的沉降速度越快。而油的黏度又与温度有关，经验证明，保持油温在 $70 \sim 80 \, ^\circ\text{C}$，废油中的大部分水分和杂质能很快地沉降下来。各种废油沉降需要保持的温度及所需的时间可参考表 8-6。

沉降法的优点是设备极其简单，费用很低；缺点是所需时间很长，净化并不完全，有些酸质和可溶性杂质不能除去。因此，沉降法不能单独使用。

表 8-6   废油沉降温度和时间参考

沉降温度/℃	沉降时间/h	
	薄质废油 (50℃，$<20\times10^{-6}\mathrm{m^2/s}$)	中质废油 [50℃，$(20\sim50)\times10^{-6}\mathrm{m^2/s}$]
80～90	—	—
70～80	6～8	8～10
60～70	8～10	10～12
50～60	10～12	12～16
30（夏季常温）	7～8（d）	8～10（d）
10（春季常温）	12～15（d）	15～20（d）

注 本表适用于高 2.5m 左右的沉降罐。

（二）压力过滤法

压力过滤是对油加压使之通过具有吸附及过滤作用的滤纸，利用滤纸的毛细管吸附水分、隔除机械杂质，达到油和水分及机械杂质分离的目的。

压力过滤的设备就是压力式滤油机（以下简称"压滤机"），其工作原理如图 8-3 所示。滤油从进油口吸入，经过滤清器，除去较大的杂质后，再进入齿轮油泵。齿轮油泵对滤油产生挤压作用，迫使滤油经滤槽（包括滤板、滤框、滤纸和油盘），渗透过滤纸。当油渗透过滤纸时，因滤纸的毛细管作用，不仅阻止杂质通过，而且还能吸收油中的水分。过滤后除去机械杂质和水分的净油，从净油出口流出。

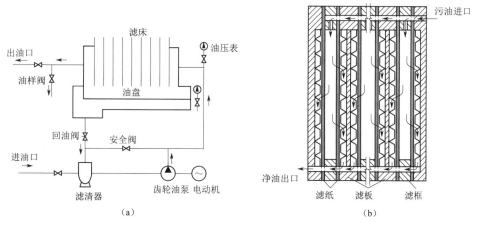

图 8-3 压滤机工作原理
(a) 工作原理图；(b) 滤床示意图

压滤机的油路管道系统上配备有安全阀，当油压超过最高使用压力时，安全阀立即动作，使滤油在滤清器中自行循环，油压不再上升，以确保设备安全运转。回油阀借助齿轮泵进油口的真空作用，将油盘内的积油吸入滤清器。

压滤机的正常工作压力为 0.1～0.4MPa。过滤过程中压力可能会逐渐升高，当压力超过 0.5～0.6MPa 时，表示油内的杂质过多，已填满了滤纸孔隙，此时必须更换清洁、

图8-4　LY-100型板框压滤机

干燥的滤纸。为防止压力过高压破滤纸，在滤床进口管道上设有安全阀，用来控制滤床的进油压力。滤床由压紧螺杆压紧，滤床不严密间隙的漏油由承油盘承接，当达到一定油位后，打开回油阀，借助齿轮泵进油口的真空作用，将承油盘内的积油吸入初滤器。图8-4所示为LY-100型板框压力式滤油机。

滤油时每隔一定时间，从油样阀处用试油杯取适量的油做性能试验。若滤纸已完全饱和，需及时更换滤纸。为了充分利用滤纸，更换时不需同时更换全部滤纸，而是只更换污油进入侧的第一张，新的滤纸则铺放在净油出口侧。更换下来的滤纸用净油将黏附在表面上的杂质洗干净，烘干后可再次使用。

压滤机能滤除油中的杂质和微量水分。油中水分较少而杂质较多时，过滤效果较好。若水分较多时，必须先由真空滤油机把油中水分进行分离，然后再用压滤机过滤。

滤油工作最好安排在晴天进行，因为此时空气中的水分少；当油温偏低影响过滤效率时，可采取加温的办法提高油温，温度以不超过50℃为宜。在下列情况下禁止使用：

(1) 海拔超过1000m。

(2) 周围介质温度高于40℃，低于-10℃。

(3) 空气相对湿度大于85%。

(4) 无防雨设备或充满水蒸气的环境中。

(5) 有爆炸及易燃危险的环境。

泵站在接收新油、设备充油和排油及油的净化时，常使用油泵输油，广泛应用的是齿轮油泵。图8-5所示为WCB型手提式齿轮油泵。

（三）真空分离法

真空过滤是根据油、水的汽化温度不同，在真空罐内使油中的水分和气体形成减压蒸发，从而将油与水分、气体分离开来，达到油中除水脱气的目的。真空过滤能快速有效地滤除油中的水分，在水电站应用广泛。

真空过滤的设备是真空滤油机，由加热器、真空罐、油泵、真空泵、阀门等部件组成，其工作原理如图8-6所示。图8-7所示为ZJA-100型双级真空滤油机。

真空滤油机滤油时，污油从储油罐输入压滤机，经压滤机滤除机械杂质后送入加热器，

图8-5　WCB型手提式齿轮油泵

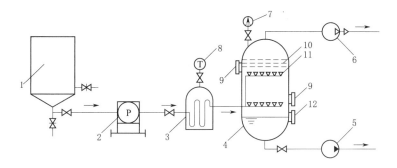

图 8 - 6　真空过滤工作原理

1—储油罐；2—压滤机；3—加热器；4—真空罐；5—油泵；6—真空泵；

7—真空表；8—温度计；9—观察孔；10—油气隔板；11—喷嘴；12—油位计

加热器将油温提高到 $50\sim70℃$ 后送入真空罐，罐内真空度为 $95\sim99kPa$，送入罐内的油经喷嘴喷射扩散成雾状。在此温度和真空度下，油中的水分汽化，油中的气体也从油中析出，而油雾化后重新聚结为油滴，沉降在真空罐容器底部，油和水分、气体得到分离。用真空泵把聚集在真空罐上部的水汽和气体抽出，使油与水得到分离。真空罐底真空分离的原理是根据油和水的沸点不同，而沸点又与压力大小有关：压力增大，沸点升高；压力减小，沸点降低。将具有一定温度（$50\sim70℃$）的油，在真空罐内形成减压蒸发，达到油和水分、气体分离的目的。

图 8 - 7　ZJA - 100 型双级真空滤油机

真空滤油机的优点是滤油速度快、质量好、效率高，能有效除去油中的水分；缺点是油在 $50\sim70℃$ 下喷射扩散，会有部分被氧化；不能清除机械杂质，对杂质较多的污油，它的滤油能力不如压滤机，此时可在真空滤油机前串联一台压滤机，以滤除油中的杂质和部分水分。真空滤油机对透平油和绝缘油都适用，特别是对于变压器等用油量大、油中机械杂质少的设备，能迅速达到除水脱气、提高电气绝缘强度、增大绝缘油的电阻率等目的，因此泵站在检修后注油或运行时换油，常用这种净化方法。

第三节　油系统设计

一、油系统的任务、组成及设计过程

油系统是用管阀将用油设备及储油设备、油处理设备连接起来而组成的一个系统。正确设计的油系统，不仅能提高泵站运行的可靠性、经济性，缩短检修期限，而且为运行的灵活性、管理方便等提供良好条件。

（一）油系统的任务

油在设备中使用较长时间后油质将逐渐劣化，不能保证设备的安全经济运行。为了避免油类很快劣化和因劣化发生设备事故所造成的损失，必须设法使运行中的油类在合格的情况下延长使用时间，并及时发现且解决运行的油类将发生的问题。油库中应经常备有一定数量和质量合格的各种备用油，这样才能保证设备的安全经济运行。为此，必须做好油的监督与维护工作，油务系统设置的任务如下：

（1）接收新油。接收运来的新油并将其注入储油罐，可采用自流或压力输送的方式；对新油要依照透平油和绝缘油的标准进行全部试验。

（2）储备净油。在油库中储存足够数量的合格净油，以备事故更油和正常运行的补充消耗用油。

（3）向设备充油。对新装机组或经检修而把油排出的机组的用油设备充油。

（4）向运行设备添油。运行中油的蒸发和飞溅、油槽和管件不严密处的泄漏、从设备中取油样、定期从设备中清除沉淀物和水分等原因导致油量损耗，需要向运行设备添油。

（5）排出污油。设备检修或油被污染，需要把油排出处理。

（6）污油的净化处理。储存在运行油罐中的污油通过滤油机除去油中的水分和机械杂质，经净化处理后送进净油罐备用；或机组检修时在机旁净化处理，净化后的油仍送回机组。

（7）油的监督与维护。对新油进行分析，鉴定其是否符合国家规定标准；对运行油进行定期取样化验，观察其变化情况，判断运行设备是否安全；新油、再生油、污油进入油库时，都要有试验记录，所有进入油库的油在注入油罐以前均需通过压滤机或真空滤油机，以保证输油管和储油罐的清洁；对油系统进行技术管理，提高运行水平。

（8）废油的收集。把废油收集起来并送油务中心进行再生处理。

（二）油系统的组成

油系统由以下部分组成：

（1）油库或储油室。放置各种油罐及油池。

（2）油处理室。设有净油及输送设备，如油泵、压滤机、烘箱、真空滤油机等。

（3）油化验室。设有化验仪器、设备、药物等。

（4）管网。将用油设备与油处理室等各部分连接起来组成管道系统。

（5）测量及控制元件。用以监视和控制用油设备的运行情况，如示流信号器、温度信号器、油位信号器、油水混合信号器等。

（三）油系统的设计过程

油系统的设计首先是从收集资料开始，如泵站基本参数（流量、扬程、功率等）；机组型式、尺寸和功率；油压装置型式、数量及地区情况（交通、地形等）；然后计算用油量与选择设备；最后制定操作系统及油系统图。上述工作属于初步设计的范围。

然后是制定操作系统。制定操作系统需要确定供、排油方式，布置设备和管路；尽量使用最少量的阀门和最短的管路就能进行必要的、所有的操作，并且要简单明了，不易出差错。通常是将油罐、滤油机、油泵等设备位置固定，然后布置主油管和连接支管，将用得最多的阀门集中在操作方便的地方，从而将操作系统确定下来。

二、油系统图

（一）油系统图的设计要求

油系统图的合理性直接影响设备的安全运行和操作维护是否方便，因此，油系统图应能满足用油设备及各项操作流程的技术要求，设计时应根据泵站规模、布置方式、机型等，参照同类型泵站运行的实践经验，合理地加以确定。

油系统的设计原则是用最少的设备、阀门和管道满足运行上的最大方便。具体要求有：

（1）应保证滤油机、油泵等设备能以灵活、便利的方式工作。

（2）油能从任何一个油罐或设备直接地或经过净油设备、油泵送到任何其他油罐。

（3）净油和污油应当有单独的油管道，以减少不必要的冲洗。

（4）经常操作的阀门应尽量集中，以便操作。

（二）透平油系统图

透平油系统包括透平油桶、油泵、滤油机及管路系统等。根据大型泵站的运行特点，大型同步电动机及水泵的轴承润滑油均不需要引到外部来循环冷却，一次加足后如果油质满足要求，不需要更换，因此大型泵站的油系统比较简单。油系统一般只接收新油和保存一定数量的储备油。

透平油系统的设备一般应满足以下技术要求：

（1）清油设备即压滤机应保持在8h内可清净一台机组的最大用油量。压滤机一般为移动式，可以直接在机房进行清油工作。

（2）油泵保证4h充满机组用油设备的油量，油泵的扬程应保证克服管路损失及高差。一般设两台，一台移动式油泵用以接收新油和排出污油；一台固定式油泵供设备充油时用。

（3）油管一般采用无缝钢管，管径可根据受油、清油及供油设备确定。

大型泵站的油系统通常采取设置干管、用活接头和软管连接相结合的方式对油系统进行简化，运行灵活方便。

图8-8是某透平油系统图，采用压力注油、添油和自流排油，操作方式比较灵活。油库内设有1个净油罐和1个运行油罐，油罐之间以及油处理室和机组用油设备之间用干管连接，使净油与污油管道分开。各净油设备均用活接头和软管连接，管路较短，操作阀门较少，设备可以移动，运行灵活。机组检修或较长时间停机时，可利用设在机旁供、排油管道上的活接头进行机旁滤油。

表8-7是图8-8油系统的系统操作流程表，油罐上的各个阀门都有明确的分工，功能分别是：阀1（6）——事故排油；阀2（7）——过滤、放污；阀3（8）——放油到压滤机（油泵）；阀4（9）——机组溢油、自流排油；阀5（10）——充油。

表 8-7　　　　　　　　　　　　　　油 系 统 操 作 流 程

序号	操作项目	使用设备	操作流程
1	新油注入净油罐	自流	油罐车→阀11→阀10→净油罐
		压滤机（油泵）	油罐车→阀8→压滤机（油泵）→阀10→净油罐
2	自净油罐向机组注油	油泵	净油罐→阀8→油泵→阀14→阀15、16→上下油缸
3	自油罐车向机组注油	油泵	油罐车→油泵→阀14→阀15、16→上下油缸
4	净油罐循环过滤	压滤机	净油罐→阀7→压滤机→阀10→净油罐

序号	操作项目	使用设备	操作流程
5	运行油罐循环过滤	压滤机	运行油罐→阀2→压滤机→阀5→运行油罐
6	运行油罐净化	压滤机	运行油罐→阀2→压滤机→阀10→净油罐
7	机组循环过滤	压滤机	上下油缸→阀17、18→阀13→运行油罐→压滤机→阀14→阀15、16→上下油缸
8	运行油罐新油注入净油罐	油泵	运行油罐→阀3→油泵→阀10→净油罐
9	运行油注入运行油罐	自流	上下油缸→阀17、18→阀4→运行油罐
10	机组向油罐车直接排油	油泵	上下油缸→阀17、18→阀4→阀6→油泵→阀9→油罐车
11	运行油罐向油罐车排油	油泵	运行油罐→阀2→油泵→阀9→油罐车
12	油罐事故排油	自流	运行油罐（净油罐）→阀1（6）→事故油池

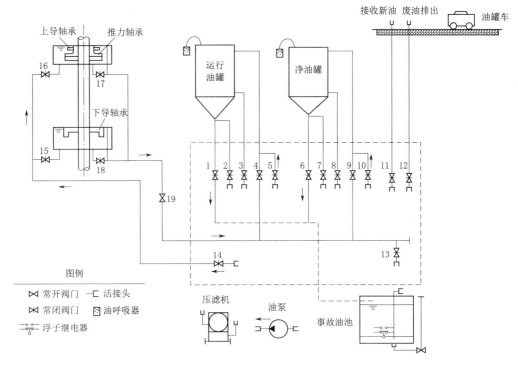

图 8-8 透平油系统示意图

图 8-9 为某泵站 A 的油系统图，主要供油对象为电动机的上导轴承和推力轴承、下导轴承的润滑油，顶转子和引入推力瓦的高压油泵（顶转子）用油，叶片角度调节器用油。油系统设 1 台移动式油泵、1 台移动式滤油机。有 3 只 7m³ 的透平油桶，其中 1 只是净油桶，另 2 只是运行油桶。在 2 只运行油桶之间可进行滤油作业。

图中水泵叶轮的底部有一个放油口，用于排放轮毂中的存油，排油时需用移动油泵抽到透平油桶。机组注油采用有压方式，由油泵将净油加压至供油干管，然后压送至机组。

图 8-10 为某泵站 B 的透平油系统图，主要供油对象为电动机的上导轴承和推力轴承、下导轴承的润滑油。采用压力添油、自流注油和自流排油。油系统安装了 0.5m³

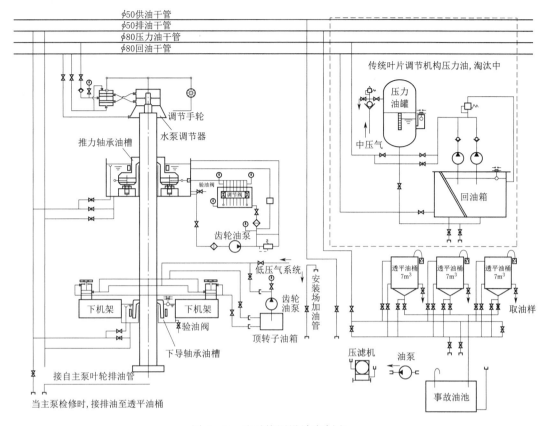

图 8-9 油系统图设计实例之一

重力加油箱，直接向供油干管加油。有 2 只 1m³ 的透平油桶，其中 1 只是净油桶，1 只是污油桶。1 台移动式油泵，2 台移动式滤油机。

图 8-11 为某泵站 C 的油系统图，主要供油对象为电动机的上导轴承和推力轴承、下导轴承以及水泵导轴承的润滑油，叶片角度调节器用油。润滑油没设供油干管和排油干管，由 1 只 5m³ 的净油桶通过油泵直接向上导轴承、推力轴承以及泵导轴承加油；机组直接排油到污油桶。设 1 台移动式油泵，1 台移动式滤油机。

（三）压力油系统图

在大型泵站中，油压装置是用来供给水泵叶片全调节机构压力油的设备，主要由油压装置及受油器组成。油压装置产生的压力油，经受油器配压阀分配，通过操作油管送至水泵叶轮活塞接力器的上腔或下腔，带动活塞杆作上、下直线运动，活塞杆通过十字架、连杆、转臂机构，将直线运动转换为叶片的转动，以调整叶片角度，保证水泵在较高的效率区运行。同时机组启动时，可调整叶片角度，便于机组牵入同步。

油压系统有直送式和压力油罐式。前者为直接用压力油管连接压力油泵和操作设备的方式，停电时不能操作。后者把油储存在压力油罐内，使压力油管内经常保持一定的压力，停电时也能操作。另外，靠压力油操作的油压式可调叶片泵和油压操作阀，在停电时往往需要进行事故动作，用于水泵设备的压力油系统往往采用压力油罐方式。用于油压系统的油泵采用齿轮泵。

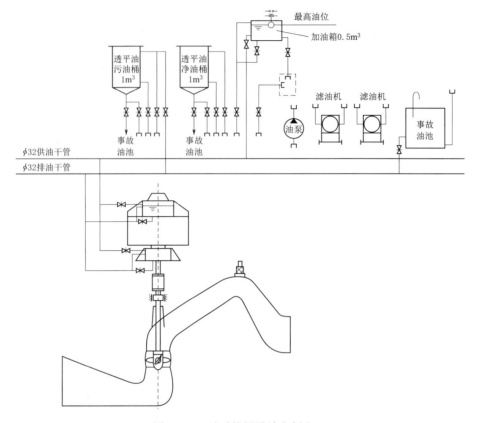

图 8-10　油系统图设计实例之二

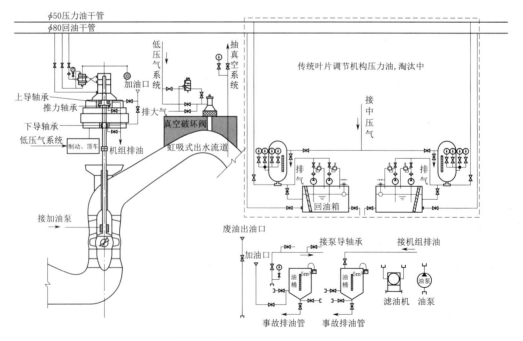

图 8-11　油系统图设计实例之三

图 8 - 12 是泵站操作叶片用压力油系统示意图。压力油系统由回油箱、压力油罐、油泵和其他附件所组成。

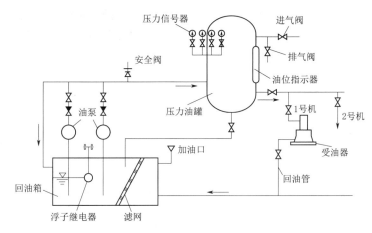

图 8 - 12 泵站操作叶片用压力油系统示意图

回油箱内存放透平油，用油过滤器分隔成清油区和脏油区，装有油位指示器，在正常油位的上限和下限可以发出信号，顶部装有两台由电动机带动的螺杆油泵或齿轮油泵，互为工作和备用，油泵从回油箱内的清油区吸油打入压力油罐内，从压力油罐向叶片调节系统送压力油，经操作后的回油又排入回油箱内的脏油区，再由滤网过滤变为清洁油，构成一个闭路循环油路系统，油泵至压力油罐的压力油管路上装有安全阀或溢流阀，当油压过高时，可从此阀流回回油箱。储能器上部 2/3 左右的容积充满压缩空气，下部为压力油。在操作过程中，压力油从储能器中送至叶片调节系统，利用压缩空气能储存大量能量的特点，保持储能器在消耗一定数量的压力油后，仍能维持在允许的工作压力范围内，以保证系统能稳定工作。

油压装置工作时，压缩空气会因漏气而需补气，压力油亦因消耗和漏油而需补充压力油，一般大型泵站为保持压力油罐的正常工作压力和油位，对压力油的充油常采用自动操作，对压缩空气的补气多采用手动操作。

在压力油罐上装有 4 只压力信号器。当压力油罐向机组叶片调节器供油或因系统中漏油原因，油压下降到一定值时（正常压力下限值），第一只压力信号器的接点闭合，使工作油泵启动，向压力油罐补油。当压力恢复至正常压力上限时，接点打开，使油泵停止工作。当用油过多或正常工作油泵发生故障时，压力油罐压力继续下降，低于正常压力下限值；这时第二只压力信号器动作，使备用油泵投入运转，保持压力油罐的正常压力。在特殊情况下，压力油罐的压力低于下限值的许可或高于上限值的许可时，第三只压力信号器便发出信号，通知值班人员采取措施，排除故障。第四只压力信号器作为备用。

图 8 - 9 所示的某泵站 A 油系统中，设有一套油压装置，供全站 4 台机组调节叶片角度的压力油系统均为压力油罐式，由 2 台油泵向 1 个 2.7m³ 压力油罐加油。

图 8 - 11 所示的某泵站 C 油系统中备有两套油压装置，每套装置可供 4～5 台机组调整叶片角度之用，压力油系统为压力油罐式，由 4 台油泵向 2 个压力油罐加油，并设 2 个回油箱组。

近十多年来，内置式液压调节器在我国大型泵站得到了普遍的推广应用，很多大型泵站不再设置外供的压力油系统，图8-11中的传统叶片调节机构的压力油系统已被淘汰。

（四）绝缘油系统图

图8-13为绝缘油系统示意图。变压器与油处理室之间采用带活接头的固定供排油管路，利用软管连接油处理设备和储油设备，可以实现向设备供、排油，污油处理及运行油过滤等操作内容。变压器附有吸附器，可实现连续吸附处理。

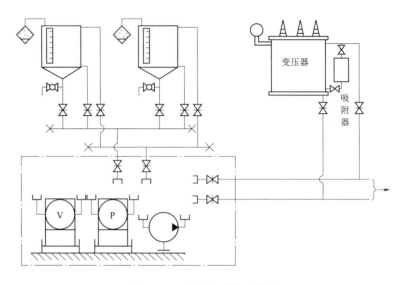

图8-13 绝缘油系统示意图

三、用油量估算

（一）机组润滑油系统用油量计算

机组润滑油量为电动机上、下轴承油槽充油量与水泵油润滑导轴承油槽充油量之和。按推力轴承和导轴承单位千瓦损耗来计算，计算公式为

$$V_h = q(P_t + P_d) \quad (\text{m}^3) \qquad (8-5)$$

$$P_t = AF^{3/2} n_e^{3/2} \times 10^{-6} \quad (\text{kW}) \qquad (8-6)$$

$$P_d = 11.78 \frac{S\lambda v_u^2}{\delta} \times 10^{-3} \quad (\text{kW}) \qquad (8-7)$$

式中　V_h——一台机组润滑系统用油量，m^3；

　　　q——轴承单位千瓦损耗所需的油量，m^3/kW，可按表8-8选取；

　　　P_t——推力轴承损耗，kW；

　　　A——系数，取决于推力轴瓦上的单位压力 P（和电动机结构型式有关，P 通常采用3.5～4.5MPa），在图8-14上查取；

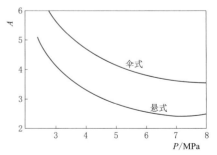

图8-14 推力轴瓦上的单位压力 P 与系数 A 之间的关系

F——推力轴承负荷，包括机组转动部分的轴向负荷加上水推力（$\times 10^4 \text{N}$）；

n_e——机组额定转速，r/min；

P_d——导轴承损耗，kW；

S——轴与轴瓦接触的全部面积，$S = \pi D_p h$，m^2；

D_p——主轴轴颈直径，与机组扭矩有关；

h——轴瓦高度，一般 $h/D = 0.5 \sim 0.8$；

λ——油的动力黏度系数，Pa·s，对 HU－32 透平油，$\lambda = 0.0288 \text{Pa·s}$；

v_u——轴的圆周速度，m/s；

δ——轴瓦间隙，一般为 0.0002m。

表 8－8   **轴承结构与单位千瓦损耗所需的油量**

轴 承 结 构	轴承单位损耗所需油量 $q/(\text{m}^3/\text{kW})$
一般结构的推力轴承和导轴承	0.04～0.05
组合结构（推力轴承与导轴承同一油盆）	0.03～0.04
外加泵或镜板泵外循环推力轴承	0.018～0.026

也可参照功率和尺寸相近的同类机组的资料进行估算。表 8－9 列出了部分电动机用油量。

表 8－9   **电 动 机 用 油 量**   单位：m^3

电动机型号	上轴承槽用油量	下轴承油槽用油量	电动机型号	上轴承油槽用油量	下轴承油槽用油量
TL800－24/2150	0.30	0.10	TDL325/56－40	3.30	0.30
1600/600kW 变极	0.72	0.22	TDL550/45－60	3.50	0.30
TL1600－40/3250	0.72	0.22	TL1250－16/2150	0.90	0.16
TDL325/56－40	0.72	0.22	TL7000－80/7400	0.75	7.00
TL3000－40/3250	0.60	0.35			

（二）油压装置用油量

油压装置是供压力油给叶片角度调节系统以操作接力器活塞的能源设备，由回油箱、储能器、油泵和其他附件所组成。

水泵叶轮接力器用油量可按下式计算：

$$V_p = \frac{\pi d_p^2 s_p}{4} \tag{8－8}$$

其中

$$d_p = (0.3 \sim 0.5) D_1$$

式中 V_p——叶轮接力器用油量，m^3；

      d_p——叶轮接力器直径，m；

      D_1——叶轮直径，m；

      s_p——接力器活塞行程，m。

受油器的充油量约为叶轮接力器充油量的 20%。

部分大型水泵配套油压装置参数可参考表 8 - 10。

表 8 - 10 部分大型水泵配套油压装置参数

| 水泵型号 | 回油箱 | | 储能器 | | 最高工作压力 /(kgf/cm²) | 油泵输油量 /(m³/h) | 油泵台数 | 电动机型号 | 电动机功率 /kW |
	总容积 /m³	油容积 /m³	总容积 /m³	油容积 /m³					
ZL13.5 - 8	2.5	1.37	1.0	0.35	25	7.5	2	JO₂51 - 4	7.5
28CJ - 56	2.5	1.25	1.0	0.35	25	10.8	2	JO₂52 - 2	13.0
28CJ - 90	1.4		1.2	0.40	25	5.0	2	JO₂42 - 2	7.5
ZL30 - 7	2.5	1.37	1.0	0.35	25	7.5	2	JO₂51 - 4	7.5
45CJ - 70	2.5	2.0	2.0	0.70	25	7.5	2	JO₂51 - 4	7.5
40CJ - 95	2.5	2.0	2.7	1.55	40	8.5	2	JO₂62 - 4	17.0

（三）透平油用油量计算

（1）运行用油量 V_1。运行用油量即设备充油量，一台机组润滑油系统用油量 V_h，一台机组油压装置用油量 V_p，则设备充油量为

$$V_1 = 1.05(V_h + V_p) \qquad (8 - 9)$$

V_1 是最大一台机组的用油量，为一台机组内各供油对象的用油量之和。其中油压装置虽然是几台机组合用的，但当一台机组单独工作时，油压装置并不能减少用油量，所以在计算机组用油量时，需将油压装置的用油量全部计入。

（2）事故备用油量 V_2。取最大机组用油量的 110%（10% 是考虑蒸发、漏损和取样等裕量系数），即

$$V_2 = 1.1V_1 \qquad (8 - 10)$$

（3）补充备用油量 V_3。补充备用油量是由于设备中蒸发、漏损、取样等损失而需要补充的油量，其值等于机组 45 天的添油量，即

$$V_3 = \frac{45}{365}\alpha V_1 \qquad (8 - 11)$$

式中 α——一年中需补充油量的百分比。

（4）系统总用油量。系统总用油量是油系统为保证泵站全部机组都开动起来并正常运行所需要的油量，可作为泵站采购透平油的数量依据：

$$V_z = N(V_1' + V_3) + V_2 + nV_4 \qquad (8 - 12)$$

式中 V_z——系统总用油量，m³；

N——主机组台数；

V_1'——不包括油压装置在内的机组用油量；

V_2——事故备用油量，m³；

V_3——补充备用油量，m³；

V_4——油压装置用油量，m³；

n——油压装置组数。

表 8 - 11 给出了两座泵站的一台机组设备的透平油用量：A 站的泵型为 ZLB - 70，叶

轮直径为 5.7m，配套电动机功率为 7000kW，单机流量 97.5m³/s；B 站的水泵叶轮直径为 3.1m，电动机功率为 3000kW，流量为 30m³/s。

表 8-11　　　　　　　　　　　　　　机组设备的透平油用量

编号	用油设备名称	用油量/m³		
		A 站		B 站
1	电动机上导轴承	1.00		0.600
2	电动机下导轴承	7.00		0.350
3	水泵油轴承	0.39		0.195
4	压力油罐	0.70	2 台机组共用	0.350
5	回油箱	2.00		2.000
6	接力器、受油器	1.70		0.710
7	其他（顶机系统）	1.00（2 台机组共用）		无
	合　计	13.79		4.205

B 站 4 台机组共用（对应第4、5行）

（四）绝缘油系统用油量计算

绝缘油系统用油量与变压器、油开关的型号、容量及台数有关。

（1）最大一台主变压器充油量 W_1。根据已选定主变压器型式从有关产品目录中查得。

（2）事故备用油量 W_2。一般为最大一台主变压器充油量的 1.05～1.1 倍，即

$$W_2 = (1.05 \sim 1.1)W_1 \qquad (8-13)$$

（3）补充备用油量 W_3。为变压器 45 天的添油量，即

$$W_3 = \frac{45}{365}\sigma W_1 \qquad (8-14)$$

式中　σ——一年中变压器需补充油量的百分数，一般 $\sigma = 5\%$。

（4）系统总用油量 W。即

$$W = nW_1 + W_2 + nW_3 \qquad (8-15)$$

式中　n——变压器台数。

四、设备选择

（一）储油设备的选择

（1）净油桶。储备净油供设备换油时使用。容积为最大一台主机组（或变压器）用油量的 110%，加上全部运行设备 45 天的补充备用油量。即

$$V_{净} = 1.1V_{1.\max} + nV_3 \qquad (8-16)$$

通常透平油和绝缘油各设一个。当泵站与变电站分开时，绝缘油用量少，可只设一只油桶。

（2）运行油桶。设备检修时排油和净油用。考虑它可以兼作接收新油，并与净油桶互用，其总容积与净油桶相同。为了使运行油净化方便，提高效率，最好设两个运行油桶，每个运行油桶容积为总容积的一半。个别大型泵站将机组用油量分为润滑系统和操作系统两大部分，而取其大者作为设计油罐容积的依据，这样求得的油罐容积比较小。

（3）重力加油箱。设在厂内，用以储存净油，作为设备自流补充添油的装置，其容积一般为 0.5～1.0m³，位置一般在泵房高处空间，如设在桥式吊车的轨道旁。添油量少时，

一般不设重力加油箱，而用小油桶添油。

（4）事故排油池。接收事故用油。设置在油库底层或其他合适的位置上，其容积为油桶容积之和。如图 8-9 中即设有事故排油池。

在油系统中，一般设净油桶 1 只，运行油桶 1~2 只。在设计中要考虑运行中油的输送和处理，并对运行情况进行分析，然后确定实际所需设置的油桶，尽量做到经济合理。

（二）油净化设备的选择

油净化设备通常包括滤油机和油泵以及与滤油机配套的滤纸烘箱。

1. 滤油机

压滤机过滤杂质的效果较好。若水分较多时，须先由真空滤油机把油中水分进行分离，然后再由压滤机过滤。

根据规程，滤油机的生产率应按在 8h 内净化最大一台主机组的用油量来确定。此外考虑到压滤机更换滤纸所需时间，所以在计算时将其额定生产率减少 30%，即压滤机生产率为

$$Q_y = \frac{V_1}{(1-0.3)t} \quad (\text{m}^3/\text{h}) \tag{8-17}$$

式中　V_1——最大一台主机组的充油量，m^3；

　　　t——滤油时间，取 $t=8\text{h}$。

表 8-12 给出了 LY 系列透平油专用板框压力式滤油机规格。

表 8-12　　　　　　　　　　　　**LY 系列板框压力式滤油机规格**

参数名称	单位型号	LY-30 BASY 0.6/180	LY-50 BASY 0.8/180	LY-100 BASY 1.3/280	LY-125 BASY 1.6/280	LY-150 BASY 1.9/280	LY-200 BASY 2.5/280	LY-300 BASY 3.2/280
公称流量	L/min	30	50	100	125	150	200	300
滤油黏度	mm²/s	≤46						
工作压力	MPa	≤0.5						
工作电源		380V/50Hz						
过滤面积	m²	0.6	0.8	1.3	1.6	1.9	2.5	3.2
滤纸规格	mm×mm	200×200		300×300				
滤框数量		6	8	10	12	15	18	25
滤板数量		7	9	11	13	16	19	26
进出口直径	mm	ϕ32	ϕ32	ϕ44	ϕ44	ϕ50	ϕ50	ϕ65
管径	mm	ϕ25	ϕ25	ϕ32	ϕ32	ϕ44	ϕ44	ϕ60
电动机功率	kW	1.5		2.2		3.0	4.0	5.5
外形尺寸	长/mm	700	750	900	900	1100	1100	1300
	宽/mm	300	300	440	440	440	440	440
	高/mm	820	840	840	840	1000	1000	1000
设备重量	kg	80	90	130	180	210	230	280

表 8-13 给出了 ZY 系列真空滤油机技术规格。

2. 油泵

油泵的排油压力应能克服设备之间高程差和管路损失。油泵的生产率应能在 4h 内充满一台机组。常选用两台油泵，分别用于净油和污油，不设备用油泵，即

$$Q_h = \frac{V_1}{t} \tag{8-18}$$

式中 V_1——最大一台主机组的充油量，m^3；

t——充油时间，取 $t=4h$。

表 8-13   ZY 系列真空滤油机技术参数

型号	单位	ZY-10	ZY-20	ZY-30	ZY-50	ZY-80	ZY-100	ZY-150	ZY-200	ZY-300
流量	L/min	10	20	30	50	80	100	150	200	300
电源		380V/50Hz（或根据用户需求）								
工作真空度	MPa	$-0.06 \sim -0.095$								
恒温范围	℃	$20 \sim 80$								
工作压力	MPa	$\leqslant 0.4$				$\leqslant 0.5$				
工作噪声	dB（A）	$\leqslant 75$				$\leqslant 78$				
加热功率	kW	9	15	18	30	42	54	72	90	135
总功率	kW	10	17	20	33	46	59	79	98	146
设备重量	kg	110	200	230	260	300	380	500	700	900
进出口管径	mm	25	25	25	32	32	40	50	50	60
外形尺寸	长/mm	950	1100	1150	1200	1300	1500	1700	1850	1850
	宽/mm	650	700	750	850	900	1000	1150	1200	1200
	高/mm	1050	1350	1450	1600	1600	1650	1700	1850	1950
可连续工作时间	h	$\geqslant 150$								
无故障工作时间	h	$\geqslant 4000$								
油击穿电压	kV	$\geqslant 55 \sim 70$								
油中含水量	$\times 10^{-6}$	$\leqslant 5$								

常用的油泵是齿轮泵，型号有 KCB、KCY、Ch 等。表 8-14 是部分 KCB 型齿轮油泵规格。

表 8-14   KCB 型低压齿轮油泵技术参数

型号规格	电动机功率 /kW	转速 /(r/min)	流量 /(L/min)	排出压力 /MPa	允许吸上真空度 /m	进口直径 /in
KCB18.3（2CY-1.1/14.5-2）	1.5	1400	18.3	1.45	5	3/4″
KCB33.3（2CY-2/14.5-2）	2.2	1420	33.3	1.45	5	3/4″
KCB55（2CY-3.3/3.3-2）	2.2	1400	55	0.33	5	1″
KCB83.3（2CY-5/3-2）	2.2	1420	83.3	0.5	5	1″

型号规格	电动机功率 /kW	转速 /(r/min)	流量 /(L/min)	排出压力 /MPa	允许吸上真空度 /m	进口直径 /in
KCB83.3（2CY-5/5-2）	3	1420	83.3	0.5	5	1.5″
KCB200（2CY-8/3.3-2）	4	1440	200	0.33	5	2″
KCB200（2CY-12/1.3-2）	4	1440	200	0.13	5	2″
KCB200（2CY-12/3.3-2）	5.5	1440	200	0333	5	2″
KCB200（2CY-12/6-2）	5.5	1440	200	0.60	5	2″
KCB200（2CY-12/10-2）	7.5	1440	200	1.00	5	2″
KCB300（2CY-18/3.6-2）	5.5	960	300	0.36	5	3″
KCB300（2CY-18/6-2）	7.5	1440	300	0.6	5	3″
KCB483.3（2CY-29-3.6-2）	7.5	1440	483.3	0.36	5	3″
KCB483.3（2CY-29-10-2）	11	970	483.3	1.00	5	3″
KCB633（2CY-38/2.8-2）	11	1000	633	0.28	5	4″
KCB633（2CY-38/8-2）	22	1000	633	0.8	5	4″
KCB960（2CY-60/3-2）	18.5	1450	960	0.3	5	4″
KCB960（2CY-60-6-2）	30	1450	960	0.6	5	4″
KCB2000（2CY-120/3-2）	30	750	2000	03	5	6″
KCB2500（2CY-150/3-2）	37	750	2500	0.3	5	6″

（三）油压装置的设备

在大型泵站中，油压装置是用来供给水泵叶片调节机构压力油的设备。油压装置由回油箱、压力油罐、电动油泵、压力油罐、逆止阀、放油阀、安全阀、压力继电器、过滤器、油管及附件组成。所有的部件都安设在回油箱顶盖上，而回油箱本身通常埋设在泵房电动机层楼板的混凝土中。表8-15给出了适用于泵站的油压装置的部分数据。

表8-15 油压装置的容积 单位：m³

油压装置型号	组 合 式				分 离 式		
	HYZ-0.3	HYZ-0.6	GY-1	HYZ-1.6	YS-1	YS-1.6	YS-2.5
压力油罐	0.30	0.60	1.00	1.60	1.00	1.60	2.50
回油箱	0.75	1.20	2.50	2.40	2.50	2.50	4.00

注 压力油罐的油量占容积的35%，回油箱的油量约占其容积的50%。

1. 储油设备

油压装置的储油设备有回油箱和压力油罐。回油箱用以储存无压力油，储油量为回油箱容积的一半。压力油罐内60%～65%是压缩空气，只有35%～40%的油。当压力油罐向叶片调整机构供油时，压缩空气起着稳定油压的作用，使油压的下降在合理允许范围内。

回油箱是由钢板焊成的矩形槽，顶盖预留孔洞为安装压力油罐和油泵之用。箱内的钢丝滤油网将回油箱隔成两部分，一部分是从机组回收的污油，另一部分是过滤后的清洁油。

压力油罐（图8-15）是用钢板焊制的圆柱形压力容器。在容器的外壁上装有玻璃油位计和压力表等附件，并通过连接管与油泵及空压机相连。

2. 油泵

在油压装置中，油泵的作用是将油从回油箱送至压力油罐。油压装置通常配备两台油泵，一台为工作油泵，另一台为备用油泵。当油压下降时，油泵自动启动补油。

油压装置的油泵一般采用螺杆油泵，由壳体、壳体盖、三个螺杆以及一些小零件组成，如图8-16所示，最大工作压力为$2.5\sim6.3$MPa。油泵的吸油高度通常为$4\sim5$m，输油量$3\sim18$L/s。

3. 止回阀和安全阀

止回阀是用来防止压力油罐的油倒流。

安全阀大部分都装在油泵上。当油泵的油压高

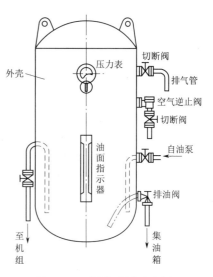

图8-15　压力油罐示意图

于工作压力上限10%时，安全阀开始排油；达到16%时，安全阀全部开启；油泵的输油是经安全阀直接排入回油箱，避免装置过压。当油压回降到工作压力的90%时，安全阀完全关闭。

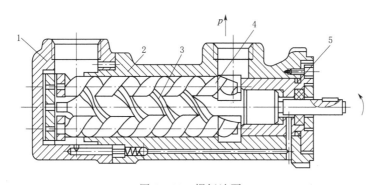

图8-16　螺杆油泵

1—后盖；2—壳体；3—主动螺杆；4—从动螺杆；5—前盖

（四）管路选择

油管常采用焊接钢管或无缝钢管，而不采用镀锌管。因为镀锌管容易酸蚀，而使油加速劣化。

支管管径，根据供油设备、净油设备和用油设备的接头尺寸决定。管道公称直径系列为：15mm、20mm、25mm、32mm、40mm、50mm、65mm、80mm、100mm、125mm、150mm、200mm、250mm、300mm、350mm、400mm、450mm、500mm、600mm。

干管管径，可根据经验选取。供油管管径$d=32\sim65$mm，排油管管径$d=50\sim100$mm。也可按下式计算：

$$d=1.13\sqrt{Q/v} \tag{8-19}$$

式中 Q——油管内油的流量，m^3/s；

v——油管中油的流速，m/s。

当油的黏度在 $10°E$ 以下时，供油管油速可取 $1.5\sim2.5\text{m/s}$，排油管流速可取 $1.2\sim$ 1.3m/s。如黏度增大则流速应予减小。在油压装置的油路系统中一般取 $v=4\sim8\text{m/s}$。

五、油系统的水力计算

当选好设备，拟定了操作系统，并据此在泵房内进行设备和管道的具体布置之后，就需要进行管路的压力损失计算，以便校核油泵排油压力和充油设备排油时间的计算。

（一）管路阻力损失计算

管路系统总的压力损失 Δp（Pa）为沿程损失 Δp_1（Pa）与局部损失 Δp_2（Pa）之和，即

$$\Delta p = \Delta p_1 + \Delta p_2 \tag{8-20}$$

沿程阻力 Δp_1 损失按达西公式计算

$$\Delta p_1 = \gamma_{\text{hu}} \lambda \frac{L}{d} \frac{v^2}{2g} \tag{8-21}$$

式中 L——油管长度，m；

d——油管内径，m；

v——管内油的流速，m/s。

γ_{hu}——油的重度，$\gamma_{\text{hu}}=8829\text{N/m}^3$；

λ——油的摩擦阻力系数（简称摩阻系数）。

当油的流动为层流（$Re<2000$）时，则

$$\lambda = \frac{64}{Re}, Re = \frac{vd}{\nu} \tag{8-22}$$

当油的流动为紊流（$Re>4000$）时，摩阻系数 λ 不仅是雷诺数 Re 的函数，也是管道的相对粗糙度的函数。可采用下列经验公式来计算紊流状态的摩阻系数，即

$$\lambda = 0.3164 \times Re^{-0.26}（适用于 Re<10^5 的情况） \tag{8-23}$$

（二）机组排油时间计算

（1）用油泵或滤油机充、排油时，排油时间为

$$T = \frac{V}{Q} \tag{8-24}$$

式中 T——充排油时间，h；

V——用油设备中油的容积，m^3；

Q——油泵或压滤机生产率，m^3/h。

（2）自流排油时，排油时间为

$$T = \frac{V}{3600 \times 0.785 d_0^2 v_0} \tag{8-25}$$

式中 T——自流排油时间，h；

V——用油设备的容积，m^3；

d_0——排油管的管径，m；

v_0——排油管中油的流速，m/s。

当排油管的管径有多种规格的时候，可将它们化成单一的管径，并求出相应的流速。并在计算中将管件折算成等价长度的管段。于是有

$$v_0 = \sqrt{\frac{2gh}{\frac{\lambda_0}{d_0}L_0 + \frac{\lambda_1}{d_1}L_1\left(\frac{d_0}{d_1}\right)^4 + \frac{\lambda_2}{d_2}L_2\left(\frac{d_0}{d_2}\right)^4 + \cdots}} \qquad (8-26)$$

式中　　v_0——管径为 d_0 时的流速，m/s；

d_0、d_1、d_2——各段管段的内径，m；

L_0、L_1、L_2——各段管段的长度（包括管件等价长度在内），m；

h——用油设备平均油面至油管排出口处高差，m。

如果油是在层流范围内，则可简化为

$$v_0 = \frac{gh}{32\nu\left[\frac{L_0}{d_0^2} + \frac{L_1}{d_1^2}\left(\frac{d_0}{d_1}\right)^2 + \frac{L_1}{d_1^2}\left(\frac{d_0}{d_2}\right)^2 + \cdots\right]} \qquad (8-27)$$

式中　ν——油的运动黏度，m^2/s。

六、布置要求

（一）辅助设备布置的要求

辅助设备的合理布置对快速安装和安全运行至关重要，具体布置时应满足以下要求：

（1）满足运行要求。应使各辅助设备在运行中操作简易、可靠，检查维护方便，有助于事故的处理。

（2）满足施工、安装和检修的要求。在泵房中电气电缆与辅助设备管路一般是分两侧布置，如果前者在出水侧，后者就在进水侧。对于安装管道的一侧，一般水管在最下方，在水管的上方敷设油管及气管，这样不仅使安装期间电气设备与辅助设备各工种互不干扰，而且油、气、水管道也可以各自分开作业，有利于各工种的平行作业。

（3）满足经济要求。管路布置尽可能短，以减少管路阻力损失和管材用量；尽可能做到整齐、美观、紧凑、协调。

（4）满足安全要求。油系统尤其要注意满足防火的有关要求。

（二）油系统的合理布置

泵站的透平油库一般布置在泵房内的水泵层，离用油设备不太远，从高程上又能满足自流排油的要求；油库的面积根据油罐的尺寸和数目确定；油罐顶部以上的净空应满足进入的要求。

油处理室应旁邻油库布置，油处理设备之间的净距不小于1.5m，设备与墙壁之间的净距不小于1.0m。供、排油干管应沿泵房纵向敷设，与水、气管路布置在同一侧。管路可埋设在水泵层的管沟中，以保持地面干燥；也可用支架挂在墙上或天花板下面，阀门位置离地面1～1.5m。室内油库的油罐布置尺寸见表8-16。

表 8-16　　　　　　　　　　　　　室内油库的油罐布置尺寸

油罐容积/m³	油罐间净距/m	油罐与墙净距/m
5～15	0.8	0.75
>15	1.2	1.00

油罐内壁涂 S54-1 白色聚氯酯耐油漆二道,外壁以 H06-4 环氧底漆打底,上涂 H04-1 灰色环氧磁漆二道。

管路安装前应进行酸洗处理,把管壁的防锈油、铁锈、熔渣、灰尘及煨管时粘上的砂子全部清除后,用沾汽油的布连擦几次管内壁,再用白布擦净,直至白布不变色,最后在内壁涂一层透平油(或绝缘油)防止生锈。外壁先刷一层防锈漆,再刷一层调和漆或磁漆,一般压力油管、进油管、净油管外表涂红色,回油管、排油管、溢油管、污油管涂黄色。

(三) 油系统防火安全要求

油库和油处理室的布置均应符合有关防火规程要求,主要有如下几项:

(1) 对室内油库、油罐之间应保持一定距离,并应离墙布置。

当油罐容积在 5m³ 以下并预留检修空地时,允许靠墙布置油罐;此时油罐之间中心距为 1.5 倍油罐直径。

(2) 油库及油处理室禁止设置发生火花的电气、机械和采暖、通风等设备。

(3) 根据多年运行经验,油库可不设事故排油设施,但需采取其他加强防火措施:如设喷雾头、化学灭火剂、防止火灾蔓延的挡油坎或防火喷水幕等。

习　　题

(1) 大型泵站用油的设备主要有哪些?

(2) 什么是油的闪点?

(3) 什么是油的凝固点?

(4) 泵站用油的净化方式一般有哪些?

(5) 泵站油系统的任务是什么?

(6) 泵站油压装置的储油设备有哪些?

(7) 油压装置的油泵一般采用什么泵?

(8) 简述图 8-8 透平油系统的操作流程。

第九章　泵　站　气　系　统

泵站气系统是压缩空气系统与抽真空系统的总称。

根据《固定式压力容器安全技术监察规程》（TSG 21—2016），压力容器的设计压力 p 划分为低压、中压、高压和超高压四个压力等级：

(1) 低压，$0.1\text{MPa} \leqslant p < 1.6\text{MPa}$。

(2) 中压，$1.6\text{MPa} \leqslant p < 10.0\text{MPa}$。

(3) 高压，$10.0\text{MPa} \leqslant p < 100.0\text{MPa}$。

(4) 超高压，$p \geqslant 100.0\text{MPa}$。

按此压力等级标准，泵站压缩空气系统可分为中压和低压两类。

中压空气系统主要用来为油压装置的压力油罐补气，以保证轴流泵或混流泵的叶片调节机构所需要的一定工作压力，多采用 2.5MPa、4.0MPa 或 6.3MPa 的空气压力，与油压装置的额定油压大小相应。近十多年来，内置式液压调节器在我国大型泵站得到了普遍的推广应用，很多大型泵站不再设置外供的压力油系统，相应的中压空气系统也被取消。此外，也有一些泵站在压力油罐中设置充高压氮气的油囊来缓冲油压，通过油泵向压力油罐里补压来维持叶片调节机构的油压，不再用压缩空气向压力油罐补气，省去了泵站的中压空气系统。

泵站的低压空气系统的压力一般为 0.6~0.8MPa，其供气对象有：

(1) 当水泵机组停机时，供气给制动闸，进行机组制动，防止机组长时间怠速运转或倒转。

(2) 当立式机组虹吸式出水流道采用真空破坏阀断流时，供气给真空破坏阀，顶起气缸的活塞，使阀盘打开。

(3) 向叶轮止水空气围带供气。空气围带的安装位置略低于水泵轴承密封装置（图 7-10），两者的目的是相同的，但平板密封装置用于开机时，起止水作用，而空气围带用于停机时，起止水作用。

(4) 供给泵站内风动工具及吹扫设备用气。

(5) 用于检修清理、防冻吹冰。如闸门的冲淤，利用高压空气清理检修闸门的门槽，使检修闸门放下时，不至于被石子等杂物搁置而影响闸门的密封止水性能。防冻吹冰技术是借助压缩空气使冰下的温水流从水体一定深度喷出，使水面的冰块融化，并能避免新冰层凝结。

泵站抽真空系统的作用有：

(1) 水泵叶轮未达到全淹没时，应设抽真空系统。各种形式的水泵都要求叶轮在一定淹深下才能正常启动。如果经过技术经济比较，认为用降低安装高程方法来实现水泵的正常启动不经济，则应设置抽真空、充水系统。

(2) 具有虹吸式出水流道的轴流泵站和混流泵站，如果水泵扬程选择时未考虑驼峰压力，则在虹吸形成过程中可能因水泵扬程过高而无法排出流道内空气或产生剧烈振动。对此，可以在机组启动前对虹吸式出水流道预抽真空，缩短排气形成虹吸的时间，甚至减小机组的最大扬程。如果经过分析论证，在不预抽真空情况下机组仍能顺利启动，也可以不设抽真空系统，但形成虹吸的时间不宜超过 5min。

第一节　空气压缩机工作原理

空气压缩机，简称空压机，是一种用来压缩空气、提高气体压力或输送气体的机械，是将原动机的机械能转化为气体压力能的工作机。根据《压缩机　分类》（GB/T 4976—2017），压缩机的总分类如图 9-1 所示，按工作原理可分为容积式压缩机和动力式压缩机两大类。

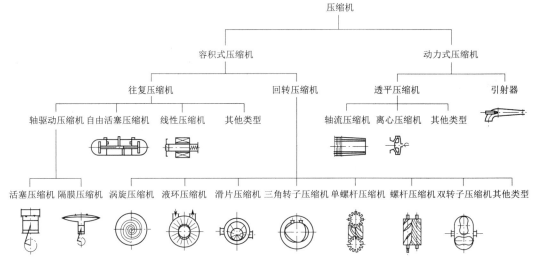

图 9-1　压缩机的总分类

容积式压缩机是直接改变压缩气缸内的气体容积来提高气体压力的压缩机，按照结构形式的不同，有往复式、回转式。往复压缩机是活塞在气缸内作往复运动或膜片在气缸内作反复变形，压缩气体来提高气体压力的容积式压缩机，包括活塞式压缩机、隔膜式压缩机。回转压缩机是通过一个或几个转子在气缸内作回转运动使工作容积产生周期性变化，从而实现气体压缩的容积式压缩机，包括螺杆式、滑片式、滚动转子式、涡旋式等多种类型。

动力式压缩机是通过提高气体运动速度，将其动能转换为压力能来提高气体压力的压缩机，包括透平压缩机和引射器。

活塞式空压机具有工作压力范围广、效率高、工作可靠等特点，在泵站得到了广泛的应用。

一、活塞式空压机的分类及型号

（一）分类

1. 按压缩机的参数分类

按压缩机的排气压力 p 的高低分为低压、中压、高压和超高压，按压缩机的排气量或消耗功率的大小分为微型、小型、中型和大型，具体见表 9-1。

表 9-1   按压缩机的参数分类

压缩机的分类	排气压力 p /MPa	压缩机的分类	排气量 V /(m^3/min)	消耗功率 P /kW
低压	0.2～1.0	微型	≤1	≤10
中压	1.0～10.0	小型	1～10	10～100
高压	10～100	中型	10～100	100～500
超高压	≥100	大型	>100	>500

2. 按空压机的结构特点分类

（1）按气缸容积的利用方式分。有单作用式、双作用式和级差式压缩机。单作用式空压机活塞往复运动时，吸、排气只在活塞一侧进行，在一个工作循环中完成吸、排气，如图 9-2（a）所示。双作用式空压机活塞往复运动时，其两侧均能吸、排气，在一个工作循环中完成两次吸、排气，如图 9-2（b）所示。差级式压缩机是大小活塞组合在一起，构成不同级次的气缸容积。

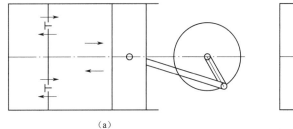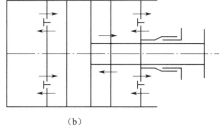

(a)　　　　　　　　　　　　　　　(b)

图 9-2　单作用和双作用活塞式空压机

（a）单作用式；（b）双作用式

（2）按曲柄连杆机构的差异分。按曲柄连杆机构的差异分为无十字头、有十字头两种。无十字头空压机如图 9-3（a）所示，多用于低压、小型压缩机。有十字头空压机如图 9-3（b）所示，适用于大中型及高压压缩机，当压缩有毒气体或不容许有油的气体时，大多采用此形式。

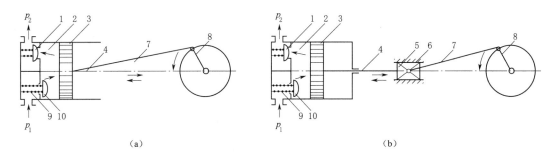

(a)　　　　　　　　　　　　　　　(b)

图 9-3　单级单作用活塞式空压机

（a）无十字头空压机；（b）有十字头空压机

1—排气阀；2—气缸；3—活塞；4—活塞杆；5—十字头；

6—滑道；7—连杆；8—曲柄；9—弹簧；10—进气阀

（3）按压缩级数分。按气体在气缸内被压缩的级数分为单级、双级、多级压缩空压机。只有一组压缩气缸，直接将气体压缩至目标压力后排出的，称为单级空压机。有两组或多组压缩气缸，从低压缸中的气体压缩后送到下一级压缩气缸，将气体多次压缩至目标压力后排出的，称为双级或多级空压机。

（4）按气缸排列方式分。按压缩机的气缸排列方式则分为单列、双列、多列等。列数多者可以达6列。

按气缸排列方式分，有立式、卧式、角度式。卧式又分为一般卧式、对称平衡型和对置型等。

立式空压机的气缸轴线与地面垂直，气缸表面不承受活塞质量，活塞与气缸的摩擦和润滑均匀，活塞环的工作条件较好，磨损小且均匀；活塞的质量及往复运动时的惯性垂直作用到基础，振动小，基础面积较小，结构简单；机身形状简单，结构紧凑，质量轻，活塞拆装和调整方便。

卧式空压机的气缸轴线与地面平行，按气缸与曲轴相对位置的不同，又分为两种：一般卧式，气缸位于曲轴一侧，运转时惯性力不易平衡，转速低，效率较低，适用于小型空压机；对称平衡型，有M型和H型。M型电动机置于机身一侧；H型气缸水平布置并分布在曲轴两侧，相邻两列的曲拐轴线夹角为180°，电动机在机身中间气缸水平布置并分布在曲轴两侧，惯性力小，受力平衡，转速高，多用于中大型空压机。

角度式空压机的相邻两气缸的轴线保持一定角度，根据夹角的不同，可分为L型、V型和W型。L型相邻两气缸中心线夹角为90°，分别为垂直与水平布置；V型同一曲拐上两列的气缸中心线夹角可为90°、75°、60°、45°等；W型同一曲拐上相邻的气缸中心线夹角为75°、60°、45°。

图9-4所示为L型空压机。L型空压机属于角度式压缩机的一种，结构紧凑，占地面积小，其大直径气缸呈垂直布置，小直径气缸水平布置，可以避免较重的活塞对气缸的磨损。

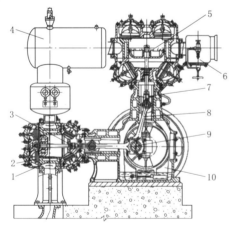

图9-4　L型空压机

1—气缸；2—气阀；3—填料函；4—中间冷却器；5—活塞；
6—减荷阀；7—十字头；8—连杆；9—曲轴；10—机身

图 9-5 所示为 V 型空压机。V 型空压机属于角度式压缩机的一种，气缸成 V 形排列，其中 90°时平衡性最佳，但为结构紧凑，多用于风冷小型、微型空气压缩机上。

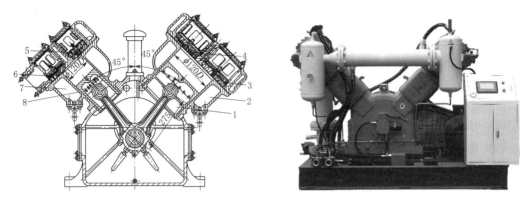

图 9-5　V 型空压机

1——一级活塞；2——一级气缸；3——一级排气阀；4——一级进气阀；
5—二级进气阀；6—二级排气阀；7—二级气缸；8—二级活塞

3. 按空压机的冷却方式分类

根据空压机的冷却方式，分为风冷、液冷（如水冷、油冷、液氨冷却等）、内冷却及外冷却等多种。其中以风冷式和水冷式的应用较广。

4. 按空压机的固定方式分类

按空压机的固定方式，分为固定式和移动式两种。

（二）型号

容积式压缩机型号由大写汉语拼音字母和阿拉伯数字组成，表示方法如图 9-6 所示。

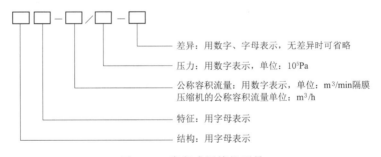

差异：用数字、字母表示，无差异时可省略

压力：用数字表示，单位：10^5Pa

公称容积流量：用数字表示，单位：m³/min隔膜
压缩机的公称容积流量单位：m³/h

特征：用字母表示

结构：用字母表示

图 9-6　容积式压缩机型号

（1）结构代号。容积式压缩机结构代号见表 9-2，如 G 表示隔膜压缩机；HP 表示滑片压缩机；OX 表示涡旋压缩机；YH 表示液环压缩机；L、V、W、M、H 分别表示 L型、V 型、W 型、M 型、H 型活塞式压缩机。活塞式压缩机中 Z 表示立式；P 表示卧式。

表 9-2　　　　　　　　　容积式压缩机结构代号

代号	型式	代号	型式	代号	型式
L	L 型	H	H 型	Z	立式
V	V 型	S	扇型	P	卧式

代号	型式	代号	型式	代号	型式
W	W型	X	星型	Y	移动式
M	M型				

（2）特征代号。表示具有附加特点，F表示风冷；Y表示移动式；C表示车装式；W表示无润滑；S表示水润滑；WJ表示无基础；D表示低噪声罩式；B表示直联便携式。

（3）排气量。即公称容积流量，单位为 m^3/min。

（4）排气压力。用数字表示，单位为 10^5 Pa，即0.1MPa。

（5）结构差异代号。用于区别改进型号，用阿拉伯数字、小写拼音字母表示，或两者并用。

表9-3为部分泵站常用的空压机型号示例。

表9-3   部分泵站常用的空压机型号

型 号	结 构	公称容积流量 /(m³/min)	额定排气压力 /MPa	结构差异
V-0.65/7-c2型空压机	往复活塞式，V型	0.65	0.7	改进型号c2
2V-0.3/7型空压机	往复活塞式，2列、V型	0.30	0.7	
WB-0.22/7型空压机	往复活塞式，W型，直联便携式	0.22	0.7	
ZH-1.73/230型空压机	自由活塞式	1.73	23.0	
VD-0.25/7型空压机	往复活塞式，V型，低噪声罩式	0.25	0.7	
W-1.6/10-1型空压机	往复活塞式，W型	1.60	1.0	改进型号1
CZ-20/30型空压机	往复活塞式，立式	20.00	3.0	

二、压缩机的理论压缩循环

（一）工作原理

活塞式空压机压缩空气的过程，是通过活塞在气缸内不断往复运动，使气缸工作容积产生变化而实现的。活塞在气缸内每往复移动一次，依次完成吸气、压缩、排气三个过程，即完成一次工作循环，如图9-7（a）所示。

（1）吸气过程。当活塞向右边移动时气缸左边的容积增大，压力下降；当压力降到稍低于进气管中空气压力（即大气压力）时，管内空气顶开进气阀6进入气缸，并随着活塞的向右移动继续进入气缸，直至活塞移至右端。该端点称为内止点，根据气缸排列形式的不同，又可称为后止点或下止点。

（2）压缩过程。当活塞向左边移动时，气缸左边容积开始缩小，空气被压缩，压力随之上升。由于进气阀的止逆作用，缸内空气不能倒流回进气管中。同时，因排气管内空气压力高于缸内空气压力，空气无法从排气阀口排出缸外，排气管中空气也因排气阀的止逆作用而不能流回缸内，所以气缸内形成一个封闭容积。当活塞继续向左移动时，缸内容积缩小，空气体积也随之缩小，压力不断提高。

（3）排气过程。随着活塞的不断左移并压缩缸内空气，当压力稍高于排气管中空气压力时，缸内空气顶开排气阀而排入排气管中，这个过程直至活塞移至左端。该端点称为外

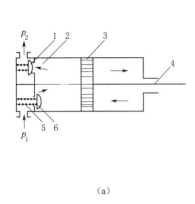
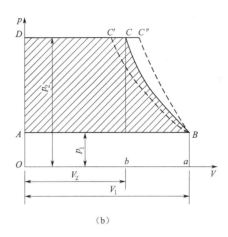

（a） （b）

图 9 - 7 空压机的理论循环示意图

（a）工作原理图；（b）理论循环指示图

1—排气阀；2—气缸；3—活塞；4—活塞杆；5—弹簧；6—进气阀

止点，又可称为前止点或上止点。

此后，活塞又向右移动，开始下一个循环。这样活塞重复地往返运动，不断地进行空气吸入、压缩和排出过程。

（二）理论压缩循环

活塞式空压机是靠活塞在气缸中往复运动进行工作的，活塞在气缸中往复运动一次，气缸对空气即完成一个工作循环。

所谓理论压缩循环是指压缩机在理想条件下活塞在气缸内往复一次，气体经一系列状态变化后又恢复到初始吸气状态的全部工作过程，其假定的理想条件为：

（1）气缸没有余隙容积，缸内容积从零开始变化，被压缩后的气体全部排出气缸。

（2）气体进出气缸时缸内压力保持不变，即气体吸、排气过程中不计压力损失和压力脉动。

（3）吸、排气时，缸内温度保持不变，气体与各壁面间不存在温差，没有热交换，压缩过程中按不变的热力指数进行压缩。

（4）气缸压缩容积绝对密闭，没有气体泄漏。

活塞式空压机的理论工作循环如图 9 - 7（b）所示。当活塞自左向右移动时，气缸内的容积增大，压力稍低于进气管中空气压力时，进气阀 6 打开，吸气过程开始。设进入气缸的空气压力为 p_1，则活塞由外止点移至内止点时所进行的吸气过程，在示功图中用线段 AB 表示。线段 AB 称为吸气线，在整个吸气过程中，缸内空气的压力 p_1 保持不变、体积 V_2 不断增加；V_1 为吸气终了时的体积。

当活塞从右向左移动时，气缸内的容积缩小，同时进气阀关闭，空气开始被压缩，随着活塞的左移，压力逐渐升高。此过程为压缩过程，在示功图中用曲线 BC 表示，称为压缩曲线。在压缩过程中，随着空气压力的升高，其体积逐渐缩小。当缸内空气的压力升高到稍大于排气管中空气的压力 p_2 时，排气阀 1 被顶开，排气过程开始，在示功图中用直线段 CD（称为排气线）表示。在排气过程中，缸内压力一直保持不变，容积逐渐缩小。当活塞移到气缸外止点时，排气过程结束，此时空压机完成一个工作循环。

当活塞在外止点改向右移时，缸内压力下降，吸气过程又重新开始；缸内空气压力从 p_2 降到 p_1 的过程，在示功图中以垂直于 V 轴的直线段 DA 来表示。在理论示功图中，以 AB、BC、CD、DA 线为界的 $ABCD$ 图形的面积，表示完成一个工作循环过程所消耗的功，也就是推动活塞所必需的理论压缩功，其面积越大，所消耗的理论功越大。

（三）能量计算

空压机把空气自低压空间压送至高压空间需要消耗功。空压机完成一个理论循环所消耗的功等于吸气功 W_1、压缩功 W_2 及排气功 W_3 的代数和，通常规定活塞对空气做功为正值，空气对活塞做功为负值。因此，压缩过程和排气过程的功为正，吸气过程的功为负。

$$W = -W_1 + W_2 + W_3 = -p_1 V_1 + \int_{V_2}^{V_1} p\,\mathrm{d}V + p_2 V_2 \qquad (9-1)$$

式中　p_1、p_2——吸气、排气时空气的绝对压力；

　　　V_1、V_2——吸气、排气时空气的容积。

活塞从止点 A 到止点 B 所走的距离，称为一个行程。在理论循环中，活塞一个行程所能吸进的空气，在压力 p_1 的状态下，其值为

$$V_h = FS \qquad (9-2)$$

式中　V_h——活塞行程容积，m^3；

　　　F——活塞面积，m^2；

　　　S——活塞行程，m。

$p-V$ 图上的面积决定着消耗功的大小，因此也可用面积来表示一个工作循环的总功。吸气功 $W_1 = p_1 V_1$，相当于图中吸气线下的 S_{OABa}。压缩功 $W_2 = \int_{V_2}^{V_1} p\,\mathrm{d}V$，相当于图中压缩下的面积 S_{BCba}。排气功 $W_3 = p_2 V_2$，相当于图中排气线下的面积 S_{CDOb}。面积 S_{ABCD} 代表了空压机主轴旋转一周所消耗的功。此面积的大小是随着 BC 压缩过程不同而变的。

压缩过程有两种极端情况：

（1）等温压缩过程。假定气缸被冷却水很好地冷却，活塞移动很缓慢，由压缩过程消耗的功所转换成的热量随时由气缸壁传出，气体温度始终保持不变，称为等温压缩过程。图 9-7（b）中的曲线 BC' 表示等温压缩过程。

（2）绝热压缩过程。假定气缸没有被冷却，而且活塞移动很快，热量来不及通过气缸壁传向外界，称为绝热压缩过程。图 9-7（b）中的曲线 BC'' 表示绝热压缩过程。

可以看出，等温压缩时空压机所消耗的功为最小，绝热压缩时空压机所消耗的功为最大。实际的压缩机中，为了尽可能减小压缩功，一般采取冷却措施尽量实现等温压缩，大型空压机采取在气缸外壁设置水套的水冷方法，小型空压机常用在气缸外壁装置散热片的气冷方法。实际的空压机不可能达到完全的等温压缩状态，而是介于等温压缩和绝热压缩之间的多变过程，如图 9-7（b）中的曲线 BC。

空压机工作循环中的压缩过程，可按等温、绝热或多变过程进行。按不同的压缩过程

压缩时，其循环总功、空气被压缩时放出的热量以及压缩终了时空气的温度也不相同。

在等温压缩过程中，因 T 不变，$T_2 = T_1$，$p_1V_1 = p_2V_2 = pV$，则循环总功为

$$W_{de} = -p_1V_1 + \int_{V_2}^{V_1} p\,\mathrm{d}V + p_2V_2 = p_1V_1\ln\frac{p_2}{p_1} \qquad (9-3)$$

绝热压缩过程中，$pV^k = \mathrm{const}$，绝热指数 $k = 1.41$，参照图 9-8 中的 $p-V$ 图，循环总功为

$$W_{ad} = -p_1V_1 + \int_{V_2}^{V_1} p\,\mathrm{d}V + p_2V_2 = \frac{k}{k-1}p_1V_1\left[\left(\frac{p_2}{p_1}\right)^{\frac{k}{k-1}} - 1\right] \qquad (9-4)$$

绝热压缩过程终了的温度为

$$T_2 = T_1\left(\frac{p_2}{p_1}\right)^{\frac{k-1}{k}} = T_1\left(\frac{V_1}{V_2}\right)^{k-1} \qquad (9-5)$$

在多变压缩时，用多变指数 m（$1 < m < k$）代替绝热指数 k，则变压缩时的循环总功为

$$W_{do} = \frac{m}{m-1}p_1V_1\left[\left(\frac{p_2}{p_1}\right)^{\frac{m}{m-1}} - 1\right] \qquad (9-6)$$

多变压缩过程终了的温度为

$$T_2 = T_1\left(\frac{p_2}{p_1}\right)^{\frac{m-1}{m}} = T_1\left(\frac{V_1}{V_2}\right)^{m-1} \qquad (9-7)$$

式（9-3）～式（9-7）中，V_1 为吸气时空气的容积，即活塞行程容积 V_h。

在空压机循环中，压缩过程所消耗的外功全部变成热量。若采用等温压缩，这些热量全部传给外界，空气的内能和温度没有改变；若为绝热压缩，这些热量全部转换为空气的内能使空气温度升高；在多变压缩过程中，这些热量的一部分传给了外界，另一部分变成空气的内能，所以多变压缩终了温度低于绝热压缩的终了温度，但高于等温压缩的终了温度。

在空压机的工作中，应尽量提高冷却效果，使实际压缩过程尽量接近等温压缩。

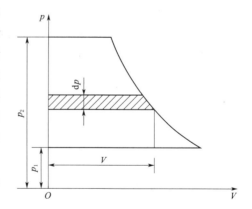

图 9-8　空压机的理论循环指示计算图

三、压缩机的实际循环

（一）实际循环过程

空压机的实际工作情况，由于存在气缸余隙容积及进气和排气阀门的阻力影响，其实际循环指示图与理论循环指示图不同。图 9-9 所示是用专门的示功器测绘出来的空气压缩机的实际工作循环图，反映了在空压机的实际工作循环中空气压力、容积的变化情况。

对照图 9-9 和图 9-7（b）可看出实际工作循环和理论工作循环存在如下区别：

（1）由于存在余隙容积，实际工作循环由膨胀、吸气、压缩和排气四个过程组成，而理论循环则无膨胀过程，这就使实际吸气量比理论值少。

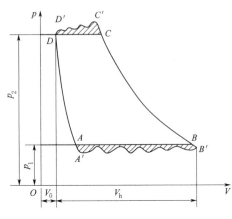

图 9-9 压缩机的实际循环指示图

（2）实际吸气和排气过程存在阻力损失，且活塞环、填料和气阀等不可避免会有泄漏，使得实际吸气线低于理论吸气线，实际排气线高于理论排气线，且实际的吸、排气线呈波浪状，在吸、排气的起始处有凸出点。

（3）在膨胀和压缩过程中，气体与缸壁间的热交换使膨胀指数和压缩指数不断变化，多变指数 m（$1 < m < k$，k 为绝热指数）。

（二）影响因素

1. 余隙容积的影响

余隙容积是排气终了时未排尽的剩余压气所占的容积，是由活塞处于外止点时活塞外端面与气缸盖之间的容积和气缸与气阀连接通道的容积所组成的。当曲柄连杆机构受热膨胀延伸时，余隙容积能起到避免活塞撞击气缸盖的作用。

由于余隙容积的存在，在排气过程 CD（图 9-9）没有把空气排完，还有容积为 V_0、压力为 p_2 的空气残留在余隙容积内。因此在吸气过程开始时，这部分空气首先膨胀，其压力从 p_2 降至 p_1。所以，在活塞行程的起点并不能开始吸气，只有当气缸内的压力低于大气压力时，吸气阀才能开始进气。在图 9-9 中，曲线 DA 表示余隙容积中压缩空气的膨胀过程，实际进气是从点 A 开始，所以吸气线 AB 只占整个活塞行程的一部分，吸入气缸的空气体积变小了。显然，余隙容积的存在，减少了空压机的排气量。

余隙容积对空压机排气量的影响，常用气缸的容积系数 λ_V 或容积效率 η_V 表示。

尽管余隙容积的存在会使空压机的排气量减少，但它的存在能够避免曲柄连杆机构受热膨胀时，活塞直接撞击气缸盖而引起事故。

2. 吸、排气阻力的影响

实际的空压机在进气过程中，进气管外的空气需要克服空气滤清器、进气管和进气阀的阻力后才能进入气缸内，导致气缸内的压力比进气管外的压力要小些，即实际吸气压力低于理论吸气压力；同样，在排气过程中，压出的空气需克服排气阀通道、排气管道和排气管道上阀门等处的阻力后才能排出，导致气缸内部的压力要较储气罐压力高些，即实际排气压力高于理论排气压力。由于气阀阀片和弹簧的惯性作用，实际吸、排气线的起点出现尖峰；又由于吸、排气的周期性，气体流经吸、排气阀及通道时，所受阻力为脉动变化，因而实际吸、排气线呈波浪状。吸气压力的降低和排气压力的升高，使压缩相同质量空气的循环功增加。一般用压力系数 λ_p 来考虑吸气、排气阻力对排气能力的影响。

3. 吸气温度的影响

在吸气过程中，由于吸入气缸的空气与缸内残留压气相混合，高温的缸壁和活塞对空气加热，以及克服流动阻力而损失的能量转换为热能等原因，吸气终了的空气温度高于理论吸气温度，从而降低吸入空气的密度，减少了空压机以质量计算的排气量。吸气温度对排气量的影响，常用温度系数 λ_T 来表示。

4. 漏气的影响

空压机的漏气主要发生在吸（排）气阀、填料箱及气缸与活塞之间。气阀的漏气主要是由于阀片关闭不严和不及时而引起的，其余地方的漏气则大部分是由于机械磨损所致。漏气使空压机无用功耗增加，也使实际排气量减少。考虑漏气使排气量减少的系数，用 λ_l 表示。

在理论循环中，活塞每个行程所吸进的气量即为活塞的行程容积 V_h，压力与温度仍为吸气初始的气体压力 p_1 和温度 T_1；而实际循环中活塞每个行程的吸气量若折合成原始的压力 p_1 和温度 T_1，则比行程容积 V_h 小。如图 9 - 10 所示，由于余隙容积中的高压气体膨胀占去了活塞的一部分行程，吸进的气体减少了 ΔV_1；由于进气过程中的阻力，进气终了压力降为

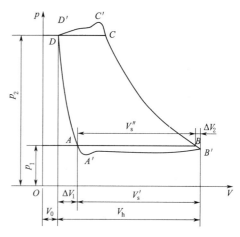

图 9 - 10　实际循环的进气量计算图

p_2'，若把气体由压力 p_2' 折合到 p_1，则容积又减少了 ΔV_2；热交换的影响使吸入终了温度升为 T_2'，若折合到原始的温度 T_1，则吸入的容积进一步减少。

所以，实际循环的进气量为

$$V_s = \lambda_V \lambda_p \lambda_T V_h \tag{9-8}$$

式中　λ_V——容积系数，$\lambda_V = V_s'/V_h$；

　　　λ_p——压力系数，$\lambda_p = V_s'/V_s''$；

　　　λ_T——温度系数，$\lambda_T = V_s/V_s''$。

容积系数 λ_V 可按以下计算：在压缩或膨胀过程中，压力和容积的关系可表示为

$$\lambda_V = 1 - \alpha(\varepsilon^{\frac{1}{m}} - 1) \tag{9-9}$$

式中　α——相对余隙容积或余隙比，$\alpha = \dfrac{V_0}{V_h}$；

　　　ε——名义压力比（增压比），$\varepsilon = p_2/p_1$；

　　　m——多变指数。

余隙比 α 越大，容积系数 λ_V 越低；在 α 及 ε 都一定时，λ_V 随多变指数 m 的下降而有所下降。

【例 9 - 1】　某台活塞式气压机，其余隙比为 0.05。若进气压力为 0.1MPa，温度为 17℃，压缩后的压力为 0.6MPa。假定压缩过程的多变指数为 1.25，试求气压机的容积效率。如果压缩终了的压力为 1.6MPa，则容积效率又为多少？

解： 根据容积效率的计算公式，当压缩后的压力 $p_2 = 0.6$MPa 时，$\varepsilon = 0.6/0.1 = 6$，有

$$\eta_V = \lambda_V = 1 - \alpha(\varepsilon^{\frac{1}{m}} - 1) = 1 - 0.05 \times (6^{1/1.25} - 1) = 0.84$$

当压缩后的压力 $p_2 = 1.6$MPa 时，$\varepsilon = 1.6/0.1 = 16$，有

$$\eta_V = 1 - \alpha(\varepsilon^{\frac{1}{m}} - 1) = 1 - 0.05 \times (16^{1/1.25} - 1) = 0.59$$

计算结果表明，增压比提高后，容积效率明显下降，当 η_V 等于 0.6 左右时，每次压缩的产量很低，大大降低了压气机的使用价值。

（三）多级压缩

单级活塞式压气机的增压比不宜过高，一般不超过 12。如果要制取压力较高的压缩气体时，则应采用多级压缩中间冷却的方法，把整个压缩过程分成几个压力段，分别在几个气缸中逐级完成，使每级中气体的增压比不会过高。同时，在两级之间采用中间冷却，使各级气缸入口的气体温度降低，这样可以有效地降低每一级气缸的耗功量。

空压机大多采用多级压缩，排气压力越高，级数就越多。因为容积效率是随着压力比的增大而减小的，在某种情况下，残留在余隙容积中的空气压力可能在吸气行程终了时和大气压力相等。因此，气缸就没有吸气可能，也就无压缩空气排出，即空压机容积效率 $\eta_V = 0$；另外，如果压力比过高，则压缩后的空气温度太高，将引起气缸内润滑油的分解和燃烧，破坏正常工作，甚至引起储气罐和压缩空气管道的爆炸。采用多级压气和级间冷却可以克服上述缺点，并节省压缩功。

多级空压机的原理是把空气的压缩过程分成两个或两个以上的阶段，在几个气缸里逐次压缩，使压力逐级上升。当空气在第一个气缸里被压缩到一定压力后，就送入级间冷却器进行冷却，然后再进入第二个气缸继续进行压缩。

图 9-11 所示是两级空压机的简图。空气首先进入空气滤清器，然后在低压气缸里压缩，压力由进气压力 p_1 升高到冷却器内的压力 p_2（图 9-12）。气体在冷却器内变冷，结果气体温度恢复到最初的进气温度，气体容积由 V_2 减为 V'_2，再进入高压气缸，继续压缩至最后的所需压力 p_3。这样，低压气缸和高压气缸是在不同的压力范围内工作的，空气的容积相差很多，所以两者尺寸也不一样，高压气缸总要小些。

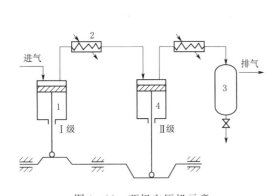

图 9-11 两级空压机示意

1、4—Ⅰ级及Ⅱ级气缸；2—冷却器；3—汽水分离器

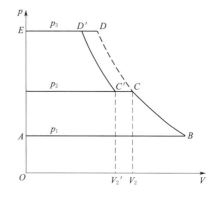

图 9-12 二级压缩过程示意

图 9-12 的面积 $S_{ABCC'D'E}$ 代表整个设备每一循环的指示功。如果不采用两级压缩和级间冷却的措施，而把空气从 p_1 一次压到 p_3，则消耗的功将由面积 S_{ABCDE} 所代表。面积 $S_{CC'D'D}$ 便是由于级间冷却所节省的功量。

多级空压机适用于生产高压的压缩空气，不过级数太多也有缺点：因为机器结构趋于复杂，整个装置的尺寸、重量、制造费用都要上升；空气通道增加，使气阀及管路的压力损失增加；运动件数增多，发生故障的可能性也要增加；所以一般常用的以二级和三级居多。一般终了排气压力为 0.5～0.6MPa 时，多为单级空压机；0.6～3MPa 时，多为两级；1.4～15MPa 时，多为三级。

四、空压机的主要参数

(一) 排气量

空压机的排气量指单位时间内空压机最后一级排出的气体容积，换算到第一级进口状态的压力和温度时的气体容积，单位为 m^3/min。

空压机的额定排气量，即铭牌上标注的排气量，是进气条件为标准状态（压力为 $1.01 \times 10^5 Pa$，温度为 20℃）时的排气量。

排气量 Q_0 的计算可按每一转吸进的空气量扣除中途泄漏掉的，再乘以转速，即

$$Q_0 = V_h \lambda_V \lambda_p \lambda_T \lambda_1 n \tag{9-10}$$

式中　Q_0——空压机的排气量，m^3/min；

　　　V_h——空压机气缸的行程容积，m^3；

　　　n——转速，r/min；

　　　λ_1——泄漏系数，表示因泄漏缘故使排出气量比吸进气量小的百分数。

排气量也可表示为

$$Q_0 = \lambda V_h n \tag{9-11}$$

式中　λ——称排量系数，在 0.75～0.90 之间。

(二) 排气压力

排气压力指最终排出空压机的气体压力，单位为 Pa 或 MPa。排气压力一般在空压机气体最终排出处，即储气筒处测量。多级空压机末级以前各级的排气压力，称为级间压力，或称该级的排气压力。前一级的排气压力就是下一级的进气压力。

(三) 排气温度

排气温度指每一级排出气体的温度，通常在各级排气管或阀室内测量。排气温度不同于气缸中压缩终了温度，因为在排气过程中有节流和热传导，故排气温度要比压缩终了温度低。

(四) 功率

轴功率指空压机驱动轴所消耗的实际功率，驱动功率指原动机输出的功率，考虑空压机实际工作中由其他原因引起的负荷增加，驱动功率应留有 10%～20% 的储存量，称为储备功率。

空压机的功率是评价空压机经济性能的重要指标，单位时间内消耗的功称为功率，单位为 W 或 kW（以下空压机功率单位均为 kW），主要包括理论功率、指示功率、轴功率和驱动功率。

1. 理论功率 P_t

空压机理想工作循环周期所消耗的功率，称为理论功率。根据空压机在压缩过程中与外界热交换的程度，目前应用较多的是等温理论功率和绝热理论功率两种。

若空压机排气量为 Q，等温理论功率为

$$P_{td} = \frac{1}{60 \times 10^3} p_1 Q \ln \frac{p_2}{p_1} \tag{9-12}$$

式（9-12）适用于单级和两级空压机等温理论功率的计算。

单级空压机绝热理论功率为

$$P_{ts} = \frac{1}{60 \times 10^3} \times \frac{k}{k-1} p_1 Q \left[\left(\frac{p_2}{p_1} \right)^{\frac{k-1}{k}} - 1 \right] \tag{9-13}$$

对两级空压机，若压缩比相等，则绝热理论功率为

$$P_{ts} = \frac{1}{60 \times 10^3} \times \frac{2k}{k-1} p_1 Q \left[\left(\frac{p_2}{p_1} \right)^{\frac{k-1}{2k}} - 1 \right] \tag{9-14}$$

由式（9-12）及式（9-13）、式（9-14），可以得到绝热指数 $k = 1.41$ 时，等温理论功率与绝热理论功率之比 $\dfrac{P_{td}}{P_{ts}}$ 随增压比 $\dfrac{p_2}{p_1}$ 变化的曲线如图 9-13 所示。

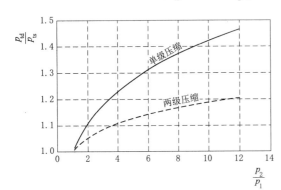

图 9-13　$\dfrac{P_{td}}{P_{ts}}$ 随增压比 $\dfrac{p_2}{p_1}$ 变化的曲线

2. 指示功率

指示功率是空压机实际循环所消耗的功率，包括理论功率和各种阻力损失功率之和。空压机理论功率与指示功率之比称为指示效率，按等温计算的指示功率 P_i 为

$$P_i = \frac{P_{td}}{\eta_{td}} \tag{9-15}$$

按绝热理论功率计算的指示功率 P_i 为

$$P_i = \frac{P_{ts}}{\eta_{ts}} \tag{9-16}$$

等温指示效率 η_{td} 反映了空压机实际消耗的指示功率与最小功率的接近程度，反映了实际循环由于泄漏、热交换以及进排气阻力而造成的损失情况，一般可取等温指示效率 $\eta_{td} = 0.65 \sim 0.85$。

实际空压机级间的压缩过程均趋于绝热，故绝热指示效率 η_{ts} 能较好地反映相同级数时气阀等通流部分阻力损失的影响。

由式（9-15）、式（9-16）可知 $\dfrac{\eta_{td}}{\eta_{ts}} = \dfrac{P_{td}}{P_{ts}}$，故 $\dfrac{\eta_{td}}{\eta_{ts}}$ 随增压比 $\dfrac{p_2}{p_1}$ 的变化曲线与图 9-13 相同。

当已知气缸压力指示图和机器转速时，指示功率为

$$P_i = \frac{1}{60 \times 10^3} p_i V_h n \tag{9-17}$$

式中　p_i——平均指示压力，Pa，从测功机绘出的压缩机实际指示功图上求取，如图 9-14 所示。

3. 轴功率

轴功率 P_z 是原动机传给空压机轴的功率。空压机消耗的功包括两部分：一部分是直

接用于压缩气体的指示功 P_i；另一部分是用于克服机械摩擦的摩擦功 P_m。摩擦功包括活塞及传动系统中的机械摩擦损失以及空压机轴直接驱动的附属设备所需的功。故有

$$P_z = P_i + P_m \qquad (9-18)$$

摩擦功 P_m 很难精确计算，在工程中可用机械效率 η_m 来考虑，即

$$P_z = \frac{P_i}{\eta_m} \qquad (9-19)$$

式中　η_m——机械效率。

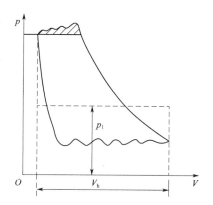

图 9-14　平均指示压力计算图

4. 驱动功率

驱动功率是原动机的输出功率，是选择电动机的依据。

$$P_q = \frac{P_z}{\eta_c} \qquad (9-20)$$

式中　η_c——传动效率，对皮带传动，$\eta_c = 0.96 \sim 0.98$；若无传动装置或直联，$\eta_c = 1$。

选驱动机时，为了适应空压机运转时的负荷波动、状态变化、冷却水温度变化以及泄漏损失等因素会增加功率的消耗，应有 $5\% \sim 15\%$ 的储备功率，故驱动机的名义功率 P_q 应为

$$P_e = (1.05 \sim 1.15) P_q \qquad (9-21)$$

5. 比功率或容积比能

比功率或容积比能是指在一定排气压力下单位排气量所消耗的功率，用轴功率与排气量之比表示，即 $P_q = P_z / Q$。比功率是衡量和评价相同工作条件下空压机的经济指标，其值越低越好。

（五）效率

空压机的效率是空压机理想功率和实际功率之比，是衡量空压机经济性的指标之一。

1. 机械效率

由于空压机工作时内部存在机械摩擦损失，为了衡量空压机内部机械传递过程的经济性，用空压机实际循环的指示功率 P_i 和轴功率 P_z 之比来表示机械效率，即

$$\eta_m = \frac{P_i}{P_z} \qquad (9-22)$$

影响机械效率的因素较多，如空压机的具体结构、制造和装配质量、轴承的型式、润滑状况、摩擦副的材料等。一般 η_m 取值范围：大中型空压机 $0.90 \sim 0.96$；小型空压机 $0.85 \sim 0.92$；微型空压机 $0.82 \sim 0.90$。

2. 等温效率

等温效率 η_{is} 是空压机的理论循环等温功率与轴功率之比，即

$$\eta_{is} = \frac{P_{td}}{P_z} = \eta_{td} \eta_m \qquad (9-23)$$

由于等温功率是等温压缩时不存在进、排气阻力损失的功率，所以等温效率 η_{is} 反映

了中间冷却的好坏，又反映气缸冷却及泄漏所影响的压缩过程指数的高低，还反映了气阀及管道压力损失的大小，故代表整个机器性能的优劣。一般活塞式空压机的 $\eta_{is}=0.60\sim0.75$。

3. 绝热效率

绝热效率是空压机理论循环绝热功率与轴功率之比，即

$$\eta_{ad}=\frac{P_{ts}}{P_z}=\eta_{ts}\eta_m \qquad (9-24)$$

绝热效率通常用来评价单级风冷压缩机的经济性，但也可用来评价多级压缩机。因为实际压缩机的压缩过程趋近于绝热过程，故绝热效率能较好地反映出阻力元件压力损失及泄漏的影响。但对于不同级数压缩机作比较时，不能直接反映机器功率消耗的情况。

五、活塞式空压机的结构

活塞式空压机的结构一般包括压缩机构、传动机构、润滑机构、冷却机构、调节机构和安全保护装置六部分。

(一) 压缩机构

活塞式空压机的压缩机构的工作腔用来压缩气体，由气缸、活塞、气阀、填料组成。

1. 气缸

气缸是活塞式压缩机工作部件中的主要部分。根据压缩机不同的压力、排气量、气体性质等需要，应选用不同的材料与结构形式。一般地，工作压力低于 6.0MPa 的气缸用铸铁制造，工作压力在 6～20MPa 的气缸用稀土球墨铸铁或铸钢，更高压力者用碳钢或合金钢锻造。

根据气缸的冷却方式，可分为风冷和水冷两种。风冷气缸如图 9-15 所示，一般用于小型低压移动式压缩机。它的结构简单，质量轻，靠气缸外壁铸环向或纵向散热片强化散热。

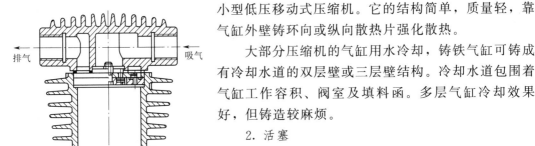

大部分压缩机的气缸用水冷，铸铁气缸可铸成有冷却水道的双层壁或三层壁结构。冷却水道包围着气缸工作容积、阀室及填料函。多层气缸冷却效果好，但铸造较麻烦。

2. 活塞

活塞与气缸构成压缩工作容积，是压缩机中重要的工作部件。活塞可分为筒形活塞和盘形活塞两大类。

筒形活塞常为单作用活塞，用于小型无十字头的压缩机。通过活塞销与连杆直接相连，筒形活塞的典

图 9-15　风冷气缸

型结构如图 9-16 所示，活塞顶部直接承受缸内气体压力。环部上方装有活塞环以保证密封。裙部下方装 1～2 道刮油环，活塞上行时刮油环起均布润滑油作用，下行时起刮油作用。筒形活塞裙部用于承受侧向力。

盘形活塞用于中、低压双作用气缸。盘形活塞通过活塞杆与十字头相连，它不承受侧向力。为减轻往复运动质量，活塞可铸成空心结构，两端面间用筋板加强，如图 9-17 所

示。在大直径的卧式气缸中，活塞质量较大，常在活塞下部 90°～120° 范围内浇有巴氏合金，作为承压面。

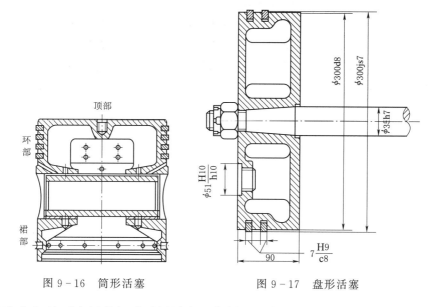

图 9-16　筒形活塞　　　　　　　　图 9-17　盘形活塞

活塞与气缸镜面之间的间隙采用活塞环密封。活塞环还起到布油与导热的作用。气缸中有油润滑时，活塞环材料采用灰铸铁。在无油润滑时，采用石墨、填充聚四氟乙烯等具有自润滑性能的材料做活塞环。活塞环常用的切口形式有直切口、搭接切口和斜切口三种。为减小切口间隙的泄漏，安装活塞环时必须使相邻两环的切口互相错开 180° 左右。

3. 气阀

排气阀是活塞式压缩机中的重要部件，也是易损坏的部件之一，其质量直接影响压缩机的排气量、功率消耗及运转的可靠性。

活塞式空压机的进气阀与排气阀均为自动阀，随气体压力变化而自行启闭。常见的类型有环状阀、网状阀、舌簧阀、蝶形阀和直流阀。

环状进气阀如图 9-18 所示。环的数目视阀的大小由一片到多片不等，阀片上的压紧弹簧有两种：一种是每一环片用一只与阀片直径相同的弹簧，即大弹簧；另一种是用许多个与环片的宽度相同的小圆柱形弹簧，即小弹簧。排气阀的结构与吸气阀基本相同，两者仅是阀座与升程限制器的位置互换而已。

网状阀的作用原理与环状阀相同，但阀片多为整块的工程塑料，在阀片不同半径的圆周上开许多长圆孔的气体通道。阀片之上加缓冲片，其用途是减轻阀片与升程限制器的冲击。

4. 填料

在双作用的活塞式压缩机中，活塞杆与气缸间隙采用填料密封。现代压缩机的填料多用自紧式密封，靠气体压力使填料紧抱活塞杆，阻止气

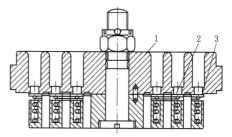

图 9-18　环状进气阀
1—阀座；2—升程限制器；3—阀片

体泄漏。

　　常用的密封元件有平面填料和锥面填料。平面填料只适用于压力小于 10MPa 的条件，常用平面填料是三、六瓣结构。在填料盒的每个小室内装有两个金属环：一个为三瓣环；另一个为六瓣环。环外面都用锅形弹簧把环箍紧在活塞杆上。安装时，三瓣环紧靠气缸侧，六瓣环的切口必须与三瓣环切口互相错开。填料环常用耐磨材料、铸铁或青铜等制成。图 9－19 所示为中压空压机常见的平面填料函结构。填料的径向压紧力来自弹簧及泄漏气体的压力。在内径磨损后，连接处的缝隙能自动补偿。铸铁密封圈需用油进行冷却与润滑。

　　锥面填料的基本密封元件由 T 形环和两个锥形环组成。三者各有一个切口，安装时切口彼此错开 120°，用定位销固定位置，并放置在具有锥面的整体环（即支承环与压紧环）组成的小室中。轴向弹簧起预密封作用。气体压力轴向作用于支承环及压紧环的两端面上，通过锥面将力传给 T 形环与两个锥形环。密封环的材料常用青铜或巴氏合金，整体的支承环和压紧环用碳钢制造。

　　对于无油润滑压缩机，其关键是用自润滑材料来制造活塞环及填料密封元件。目前使用较多的有石墨和聚四氟乙烯塑料作密封圈，常用如图 9－20 所示的结构。在填充聚四氟乙烯密封圈的两侧加装金属环，分别起导热作用及防止塑料的冷流变形。

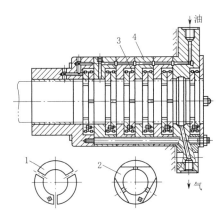

图 9－19　平面填料函结构

1—三瓣密封圈；2—六瓣密封圈；3—弹簧；
4—填料盒

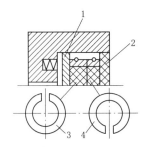

图 9－20　塑料填料函

1—阻流环；2—导热环；3、4—填充聚
四氟乙烯密封环

　　（二）传动机构

　　1. 动力机轴与空压机轴之间的传动

　　动力机轴与空压机轴之间的传动有直接传动、皮带传动、齿轮传动和液力耦合传动四种类型。在选择传动方式时，需要根据具体情况进行选择，以达到最好的性能与使用效果。在选择传动方式时，需要根据具体情况进行选择，以达到最好的性能与使用效果。

　　2. 空压机运动部件的传动

　　空压机运动部件的传动用以实现往复运动，由活塞杆、十字头、滑道、连杆、曲柄和轴承等组成，如图 9－21 所示。

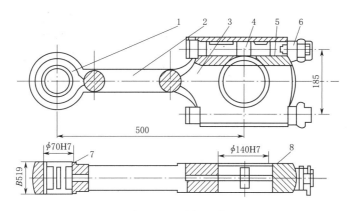

图 9-21 连杆组件

1—小头；2—杆身；3—大头；4—连杆螺栓；5—大头盖；6—螺母；7—衬套；8—大头瓦

（1）活塞杆。活塞杆一般采用优质碳素钢或合金钢制成，其一端与十字头连接，另一端与活塞连接。在级差式气缸中，活塞杆将相邻的活塞连接在一起。在高压和级差式活塞中，活塞杆有时也起活塞的作用。无润滑压缩机的活塞杆较长，并安装有刮油器，使通过刮油器的活塞杆不进入填料，从而防止曲轴箱内的润滑油由活塞杆带入填料和气缸。

（2）十字头。十字头是连接活塞杆与连杆的零件，它具有导向作用。压缩机中大量采用连杆小头放在十字头体内的闭式十字头。少数压缩机采用与叉形连杆相配的开式十字头。十字头与活塞杆的连接形式分为螺纹连接、连接器连接、法兰连接等。

（3）连杆。连杆是将作用在活塞上的气体力等各种力传递给曲轴，并将曲轴的旋转运动转换为活塞的往复运动的机件。连杆包括大头、小头、杆体三部分。大头一端装有大头瓦，与曲柄销相连。小头一端装有小头瓦，与十字头销（或活塞销）相连。杆体截面形状有圆形、矩形和工字形几种，其中工字形截面受力较好，节省金属材料，最为经济合理。考虑润滑要求，连杆小头瓦所需润滑油大多数均从连杆大头瓦处引来，故杆身中往往钻有油孔。也有用附油管紧贴在杆身一侧的结构，但现已较少应用。

（4）曲轴。曲轴是空压机上将原动机轴的旋转运动，通过连杆转变为十字头与活塞组件的往复直线运动，使活塞对吸入空气做功的重要零件。它不但承受动力扭矩，周期性地承受气体作用力和连杆与自身的惯性力，还同时承受交变、弯曲和扭转应力。因此，对曲轴的技术要求较高。曲轴各部分几何形状应尽量避免突变，使应力分布均匀，提高抗疲劳强度，且应有足够的刚度。曲轴多采用中碳钢锻造，也有采用球墨铸铁铸造。

曲轴分为曲柄轴和曲拐轴两种，可以做成半组合式、组合式或整体式结构。曲柄轴通常为半组合式或组合式，故又称开式曲轴（也有称为主轴），由于较重、较长和旋转惯性力较大，现大多只用于微型和旧式的单列或双列卧式压缩机。曲拐轴多做成整体式，又称闭式曲轴（常称为曲轴），为大功率压缩机所采用。

曲轴上只有两点支承时可用滚动轴承；多曲拐曲轴采用多点支承时，必须用滑动轴承。

（三）润滑机构

活塞式空压机运行中存在很多表面摩擦，如活塞环与气缸壁之间的摩擦，活塞杆与填料之间的摩擦，十字头与滑道间的摩擦，连杆小头与十字头、连杆大头与曲轴连接处的摩擦，曲轴轴颈与轴瓦间的摩擦等。润滑原理是指利用润滑剂在摩擦表面形成润滑膜，减少机械摩擦，降低能量损耗，保护机械零部件的工作表面，减少磨损和损坏。润滑剂可分为润滑油和润滑脂两种类型，一般润滑油用于大型空压机，而润滑脂则用于小型空压机。

润滑系统可分为内部润滑和外部润滑系统。内部润滑系统主要指气缸内部的润滑、密封与防锈、防腐；外部润滑系统即运动部件的润滑与冷却。

内部润滑一是采用机械式强制润滑器将润滑油在压力下注入气缸壁上的润滑油孔；二是通过向进气接管处喷入一定量的润滑油，与压缩气体一起进入气缸，实现润滑和冷却。对于一些小缸径、高压力的多级压缩机气缸，只向进气接管处喷油。

外部润滑系统的润滑方式有：采用压力润滑和油雾润滑对十字头进行润滑；通过连杆和曲柄上的凹凸部分从油池中将油带起并抛出进行外部润滑；通过曲轴内油孔道，将压力润滑油分别送到主轴瓦和曲柄销处进行润滑。

通常在大功率压缩机、高压压缩机和有十字头的压缩机中，内部润滑系统和外部润滑系统是独立的，分别采用适合各自的内部油和外部油。在气缸向曲柄箱敞开的小型无十字头式压缩机中，运动部件的润滑系统兼作对气缸内部的润滑，其内外部润滑是通用的。

（四）冷却机构

空压机因在工作过程中，压力较大，产生较多热能，如不能及时降温，会导致机器过热，降低效率甚至损坏设备。空压机的冷却包括气缸壁的冷却及级间气体的冷却，通过热交换来将产生的热量转移出去，以保持机器的正常工作温度，从而改善润滑工况、降低气体温度及减小压缩功耗，保障空压机的正常运行并延长设备寿命。空压机冷却方式有水冷式和风冷式。

1. 水冷式

水冷式冷却是利用冷却水的循环来降低空压机的温度。冷却器内置在空压机中，冷却水在冷却器中的管道流动，吸收空压机产生的热量，并通过循环系统将热量带走。水冷式可以更好地控制机器的温度，对气候变化的适应性强，可以通过调整水压来适应不同的气温变化。但水冷式需要额外安装冷却系统，成本相对较高，并受水资源限制；冷却水中可能含有的钙、镁等离子在高温下容易发生化学反应，形成水垢，影响冷却效率。水冷式冷却通常用于大型空压机中。

2. 风冷式

风冷式冷却是通过安装在空压机上的散热风扇将周围空气吹向机器，通过对空气的冷却来降低机器的温度。风冷式冷却方式简单且成本较低，但会由于环境温度和空气质量的限制，冷却的效果差，在周围空气质量差的地方，可能会对空压机和压缩空气造成污染。从冷却效果和质量上来看，风冷式通常不如水冷式。

图 9-22 所示为两级压缩机的串联冷却系统。由中间冷却器、气缸的冷却水套、冷却水管、后冷却器等组成。冷却水先进入中间冷却器而后进入气缸的水套，以保持气缸壁面上不致析出冷凝水而破坏润滑。冷却系统的配置可以串联、并联，也可混联。

大型压缩机的级间冷却器，气体压力 $p=3\sim5\mathrm{MPa}$ 时采用管壳式换热器，利用轴流式风扇吹风冷却；压力更高时一般采用水冷却的套管式换热器，冷却后的气体与进口冷却

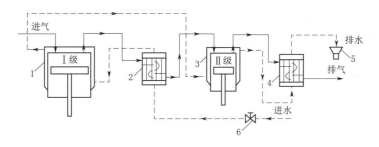

图9-22　两级压缩机的串联冷却系统

1—Ⅰ级气缸；2—中间冷却器；3—Ⅱ级气缸；4—后冷却器；5—溢水槽；6—供水调节阀

水的温差一般为5～10℃，为避免水垢的产生，冷却后的水温应不超过40℃。冷却后的气体进入油水分离器，将气体中的油与水分离。

（五）调节机构

空压机在运行中常常因为生产条件的改变而要求排气量能在一定范围内调节。调节方式有变速或停机调节、管路调节、顶开进气阀调节、控制进气调节、连通补助容积等。

顶开进气阀调节是在全部或部分排气行程中强制顶开进气阀，使已吸入缸内的气体未经压缩而全部或部分返到吸入管道的调节方法。

图9-23所示是顶开进气阀的活塞式伺服器压开叉结构。调节时，通过调节器来的高压气体进入伺服气缸，推动小活塞克服弹簧力，使压开叉压开阀片。当需恢复正常工作时，由调节器将伺服器与大气接通，小活塞在弹簧力作用下升起，压开叉脱离阀片。

关闭吸气口调节利用阀门关闭进气管路，由此使排气量为零，所以属于间断调节。这是中、小型空压机一种常用的方法。

图9-24所示为切断进气用的减荷阀，阀芯是双座的。当由管网引入压力调节器的压缩空气压力大于额定压力时，空气压力克服弹簧力，将鼓形阀塞上顶，压缩空气经压力调节器上出口到达减荷阀，作用于伺服器的活塞上，克服阀杆顶部弹簧的力，推动阀芯关向

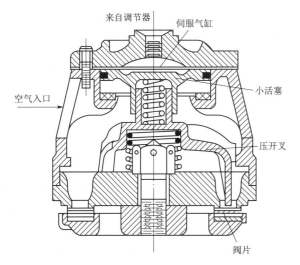

图9-23　具有活塞式伺服器的压开叉

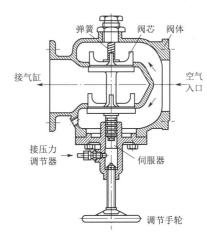

图9-24　切断进气管路用的双座阀

271

阀座，于是进气管路被切断，空气停止吸入。当管网压力下降 $50\sim100$ kPa 时，调节器的阀塞移到原位，调节器至减荷阀管道中的压缩空气，由调节器顶端小孔放入大气，减荷阀的阀芯在弹簧作用下打开，重新吸气，空压机带负荷运转。调节手轮用于空压机启动时切断进气，使空负荷启动。

（六）安全保护装置

空压机的安全保护装置主要是安全阀，以及压力表、温度计、继电器、超温保护装置等。

安全阀是空压机上最重要的安全保护装置之一。当负荷调节器失灵，排气压力超过规定的安全压力时，安全阀就自动开启，排出过量气体而释压，当压力降到规定值时则自动关闭，保证了空压机的正常运行。安全阀的种类很多，常用的有弹簧式、重锤式和脉冲式。

弹簧式安全阀的阀瓣与阀座的密封是靠弹簧力作用的。当气体压力超过弹簧作用力时，阀自动开启，卸压后，阀瓣在弹簧力作用下阀座为关闭状态。弹簧式安全阀的结构简单，调整方便，可直立安装在任何场合，应用较广，低压空压机多采用弹簧式安全阀。

通常规定安全阀的开启压力值不得大于空压机工作压力值的 110%，允许偏差 $\pm3\%$；关闭压力值为工作压力值的 $90\%\sim100\%$，启闭压差一般应不大于 15% 工作压力值。实际应用中，常将两级压缩空压机安全阀的开启压力规定为：一级在排气压力值上加 20%、二级加 10%；一、二级的关闭压力都为额定排气压力值。

第二节 压缩空气系统设计与布置

一、油压装置供气系统

（一）油压装置供气的目的及技术要求

对叶片角度全调节的轴（混）流泵站，当采用传统的外供油压装置进行水泵叶片调节时，需要设置中压空气系统为油压装置的压力油罐补气，以保证叶片调节机构所需的工作压力。

压力油罐容积中有 $30\%\sim40\%$ 是透平油，其余 $60\%\sim70\%$ 是压缩空气。压缩空气作用于透平油形成压力，提供调节系统和液压操作所需要的压力油源。由于压缩空气具有良好的弹性，是理想的储能介质，当压力油罐中由于调节用油而造成油容积减少时仍能保持一定的压力。

在水泵叶片调节过程中，压力油罐中所消耗的油用油泵自动补充。压力油罐中压缩空气会有一部分溶于油中被带走；也会因密封不严而漏失，虽然损耗很少，但也需要设置油压装置供气系统，以维持压力油罐中的油气比例。

对油压装置供气系统要求满足气压、干燥和清洁的要求。要求是进入油压装置的压缩空气，其压力值应不低于调节系统或液压操作系统的额定工作压力。我国所生产的油压装置，其额定油压多采用 2.5MPa、4.0MPa 或 6.3MPa。

随着环境温度的下降，压缩空气的含湿量减小，使油压装置给气网中压缩空气的相对湿度增大，可能形成水汽凝结，产生严重后果：①造成管道、管件、配压阀和接力器等部件的锈蚀；②冬季可能发生水分冻结，导致管道堵塞，使止回阀、减压阀等无法正常工作；③水分进入调节系统的压力油中造成油的劣化，严重影响调节系统性能。因此，要求供入压油罐中的压缩空气必须是干燥的，在最大日温差下，压缩空气的含湿量不可达到饱和状态。

如果压缩空气中混有尘埃、油垢和机械杂质等，对空压机的生产率、调节系统各个元件的正常运行均有影响，有可能使阀件动作不灵或密封不良，造成意外事故。因此，必须采取过滤措施提高压缩空气的纯净度。

油压装置的供气方式有一级压力供气和二级压力供气两种。

一级压力供气是空压机不设减压而直接供气给压力油罐，空压机的额定排气压力等于或稍大于压力油罐的额定油压力。油压装置的一级压力供气可以不设置储气罐，但当低压系统用气量较小而由中压系统减压供给时，可不设低压空压机，但必须设低压储气罐。受压缩而发热的空气经冷却后，温度接近于周围环境温度，过剩的水分将凝结于油水分离器及储气罐中；当环境温度下降时，水分会继续析出。因此，一级压力供气方式空气的干燥度较差。

图 9-25 是某泵站的油压装置供气系统图，由两台中压空压机直接向压力油罐一级压力供气，不设中压储气罐。油压装置的额定工作压力为 4.0MPa，空压机的额定压力选用 6.0MPa。在空压机的排气管道上装有温度继电器，当压缩空气超过允许温度时自动停车。

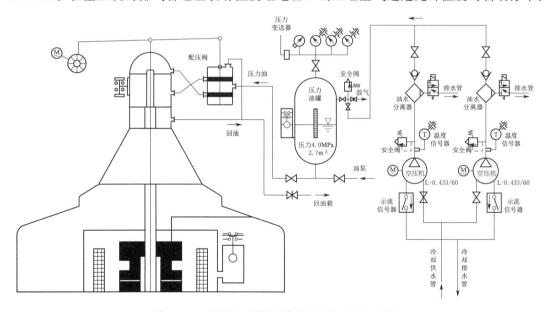

图 9-25　不设中压储气罐的油压装置供气系统

二级压力供气的空压机的排气压力高于压力油罐的额定油压，一般取压力油罐的额定油压的 1.5～2.0 倍，压缩空气自高压储气罐经减压后供给压油槽，这种供气方式更有利于提高压缩空气的干燥度。

图 9-26 是另一泵站的油压装置供气系统图，采用二级压力供气，由两台中压空压机向中压储气罐供气，再向压力油罐供气。油压装置的额定工作压力为 2.0MPa，空压机的

额定压力选用 3.0MPa，故空压机出口设置减压阀。储气罐上装设安全阀、压力表和排放油水的接管。

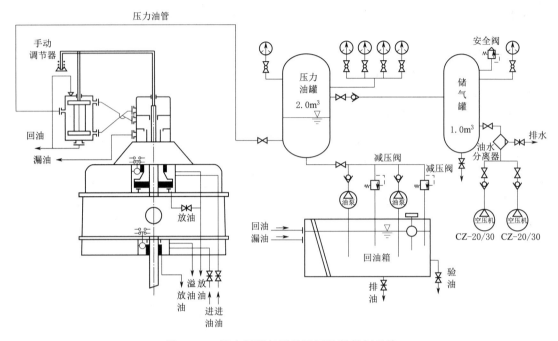

图 9-26 设中压储气罐的油压装置供气系统

（二）空压机选择

供油压装置用气的空压机至少应设置两台，正常运行时一台工作，另一台备用。在油压装置安装或检修后充气时，两台空压机同时工作。

空压机的启停根据油压装置系统的工作压力进行控制，油压装置的压力下降时，工作空压机首先启动，如果不能满足要求，备用空压机再启动。

空压机的总生产率根据压力油罐容积和充气时间按下式计算：

$$Q_k = \frac{(P_y - P_a)V_k K_V K_l}{60 T P_a} \tag{9-25}$$

式中　Q_k——空压机总生产率，m^3/min；

　　　P_y——压力油罐的额定工作压力（绝对压力），Pa；

　　　P_a——大气压力，Pa，标准大气压为 1.01325×10^5 Pa；

　　　V_k——压力油罐的容积，m^3；

　　　K_V——压力油罐中的空气所占容积的比例系数，$K_V = 0.6 \sim 0.7$；

　　　K_l——漏气系数，可取 $K_l = 1.2 \sim 1.4$；

　　　T——压力油罐充气到全压力的时间，h。

按《泵站设计标准》（GB 50265—2022），中压空压机宜设 2 台，总功率可按 2h 内将 1 台油压装置的压力油罐充气至额定工作压力值确定，则每台空压机所需的生产率为 $Q_k/2$。

274

空压机的额定工作压力 P_k 根据油压装置额定工作压力的要求，并考虑到排气管道的阻力损失。根据 P_k 和 Q_k 可从空压机型号规格或产品目录中选用相应的空压机，在选择空气压缩机时应考虑海拔的影响。

（三）储气罐选择

中压空气系统储气罐的容积一般为 $1.0 \sim 1.5 m^3$，其构造如图 9-27 所示。

储气罐为中压容器，其生产、设计、安装使用、维护保养、状态监测、定期检验、报废更新等应严格执行《中华人民共和国特种设备安全法》以及《固定式压力容器安全技术监察规程》（TSG 21—2016）、《移动式压力容器安全技术监察规程》（TSG R0005—2011）。

（四）油水分离器（或称气水分离器）

从压缩空气系统压入压力油罐的空气应是清洁和干燥的，以避免油箱中有湿气凝结而导致劣化油质、锈蚀配压阀。因此，每台空压机上进口都应装设空气清滤器，出口装设油水分离器。另外空压机本身也带有油水分离器来分离润滑油中的水分，延缓油的乳化。

油水分离器的作用原理是使进入油水分离器中的压缩空气气流产生方向和速度的改变，并依靠气流的惯性，分离出密度较大的油滴和水滴。

油水分离器的基本结构形式有：使气流产生环形回转；使气流产生撞击并折回；使气流产生离心旋转。在实际应用中，以上的结构形式可同时综合采用。

图 9-28 中的油水分离器是前两种结构的综合，压缩空气进入分离器内，一方面气流由于受隔板的阻挡，产生下降而后上升的环形回转，与此同时析出油和水；另一方面气流撞击在隔板上时，气流折回，油滴和水滴附于波形板面上，向下流动后汇集在底部，通过油水吹除管排出。

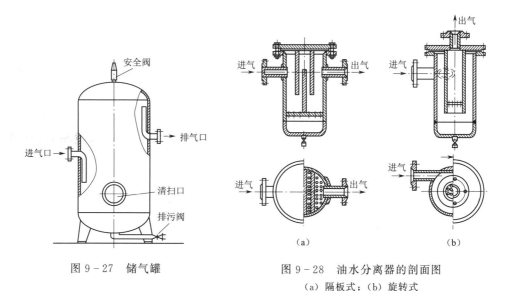

图 9-27　储气罐　　　　　图 9-28　油水分离器的剖面图
（a）隔板式；（b）旋转式

（五）安全阀的选择

安全阀的选择是按气流通过阀口时的流速达到临界流速来计算。当安全阀的内外压力

比 p_2/p_1 达到某一临界值后，安全阀内压力继续升高，阀口流速不再增加，称为临界流速，其值等于介质条件下的声速。故气体的临界流速 ω_c 为

$$\omega_c = \sqrt{\frac{2K}{K+1}p_1 v_1} = \sqrt{\frac{2K}{K+1}RT_1} \qquad (9-26)$$

阀门最小流通截面应为

$$f = \frac{Q_{an}}{\mu\omega_c} = \frac{Q_{an}}{\mu\sqrt{\dfrac{2K}{K+1}RT_1}} \qquad (9-27)$$

式中　f——安全阀阀口面积，m^2；

$\quad\quad Q_{an}$——通过安全阀的气体流量，m^3/s，应按安全阀所在地点最大进气量选取，在泵站上按工作空压机与备用空压机同时工作的情况考虑，故为 2 台的排量；

$\quad\quad \mu$——流量系数，对全启式安全阀，$\mu = 0.60\sim0.70$；

$\quad\quad K$——气体绝热指数，对空气 $K = 1.40$；

$\quad\quad p_1$——系统工作压力，Pa；

$\quad\quad v_1$——装设安全阀处气体的比容，m^3/kg，在 20℃、标准大气压下，空气的密度 $\rho = 1.164 m^3/kg$，$v_1 = 1/\rho_1 = 0.859 m^3/kg$，$v_1$ 值与气体所处压力成反比；

$\quad\quad R$——气体常数，对空气 $R = 287.2 J/(kg \cdot K)$；

$\quad\quad T_1$——气体温度，K。

安全阀的流通面积应按阀口处圆柱形通道计算，有

$$f = \pi d_0 h \qquad (9-28)$$

式中　d_0——阀口直径；

$\quad\quad h$——阀芯提升高度。

对于全启式安全阀，$d_0 = (0.625\sim0.65)D_N$，$h = (1/4\sim1/3)d_0$，根据计算选用标准尺寸。

安全阀的过流断面应略大于计算值，以防在安全阀开启后压力下降量小，导致安全阀关闭后又再次打开，产生压力振荡。

（六）管径选择

管径一般按经验选取，对干管可选用 $\phi 32 \times 2.5$（管径×壁厚）的无缝钢管；支管直径决定于压力油罐接口的尺寸。

（七）压缩空气的干燥

空气的干燥程度通常用相对湿度来衡量，相对湿度是用空气的实际含湿量与同温度下空气的饱和含湿量的比值来表示，即

$$\varphi = \frac{\gamma}{\gamma_H} \times 100\% \qquad (9-29)$$

式中　φ——空气的相对湿度，%；

$\quad\quad \gamma$——空气的实际含湿量，g/m^3，取 $1.185 g/m^3$；

$\quad\quad \gamma_H$——同温度下空气的饱和含湿量，g/m^3，水的蒸汽饱和密度见表 9-4。

表 9 - 4　　　　　　　　　　各种温度时水的饱和蒸汽压及密度

温度 t /℃	饱和蒸汽压 p_b/Pa	密度 ρ /(g/m³)	温度 t /℃	饱和蒸汽压 p_b/Pa	密度 ρ /(g/m³)	温度 t /℃	饱和蒸汽压 p_b/Pa	密度 ρ /(g/m³)
10	1228	9.4	22	2643	19.42	34	5318	37.58
11	1312	10.01	23	2808	20.57	35	5622	39.6
12	1402	10.66	24	2982	21.77	36	5940	41.72
13	1497	11.34	25	3166	23.04	37	6274	43.93
14	1597	12.06	26	3360	24.37	38	6624	46.23
15	1704	12.82	27	3564	25.76	39	6991	48.64
16	1817	13.63	28	3779	27.22	40	7375	51.15
17	1936	14.47	29	4004	28.75	41	7777	53.76
18	2062	15.36	30	4241	30.36	42	8198	56.49
19	2196	16.3	31	4491	32.05	43	8639	59.35
20	2337	17.29	32	4753	33.81	44	9101	62.34
21	2486	18.33	33	5020	35.65	45	9584	65.45

　　泵站常采用降温法及热力法对压缩空气进行干燥。降温法也是利用湿空气性质的一种物理干燥法。降温干燥法有多种，一般在空压机与高压储气罐之间设置冷却器（又称机后冷却器），降低压缩空气的温度使其析出水分，提高干燥程度。当空压机额定压力降低无法保证压缩空气的干燥要求时，采用降温干燥法是较为有效的补救措施。

　　热力法是利用在等温下压缩空气膨胀后其相对湿度降低的原理，可分为二级干燥：第一级干燥是使空气压缩和冷却，将空气中大部分水蒸气凝结成水，并将冷凝水排除；第二级干燥再对压缩空气施行减压，利用压缩空气体积膨胀的方法降低其相对湿度。

　　第一干燥过程：空压机吸入的空气经压缩后，压力提高，温度上升（高达 106℃ 以上），空气的饱和湿含量增大，其相对湿度可能下降；压缩空气经中间冷却器和机后冷却器冷却，温度骤降，空气的饱和湿含量减小，其相对湿度增大，当达到极限值（φ = 100%，即饱和状态）时，便开始析出水分。水蒸气的凝结不仅发生在中间冷却器和机后冷却器中，还发生在中压储气罐内。因为压缩空气进入储气罐后，将逐渐冷却到接近周围环境的温度，使水分继续析出。为了析出更多水分，最好将储气罐装置在温度较低的室外，并应避免阳光照射。

　　当空压机进气压力为 p_1，温度为 T_1，排出气体压力 p_2，经冷却后温度为 T_2'，则冷却器和储气罐中析水量为

$$m_w = \frac{V_1 \rho_{s1}}{p_{b1}} \left(p_1 - \frac{p_1 - \varphi_1 p_{b1}}{p_2 - p_{b2}} p_2 \right) \tag{9-30}$$

式中　　m_w——析出的水分，kg；

　　　　V_1——吸入的湿空气体积，m³；

　　　　φ_1——吸入空气的相对湿度，%；

　p_{b1}、p_{b2}——与温度 T_1、T_2' 相应的饱和蒸汽压，Pa，查表 9-4；

ρ_{s1}——在 p_{b1} 下的水蒸气密度，kg/m^3，查表 9-4。

【例 9-2】　空气压缩机吸入空气的相对湿度 $\varphi_1=80\%$，温度 T_1 为 25℃，储气罐的工作压力为 4MPa（表压力），求空压机每吸入 $1m^3$ 的自由空气时，在冷却器和储气罐中凝聚的水分为多少？

解： $T_1=25℃$，设冷却后 $T_2'=T_1$，查表 9-4 得出饱和蒸汽压 $p_{b1}=3166Pa=0.03166\times10^5Pa$，水蒸气密度 $\rho_{s1}=0.02304kg/m^3$，进气压力取标准大气压力 $p_1=1.01325\times10^5Pa$，排出气体压力 $p_2=41.01325\times10^5Pa$，按式（9-30）计算析出水分的质量为

$$m_w=\frac{1\times0.02304}{0.03166}\times\left(1.01325-\frac{1.01325-0.8\times0.03166}{41.01325-0.03166}\times41.01325\right)=0.0179(kg)$$

第二干燥过程：由于中压储气罐里的压缩空气处于饱和状态，当油压装置的温度低于中压储气罐的温度时，压缩空气进入油压装置后将产生水汽凝结。为了降低油压装置中空气的相对湿度，将中压储气罐里的压缩空气经减压阀降到油压装置的工作压力，降压后绝对湿含量不变的气体由于体积随压力降低而反比例增大，因而其相对湿度相应降低。减压膨胀后油压装置中压缩空气的相对湿度由下式确定：

$$\varphi_c=\varphi_t\frac{\rho_{st}p_cT_t}{\rho_{sc}p_tT_c}\tag{9-31}$$

式中　φ_c——减压膨胀后油压装置中压缩空气的相对湿度，%；

　　　φ_t——中压储气罐中压缩空气的相对湿度，通常 $\varphi_t=100\%$；

　　　p_t——中压储气罐的额定工作压力，MPa；

　　　p_c——油压装置的额定工作压力，MPa；

　T_t、T_c——中压储气罐和油压装置中压缩空气的温度，K；

　ρ_{st}、ρ_{sc}——与 T_t、T_c 相应的水蒸气饱和密度，g/m^3。

空气压缩装置工作压力的选择应考虑油压装置所采用的工作压力，工作环境可能出现的最大温差，以及油压装置所要求的压缩空气干燥度等。为保证在任何情况下压缩空气均无水分析出，应根据可能出现的最大温差和压缩空气干燥度的要求来确定高压空压机的工作压力。

二、机组制动用气系统

气压制动是用压缩空气操作的制动闸对电动机进行制动。为避免制动过程的过度发热和消耗过多的压缩空气，一般是在电动机转速下降到额定转速的 30%~35% 时顶闸制动，连续制动 2min 左右然后撤除，制动气压常为 0.5~0.7MPa。

（一）机组制动耗气量

单台机组的制动耗气量取决于电动机所需的制动力矩，由电动机制造厂提供。设计制动供气系统时，一台机组一次制动所需的自由空气总量 V_z 可按下式计算：

$$V_z=\frac{q_zt_zP_z}{1000P_a}\tag{9-32}$$

式中　q_z——制动过程耗气流量，L/s，由电动机厂提供，一般 $q_z=2\sim4L/s$；

　　　t_z——制动时间，一般取 120s；

P_z——制动气压（绝对压力），一般取 0.7MPa；

P_a——大气压力，对海拔 900m 以下可取 0.1MPa。

也可按充气容积计算耗气量 V_z（自由空气，m^3），即

$$V_z = (V_{zx} + V_p)k \frac{P_z}{p_a} \tag{9-33}$$

式中　V_{zx}——制动闸活塞行程容积，m^3；

　　　V_p——电磁空气阀至制动闸之间的管道容积，m^3；

　　　k——漏气系数，取 1.2～1.4。

（二）储气罐容积

制动储气罐的作用是储备空气，供制动时一次大量使用，所储存的压缩空气数量应满足全部机组制动一次的需要，然后再由空压机向罐中补气，其计算式为

$$V_g = \frac{V_z z P_a}{\Delta P_z} \tag{9-34}$$

式中　V_g——储气罐容积，m^3；

　　　z——同时制动的主机组台数，按全厂机组同时制动考虑；

　　　ΔP_z——制动前后允许的压力降，一般取 0.1～0.2MPa，制动后的气压应保持在最低制动气压以上。

（三）空压机生产率

空压机的生产率 Q_k 可按下式确定

$$Q_k = \frac{V_z z}{\Delta t} \tag{9-35}$$

式中　Δt——储气罐恢复压力的时间，一般可取 15～20min。

（四）管径

管径一般按经验选用，供气干管 $\phi50\sim100$，支管 $\phi25$。通高压油的管道要选用无缝钢管。

三、真空破坏阀用气系统

（一）真空破坏阀的作用

真空破坏阀安装在泵站虹吸式出水流道驼峰顶部，其作用如下：

（1）主机组启动时排出空气形成虹吸。水泵启动前，高出水面以上的虹吸管段是充满空气的。水泵启动过程中，水泵排出的水量进入出水流道，逐渐占有流道中空气的空间，使空气体积减小，空气因受压缩而压力增大，当空气压力增大到超过真空破坏阀阀体自重和弹簧压紧力时，被压缩的空气就会将真空破坏阀顶开，空气通过真空破坏阀排出管外，如图 9-29（a）所示。随后流道内的空气压力迅速下降，真空破坏阀自动关闭。剩余的空气靠水流挟气继续排出，直到空气全部排出流道后，完成虹吸形成的全过程。

（2）主机组停机时放入空气实现断流。泵站正常停机时，虹吸式出水流道驼峰顶部为负压，真空破坏阀关闭。停机时，将低压的压缩空气放入真空破坏阀气缸活塞的下腔，将活塞向上顶起，带动阀盘开启，空气通过真空破坏阀进入出水流道，从而破坏真空，并随

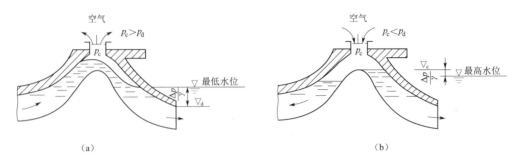

图 9-29 真空破坏阀的作用

(a) 开机；(b) 断流

p_c—虹吸管内压力； p_d—顶起阀盘需要的压力

出水流道内水位的降低继续补给空气，直至管内气体的压力与大气压相等。从而截断水流，防止反向虹吸形成，如图 9-29 (b) 所示。

(3) 检修流道时，需要打开检修阀将流道内的水放入集水廊道（或集水池），并由排水泵排出。此时打开真空破坏阀，可防止出水流道后段的水翻越驼峰形成反虹吸。

（二）真空破坏阀的性能要求

真空破坏阀应满足以下性能要求：

(1) 动作迅速可靠。机组停机时，在电动机主开关跳闸后 1~2s 内，真空破坏阀应立即动作，且应保证全部打开的时间控制在 5s 之内。真空破坏阀延迟打开会发生倒流水锤，危及机组安全。

(2) 密封性好。正常运行时，不允许有空气漏入虹吸管内，否则会在虹吸流道内形成不稳定的气穴，引起机组振动和造成运行效率降低。

(3) 口径要适当。如果真空破坏阀的口径太小，即使阀盘全部开启也不能及时完全破坏真空，达不到断流的目的。

(4) 采用真空破坏阀断流的泵站，宜设置能满足动水关闭要求的防洪闸，以防超过驼峰时水倒流。

（三）真空破坏阀的结构及尺寸

泵站常用的真空破坏阀多为气动平板阀，其主要结构由阀座、阀盘、气缸、活塞及活塞杆、弹簧等部件组成，如图 9-30 所示。

压缩空气通过电磁空气阀进入气缸活塞的下腔，将活塞顶起，活塞带动活塞杆拉起阀盘向上运动，于是真空破坏阀开启。阀的顶部装有限位开关，以此发出电信号。当阀盘全部开启时，气缸盖上的限位开关接点接通，发出电信号通知值班人员。当虹吸管内的压力接近大气压力之后，切断压缩空气，阀盘、活塞杆及活塞在自重和弹簧张力作用下自行下落关闭。真空破坏阀要求较高的密封性能，阀盘四周采用黄铜，阀门外环防漏，阀门外环要经过研磨。

真空破坏阀底座为三通管，三通管的横向支管装有密封的有机玻璃板窗口和手动备用阀门。如果真空破坏阀因故不能打开，可以打开手动备用阀，将压缩空气送入气缸，使阀盘动作。

在特殊情况下，因压缩空气母管内无压缩空气，或因其他原因真空破坏阀无法打开时，运行人员可以用大锤击破底座三通管横向支管上的有机玻璃板，使空气进入虹吸管内，防止倒流。

阀的结构尺寸应保证在开机时，在向压力管道充水过程中，将虹吸管内的空气从真空破坏阀排出，而不是从虹吸管的被淹没的出口涌出；并应保证在停机时，在虹吸管的喉部将真空破坏，同时引入的空气应足以补偿经过泵排走的水的容积。

真空破坏阀盘面积的确定应按其最不利工作情况考虑，即按下游最低水位，上游最高水位，叶片最大转角，及开启有延误考虑；并按上游最低水位时启动水泵进行校核。计算方法如下：

1. 按江都排灌站经验公式

确定真空破坏阀阀盘直径的江都排灌站经验公式为

$$D = 0.108\sqrt{Q_n} \qquad (9-36)$$

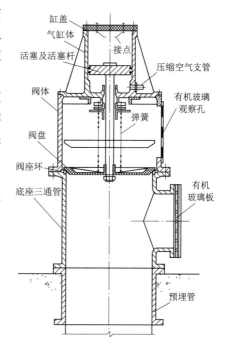

图 9-30 真空破坏阀结构

式中 D——阀盘直径，m；

Q_n——水泵设计流量，m^3/s。

2. 按 H. A. HaxucMMH 推荐的方法

按空气的密度 $\rho = 1.2kg/m^3$，由常见的孔口出流公式可得

$$F = \frac{Q}{1.265C\sqrt{\Delta p}} \qquad (9-37)$$

式中 F——真空破坏阀需要的最小面积，m^2；

Q——空气流量，其值等于水泵失去动力时飞逸工况下水泵流量（可按 $1.5\sim1.6$ 倍设计流量考虑）或水泵启动时的设计流量，m^3/s；

C——孔口流量系数，对真空破坏阀取 $C=0.5$，对通气管取 $C=0.7$；

Δp——阀的压降，$10^5 Pa$。

阀的压降 Δp 应按跳闸断电后不允许出现反虹吸现象或按启动时不允许从虹吸出口压出空气的条件决定，同时要考虑虹吸管衬砌的强度和刚度，所以有

$$\Delta p < \rho g(?_c - ?_{b,max}) \qquad (9-38)$$

$$\Delta p < \rho g(?_{b,min} - ?_d) \qquad (9-39)$$

$$\Delta p < \frac{2E}{K}\frac{\delta}{D_0} \qquad (9-40)$$

式中 $?_c$、$?_d$——虹吸管驼峰高程与出口端管顶高程，m；

$?_{b,max}$、$?_{b,min}$——出水池最高、最低运行水位，m；

E——弹性模量，Pa；

K——安全系数，对钢管取 $K=10$，对混凝土管取 $K=5$；

δ、D_0——混凝土管壁厚与虹吸管内径，m；

ρ——水的密度，kg/m^3。

真空破坏阀的阀盘面积通常取虹吸喉部面积的 $5\%\sim8\%$。如果真空破坏阀阀盘面积不够，则停机时可能因进气量不足而在短时间内虹吸管内有部分水翻越了驼峰，形成一个反向虹吸流，使得反转速度过大；开机时会周期性地从虹吸出口冒气泡，并伴随有低频脉冲压力。

真空破坏阀的阀盘升高度 h 可按从阀盘周围的圆柱面进入的风量与通气管通过的流量相等的原则来确定，即

$$\pi D h V_v = \frac{\pi}{4} D^2 V_g \qquad\qquad (9-41)$$

式中　V_v、V_g——真空破坏阀和通气管中的空气流速。

因 $V_v/V_g = C_v/C_g = 0.5/0.7$，$C$ 为流量系数，所以简化后得出

$$h = 0.35D \qquad\qquad (9-42)$$

式中　D——阀盘直径。

（四）真空破坏阀的供气系统

图 9-31 为真空破坏阀供气系统图。真空破坏阀采用压缩空气为动力，在系统图中，压缩空气干管的一端与储气罐相连。在正常运行时，干管 1 内充满了压缩空气；当停机时，电磁阀 3 通电打开，压缩空气由空气支管 2 补入，通过检修闸阀 4、电磁空气阀 3 进入真空破坏阀。

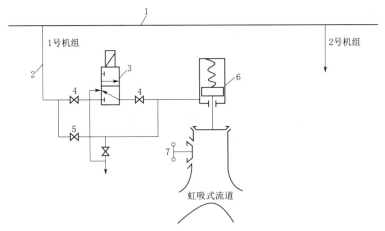

图 9-31　真空破坏阀供气系统图

1—供气干管；2—供气支管；3—电磁空气阀；4—检修用闸阀；

5—手动备用阀；6—真空破坏阀；7—手动闸阀

泵站上真空破坏阀用气和制动用气都由同一储气罐供应，在停机过程中同时向两者供气，所以储气罐的容积应满足真空破坏阀和制动两项总的用气量要求。

每个真空破坏阀打开一次的耗气量 V_v 为

$$V_v = (V_{vx} + 0.8 V_g) k \frac{p_v}{p_a} \qquad\qquad (9-43)$$

式中　V_{vx}——真空破坏阀活塞行程容积，m^3；

V_g——电磁空气阀以下的管道容积，m^3；

p_v——真空破坏阀工作压力（绝对压力），MPa，p_v 应与制动气压 p_z 取成一致；

k——漏气系数，取 1.2～1.4。

全站所有真空破坏阀打开一次的用气量为 zV_v，z 为全部机组台数。以下的计算与前面相同。

四、其他用气

大型泵站其他用气部位的压缩空气消耗量（均已折算为自由空气）为：气动工具 0.7～2.6m^3/min；设备吹尘 1～3m^3/min。

五、综合压缩空气系统

（一）系统图

泵站应根据机组的结构和要求，设置油压装置、检修、防冻吹冰、密封围带、破坏真空及机组制动等用气的压缩空气系统。压缩空气系统应满足各用气设备的用气量、工作压力及相对湿度的要求，根据需要可分别设置中压和低压系统。

泵站中、低压空气系统常组成一个综合供气系统，使运行更为可靠和灵活。若不设制动用气，低压系统可不设储气罐，维护检修用气宜由低压空压机的连续工作来满足，宜设 2 台空气压缩机互为备用，其生产率应按可能同时工作的风动工具用气量计算，不考虑其他用户同时用气。

若设置制动用气，低压系统应设储气罐，其总容积可按全部机组同时制动的总耗气量及最低允许压力确定，空气压缩机的功率可按 15～20min 恢复储气罐额定压力确定。

若站内必须设中压系统，而低压系统用气量又不大时，低压用气可由中压系统减压供给，此时可不设低压空压机，但必须设低压储气罐。中、低压系统之间可用管路连接，通过减压阀或手动阀减压后向低压气系统供气，但应设安全阀，确保低压系统的安全。

泵站空气压缩机宜按自动操作设计，储气罐上应设与空气压缩机功率、排气压力相适应的安全阀、排污阀及压力信号装置。

图 9-32 为某泵站的综合压缩空气系统原理图。有中压气设备和低压气设备，中压气可通过减压阀转换为低压气。

图 9-33 为另一个大型泵站的压缩空气系统图，中压气与低压气之间没有联系。

（二）布置上的要求

（1）空压机和储气罐宜设于单独的房间内，且宜远离中央控制室，并应根据需要采取减振和隔音措施。压缩空气系统中可设置空气干燥机、空气过滤器以及油水分离器等设施。在大型泵站中，通常将空压机和储气罐布置在电机层或副厂房的一端，其管道系统与油系统管道沿泵房一侧并列布置，在机组段引出支管到机组。

（2）供气管直径应按空压机、储气罐、用气设备的接口要求，并结合经验选取。主供气管道应有坡度，并在最低处装设集水器和放水阀，以利于从管中排出油和水。一般与气流方向一致时，坡度可采用 0.003，而与气流方向相反时，坡度不应小于 0.005。当管道长度超过 20～50m 时，应装设弯曲形的伸缩节，以适应温度变化对管道的影响。

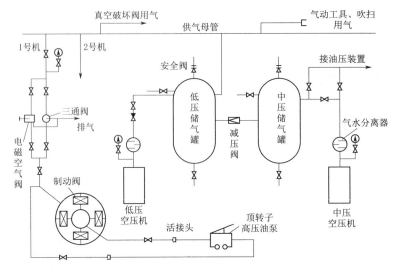

图 9-32 某泵站压缩空气系统图

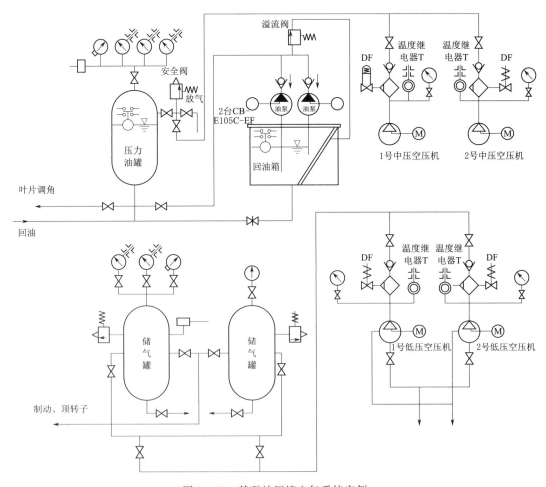

图 9-33 某泵站压缩空气系统实例

（3）为防止压力气流倒回，在空压机与储气罐之间的排气管道上应装设止回阀。为了空压机能空载启动和放掉排气管道内的存留气体，当进气管上无减载阀时，应在空压机和止回阀之间的排气管道上引出带有切断阀的放散管。

在储气罐的压缩空气出口，与输气总管道连接之前，应装设切断阀。

为了安全和防止误操作，从空压机到储气罐进口的管道上一般避免装设切断阀。但若设有两台空压机，则考虑空压机检修，必须装设切断阀，并同时在切断阀前的管段上装设安全阀。

（4）空压机室的高度一般为 3.5m 左右，空压机之间的间距一般不少于 1.5m，空压机到配电盘的距离为 2～3m；空压机到墙壁间距一般不小于 1.0m；空压机与储气罐间距应尽量紧凑，一般可按 0.5m 考虑。空压机室的门、窗应向外开。

（三）技术安全要求

（1）由空压机供气的储气罐，其工作压力应与空压机的工作压力相同；若储气罐工作压力较小时，则应在空压机与储气罐之间装设减压阀。

（2）每台空压机和储气罐上均应装置保护设备，如压力表、安全阀、油水分离器、温度继电器等。

（3）空压机的吸风口应保证不致吸入易爆气体。

（4）为实现空压机的自动启动，正常或事故停机，必须在储气罐上装设接点压力表来控制，接点压力表的动作整定值按用户要求的压力确定。

（5）为保证空压机的可靠运行，一般应设有以下安全装置：

1）润滑油超过 70℃时空压机自动停机。

2）空压机的出口（终端冷却器前）气温达到 180℃时，空压机自动停机。

3）对水冷式空压机，当冷却水中断时自动停机。

4）在多级空压机的各级气缸内，当气压过高时，应自动泄压或停机。

第三节　泵站抽真空系统

泵站抽真空系统的作用为：

（1）水泵叶轮未达到全淹没时，应设抽真空系统。各种形式的水泵都要求叶轮在一定淹深下才能正常启动。如果经过技术经济比较，认为用降低安装高程方法来实现水泵的正常启动不经济，则应设置抽真空、充水系统。离心泵单泵抽气充水时间不宜超过 5min。

（2）具有虹吸式出水流道的轴流泵站和混流泵站，如果水泵扬程选择时未考虑驼峰压力，则在虹吸形成过程中可能因水泵扬程过高而无法排除流道内空气或产生剧烈振动。虹吸式出水流道设置真空系统，目的在于缩短虹吸形成时间，减少机组启动力矩。轴流泵和混流泵抽除流道内最大空气容积的时间宜取 10～20min。如果经过分析论证，在不预抽真空情况下机组仍能顺利启动，也可以不设真空、充水系统，但形成虹吸的时间不宜超过 5min。

一、抽真空系统的作用和原理

（一）离心泵的抽真空系统

离心泵（或蜗壳式混流泵）的安装高程可能高于进水池水位，这种情况下离心泵启动前必须先对进水管至叶轮室充水排气，直到叶轮被水淹没后才能开机。

小型离心泵进水管带底阀时，可采用人工灌水，如图9-34所示；不带底阀时，可采用真空水箱充水装置，或其他自吸充水装置。

真空水箱充水装置是通过进水管先把水吸入具有一定真空度的密闭水箱中，水泵从该水箱中吸水，如图9-35所示。从水箱的上端接出吸水管，下端与水泵进口相连，在启动水泵之前，首先要打开密闭水箱顶部的阀门4，从漏斗6中灌水入水箱2，待水灌到与箱中进水管管口齐平后，关闭阀门4，这时即可启动水泵。当水泵启动后，箱中水位很快下降，箱的上部形成真空，在进水池水面与真空水箱水面的压差（真空度）作用下，进水池中的水沿着进水管不断地进入水箱，并吸入水泵，从而保证水泵工作期间水流的连续性。停泵时，因水泵不再从箱中吸水，所以箱中水位上升，直至恢复到进水管管口高度。以后，可随时启动水泵，无须再进行充水。

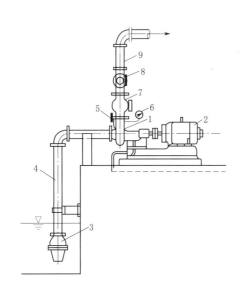

图9-34 进水管带底阀的离心泵装置
1—离心泵；2—电动机；3—底阀；4—进水管；
5—真空表；6—压力表；7—止回阀；
8—闸阀；9—排水管

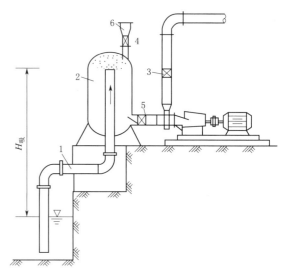

图9-35 真空水箱充水装置
1—进水管；2—密闭水箱；3~5—闸阀；6—漏斗

密闭水箱的容积 V 可按下式估算：

$$V = k_1 k_2 V_1 \qquad (9-44)$$

其中

$$k_2 = \frac{H_a}{H_a - H_s - h_{ws}} \qquad (9-45)$$

式中　V_1——吸水管充水容积，m^3；

　　　k_1——水箱容积利用系数，与水箱高宽比有关，其值大于1.0，一般取1.3；

　　　k_2——水箱压力系数，为大气压与水箱中空气绝对压力之比；

　　H_a——大气压力，m，一般近似取 $H_a = 10m$；

　　H_s——进水池水面至水箱吸水口中心的高度，m；

　　h_{ws}——吸水管中水力损失，m。

　　水箱体积还与水泵流量有关，水箱放水口 0.5～1.0m 以上水箱有效体积应不小于水泵设计流量乘以水箱换水系数，换水系数可取 2～4s，H_s 大时取上限。

　　水箱高度一般取其直径的两倍，可用钢板焊制，钢板厚度采用 3～5mm。水箱的位置应靠近水泵，其底部应略低于泵轴线，太低会使水箱的有效容积减小，太高又会增加水泵进水管长度，从而增大水箱的体积。伸入水箱的进水管管口距水箱顶部的高度必须大于进水管出口的流速水头 $0.5v^2/g$（v 为管口流速），该高度过大，会使水箱的有效容积减少；高度过小，又会增加管口水力损失。

　　这种充水方法的优点是使水泵经常处于充水状态，可以随时启动，水箱制作简单，投资少；缺点是水力损失有所增加。一般口径在 200mm 以下的小型水泵均可采用。

　　大中型离心泵充水启动一般都采用抽真空的方式。在离心泵壳的顶部设有专门的排气嘴，如果是双吸离心泵，则每个叶轮室顶部各有一个，从排气嘴接出真空泵的吸气管。离心泵启动时，首先开动真空泵，直到真空泵抽出水来，表明离心泵充水完毕。

　　（二）虹吸式出流道的抽真空系统

　　采用虹吸式出水流道的轴（混）流泵站，水泵启动后水流顺着流道上升段上升，翻越驼峰后再下落至出水池，在流道下降段内形成堰流；随着管内剩余空气不断被水流带出管外，管内空气不断减少，直至水流占据整个流道断面，形成满管流；于是虹吸完全形成，水泵转入正常的稳定工作。

　　图 9-36 为具有虹吸式出水流道的某大型轴流泵站的抽真空系统示意图，由真空泵、管道及仪表组成。在抽真空时，虹吸管内两边水位都会升高。当下降段水位升高至驼峰下缘峰时，如果继续抽气，水流将翻过驼峰向上升段倒灌，使机组反转。为了防止发生这种现象，需设置抽真空完成信号。也可将抽气管的管口放在驼峰以下 0.2m 处，当真空泵抽出水来时自动结束抽气过程，不致出现水翻越驼峰倒流的现象。

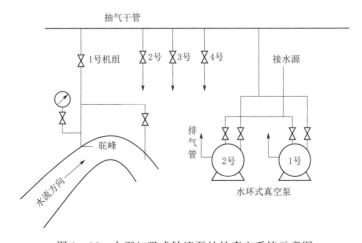

图 9-36　大型虹吸式轴流泵站抽真空系统示意图

当第一台机组启动正常后，还可以利用其驼峰顶部的负压将其他机组的虹吸管内的空气挟送出，代替真空泵抽气。具体办法是关闭抽气干管至真空泵的连接阀，打开抽气干管至已经运转及准备启动机组的抽气管上的支路闸阀，利用已启动机组的驼峰顶部负压将准备启动机组虹吸管内空气抽走，随着水流挟送出管外。

二、抽气量计算

（一）离心式水泵吸水管抽气量计算

1. 均匀直管

如图 9-37（a）所示的均匀直管，当直管内空气压力从 p_1 降至 p_2 时，所需抽气量为

$$V=\left(V_0-\frac{p_0}{\gamma}S\right)\ln\frac{p_1}{p_2}+\frac{2S}{\gamma}(p_1-p_2) \qquad (9-46)$$

式中　V_0——均匀直管内容积；

　　　　p_0——标准大气压力；

　　　　S——均匀直管的断面积；

　　　　p_1——等于或小于大气压力的某个压力。

当从大气压力（近似取大气压水柱高度 $H_a=10\text{m}$）开始抽气，吸水高度 h_z，则所需抽气量为

$$V=\left(V_0-\frac{10}{\gamma}S\right)\ln\frac{10}{10-H_z}+\frac{2S}{\gamma}h_z \qquad (9-47)$$

2. 变断面管

如图 9-37（b）所示的变断面管，一般的吸水管都属此情况，需分段计算，如分成两段，则

$$V=(V_0-\frac{p_0}{\gamma}S_1)\ln\frac{p_1}{p_2}+\frac{2S_1}{\gamma}(p_1-p_2)+\left(V_1-\frac{p_2}{\gamma}S_2\right)\ln\frac{p_2}{p_3}+\frac{2S_2}{\gamma}(p_2-p_3) \qquad (9-48)$$

式中第一部分与前面所列完全相同，V_0 应按全容器体积考虑，p_1 不一定是大气压力；第二部分中的 V_1 只需考虑从 2-2 断面至 4-4 断面的容积，p_2 为第二段的抽气前空气压力。

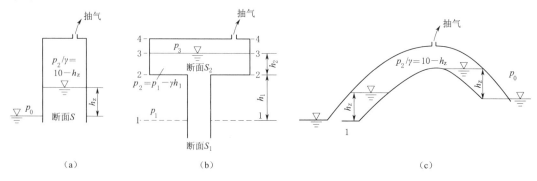

图 9-37　抽气进水计算图
（a）均匀直管；（b）变断面管；（c）虹吸管

当从大气压力开始抽气，吸水高度 $h_z = h_1 + h_2$ 为已知时，抽气量为

$$V = \left[(V_0 - 10S_1)\ln\frac{10}{10-h_1} + 2S_1 h_1 \right] + \left\{ [V_1 - (10-h_1)S_2] \right\}\ln\frac{10-h_1}{10-h_z} + 2S_2 h_2 \tag{9-49}$$

有时为方便起见，可采用以下近似公式计算抽气量：

$$V = \frac{V_0 H_a}{H_a - H_{sz}} \tag{9-50}$$

式中　V_0——从下游最低水位算起至出水闸阀为止的吸水管容积，m^3；

　　　H_{sz}——离心水泵的安装高度，m。

（二）虹吸式出水流道中抽气量计算

一般流道抽气是从大气压力开始，到流道下降段的水位上升到虹吸驼峰为止，所以压力 p_1 与水深 h_z 都是已知。按上升段、下降段的断面均匀相同的虹吸管来分析，则抽气量为

$$V = (V_0 - 20S)\ln\frac{10}{10-h_z} + 4Sh_z \tag{9-51}$$

式中　V_0——虹吸管在上、下游水位之间的体积，m^3；

　　　S——虹吸管水平截面面积，m^2。

作为近似计算，上式可写成

$$V = kV_2 \tag{9-52}$$

式中　V_2——图 9-37（c）中所示部分面积为虹吸管抽气后进水体积，m^3；

　　　k——系数，$k = 1.5 \sim 2.5$，当虹吸管长度大于 20m 时用上限，小于 20m 时用下限。

三、水环式真空泵

（一）构造和装置

水环式真空泵用于抽吸空气，其工作原理如图 9-38（a）所示，其关键部件是在泵轴上安装了对于圆柱形泵壳偏心的星形叶轮。在启动真空泵前，必须向泵内注入一定高度的水。

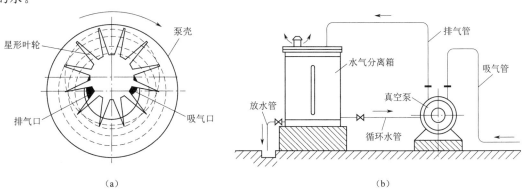

（a）　　　　　　　　　　　　　　（b）

图 9-38　水环式真空泵

（a）原理图；（b）抽气装置示意图

当叶轮旋转时，由于离心力的作用将水甩至泵壳边壁，形成一个和转轴同心的水环。水环上半部的内表面与轮壳表面相切，水环下半部的内表面则与轮壳之间形成一个气室，这个气室的容积在右半部是递增的（气体进入后膨胀，压力降低），于是在叶轮旋转的前半圈中随着轮壳与水环间容积的增加而形成真空，因此气体通过抽水管及真空泵泵壳端盖上的月牙形进气口被吸入真空泵内；其后，在叶轮旋转的后半圈中，随着轮壳与水环间容积的减少而空气被压缩（气体压力升高），因此气体经过泵壳端盖上的另一月牙形排气口被排出。叶轮每旋转一圈，气体都要经过上述膨胀（进气）、压缩（排气）两个过程。

随着叶轮不断地旋转，水环式真空泵将进气管中的气体不断带走，从而实现连续抽气。

水环式真空泵在排气时会将泵内的部分水带走，为了保持恒定的水环，必须连续不断地向泵内供水。为了向泵内补水，并减小排出气体中的水分，一般采用如图 9-38（b）所示的抽气装置，将排出的气体通过水气分离箱进行水气分离，部分水再回补到真空泵内。当分离箱内的水不足时，需要另外向分离箱内补水。

水环式真空泵主要用来制抽真空，也可以将排气管接入压力罐后当压缩机来用。

（二）性能与选择

目前我国生产使用的水环式真空泵主要有 SK 系列、SZ 系列、2BE 系列。用于抽真空的水环式真空泵的参数包括转速、抽气量、最大真空度、耗水量、功率等。

水环式真空泵的抽气量是指泵进口在吸入状态下，单位时间内所通过的气体体积，一般以 m^3/min 表示。抽吸过程中水环泵进口的真空度是变化的，故其抽气量随真空压力变化。

表 9-5 列出了 SZ 型水环式真空泵抽真空时的性能参数，当真空度为零时，SZ-1、SZ-2、SZ-3、SZ-4 型的最大抽气量分别为 $1.5m^3/min$、$3.4m^3/min$、$11.5m^3/min$、$27m^3/min$。

表 9-5　　　　　　　　　SZ 型水环式真空泵抽真空时的性能参数

型号	不同真空度时的最大抽气量/(m^3/min)					电动机功率 /kW	转速 /(r/min)	耗水量 /(L/min)	最大真空度 /%
	0%	40%	60%	80%	90%				
SZ-1	1.5	0.64	0.40	0.12	—	4.0	1440	10	84
SZ-2	3.4	1.65	0.95	0.25	—	7.5	1440	30	87
SZ-3	11.5	6.80	3.60	1.50	0.5	22.0	980	70	92
SZ-4	27.0	17.60	11.00	3.00	1.0	75.0	740	100	93

图 9-39 所示为某 SZB 型水环泵的性能曲线，可见当真空压力值超过 520mmHg 后，抽气量明显减少，而所需功率反而上升，故此泵不宜在此工况下运行。此临界条件下的抽气量表示在水环泵的型号全称内，如 SZB-4 型泵中的 4 就是以 L/s 为单位的抽气量。

水环式真空泵形成额定真空所需的抽气时间为

$$T_z = \frac{Vk_t}{Q_z} \tag{9-53}$$

式中　V——吸水管与泵壳中的抽气量，m^3；

Q_z——真空泵抽气速率，$\mathrm{m^3/min}$，按抽气过程的平均真空压力 $\overline{p}=(p_1+p_2)/2$ 查取，p_1 与 p_2 为抽气前后真空泵的进口压力；

T_z——形成额定真空所需的抽气时间，$\min$，一般对离心泵吸水管，取 $5\min$；对轴流泵虹吸式出水流道，取 $10\sim20\min$；

k_t——考虑空气经填料函等处漏水而增加抽气量的备用系数，一般可取 $1.05\sim1.10$。

当抽气量 V 按分段计算时，则

$$T_z=k_t\sum\frac{V_i}{Q_{zi}} \tag{9-54}$$

式中　Q_{zi}——与 V_i 相应的真空泵抽气速率，用该段的平均压力 $\overline{p}_i$ 查取。

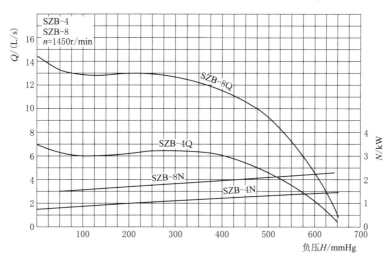

图 9-39　SZB 型水环泵性能曲线

习　　题

（1）压缩机按工作原理分类有哪些？

（2）识别活塞式空压机的型号。

（3）什么是空压机的理论压缩循环？

（4）空压机的主要参数有哪些？

（5）空压机冷却方式有哪些？

（6）泵站运行中中压气系统如何与压力油系统结合？

（7）泵站抽真空系统的作用是什么？

（8）简述水环式真空泵的工作原理。

第十章　泵站供排水系统

　　泵站供排水系统是指为泵站生产、生活服务的供水系统和排水系统。供水系统包括技术供水、消防供水和生活供水。技术供水主要是供给主机组和辅助设备的冷却、润滑水，如水泵橡胶导轴承的润滑用水、水泵油导轴承的油冷却器用水和密封的润滑用水、电动机推力轴承和上下导轴承的油冷却器冷却用水、电动机空气冷却器的冷却用水，以及水环式真空泵的工作用水、水冷式空压机的冷却用水等。技术供水是泵站供水的主体，其供水量占全部供水量的85％左右。

　　泵站在运行和检修过程中，需要及时排除泵房内的各种渗漏水、回水和积水。其中除少部分可以自流排出泵房外，大部分需借助排水机械设备予以排出。

第一节　技术供水对象及用水量

一、主水泵的润滑用水

　　主水泵的技术供水主要是供给导轴承及轴封装置的润滑、冷却用水。

　　中小轴（混）流泵的导轴承有上下导轴承之分，多采用橡胶导轴承，用水润滑。大型立式轴（混）流泵一般只设下导轴承，按结构一般有两种类型：一种是橡胶轴瓦，用水润滑（图7-6）；另一种是合金轴瓦，用稀油润滑，包括转动油盘式和毕托管式（图7-7），需要为油冷却器供应冷却用水，并为防水密封装置供应润滑用水。

　　（一）橡胶导轴承的润滑用水

　　橡胶轴瓦不导热，运行中水泵轴与橡胶轴承瓦之间的摩擦产生大量热量，全部热量需要用水来带走，而橡胶轴瓦不能耐受65～70℃以上的温度，在高温下会加速老化。因此，橡胶轴承的供水必须连续，供水中断会导致橡胶轴瓦烧毁，使机组无法工作。

　　中小轴（混）流泵的下导轴承位于导叶体内，一般没有密封，直接由主水泵抽取的水来润滑。上导轴承设于泵轴穿出泵壳处，水泵转轴伸出流道处用填料密封，需要引入清水作为填料及橡胶轴瓦的润滑水，耗水量以在填料压板处有少量水渗出为度。运行中可引用主水泵抽取的水作为上导轴承的润滑水，如图10-1所示，但在机组启动时主水泵抽取的水尚不能供到上导轴承，故需要另外专门供水润滑。当主泵抽取的水含沙量较大时，橡胶导轴承磨损较快，需要另外提供有压清水进行润滑。

　　大型轴（混）流泵的橡胶导轴承的润滑水系统如图

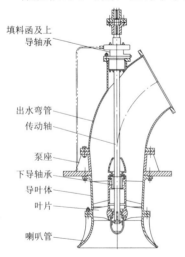

填料函及上
　　导轴承

出水弯管
传动轴

泵座

下导轴承
导叶体
叶片

喇叭管

图10-1　中小型立式轴流泵结构

7-6 所示，润滑水通过进水管引入橡胶轴承上端的润滑水箱，流入水泵轴与橡胶轴承瓦之间形成水膜，减小轴与橡胶轴承瓦之间相对运动时的摩擦，并将轴承摩擦产生的热量带走，起到润滑和冷却作用。橡胶导轴承上端的润滑水箱与轴采用平板橡胶密封，下端一般没有密封，在开机之前需要向橡胶导轴承持续供润滑水。

供给橡胶轴承的润滑冷却水含有粗颗粒硬质泥沙时会造成主轴的严重磨损，另外水中不得含有油脂及其他对轴承及主轴有腐蚀性的杂物。因此，泵站抽取的水质较好时，可直接用流道中的水作润滑之用；否则，需要对水进行净化处理或采用其他水源。

一般水泵制造厂会对橡胶导轴承提出润滑水量的要求，也可按下式计算橡胶轴瓦在正常转速下所需的润滑水量。

$$q_{sh} = \frac{gBlD_p u^{1.5}}{\rho c \Delta t} \tag{10-1}$$

式中 q_{sh} ——橡胶轴瓦润滑水量，L/s；

  D_p ——橡胶轴承内径，cm；

  B ——系数，与主轴的圆周速度 u 有关，如图 10-2 所示，一般取 0.18 左右；

  u ——主轴的圆周速度，m/s；

  Δt ——润滑水温升，$\Delta t = 3 \sim 5℃$，决定于散热条件；

  ρ ——水的密度，kg/L；

  c ——水的比热容，J/(kg·K)，水的比热容近似于 4186.8J/(kg·K)；

  l ——轴瓦高度，一般为 20～40cm。

（二）水导轴承的冷却用水

采用橡胶轴瓦的水泵导轴承，润滑水兼作冷却水。采用稀油润滑的水泵导轴承，如果在油盆内部或外部装有冷却器，则需要向冷却器供水，冷却器的供水量可根据水泵生产厂家的要求来确定；但如果轴承油槽的自然散热量在允许的轴承温升下，能与轴承发热量保持平衡时，就不再需要从外部引入冷却水进行热交换。

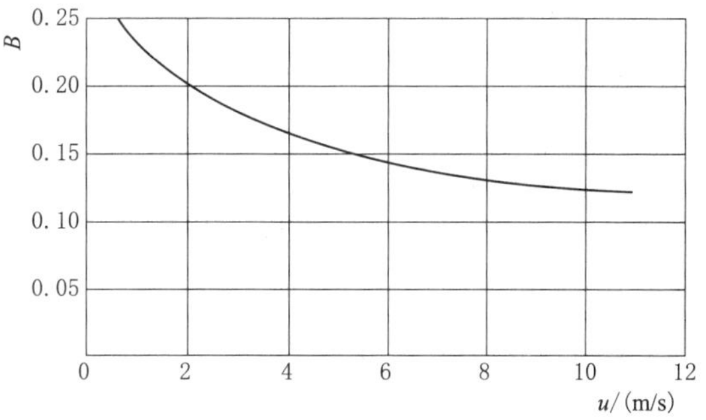

图 10-2 系数 B 与圆周速度 u 的关系

（三）水导轴承密封的润滑用水

当水泵导轴承采用油润滑的合金轴瓦时，为了防止泵体内的水进入油轴承内，需有密封装置，目前采用较多的是平面密封装置。平面密封装置需要供润滑水，由于密封润滑水对水质的要求较高，往往不能直接用进水池中的水，而需要外部供水。

部分大型轴流泵的填料密封及水泵导轴承或轴承密封润滑用水量见表 10-1。

表 10-1　　　　　　　　　　　大型轴流泵润滑用水量

水泵型号	64ZLB-50 16CJ-80	28CJ-56	ZL30-7	28CJ-90	40CJ-95	45CJ-70
润滑用水量/(m³/h)	1.8		7.2		3.6	

二、电动机冷却用水

（一）油冷却器用水

油冷却器的冷却用水量可按轴承摩擦所损耗的功率进行计算。对于推力轴承，有

$$Q_{\mathrm{T}} = \frac{3600\Delta N_{\mathrm{ft}}}{\rho c \Delta t} \tag{10-2}$$

$$\Delta N_{\mathrm{ft}} = Pfv \times 10^{-3} \tag{10-3}$$

式中　Q_{T}——推力轴承油冷却器用水量，$\mathrm{m^3/h}$；

ΔN_{ft}——推力轴承损耗功率，kW；

P——推力轴承荷重，由轴向水推力和机组转动部分重量组成，N；

f——推力轴承的镜板与轴瓦间摩擦系数，其数值大小与液体摩擦条件有关，一般为 $0.001\sim0.01$，在计算中，建议按 $f=0.003\sim0.004$ 考虑；

v——推力轴瓦上 2/3 直径处的圆周速度，$\mathrm{m/s}$；

ρ——水的密度，$\mathrm{kg/m^3}$；

Δt——冷却水在油冷却器的进口与出口处的温差，一般为 $2\sim4℃$。

电动机上下导轴承油冷却器用水量一般为推力轴承的 $10\%\sim20\%$。

推力轴承油冷却器必需的冷却面积可按下式计算：

$$F = \frac{\Delta N_{\mathrm{ft}}}{k(\bar{t}_{\mathrm{hu}} - \bar{t}_{\mathrm{s}})} \times 10^{-3} \tag{10-4}$$

式中　F——油冷却器必需冷却面积，$\mathrm{m^3}$；

$\bar{t}_{\mathrm{hu}}$——散热前后润滑油平均温度，一般为 $46\sim51℃$；

$\bar{t}_{\mathrm{s}}$——进水与出水的冷却水平均温度，在南方取 $27℃$，在北方取 $22℃$；

k——总传热系数，$k=115\sim150\mathrm{W/(m^2 \cdot K)}$，与冷却器材质及构造形式有关，由制造厂家提供。

确定冷却面积 F 后，可按 $F=z\pi dL$ 来确定出冷却水管管径和根数。z 为冷却水管根数，d 为水管内径，L 为单根水管长度。

（二）空气冷却器用水

密闭式通风系统利用空气冷却器进行热交换，冷风稳定，温度低，不受环境温度的影响，冷却空气清洁、干燥，有利于电动机绝缘寿命，通风系统风阻损失小，具有结构简单、安全可靠和安装维护方便等优点。但需要增加空气冷却设备，增加空气冷却器水循环系统运行费用。

电动机根据其绕组的绝缘等级对温升提出要求，一般规定空气吸热后的温度不超过 $60℃$，经过空气冷却器的空气温度不高于 $35℃$。而冷却水的进出口温差一般为 $2\sim4℃$，因此水温度不允许超过 $30℃$。根据热量平衡条件，可得出每台电动机的空气冷却器的用水量为

$$Q_{\mathrm{k}} = \frac{3600\Delta N_{\mathrm{m}}}{\rho c \Delta t} \tag{10-5}$$

$$\Delta N_{\mathrm{m}} = \frac{1-\eta_{\mathrm{e}}}{\eta_{\mathrm{e}}} N_{\mathrm{e}} \tag{10-6}$$

式中　Q_k——空气冷却器用水量，m^3/h；

　　ΔN_m——空气冷却器所需散发的电动机损耗功率（不包括轴承损耗），或称电磁损耗
功率，kW；

　　N_e——电动机的额定功率，kW；

　　η_e——电动机的效率，国产大型立式三相同步电动机效率为 $90.5\% \sim 95\%$；

　　Δt——冷却水在空气冷却器的进口与出口处的温差，一般为 $2 \sim 4℃$。

在设计中一般采用电动机制造厂提供的冷却水用量的资料。厂家在确定冷却水量时是按进
水温度为 25℃、机组带最大负荷时连续运
转所产生的最大热量为依据的。若进水条
件不符，应进行折算，图 10-3 所示为水
温低于 25℃时冷却水量的折减系数。

大型电动机也可采用下面的经验公
式来计算空气冷却器用水量，即

$$Q_k = 0.34 N_e (1 - \eta_e) \quad (10-7)$$

式中　Q_k——进出水管的流量，m^3/h。

部分大型电动机冷却用水量参见表
10-2。

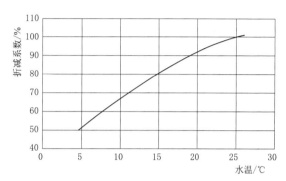

图 10-3　冷却水量的折减系数

表 10-3 是某泵站 7000kW 机组由厂家提供的各项用水量。

表 10-2 　　　　　　　　　　　　**大型电动机冷却用水量** 　　　　　　　　　　　单位：m^3/h

电动机型号	上轴承油槽冷却用水	下轴承油槽冷却用水	空气冷却器冷却用水
TL800-24/2150	10		无
TL1600-40/3250	17		无
TDL325/56-40	17		无
TL3000-40/3250	15.1	1.0	无
TDL535/60-56	15.0	1.3	100
TDL550/45-60	7.0	0.5	200
TL7000-80/7400	2.5	40.0	184

表 10-3 　　　　　　　　　　　**某泵站 7000kW 机组各项用水量**

设 备 名 称	用水量/(m^3/h)	设 备 名 称	用水量/(m^3/h)
水导油轴承的冷却水	30.0	电动机空气冷却水	190.0
水导油轴承密封的润滑水	1.5	电动机下导冷却水（包括推力在内）	45.0
电动机上导冷却水	5.0	合计	271.5

三、其他设备用水

（一）空压机冷却用水

大型泵站一般有压缩空气系统。当空气被压缩时，温度可能升到 200℃左右，因此需
要对空气压缩机的气缸进行冷却，以降低压缩空气的温度，提高生产能力；同时避免润滑

油发热达到燃烧的程度，防止活塞被烧坏。水冷式空压机是向气缸水套和级间冷却器提供冷却水进行冷却。

水冷式空压机的冷却水量一般由生产厂家提供。没有资料时，可按表 10-4 近似计算。

表 10-4 水冷式空气压缩机冷却用水量

排气量/(m³/min)	1.5	3.0	6.0	10.0	14.0	20.0
冷却水量/(m³/h)	0.5	1.0	2.0	3.0	4.0	5.2

初步设计时，水冷式空压机的冷却用水量可按其排气量的 5‰ 估算。

（二）真空泵的工作用水

水环式真空泵用于进水管道或虹吸式出水流道抽真空。运行时真空泵内有一定的水量形成水环，空气在水环内被吸入和排出，但抽出的气中难免含有一定量的水，导致水环水量减少，故需要供给一定数量的补充水。例如，某水环式真空泵在被抽空气的负压为 -53.3kPa 时，供水量与抽气量的关系见表 10-5。在负压 p 工况时，表中冷却水量的数值需乘以系数 $(p/53.3)^{0.5}$。

表 10-5 某水环式真空泵供水量与抽气量的关系

抽气量/(m³/min)	0.10	0.22	0.35	0.63	1.00	1.41	2.24	3.15	4.00	5.00	7.10	9.00
供水量/(L/min)	2.0	3.6	5.0	8.0	11.0	15.0	21.0	28.0	34.0	44.0	51.0	60.0

（三）水冷式变压器冷却水量

变压器的冷却方式有油冷式和水冷式。水冷式变压器又分为内部水冷式和外部水冷式。

内部水冷式将冷却器装置在变压器的绝缘油箱内。外部水冷式是将变压器油箱中的运行油用油泵抽出，加压送入设置在变压器体外的油冷却器进行冷却。外部水冷式能提高变压器的散热能力，使变压器的尺寸缩小，便于布置，但需要设置一套水冷却系统。

水冷式变压器的用水量与变压器的损耗（包括空载损耗和短路损耗）有关，应根据厂家资料确定，可以从产品样本中查得。初步设计时，水冷变压器的冷却用水量可按变压器的容量每 1kV·A 耗水 1L/h 来考虑。

第二节 对技术供水的要求

一、水压

进入冷却器的冷却水，应有一定的水压，以保证必要的流速和所需要的水量。

冷却器内部的水头损失与冷却器的不同结构和尺寸有关，一般由制造厂家提供。通过冷却器的水压降 Δh 为

$$\Delta h = n\left(\lambda \frac{l}{d} + \sum \xi\right)\frac{v^2}{2g} \qquad (10-8)$$

式中　l——冷却器管长，m；

d——冷却器管径，m；

v——冷却水流速，m/s，通常取 $1\sim1.5$m/s；

λ——管道摩阻系数，铜管一般取 0.03；

$\sum\xi$——局部阻力系数，对空气冷却器可取 1.3，油冷却器可取 $3.5\sim4.0$；

n——冷却管道串联数目，对空气冷却器一般为 4 或 6，对轴承油冷却器通常为 1。

国内冷却器一般压力降为 $4\sim7.5$m。由公式计算的水压降，往往比厂家提出的小，因为冷却器长期使用之后，由于黄铜管内表面发生积垢和氧化作用，冷却器水流特性变坏，传热系数下降，所以制造厂一般均按计算值加上 1 倍或更多的安全系数。

为了保持需要的冷却水量和必要的流速，要求进入冷却器的水应有一定的压力。冷却器进口水压一般不超过 200kPa。水压的上限是从冷却器强度要求提出的，超过上述要求，则冷却器铜管强度不允许。当有特殊要求时，需与制造厂协商提高强度。进口水压的下限，只要足以克服冷却器内部压降及排水管路的全部水头损失、保证通过必要的流量即可。

二、水温

供水水温是供水系统设计中的一个重要条件，一般按夏季经常出现的最高水温考虑。经常出现的水温与很多因素有关，如取水的水源、取水深度，当地气温变化等。

冷却器的进水温度应符合制造厂的要求，以免进水温度过高影响电动机的输出功率。制造厂提供的用水量，通常是以 25℃ 作为设计依据。水温超过 25℃ 的地区，制造厂需专门设计特殊的冷却器。水源水温常年达不到 25℃，则可根据图 10-3 进行折算，以减小供水水量。

冷却水温过低也是不适宜的，这会使冷却器黄铜管外凝结成水珠，以及沿管长方向因温度变化太大造成裂缝而损坏，一般要求进口水温不低于 4℃。

空压机的冷却水温允许稍高，一般要求供水温度不高于 30℃，排水温度不高于 40℃。

三、水质

为避免技术供水对冷却管和水泵轴颈的磨损、腐蚀、结垢和堵塞，用作机组冷却和润滑水的水质应符合一定要求。

水中的盐类杂质，其含量以硬度表示。硬度依钙盐和镁盐的含量而定，以度（°）表示。硬度 1° 相当于 1L 水中含有 10mg 氧化钙或 7.14mg 氧化镁。硬度又分为暂时硬度、永久硬度和总硬度三种。暂时硬度即碳酸盐硬度。若水硬度主要是因含有酸式碳酸钙 $[Ca(HCO_3)_2]$、酸式碳酸镁 $[Mg(HCO_3)_2]$ 等引起，则加热煮沸后分解析出钙镁的碳酸盐沉淀，水的硬度消失，故称为暂时硬度。水中含有钙、镁的硫酸盐或氯化物，在水加热、煮沸过程中不会产生沉淀，即为永久硬度。总硬度为暂时硬度与永久硬度之和。

暂时硬度大的水在较高的温度下易形成水垢，水垢层会降低冷却器的传热性能，增大水流阻力，降低水管的过水能力。永久硬度大的水，高温时的析出物会腐蚀金属，形成的水垢富有胶性，易引起阀门黏结，坚硬难除。

水依硬度可分为四个等级：极软水，硬度 $0°\sim4°$；软水，硬度 $4°\sim8°$；中等硬水，硬度 $8°\sim16°$；硬水，硬度 $16°\sim30°$。为避免形成水垢，泵站的技术供水要求是软水，暂时硬度不大于 $8°\sim12°$。我国东南沿海一带江河水大多小于 2.8°，为极软水区，越向西北，硬度越大，最大可达 $8°\sim16°$。

水中悬浮物含量因河流与季节而异，相差很大。如长江中下游平时只有几十毫克每升，汛期则超过 1g/L，而黄河三门峡在汛期可达 4g/L。

关于水质标准，下面一些资料可供参考。

（一）机组对冷却水质的要求

（1）为避免堵塞和磨损供水管道及其配件，悬浮物（主要指泥沙）常年应不超过 0.8g/L；汛期不超过 8g/L。

（2）泥沙平均粒径最大不得超过 0.1mm。

（3）为避免主管道及冷却器内形成水垢，致使传热效果不良，冷却水应是软水，暂时硬度应小于 $8°$。

（二）机组对润滑水质的要求

（1）水中悬浮物含量（主要是泥沙）常年应不超过 0.1g/L，汛期不超过 0.2g/L。

（2）泥沙粒径应小于 0.01mm。

（3）润滑水的暂时硬度不大于 $6°\sim8°$。

（4）润滑水中不允许含有油脂（矿物油）以及其他对轴承和主轴有腐蚀性的杂质。

（三）空气压缩机对冷却水质的要求

（1）冷却水应为中性，即氢离子浓度（pH 值）在 $6.5\sim9.5$ 范围内。

（2）暂时硬度一般不大于 $12°$。

（3）混浊度一般不大于 0.1g/L。

（4）含油量一般不大于 5mg/L。

（5）有机物含量一般不大于 25mg/L。

四、水的净化

取自河湖等自然水体的水，可能挟带泥沙及悬浮物和有机质，或硬度过大易形成水垢，或 pH 值过大过小，不能满足泵站技术供水的要求，需要加以净化。净化方法分物理净化和化学净化。物理净化的目的，主要是除去水中的泥沙及水草、鱼虾等杂物，可分为两大类：清除污物和清除泥沙。化学净化则包括除垢及软化，控制 pH 值等。

（一）清除污物

清除水中悬浮物的常用设备是滤水器。按滤网的形式分为固定式和转动式两种。

固定式滤水器如图 10-4（a）所示。水由进水口进入，经过滤网，由出水口流出，污物被挡在滤网外边。隔离出的污物可定期采用反冲法清除，反冲时打开滤水器进出口之间旁通管，压力水从出水口流入，从滤网内部反冲出来，隔挡在滤网外部的污物即被冲入排污管排出。

转动式滤水器如图 10-4（b）所示。水从下部进入具有网孔的鼓筒内部，经滤网流出，然后从筒形外壳与鼓筒之间的环形流道进入出水管。滤网固定在转筒上，上与旋转手柄或杠杆相连，转筒用铁板隔成几格，当转筒上的某一格滤网需清洗时，只需旋转转筒使该格滤网对准排污管，打开排污阀，该格滤网上的污物便被反冲水流冲至排污管并排出。

图 10-5 所示为电动转动式全自动滤水器。该滤水器主要由电动行星摆线针轮减速机、滤水器本体、电动排污阀、差压控制器及带 PLC 控制器的电气控制柜组成。电气控

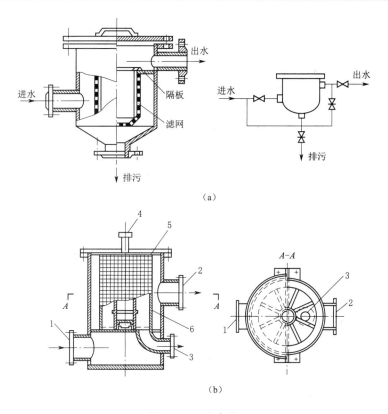

（a）

（b）

图 10 - 4 滤水器

（a）固定式滤水器；（b）转动式滤水器

1—进水管；2—出水管；3—排污管；4—转柄；5—滤网；6—转筒

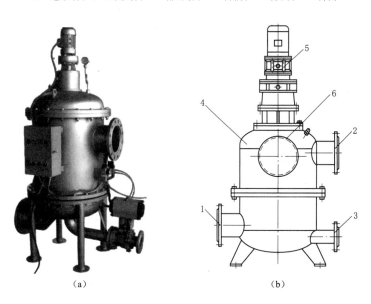

（a）   （b）

图 10 - 5 电动转动式滤水器

（a）实物图；（b）结构示意图

1—进水管；2—出水管；3—排污管；4—滤水器本体；5—减速器；6—检修孔

制采用 PLC 可编程控制器自动控制，可自动过滤、自动冲污、自动排污，并设有滤网前后差压过高、排污阀过力矩故障报警器，可实现无人值班。

正常过滤时，电动减速机不启动，排污阀关闭。当达到清污状态时，排污阀打开，减速机启动，带动滤水器内转动机构旋转，使每一格过滤网与转动机构下部排污口分别相连通，沉积于滤网内的悬浮物反冲后经排污管排出。

滤水器的网孔尺寸视悬浮物的大小而定，一般采用孔径为 2～6mm 的钻孔钢板，外面包有防锈滤网，水流通过滤网孔的流速一般为 0.10～0.25m/s。滤水器的尺寸取决于通过的流量。滤网孔的过流有效面积至少应等于进出水管面积的两倍，考虑到即使有二分之一面积受堵，仍能保证足够的水量通过。

（二）清除泥沙

1. 沉淀池

沉淀池利用悬浮颗粒的重力作用来分离固体颗粒和比重较大的物体，具有结构简单、运行费用低、除沙效果好的特点，在多泥沙取水泵站中应用广泛。常用的沉淀池有平流式和斜流式两种。

（1）平流式沉淀池。平流式沉淀池如图 10-6 所示。平流式沉淀池池体平面一般做成

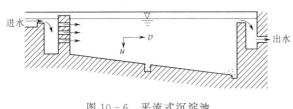

图 10-6　平流式沉淀池

矩形，进水口和出水口分设在池子的两端。水由进口缓慢地流入，沿着水平方向向前流动，流速很小，水中的悬浮物和泥沙在重力作用下沉到池底，清水从池体的另一端溢出，从而分离水中颗粒和比重较大的物体。其长宽比不小于 4∶1，长深比不小于 10∶1，有效深度 3～4m。设计时应根据流量和含沙量要求，常采用水在池内停留 1～3h，池内水平流速为 10～30m/s。

平流式沉淀池的优点是结构简单，施工方便，造价低；对水质适应性强，处理水量大，沉淀效果好，出水水质稳定；运行可靠，管理维护方便。缺点是占地面积较大；若采用人工排沙则劳动强度大，需设机械排泥沙装置。常用两池互为备用交替排沙。

（2）斜流式沉淀池。斜流式沉淀池是根据平流式沉淀原理，在沉淀池的沉淀区加斜板或斜管而构成，分别称为斜板式和斜管式，如图 10-7 所示。

斜流式沉淀池加装斜板，可以加大水池过流断面湿周，减小水力半径，在同样的水平流速时大大降低了雷诺数，从而减小了水流的紊动，促进泥沙沉淀。同时因颗粒沉淀距离缩短，沉淀时间可以大为减少。斜板式沉淀池具有沉淀效率高、停留时间短、操作简单、占地面积较小等优点。斜板一般与水平方向成 60°角。

斜管式沉淀池是在斜板式沉淀池的基础上发展起来的。从水力条件看，斜管比斜板的湿周更大、水力半径更小，因而雷诺数更低，沉淀效果亦更显著。斜管断面常采用蜂窝六角形，亦可采用矩形或正方形。斜管与水平方向成 60°角，倾角过小时会造成排沙困难。斜管式沉淀池水流阻力大，水力损失大，需要配高扬程的泵。

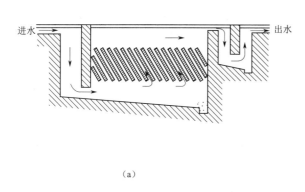

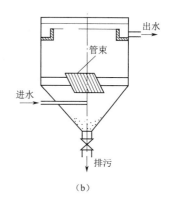

（a）

（b）

图 10-7 斜流式沉淀池
（a）斜板式；（b）斜管式

2. 水力旋流分离器

水力旋流分离器是利用水流离心力作用分离泥沙的一种装置，具有除沙和减压的功用。常用的是圆锥形水力旋流分离器，其构造原理如图 10-8 所示，含沙水流由进水管 3 沿圆筒切向进入旋流器，在进出水压力差作用下产生较大的圆周速度，使水在旋流器内高速旋转。在离心力的作用下，泥沙颗粒被甩向筒壁 2 并旋转向下，经出沙口 5 落入储沙器 7 内；清水旋流到一定程度后产生二次涡流向上运动，经清水出水管 4 流出。储沙器连接排沙管 8，当储沙器内沙量达到一定高度，打开控制阀门 9，进行排沙、冲洗。冲沙水量一般为进水量的 1/4~1/3。

水力旋流分离器结构简单、造价低，易于制造和安装维护，平面尺寸小，易于布置；含沙水流在旋流器内停留时间短，除沙效果好，除沙效率高，能连续除沙且便于自动控制。缺点是旋流器的水力损失较大，壁面易磨损，杂草不易分离，除沙效果受含沙量和泥沙颗粒大小的影响，适用于含沙量相对稳定、粒径在 0.003~0.15mm 的场合。

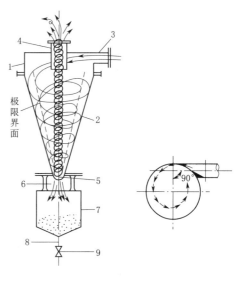

图 10-8 水力旋流分离器构造
1—圆筒；2—圆锥体；3—进水管；4—出水管；
5—出沙口；6—观测管；7—储沙器；
8—排沙管；9—控制阀门

（三）除垢

天然水中溶解有各种盐类，如重碳酸盐、硫酸盐、氯化物、硅酸盐等。当技术供水中水的暂时硬度较高时，冷却器内常有结垢现象发生，影响冷却效果和设备使用寿命。水垢的形成主要是由于水中的重碳酸盐类杂质 $Ca(HCO_3)_2$ 或 $Mg(HCO_3)_2$ 受热分解，游离 CO_2 散失，产生碳酸钙或碳酸镁的过饱和沉淀，这些微溶性盐很容易达到过饱和状态从水中结晶析出。当水流速度比较小或管道表面比较粗糙时,这些结晶沉积物就容易沉积在传热表面上,形成水垢结晶致密,比较坚硬,通常牢固地附着在换热表面上,不易被水冲洗掉,使冷却器导热效率大为降低。

水垢可采用人工或机械的方法清除。人工除垢是用特制的刮刀、铲刀及钢丝刷等专用工具来清除水垢,该方法除垢效率低、劳动强度大,对容器内表面可能造成损伤。机械除垢是用电动洗管器和风动除垢器清除管内或受热面上的水垢,受设备形状和管径的限制,在许多情况下不能使用或效果不好。

常用的防结垢措施是化学方法和物理方法。化学除垢是以酸性或碱性药剂溶液与水垢发生化学反应,使坚硬的水垢溶解变成松软的垢渣,然后用水冲掉,以达到除垢的目的。化学除垢有酸洗和碱洗之分。酸洗除垢所用的酸通常采用盐酸和硫酸。硫酸浓度虽然较盐酸为高,但因缺乏良好的缓蚀剂,特别是当水垢中含有较多钙盐时,会在酸洗过程中形成坚硬的硫酸钙。目前广泛应用的缓蚀盐酸清洗方法是在盐酸溶液中配以一定浓度的缓蚀剂,起到既能除去水垢、又能防止设备腐蚀的作用。酸洗除垢一般具有效率高、成本低、除污比较彻底等优点,特别是设备死角也可被较好地清洗。但酸性清洗介质尤其是强酸,对于多数金属与某些非金属材料有腐蚀作用。水垢越厚,冲洗所需的酸溶液浓度就越高,所以水垢层过厚用酸洗是不适宜的。用苏打或磷酸盐清洗水垢的能力虽比酸洗要差,但可使水垢松动,这样在使用机械清洗时就相当方便,所以常常作为机械清洗前的准备工作。

物理处理主要是指采用超声波处理和电磁处理方法,通过改变结垢的结晶和改变通流表面的吸附条件防止水垢的形成。超声波处理的原理是利用频率不低于28kHz的超声波在介质中传播,介质产生受迫振动,使质点间产生相互作用。当超声波的机械能使介质中的质点位移速度、加速度达到一定数值时,就会在介质中产生一系列物理和化学效应,其中超声凝聚效应、超声空化效应、超声剪切应力效应会防止和破坏水垢的形成。当硬水通过电场或磁场时,其溶解盐类之间的静电引力会减弱,使盐类凝结的晶体状态改变,由具有联结特性的斜六面体变成非结晶状的松散微粒,防止生成水垢或引起腐蚀。

第三节 供水方式及系统图

一、水源

供水设备的取水水源可选择进水池、出水流(管)道、出水池或其他水源。水源的选择,应使操作维护简便,设备投资和运行费用最少,比较简单的是直接从进水池或出水流(管)道上取用。排水泵站,通常将内湖渍水排入外江,内湖渍水含泥沙很少,外江水含泥沙较多,故一般均从进水渠道中取水。灌溉泵站进、出水渠道上的水质区别不大,可根据布置从任一侧取水,但在非排灌季节作调相运行(调相是指空载运行的同步电动机向电网发送无功功率,以改善系统电压质量)的泵站,出水渠道上可能无水,故亦以在进水渠上取水为宜。此外,地下水源丰富的地区也可以取用地下水。

二、系统配置方式

供水系统的配置方式根据机组的单机功率和泵站的装机台数确定,一般有以下几种类型。

（一）集中供水

全泵站所有机组的用水设备，都由一个或几个公共的取水设备取水，通过公共的供水干管供给各机组用水。为避免供水管路过长和供水管径过大给布置和运行维护造成不便，采用集中供水方案时，机组台数不宜过多。另外，台数过多时供水流量和压力调节比较麻烦，运行不便，自动化也较困难。

（二）单元供水

全泵站没有公共的供水干管，每台机组各自设置独立的取、供水设备。这种设备配置方式适用于大型机组，或泵站主机级台数较少的情况。特别对于水泵供水的大型泵站，每台主机组各自设一台（套）工作水泵，虽然供水泵台数可能多些，但运行灵活，可靠性高，容易实现自动化，有其突出的优点。如果主机组台数较多，供水设备成本会增加。

（三）分组供水

主机组台数较多时，将主机组分成若干组，每组设置一套取、供水设备，其优点在于供水设备可以减少，而仍具有单元供水的主要优点。当主机组台数较多时，相对集中供水和单元供水方案，采用分组供水的方案更为经济。

三、供水方式

供水方式根据水泵是否直接向主机组供水分为直接供水和间接供水两种。

（一）直接供水

直接供水是由水泵直接向供水管网供水，由水泵来保证所需要的水压和水量。直接供水的优点是可以设置独立供水系统，省去了机组间的供水联络管道，便于机组自动控制，运行灵活；水质不良时，布置水处理设备也较容易。

直接供水的主要缺点是供水可靠性差，当水泵电源中断时要停止供水，因此要求电源可靠，并要设置备用水泵，设备投资大，运行费用高。

根据润滑水和冷却水是否分别由单独的供水系统供给，分为单独供水与混合供水。一般润滑水量较小，故采用混合供水系统更方便和经济。

（二）间接供水

间接供水是由供水泵向水塔或蓄水池供水，然后再由供水干管、支管向机组提供冷却润滑水，来保证供水系统的水压和水量。间接供水有以下优点：

（1）节省电能。因间接供水方式的供水泵是向水塔的蓄水池供水，所以供水泵的扬程和流量基本上是稳定的，只要选泵合理，就能使供水泵在高效区工作。而直接供水的供水泵因供水量随主泵工作台数而变化，所以无法稳定在高效区工作。

（2）调节方便。间接供水时，因总压一定，各台机组的冷却用水可分别调节，各不相扰。直接供水时主机组工作台数变化将影响全局，且调节很不方便。

（3）供水可靠。当泵站停电时，水塔或蓄水池在短时间内仍能正常供水，保证机组安全。

四、对供水系统的要求

根据《泵站设计标准》（GB 50265—2022）、《水利工程设计防火规范》（GB 50987—2014）等规范，对泵站供水系统有如下要求：

（1）泵站应根据泵站规模、机组要求确定设主泵机组和辅助设备的冷却、润滑、密封等技术用水的供水系统。水泵的轴承润滑要求有比较好的水质,可单独自成系统。有条件的情况下,供水系统管路宜采用不锈钢材质。

(2) 供水系统应满足用水对象对水质、水压和流量的要求,取水口不应少于2个。用水对象对水质的要求,主要包括泥沙含量、粒径以及有害物质含量。作为冷却水,泥沙及污物含量以不堵塞冷却器为原则。水源含沙量较大或水质不满足要求时,应进行净化处理或采用其他水源。

生活饮用水应符合《生活饮用水卫生标准》(GB 5749—2022)的规定。

(3) 供水方式应做技术比较后确定。采用自流供水方式时,可直接从主泵出水管取水;采用水泵供水方式时,应设能自动投入工作的备用泵。主泵扬程低于15m或高于140m时,宜用水泵供水,并按自动操作设计,工作泵故障时备用泵应能自动投入。主泵扬程在15~140m之间,宜用自流或自流减压供水方式。

当水源为自来水等洁净水时,可采用冷水机组、河水冷却器、冷却塔、板式换热器等冷却的循环供水方式,冷却装置应考虑防泥沙、防堵塞、防水生生物等措施。

(4) 供水管内流速宜按2~3m/s选取,供水泵进水管流速宜按1.0~2.0m/s选取。

(5) 采用水塔(池)集中供水时,其有效容积应符合下列规定:

1) 轴流泵站和混流泵站,因机组用水量较大,水塔容积按全站15min的用水量确定,可满足事故停电时,机组停机过程的冷却用水要求。

2) 离心泵站用水量较小,水塔容积可按全站2~4h的用水量确定。

3) 干旱地区的泵站或停泵期间无其他水源的泵站,水塔或水池的容积应考虑运行管理的清洁卫生用水。人员的生活用水宜外购净水。

(6) 每台供水泵应有单独的进水管,管口应有拦污设施,并易于清污;当供水泵共用取水总管时,取水管口不应少于2个,取水管口应有拦污设施,并易于清污;水源污物较多时,宜设备用进水管。

(7) 沉淀池或水塔应有排沙清污设施,在寒冷地区还应有防冻保温措施。

(8) 供水系统应装设滤水器,滤网应采用不锈钢制作,网孔直径宜为2~5mm,有特殊要求时,过滤精度可适当提高;对密封水及润滑水,还应设置高精度滤水器。滤水器冲洗排污时供水不应中断。

(9) 供水系统的自动化设计应满足机组运行的控制要求。

(10) 泵房消防设施的设置应符合下列规定:

1) 油库、油处理室应配备水喷雾灭火设备。

2) 主泵房电动机层应设室内消火栓,其间距不宜超过30m。

3) 单台储油量超过5t的电力变压器,应设水喷雾灭火设备。

(11) 消防水管的布置应满足下列要求:

1) 一组消防水泵的进水管不应少于2条,其中1条损坏时,其余的进水管应能通过全部用水量。消防水泵宜用自灌式充水。

2) 室内消火栓的布置,应保证有2支水枪的充实水柱同时到达室内任何部位。

3) 室内消火栓应设于明显的易于取用的地点,栓口离地面高度应为1.1m,其出水方向与墙面应成90°角。

4）室外消防给水管道直径不应小于 100mm。

5）室外消火栓的保护半径不宜超过 150m，消火栓距离路边不应大于 2.0m，距离房屋外墙不宜小于 5m。

（12）室内消防用水量宜按 2 支水枪同时使用计算，每支水枪用水量不应小于 2.5L/s。同一建筑物内应采用同一规格的消火栓、水枪和水带，每根水带长度不应超过 25m。

五、供水系统图

当水源和供水方式确定后，即可根据水泵电动机组的功率、流量和台数等选择供水设备，并从运行可靠、维护方便、设备经济与自动化简易可行等要求出发，拟定技术供水系统图，用以表达供水系统的运行方式。

技术供水系统由水源、管道系统和量测控制元件等组成。水源部分包括取水设备或提水设备，有时还包括水处理装置，保证用水设备所需的水量、水压和水质；管道系统包括供水干管、支管及阀门等管道配件，用于输水和配水；量测控制元件包括压力表、流量计、电磁阀和示流信号器、压力信号器等自动化元件，监视并控制供水设备的工作。

图 10-9 为直接供水方式的系统图。供水泵从进水池取水送至供水干管，再经过每台机组的支管，供给主机冷却及润滑水。在主机运行时，供水泵必须不间断地向干管连续供水。

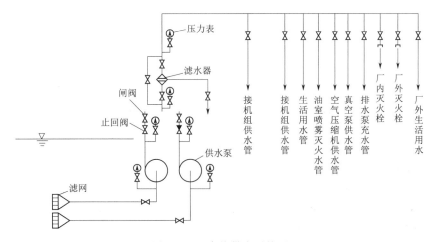

图 10-9 直接供水系统图

图 10-10 为某联合供水系统。供水泵以断续工作方式向水塔供水，共设 2 台水泵，互为备用。

该系统图说明如下：

（1）从泵站进水池抽水至蓄水池，再由蓄水池分配到各机组。每台机组有一根供水支管，由闸阀控制，机组停止运行就将其关断，并可用来调节供水量的大小（由于电动机输出功率、水温及气温的变化）。油冷却器的回水在主泵处于抽水工况时，排放到进水池。

（2）从水井用井泵经专用管道抽水至蓄水池。

（3）当蓄水池清理维护或向主泵进水流道充水提升闸门时，用水量较大，可关闭相应的阀门，改由供水泵直接供水。

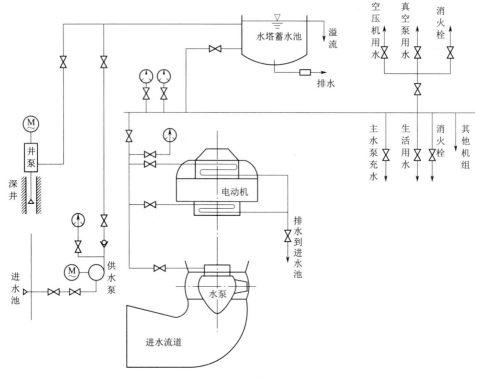

图 10-10 间接供水系统图

第四节 供水设备选择及布置

大型泵站供水设备通常包括供水泵、滤水器、供水管道、阀门等。

一、供水泵的选择

（一）供水泵的类型

泵站技术供水中常用卧式离心泵作供水泵。当从进水池取水时，一般将水泵布置在吸水面以下以便在启动前自动充水。如果采用正吸程安装，则需要有充水或抽真空设备。

当采用卧式离心泵不能满足吸水高度要求时，也可采用立式深井泵作为技术供水泵。

在选择水泵时，应首先求得流量、全扬程、吸水高度等主要参数，按选定水泵类型的产品系列，确定水泵型号，使所选择的水泵满足下列条件：

（1）水泵的流量和扬程在任何工况下都能满足供水要求。

（2）水泵应经常处在较有利的工况下工作，即工作点经常处于高效率范围内，有较好的抗汽蚀性能和工作稳定性。

（3）水泵的允许吸上高度较大。

（二）供水泵工作参数的确定

1. 供水泵流量

$$Q_p \geqslant \frac{Q_j Z_j}{Z_p} \qquad (10-9)$$

式中　Q_p——单台供水泵流量，m^3/h；

　　　Q_j——单台主机组的冷却润滑用水量，m^3/h；

　　　Z_j——主机组台数；

　　　Z_p——工作的供水泵台数。

如泵站采用间接供水方式，则供水泵为断续工作，即蓄水池充满后，供水泵停泵，待池中水位降低至低水位整定值时，重新供水。故需扩大供水泵的流量 Q_p，可将计算出的 Q_p 增加 $20\%\sim30\%$。

2. 供水泵扬程

在供水管网中通过最大计算流量时，供水泵应能克服管路中阻力后保证相距最远的用水设备所需的工作压力，对应图 10-11，其计算为

$$h_p = (?_{la} - ?_a) + \frac{p_1}{\rho g} + h_{wa} + \frac{v^2}{2g} \qquad (10-10)$$

式中　h_p——供水泵扬程，m；

　　　$?_{la}$——位于最高位置的冷却器进水管口高程，m；

　　　$?_a$——供水泵吸水面水位，m；

　　　p_1——冷却器进口要求的水压力，Pa；

　　　h_{wa}——管道中的水力损失，包括滤网、吸水管道和压力管道，m；

　　　v——冷却器进口处流速，m/s。

以上计算中认为制造厂提出的冷却器进口压力（p_1）能在减去冷却器内部水力损失后满足冷却器后面排水管路所需水头。当需要详细计算时，特别当排至较高下游水位时，应对冷却器及排水管路作水力计算校验。

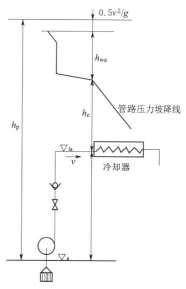

图 10-11　供水泵扬程的确定

二、滤水器的选择

技术供水在进入用水设备前，必须经过滤水器。滤水器应尽可能靠近取水口，安装在每个取水口之后的供水管路上便于检查和维修的地方。一般设置在供水系统每个取水口后或每台机组的进水总管上，在自动给水阀的后面。当主泵导轴承用水润滑时，在其工作和备用供水管路上，均需另设专用滤水器。

滤水器个数的选择，应考虑滤水器冲洗不影响系统的正常供水。采用固定式滤水器时一般在同一管路上并联装设两台，互为备用，或设一台滤水器另加装旁路供水管及阀门作为备用通路。转动式滤水器能边工作边冲洗，同一管路上只需装设一台，当过水量大于 $1000 m^3/h$，可设置两台，并联运行。

滤水器应设有堵塞信号装置，在其进出水管上一般装有压力表或压差信号器，当压差值达到 $2\sim3m$ 时发出信号，以便随时清污。

三、供水管道的选择

供水管道可选用焊接钢管，采用法兰连接并用橡胶垫衬；也有采用铸铁管的，因其耐

腐蚀，价格低廉。主泵导轴承润滑水管在滤水器以后的管段应采用镀锌钢管，以防止铁锈进入橡胶轴承。

供水系统管段的内径按通过管道的最大计算流量和允许流速（经济流速）来确定。供水泵吸水管中流速一般为 1.2～2m/s，出水管中流速一般为 1.5～2.5m/s。

大型泵站的供水干管一般选用 ϕ150～200 钢管，每台机组的支管选用 ϕ150 的钢管。如无特殊要求，可以选用标准的水煤气管。管道允许的工作压力应大于管道内水压力。管道阀件必须符合管道系统中的工作压力和管径等条件。

管壁厚度按工作压力选择，用下式计算：

$$\delta = \frac{Pd}{2.3[\sigma]\varphi - P} + c \qquad (10-11)$$

式中　δ——管壁厚度，cm；

$\qquad$ P——管道内压力，Pa；

$\qquad$ d——管道内径，cm；

$\qquad$ $[\sigma]$——管道材料的许用应力，Pa；

$\qquad$ φ——许用应力修正系数，无缝钢管 φ＝1.0，焊接钢管 φ＝0.8，螺旋焊接钢管 φ＝0.6；

$\qquad$ c——腐蚀增量，cm，通常取 0.1～0.2cm。

四、阀门的选择

供水系统应根据运行要求，在管路上需要调节流量、截断水流、调整压力和控制流向的地方，设置各种操作和控制阀门，包括闸阀、截止阀、减压阀、安全阀和止回阀等。

（一）闸阀

技术供水系统中常采用闸阀作为水泵出口断流控制阀，并作为检修和事故闸门。

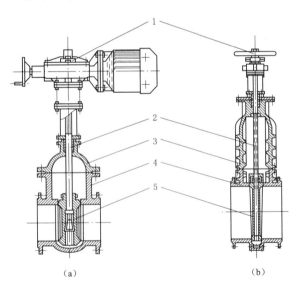

闸阀是指启闭件（闸板）的运动方向与流体方向相垂直的阀门。闸阀由阀体、阀盖、阀杆、闸板和操作机构等部件组成，如图 10-12 所示。

闸阀全开时，闸板上移至阀盖的空腔中，整个流道直通，此时流体的压力损失几乎为零。闸阀关闭时，闸板下移阻断流道，同时闸板上的密封面依靠闸板两侧流体的压力差实现密封；闸板处于部分开启时，流体的压力损失较大并会引起闸门振动，可能损伤闸板和阀体的密封面，因此扬程较高时闸阀不适于作为调节或节流使用，一般只有全开和全关两种工作位置，且不需要经常启闭。

根据螺母所处位置的不同，闸阀

图 10-12　闸阀的结构

(a) 明杆式；(b) 暗杆式

1—操作机构；2—阀杆；3—阀盖；4—阀体；5—闸板

分为明杆式和暗杆式两种。明杆式闸阀的机械啮合面在阀盖外，工作条件不受流体影响，但阀门全开时，阀杆上移使其工作所需空间高度较大。暗杆式闸阀在启闭过程中间阀杆不会上下移动，工作所需的空间高度固定。

闸阀的优点是结构简单，水流阻力损失较小，不易漏水。缺点是安装及运行所需空间高度较大，启闭时闸板密封面与阀体之间的摩擦，易造成密封件的损伤。

（二）截止阀

截止阀是指其关闭元件（阀瓣）沿阀座中心线移动的阀门。截止阀主要由阀体、阀盖、阀杆、阀瓣、阀杆螺母和操作手轮等组成，阀体一般有直通式、直流式和角式三种形式，如图 10-13 所示。

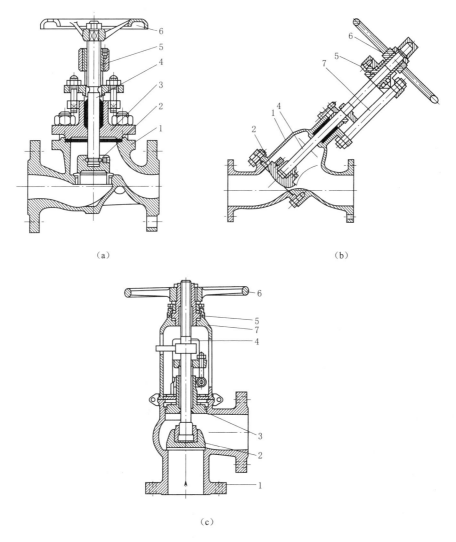

图 10-13　截止阀

（a）直通式；（b）直流式；（c）角式

1—阀体；2—阀瓣；3—阀盖；4—阀杆；5—阀杆螺母；6—操作手轮；7—支棱架

截止阀的优点是流量的调节性能较好，只有一个密封面便于维修；缺点是流道不平直，水力阻力较大，密封性能一般，若流体中含机械杂质，关闭阀门时易出现关闭不严或损伤密封面。

（三）止回阀

止回阀是依靠管路中流体本身的流动所产生的力来自动开启和关闭阀瓣的。正向流动时阀门打开；反向流动时阀门关闭，阻止流体倒流。止回阀用于管路系统，其主要作用是防止流体倒流和水泵机组反转。

止回阀按其结构和阀瓣运动方式可分为升降式和旋启式两种，如图 10 - 14 所示。升降式止回阀的阀瓣沿着阀体垂直中心线上下移动，旋启式止回阀的阀瓣绕着阀座上的销轴旋转。在低压情况下，旋启式的密封性不如升降式的好。但旋启式的水力损失小，流体流动方向没有大的改变，故多用于中、高压或较大管径的场合。

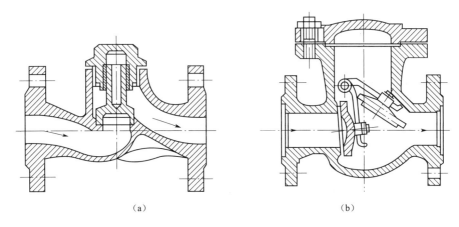

（a）   （b）

图 10 - 14 止回阀
(a) 升降式；(b) 旋启式

（四）水力控制阀

水力控制阀是一种完全由水力控制，不需其他动力源的阀门。水力控制阀安装在水泵出口处，主要由阀体、大小阀瓣、阀盖、中心轴和导向套等组成，如图 10 - 15 所示。

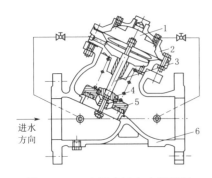

图 10 - 15 水泵出口水力控制阀
1—导向阀；2—阀盖；3—中心轴；
4—小阀瓣；5—大阀瓣；6—阀体

在水泵启动时，阀门处于关闭状态，当压力上升到设定位时，阀门才缓慢开启，避免水泵空载启动产生的大电流冲击，从而实现离心泵的闭阀启动功能。停泵时，阀门关闭分快闭、缓闭两阶段进行：第一阶段，即停泵瞬间，迅速关闭大阀瓣，管道中倒流的水可从大阀瓣上的泄流孔流回水泵，避免阀门关闭过快而产生水锤；第二阶段，小阀瓣在倒流进入上控制腔的水的作用下，缓慢地完全关闭大阀瓣上的泄流孔。小阀瓣的关闭速度可根据现场工况进行调节，可先行快速关闭至 90％，其余 10％ 则缓慢关闭，从而有效地保护水泵，防止水锤、水击噪声以及水泵倒转。

图 10-16 所示为水泵出口水力控制阀的安装示意图。

（五）蝴蝶阀

蝴蝶阀简称蝶阀，是用圆形蝶板往复回转 90°左右来开启、关闭或调节介质流量的一种阀门。主要由圆筒形的阀体和可在其中绕轴转动的活门以及阀轴、轴承、密封装置及操作机构等组成，如图 10-17 所示。阀门关闭时，活门的四周与圆筒形阀体接触，切断和封闭水流的通路；阀门开启时，水流绕活门两侧流过。

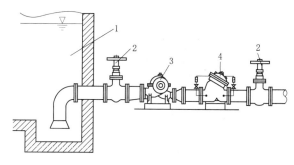

图 10-16　水泵出口水力控制阀安装示意图
1—进水池；2—检修闸阀；3—水泵；4—控制阀

蝶阀按阀轴的布置型式，分立式和卧式两种，立式蝶阀如图 10-18 所示。

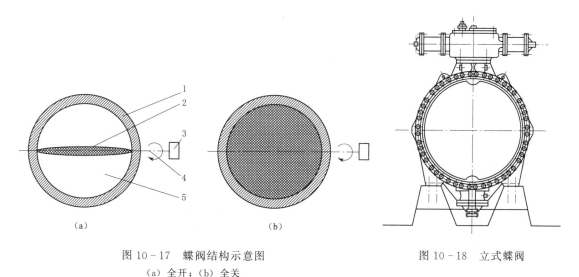

图 10-17　蝶阀结构示意图
（a）全开；（b）全关
1—阀体；2—活门；3—操作机构；4—阀轴；5—流体通道

图 10-18　立式蝶阀

蝶阀的优点是结构简单、体积小、驱动力矩小、操作简便、迅速，具有良好的流量调节功能和关闭密封特性。缺点是其活门对水流流态有一定的影响，引起水力损失和空蚀，因活门比较单薄，在水头 200m 以上时不适宜采用。

（六）球阀

球阀主要由球体、阀杆、阀座、阀体等组成，图 10-19 所示为球阀的结构示意。球体有一直孔，当球孔方向与管道方向一致时，球阀处于开启位置；当球体旋转 90°时，球孔方向与管道方向垂直，球阀处于关闭位置。

球阀分为浮动球球阀和固定球球阀，前者主要靠流体压力将球体压紧在出口端的阀座上，形成浮动状的密封，因而使用的压力和口径受到限制。而后者的球体由安装在阀体上

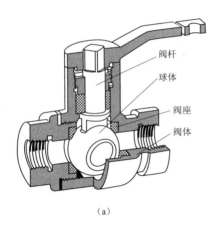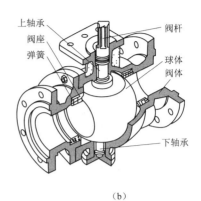

图 10－19　球阀的结构示意

(a) 浮动球；(b) 固定球

的上下两个轴承支持，球体的位置固定，密封作用是靠弹簧和流体压力使阀座压向球体而实现的，因而启闭力矩比浮动球球阀小得多，适用于高压和大口径场合。

球阀主要用于截断或导通流体，也可用于流体的调节与控制。优点是承受的水压高，关闭严密，漏水极少；开关迅速、方便，只要阀轴转动 90°就可完成全开或全关动作，很容易实现快速启闭，而且密封性能好；球体刚性比蝶阀活门的刚性好，所以在动水关闭时的振动比蝶阀小。缺点是其体积大、结构复杂、重量大、造价高。一般用于压力高于200m 的管道。

偏心半球阀是一种比较新型的球阀类别，如图 10－20 所示。其启闭件是个半球壳体，采用偏心曲轴，使得球冠中心线与阀门流道中心线偏离一个偏心距，通过偏心轴旋转 90°来实现阀门的启闭，起到截断介质的作用。在开启或关闭过程中，阀座和球冠没有相互摩擦，密封不易磨损，启闭力矩小。在阀门开启时，曲轴转过一个很小的角度，球冠就会离开阀座，球冠和阀座不再接触；反之，在阀门关闭过程中，只有在关闭瞬间，球冠才和阀座接触。

（七）底阀

底阀安装在水泵吸水管的底端，可防止管道内水体倒流，是一种单向阀门。底阀由阀盖、阀瓣、密封圈等部件组成。阀盖上设有进水孔和加强筋，可防止污杂物堵塞管道和起支承作用。

底阀的阀瓣有旋启式和活塞式两种，如图10－21 所示。

水泵工作时，水从阀盖进入阀体，在水压力的作用下阀瓣打开，使水通过底阀进入水泵吸水管；水泵停止工作时，阀瓣受自重和反向水压力

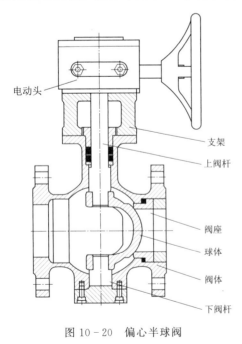

图 10－20　偏心半球阀

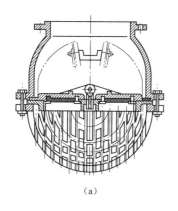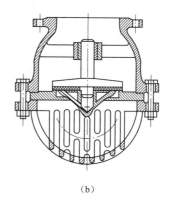

(a)   (b)

图 10-21 底阀结构
(a) 旋启式；(b) 活塞式

作用迅速关闭，从而阻止管道内的水体倒流。

五、供水设备的布置

（一）供水泵的布置及安装高程

从进水池取水的供水泵，一般布置在水泵层，安装在吸水面以下时，可以从取水口自流充水，启动方便。供水泵吸水管口应在最低取水位 1m 以下，且不宜靠近机组冷却水的排出口。为便于供水泵检修，需要在吸水管上安装检修阀。为解决泵前阀一旦损坏或漏水难以拆出修理的问题，通常是在其后再装一道阀作为后备，形成双泵前阀。

也有的泵站为了防止泵房内排水不及时而淹没供水泵，将供水泵布置在高于进水池最高水位的楼板上，其安装高程应满足允许吸上高度的要求。此时供水泵充水常采用抽真空或真空水箱充水的办法，而不宜采用底阀，因为水下底阀损坏后检修困难。但考虑到抽真空充水时间较长，也有的泵站仍将一台供水泵装在水泵层，以备消防需要。

供水泵的吸水管口，一般布置在进水池的拦污栅后面，并在吸水管口设置滤网，以防止被水草堵塞。通过滤网的流速一般为 0.25～0.5m/s。当流速过大时，滤网阻力增大，水头损失大，同时也不易清污；当流速过小时，为保证一定供水量，必须增大滤网尺寸，不太经济。

取水口位置应在进水池最低水位以下或通过论证确定。如希望夏季水温低些、水草少些，至少要在水面 2m 以下；并在污物多的地方，考虑设压缩空气吹扫管接头。

大型泵站的供水泵一般布置在水泵层，位于进口最低水位以下，水泵充水是自理式。如供水泵布置在高于工作水位时，应将抽真空管道与水泵的出水管相通，以便启动前抽气充水。水泵基础距墙应不小于 0.7m（侧边）与 1.0m（横头），两基础相距 1.0m 以上，机器间最小净高应不小于 3m。

（二）供水管道的布置

供水管道的布置取决于泵房的总体布置，一般布置在机组段范围内。干管布置在联轴器层比较适宜；电气设备与水管分两侧布置，遇有交叉时，距离应大于 0.5m。

管道布置时要尽可能采用直线，做到长度最短、弯头最少、整齐美观、便于安装检修。管道一般用支架固定在混凝土墙上，管壁距墙应不小于 0.3m，以便于焊接；管道也可架空或埋沟敷设，架空管高度应大于 1.8m，埋沟管要加盖板。

供水管道不宜穿越伸缩缝、沉降缝、变形缝，如必须穿越时应设置补偿管道伸缩和剪切变形的装置。常用的措施有：软性接头法，即用橡胶软管或金属波纹管连接沉降缝两侧的管道；丝扣弯头法，在建筑沉降过程中，两边的沉降差由丝扣弯头的旋转来补偿，仅适用于小于 50mm 的管道；活动支架法，在沉降缝两侧设支架，使管道只能在垂直位移，以适应沉降、伸缩的应力。

管道安装完毕后，应以 1.25 倍的工作压力进行 5min 耐压试验，以检查安装质量。

吸水管的水平段应有 0.005 的坡度，坡向吸水坑。吸水管不应有反坡和中间局部高起的地方，以免空气集存，影响吸水。吸水口需在最低水位以下 0.5～1.0m。

（三）水塔的布置

水塔蓄水池通常做成圆筒形，高度和直径之比为 0.5～1.0。水池不宜设计成高而细的形状，否则因池中水位的变化幅度大而导致水泵扬程变化大，水泵平均效率下降。塔体用以支承水池，常用钢筋混凝土、砖石或钢材建造，塔体形状有圆筒式和支柱式（图 10-22）。

水池的管道布置按以下进行：

（1）进水管。进水管至水池上缘应有 15～20cm 的距离。

（2）出水管。管口应高出池底 10cm，以防污物进入管网。

出水管与进水管可以共用一根干管，在进入水池前方始分叉，在出水管上需设止回阀。出水管与进水管也可分开布置，不发生联系。

（3）溢流管。用以控制水池的最高水位。溢流管口应高出设计最高水位 2cm，管径应比进水管大 1～2 号，但在水池底以下可与进水管径相同。溢流管上不允许安装阀门。

（4）排水管。为检修与清扫水池时放空之用，管口由水池底部接出，连接在溢流管上，在排水管路上需装设截止闸阀。

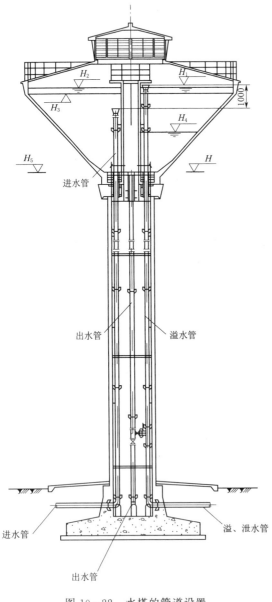

图 10-22　水塔的管道设置

第五节 供水管网水力计算

在设计供水系统时，初步设计的内容主要是绘制系统图和初选设备，到了技术设计阶段就要进一步作出管道布置图并在此基础上进行管网水力计算。水力计算的目的是校核所选水泵的扬程和吸水高度能否满足要求，管径选择是否合理以及管中真空压力的大小；当间接供水时，尚需校核水池的高程能否满足用水设备的水压要求。水力计算的主要内容是计算所选管道通过计算流量时的水力损失。

一、计算水力损失

管道水力损失包括沿程摩阻损失 h_f 和局部水头损失 h_j，按水力学公式计算，均可表示成通过的流量 Q 的函数。

（一）沿程摩阻损失 h_f

1. 钢管及铸铁管

计算均匀流沿程水头损失 h_f 的基本公式——达西公式为

$$h_f = \lambda \frac{L}{d} \frac{v^2}{2g} \tag{10-12}$$

式中 λ——水力摩阻系数；

d——管道内径，m；

v——平均流速，m/s；

g——重力加速度，取 9.81m/s^2。

苏联学者舍维列夫根据钢管及铸铁管的实验，提出了计算过渡区及阻力平方区的阻力系数公式。

（1）新钢管

$$h_f = 0.00081 \times \left(1 + \frac{0.684}{v}\right)^{0.226} \frac{Lv^2}{d^{1.226}} \tag{10-13}$$

此式的适用条件为 $Re < 2.4 \times 10^6$。

（2）新铸铁管

$$h_f = 0.000734 \times \left(1 + \frac{2.36}{v}\right)^{0.284} \frac{Lv^2}{d^{1.284}} \tag{10-14}$$

此式的适用条件为 $Re < 2.7 \times 10^6$。

（3）旧钢管及旧铸铁管。

当 $v < 1.2\text{m/s}$ 时

$$h_f = 0.000912 \times \left(1 + \frac{0.867}{v}\right)^{0.3} \frac{Lv^2}{d^{1.3}} \tag{10-15}$$

当 $v \geqslant 1.2\text{m/s}$ 时

$$h_f = 0.00107 \times \frac{Lv^2}{d^{1.3}} \tag{10-16}$$

2. 混凝土管和钢筋混凝土管

对于钢筋混凝土管，将谢才系数 $C=\sqrt{\dfrac{8g}{\lambda}}$ 和曼宁公式 $C=\dfrac{R^{1/6}}{n}$ 代入，有

$$h_{\mathrm{f}}=10.294\times\frac{n^2 L}{d^{5.33}}Q^2 \qquad (10-17)$$

式中　R——水力半径，对于圆管 $R=d/4$；

　　　n——管道内壁粗糙系数，$0.013\sim0.014$。

如果都用谢才系数及曼宁公式计算程水力损失，则当 $d=0.1\sim2.0\mathrm{m}$ 时，新钢管的糙率 n 在 $0.0103\sim0.012$；新铸铁管的糙率 n 在 $0.0113\sim0.012$；旧钢管及旧铸铁管的糙率 n 在 $0.0126\sim0.0131$。彼此相差有限，故泵站水力计算中一般采用式（$10-17$）。

（二）局部水头损失 h_{j} 的计算

h_{j} 的计算公式为

$$h_{\mathrm{j}}=\sum\xi\frac{v^2}{2g} \qquad (10-18)$$

式中　h_{j}——总的局部水头损失，m；

　　　$\sum\xi$——局部阻力系数之和，各种管件的 ξ 值可从有关手册中查得。

二、水力计算的步骤

技术供水系统水力计算按以下步骤进行：

（1）根据技术供水系统图和设备、管道在厂房中实际布置的情况，绘制水力计算简图，在图中标明与水力计算有关的设备和管件，如阀门、滤水器、示流信号器以及弯头、三通、异径接头等。

（2）按管段的直径和计算流量进行分段编号，计算流量和管径相同的分为一段。管段上标明计算流量 Q、管径 d 和管段长 L 值。管道公称直径、内径可查相应的规格。

（3）查出各管件的局部阻力系数 ξ 值，并求出各管段局部阻力系数之和 $\sum\xi$ 值。

（4）由计算流量 Q 和管径 d，计算流速 v。

（5）按照上述公式分别计算各管段的水力损失 h_{f}、h_{j} 值和 h_{w}（$h_{\mathrm{w}}=h_{\mathrm{f}}+h_{\mathrm{j}}$）。

（6）根据计算结果，对供水系统各回路进行校核，检查原定的管径是否合适，不合适的管段加以调整，重新计算，直至合乎要求。

水力计算通常列表进行，表 $10-6$ 为常用的表格形式。

表 10-6　　　　　　　　　　　水 力 损 失 计 算 表

管段	管径 d /mm	流量 Q /(m³/h)	流速 v /(m/s)	水力坡降 i	管长 l /m	沿程损失 $h_{\mathrm{f}}=il$ /m	局部阻力系数 ξ						$\sum\xi$	$\dfrac{v^2}{2g}$	局部损失 $h_{\mathrm{j}}=\sum\xi\dfrac{v^2}{2g}$ /m	总损失 h_{w} /m
							弯头	三通	闸阀	滤水器						
1	2	3	4	5	6	7	8	9	10	11	12	13	14	15	16	17

对自流排水系统，根据水流流动的方向确定供水支线（对有环形回路的，暂不考虑并联影响，仍按单线路考虑），按下式计算各支线末端的剩余水头

$$h_y = z_{p,min} - \sum h_f - \sum h_j - z_{end} \geqslant 0 \qquad (10-19)$$

式中 $z_{p,min}$——水塔或蓄水池最低水位，m；

$\sum h_f$、$\sum h_j$——供水支线上各管段沿程、局部水力损失之和，m；

z_{end}——供水支线末端要求的最高水位（或排入大气的排水管中心高程）。

对水泵直接供水系统，按下式计算各支线末端的压力裕量。

$$h_y = z_a + h_{p,min} - \sum h_f - \sum h_j - z_{end} \geqslant 0 \qquad (10-20)$$

式中 z_a——供水泵吸水面水位，m；

$h_{p,min}$——供水泵最大流量对应的扬程。

如水泵已初步选定，可据此计算结果对照水泵性能曲线进行复核，否则，也可以此选泵。

为保证发生供水泵老化、管道老化或局部堵塞、调节阀门部分关闭时仍能供水，h_y 应有一定的富裕量。水力计算中，为考虑 h_y 富裕量，一般是对设计流量乘以 1.1 的系数。

（7）间接供水的水力计算：

1）确定水塔的最低水位。按在冷却器内及其后的管路上不出现真空的条件，确定水塔的最低水位，并在水塔最高水位下，校核冷却器入口水压，不允许超过其压力上限的规定。

2）水泵扬程确定。根据水塔放空时的最低上游水位和水塔蓄满的正常蓄水位，得到水塔的平均水位。根据水塔的平均水位和吸水池水位来计算供水泵的设计静扬程。然后按此选泵。

由于在水塔蓄水过程中，机组技术供水不能中断，故水泵设计流量需较直接供水时加大 10%～20%。

3）水塔有效容积确定。水塔有效容积按以下原则确定：对主泵为轴流泵与混流泵的泵站，按全站 15min 用水量；对主泵为离心泵的泵站，按全站 2～4h 用水量；生活用水另计。

最后，按选出的水泵计算水泵的开停时间，必要时可对上述参数做适当调整。

三、技术供水管道的压力分布和允许真空

供水系统在保证了用水设备关于水压、水量和水质的基本要求后，还应对管路中的真空压力进行校核。管路中真空度过大时会引起管道振动，甚至水柱分离使供水系统的运行失去稳定；而且对冷却水系统来说，汽穴存在于冷却器的顶部会影响冷却效果。

管路中真空压力最大的地方是冷却器的顶部。如以负压形式来表示真空压力，则有

$$\frac{p_1}{\rho g} = (z_b - z_1) + h_{wb} + \frac{v_b^2 - v_1^2}{2g} \qquad (10-21)$$

式中 $\dfrac{p_1}{\rho g}$——冷却器顶部的压力，m；

z_1——冷却器顶部高程，m；

z_b——冷却器后排水管出口中心高程（当排入大气）或该处水面高程（当淹没出流时），m；

h_{wb}——冷却器后排水管的水力损失总和，m；

v_b、v_1——排水管及冷却器中流速，m/s。

当 $\dfrac{p_1}{\rho g}$ 得出负值时，表示为负压，管中出现真空，故应检验不发生汽蚀的条件，即

$$\left|\frac{p_1}{\rho g}\right| \leqslant 10.3 - \frac{?_1}{900} - \frac{p_v}{\rho g} - h_y \qquad (10-22)$$

式中　$\left|\dfrac{p_1}{\rho g}\right|$ ——$\dfrac{p_1}{\rho g}$ 的绝对值，m；

$\dfrac{p_v}{\rho g}$ ——水的汽化压力，m；

h_y ——压力裕量，一般取 1.0m。

由于冷却器铜管的破裂并非单纯的汽蚀破坏，故式（10-22）应用在这里不够全面。在设计冷却水系统时，通常要求在管路上不出现负压，即 $p_1/\rho g \geqslant 0$。实际上，稍有一点负压是被允许的，也有的泵站供水系统的排水管路中的负压值为 3～4kPa，运行很正常。

减小管内真空度的措施有以下几种：

（1）在排水管末端装设调节阀门。

（2）使排水管流速大于压力水管流速。

（3）提高排水口高程 $?_b$，例如将淹没出流改为大气出流，采取高水高排。当然这些措施都需要相应提高供水泵的扬程。

第六节　泵站排水任务及系统布置

一、排水对象及任务

大型泵站在运行、调相及检修过程中，需要及时排除泵房内各种积水，包括生产用水的排水、渗漏排水和清扫回水、检修和调相排水等。

生产用水的排水量较大，包括大型同步电动机空气冷却器的冷却水、大型同步电动机轴承油冷却器的冷却水、稀油润滑的主泵导轴承的油冷却器的冷却水、采用橡胶轴承的主泵导轴承的润滑水、水环式真空泵和水冷式空压机用水等。生产用水的排水大部分能够自排到进水池或进水流道中，少部分汇集到排水廊道或集水井。

渗漏排水包括泵房水下土建部分渗漏水、主泵油轴承密封漏水、主泵填料漏水（包括叶轮外壳法兰缝的漏水和弯管轴封处的漏水）、滤水器冲洗的污水、油水分离器及储气罐的废水、其他设备及管道法兰的漏水等。轴流泵渗漏水的部位如图 10-23 所示。

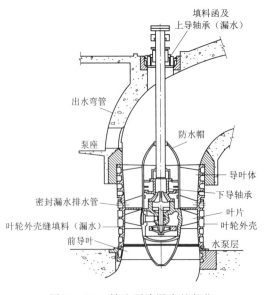

图 10-23　轴流泵渗漏水的部位

填料函及上导轴承（漏水）
出水弯管
泵座
防水帽
密封漏水排水管
导叶体
下导轴承
叶轮外壳缝填料（漏水）
叶片
叶轮外壳
前导叶
水泵层

泵房渗漏水量一般不大，设计时可参照性质相近的已建泵站选取。如果泵房伸缩缝处理得不好，或者水下混凝土浇筑质量差，一期、二期混凝土接合不良，或者泵房沉陷不均拉裂伸缩缝，就会导致渗漏水量增大。渗漏水位置较低不能自流排水，需要先汇集到泵房内最低处的排水廊道或集水池（井），然后用排水设备排出。

检修和调相排水是在机组检修或调相时，排除进水流道和叶轮室的积水和进水闸门的漏水，有时还包括出水流道内的积水和出水闸门的漏水。

各种工况下的排水情况汇总见表 10-7。

表 10-7

排 水 工 况

序号	排水类别	运 行 期		非 运 行 期	
		正常运行	调相	检修	停机
1	泵房渗漏水	有	有	有	有
2	辅助设备的渗漏水	有	有	有	有
3	清扫回水	有	有	有	有
4	主泵密封漏水	有			有
5	主泵填料漏水	有			有
6	泵体进水流道积水		有	有	
7	检修闸门漏水		有（调相机组）	有（检修机组）	
8	冷却润滑水	少量（或自排）	少量		

泵站排水系统的任务就是及时可靠地排除各种积水，保障泵房安全，保证机组的正常运行，避免泵房长期潮湿而使设备锈蚀。

泵站应设机组检修及泵房渗漏水的排水系统。机组检修周期比较长或检修排水量比较小时，宜将检修排水和渗漏排水合并成一个系统，排水泵单泵功率及台数应同时满足两个系统的要求。

二、排水量计算

由渗漏流量和检修流量两部分组成。

（一）渗漏流量

$$Q_{sh} = q_1 + nq_2 \tag{10-23}$$

$$q_1 = 1.5 + KV_0 \tag{10-24}$$

式中 Q_{sh}——渗漏流量，L/s；

q_1——泵房墙壁和地基、法兰接头的渗漏流量，L/s；

V_0——在设计洪水位以下的泵房水下建筑部分体积，m³；

K——考虑泵站建筑安装工程质量的单位换算系数，按质量的好、中、差三等，分别取为 0.0005、0.001、0.002；

q_2——水泵填料函渗漏流量，L/s，按样本查取，对卧式泵可按 $q_2=0.05\sim0.1\text{L/s}$ 取用；

n——运行的水泵的台数。

（二）检修流量

对有调相任务的泵站，按一台机组检修和其余机组调相排水的情况考虑，故有

$$Q_d=\frac{V}{3.6T}+n_jq_3 \qquad (10-25)$$

$$q_3=qL \qquad (10-26)$$

式中　Q_d——检修流量，L/s；

n_j——参加调相运行的主泵台数；

V——单台主泵的进水流道与泵室的积水量，m^3；

T——排水泵工作时间，取 $4\sim6\text{h}$；

q_3——每台主泵的闸门漏水流量，L/s，一般为进口检修闸门，但对直管式和双向式出水流道的泵站，还需计算出口闸门的漏水流量；

L——闸门水封长度，m；

q——单位长度橡皮止水的漏水量，一般每米采用 $0.5\sim2.5\text{L/s}$。

闸门漏水与闸门止水型式和制造安装质量有关，一般进口检修闸门常用 P 型橡皮或平板型橡皮止水，如闸门和门槽的制造和安装质量均能符合要求，漏水量是很少的。按普通施工条件，每米长度漏水量采用 $1.25\sim1.5\text{L/s}$ 计算较为合适。若泵站为平管出水，出口用快速闸门或拍门控制时，则闸门漏水量为进出水闸门漏水量之和。对于具有虹吸式出水流道的机组，若外水位低于驼峰底面，则只按进水闸门计算漏水量；对于驼峰较矮的流道，出口又有闸门或拍门控制，若外江水位高于驼峰底面，出口闸门漏水量可通过专设的排水管自流排入进水池。

对无调相任务的泵站，按一台机组检修的情况考虑，即

$$Q_j=\frac{V}{3.6T}+q_3 \qquad (10-27)$$

三、排水泵的选择

泵站排水泵至少应设 2 台。渗漏排水自成系统时，可按 $15\sim20\text{min}$ 排除集水井积水确定排渗漏泵的流量，并设 1 台备用泵。排渗漏泵流量按 $(1.5\sim2.0)Q_{sh}$ 选择。因为渗漏水量不容易估计得准确，而且是经常性的、不间断的。渗漏排水泵台数不少于 2 台，包括 1 台备用。

检修时排水泵全部投入，按 $4\sim6\text{h}$ 排除单泵检修时流道（或管道）积水和上下游闸门（或阀门）漏水量之和确定其流量，并至少应有 1 台泵的流量大于上下游闸门（或阀门）总的漏水量。检修排水泵按 Q_d 或 Q_j 选择流量，不考虑备用，因检修排水的性质是非经常性的短期集中排水。

在渗漏排水与检修排水相结合的系统中，排水泵总流量为

$$Q_p = (1.5 \sim 2.0)Q_{sh} + Q_j + \frac{V_1}{3.6T} \tag{10-28}$$

式中　Q_p——排水泵总流量，L/s；

V_1——集水廊道正常工作水位与最低工作水位之间的容积，m^3。

排水泵扬程可按下式求得

$$h_p = (?_b - ?_g) + h_w + \frac{v^2}{2g} \tag{10-29}$$

式中　$?_b$——排水管出口的最高水位，m；

$?_g$——排水底道的最低水位，m；

v——排水管出口流速，m/s；

h_w——管道总损失，m。

因排水泵一般位于集水廊道顶部，故还需按集水廊道最低水位校核汽蚀余量或吸上真空高度。

四、排水管径选择

用水泵排水时，排水管径应按水泵排水流量和允许流速来确定。管道的允许流速，吸水管采用 0.5～1.0m/s，对压力水管采用 2～3m/s。

以自流方式排水时，排水管径应按通过管内的排水流量和排水高程差来确定。此时，排水管的排水流量 Q（m^3/s）按下式计算：

$$Q = F \sqrt{\frac{2g\Delta H}{\lambda \dfrac{L}{d} + \sum \xi}} \tag{10-30}$$

式中　F——排水管断面积，m^2；

L——管道长度，m；

d——管道内径，m；

λ——管道摩阻系数；

ΔH——排水管进出口两侧的水位差，m，当排入大气时，出口按管口中心高程计算；

$\sum \xi$——局部损失系数之和。

五、供排水系统图

（一）排水运行方式

通常根据排水对象的特征，能自排的尽量自排，不能自排的先汇集到集水廊道（或集水井）中，再用排水设备抽出厂外。

集水廊道布置在厂内最低处，平时容纳厂房渗漏水及生产污水，利用排水泵控制水位，自动排出厂外。集水廊道必须有足够的工作容积，以便在调相或检修时容纳流道积水。在调相或检修时要求流道内积水在较短时间内流入集水廊道，以便快速放空流道，从而在检修闸门内外产生较大的水压差，压紧检修闸门减少渗漏量。

在主泵进出水流道的最低点或吸水室的底部设有向集水廊道的放空管。放空管管径一般按通过闸门漏水量时水头损失为 0.2m 左右拟定，进口应布置有拦污网，出口装设露出水泵层地面的长柄阀以便操作，并在附近装设压缩空气吹扫管定期吹扫。

集水廊道的布置如图 10 - 24 所示。有关水位和高程确定如下：

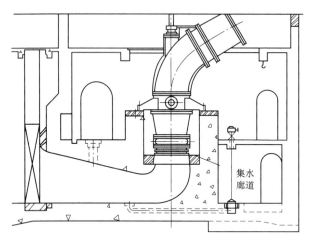

图 10 - 24　轴流泵站集水廊道

（1）最高水位。集水廊道最高水位应低于厂内检修运行工作最低地面（一般为水泵层）0.5~1.0m。在流道调相最高水位、集水廊道最高水位条件下，流道放空阀全开的流量不得小于进水闸门的漏水量。

（2）正常工作水位。集水廊道正常工作水位通常取最高水位以下 0.2m。

（3）最低工作水位。正常工作水位与最低工作水位之间的容积，应等于或大于一台调相机组流道内从进水水位至调相最高工作水位之间的容积，据此定出最低工作水位。

（4）集水廊道最低水位。要求在流道内检修工作水位、集水廊道最低水位，流道放空阀全开的流量不得小于进水闸门的漏水量，并照顾到清污的要求。一般在排水泵吸入口下方设有集水坑，较集水廊道底板低 0.5~1.0m，有些泵站将最低水位同时作为最低工作水位，使内外压差更大，有利于压紧检修闸门。

集水廊道排水系统常装设电极式水位计或液位信号器进行自动操作，当上升到正常水位时，发出信号，并启动工作排水泵排水；水位升至最高水位时，启动备用水泵排水，并发出警报信号，水位下降至最低工作水位时停排。检修排水应根据实际情况选择自动或手动运行方式。

泵房排水有排往泵站出水侧，也有排入进水侧。一般进水池水质比较清洁，常作技术供水水源，而集水廊道的积水比较脏，并杂有油污，如排至进水池，对技术供水不利；排至出水池，可消除这一缺点，但扬程较高，设备功率和电能损耗相应增大，特别是对堤后式泵站，排往出水侧的管路布置也较为复杂，设计时应通过比较决定。

排水泵出水管道上应装设止回阀和检修阀。冰冻地区排水泵的排水管出口下缘宜高于排出处水池最高运行水位。对从集水廊道（或集水井）取水的间接排水，为防止回阀不能关闭或倒灌水淹泵房，排水管出口下缘宜高于排出处水池的最高水位。

排水泵一般装设在水泵层地面上，为正吸程安装，故启动前需要充水。排水管吸水侧如采用底阀充水，当出水侧有水时，可以从旁通阀供给；出水侧无水时，由厂内供水管引进。也可在水泵层的出水侧安装真空阀；如果泵站有抽真空系统，则可接上抽气管道来对排水泵抽气充水，并且抽气管道上可装设示流信号器来启动排水泵和停下真空泵。

泵站供水系统与排水系统一般放在一起形成供排水系统图。

（二）供排水系统实例之一

图 10-25 是某泵站 A 供排水系统图。泵站安装 2 台 40CJ-95 型和 2 台 40CJ-66 型轴流泵，叶轮直径 4m，设计扬程 9.5m、6.6m，设计流量 53.5m³/s，配套功率 6000kW。

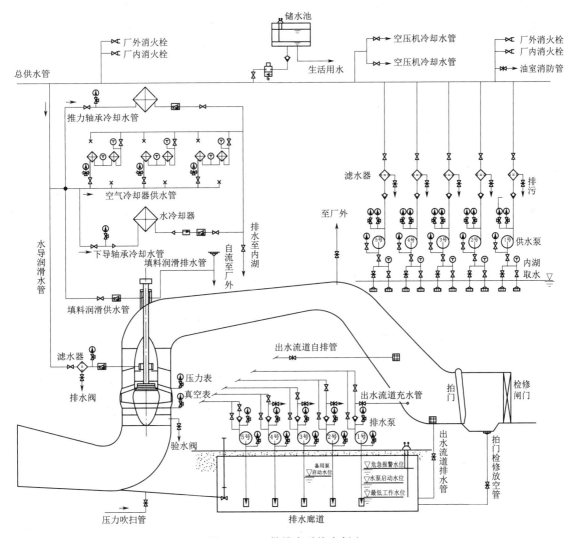

图 10-25 供排水系统实例之一

1. 泵站供水系统

每台主机组用水量为 125m³/h，其中空气冷却器 100m³/h，推力轴承油冷却器 15m³/h，电动机下导油冷却器 1.2m³/h，主泵橡胶导轴承润滑水 3.6m³/h，填料密封润滑水 4.8m³/h。此外两台低压空压机每台冷却水量约 3.6m³/h。选用 5 台扬程为 35.9m、供水量为 140m³/h 的 6BA-8 型离心泵，配套功率 30kW。5 台供水泵 4 用 1 备，备用泵能自动投入。

供水泵布置在泵房的进水侧，从内河取水，每台水泵两个不同的高程取水口，取水管上安装两道阀门便于检修。主机组各用水管路上均装有示流信号器监视水流，水流中断时发出警报信号，推力轴承油槽冷却水和主泵导轴承润滑水中断时均作用于停机。每台供水泵出口装有压力变送器，推力轴承油冷却器水管和主泵导轴承润滑水管上装有流量变送器，由巡回检测装置自动检测。空压机冷却水量较少，冷却水供水阀门常开，仅在排水管上装设示流信号器监视水流。

站内设有 6.2m³ 的生活用水箱，布置在泵房出口 27.5m 平台上，供给厕所、洗手洗帚池等处使用。厂内消火按两股水柱用水量 18m³/h，厂外消火按两股水柱用水量 36m³/h 考虑；机组运行时可直接从供水干管取水，停机时供水干管中无水，只需启动 1 台水泵即可满足要求。

2. 排水系统

在泵房水泵层下设排水廊道，平时容纳泵房渗漏水及生产用过的污水；在机组调相或检修时，同时容纳流道内的积水和进水闸门漏水。由于泵房内渗漏水和污水量较少，故排水控制工况主要为机组调相或检修，特别是在冬季非抽水季节已用 3 台机组调相，第 4 台机组投入调相或检修时排水量最大。

泵站驼峰底部高程 18.85m，当外江水位高于此值时，出口拍门的漏水可能超过驼峰底部流入出水流道的上升段，增加泵房排水负担，故在驼峰中线以外埋设 φ200 出水流道自流排水管，尽量使这部分漏水量自流排入内河中。

全站 4 台机组的闸门总漏水量估计为 720m³/h，第 4 台机组流道及排水廊道内存水约 1070m³/h，选用 6BA－12A 型离心泵 5 台，扬程 12.6m，单台排水量 180m³/h，排水时间 6h 以内。排水泵平时用 2 台工作，3 台备用，由自动水位控制装置自动操作；当排水廊道水位 8.90m 时自动启动 2 台水泵，水位升高至 9.10m 时其余 3 台水泵同时启动，若水位继续升高至 9.30m 时即发出危急报警信号，水位降至 7.8m 时停泵。排水廊道的工作容积为 400m³。

机组排水管高于内河水位，故自流排入内河。拍门检修排水管埋设在拍门和检修闸门间流道最低处，检修时将该处存水排入排水廊道；检修完毕后，可利用排水泵将出水流道充水至 18.85m，以便提起检修闸门。

（三）供排水系统实例之二

图 10－26 为某泵站 B 供排水系统图。主泵为 16CJ－80 型轴流泵，叶轮直径 1.6m，设计扬程 7.0m，单台流量 7.5m³/s，配套功率 800kW，装机 6 台。

1. 供水系统

采用间接供水方式。水塔的高程，其最低水位 1071.4m 比电机层地坪高出 22m，比泵房屋顶高 10m，保证了冷却器入口水压的需要。水塔容积为 50m³，由两台 4BA－12 型水泵供水，当从下游取水时，最大扬程 32.0m，此时单台供水泵流量均为 100m³/h，大于泵站的用水量。当水塔水位降至最低水位时，供水泵自动启动，一面向管网供水，一面向水塔供水，待水塔蓄满后即停泵。

2. 排水系统

排水泵采用充水管充水，充水管接至供水总管，由于总管与水塔连通，所以即使在停机情况下，水源也是有保证的。

排水泵出水管设计成虹吸式，出口淹没，不设止回阀，故在泵站抽水期不需充水；排水泵检修时，需将出水管顶部放气阀打开断流。

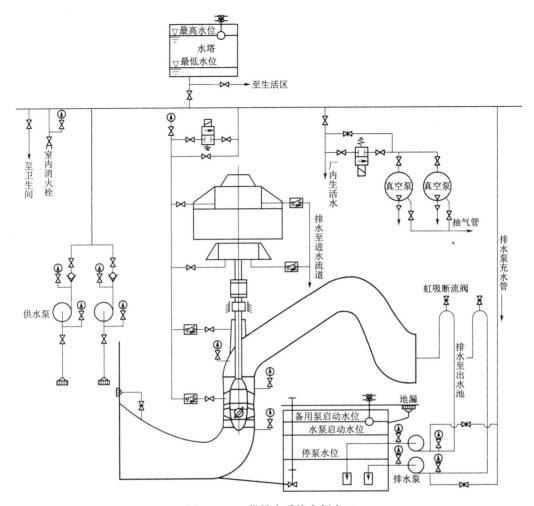

图 10-26　供排水系统实例之二

习　题

(1) 泵站技术供水的对象有哪些?

(2) 泵站技术供水的水源如何选取?

(3) 什么是直接供水? 有什么特点?

(4) 什么是间接供水? 有什么特点?

(5) 泵站常用的水力阀门有哪些?

(6) 泵站排水的对象有哪些?

参 考 文 献

[1] 陈慈萱, 向铁元. 电气工程基础 [M]. 3 版. 北京: 中国电力出版社, 2016.

[2] 皮积瑞, 解广润. 机电排灌设计手册 [M]. 北京: 水利电力出版社, 1992.

[3] 刘柏清, 雷艳. 电力系统及电气设备概论 [M]. 武汉: 武汉大学出版社, 2005.

[4] 刘宝贵, 王刚. 发电厂变电所电气设备 [M]. 北京: 中国电力出版社, 2008.

[5] 苗世洪, 朱永利. 发电厂电气部分 [M]. 5 版. 北京: 中国电力出版社, 2015.

[6] 马震岳, 王刚. 水电站电气设备 [M]. 北京: 中国水利水电出版社, 2017.

[7] 牟道槐, 林莉. 发电厂变电站电气部分 [M]. 4 版. 重庆: 重庆大学出版社, 2017.

[8] 吴靓, 常文平. 电气设备运行与维护 [M]. 北京: 中国电力出版社, 2012.

[9] 张明, 沈明辉. 电网系统与供电 [M]. 南京: 东南大学出版社, 2014.

[10] 王锡凡. 电气工程基础 [M]. 2 版. 西安: 西安交通大学出版社, 2009.

[11] 熊向敏, 魏国青, 马静. 工矿企业供电 [M]. 北京: 北京理工大学出版社, 2021.

[12] 钱卫钧. 工业企业供配电 [M]. 2 版. 北京: 北京理工大学出版社, 2021.

[13] 王全亮, 李义科. 工厂供配电技术 [M]. 重庆: 重庆大学出版社, 2015.

[14] 王俊, 王立舒. 变电站电气部分 [M]. 北京: 中国水利水电出版社, 2020.

[15] 陈生贵, 袁旭峰. 电力系统继电保护 [M]. 重庆: 重庆大学出版社, 2019.

[16] 王朗珠, 陈书. 供配电一次系统 [M]. 重庆: 重庆大学出版社, 2019.

[17] 张保会, 尹项根. 电力系统继电保护 [M]. 北京: 中国电力出版社, 2023.

[18] 葛强. 泵站电气继电保护及二次回路 [M]. 北京: 中国水利水电出版社, 2010.

[19] 许建安. 电力系统继电保护 [M]. 2 版. 北京: 中国水利水电出版社, 2005.

[20] 许建安. 水电站继电保护 [M]. 北京: 中国水利水电出版社, 2004.

[21] 刘建英, 李蓉娟, 赵双双. 发电厂变电站电气设备 [M]. 北京: 北京理工大学出版社, 2021.

[22] 黄林根, 吴卫国, 熊杰编. 电气设备运行与维护 [M]. 南京: 河海大学出版社, 2010.

[23] 吴靓. 电气设备运行与维护 [M]. 北京: 中国电力出版社, 2012.

[24] 单文培, 王兵, 单欣安. 泵站机电设备的安装运行与检修 [M]. 北京: 中国水利水电出版社, 2008.

[25] 张诚, 陈国庆. 水轮发电机组检修 [M]. 北京: 中国电力出版社, 2012.

[26] 沈日迈. 江都排灌站 [M]. 3 版. 北京: 水利电力出版社, 1986.

[27] 陈锦基, 石义华. 泵站电气部分课程设计资料 [M]. 北京: 中国水利水电出版社, 1996.

[28] 陈锦基, 张锦德. 泵站电气二次接线 [M]. 南京: 东南大学出版社, 1994.

[29] 潘咸昂. 泵站辅机与自动化 [M]. 2 版. 北京: 中国水利水电出版社, 1999.

[30] 陆培文, 孙晓霞, 杨炯良. 阀门选用手册 [M]. 北京: 机械工业出版社, 2013.

[31] 武汉水利电力学院, 华北水利水电学院, 华东水利学院. 水力机组辅助设备及自动化 [M]. 北京: 水利电力出版社, 1981.

[32] 黎文安, 赵旭光. 泵站计算机综合自动化技术 [M]. 武汉: 武汉大学出版社, 2015.

[33] 湖北省水利勘测设计院. 大型电力排灌站 [M]. 北京: 水利电力出版社, 1984.

[34] 湖北省水利勘测设计院, 等. 小型水利水电工程设计图集 抽水站分册 [M]. 北京: 水利电力出版社, 1983.

［35］　许刚，龙志宏．供水调度［M］．广州：华南理工大学出版社，2014．

［36］　范华秀．水力机组辅助设备［M］．北京：水利电力出版社，1987．

［37］　李郁侠．水力发电机组辅助设备［M］．北京：中国水利水电出版社，2013．

［38］　杜敏．水力机组辅助设备［M］．四川：四川大学出版社，2014．

［39］　张成立．水力机组辅助设备［M］．北京：中国水利水电出版社，2017．

［40］　陈德新，杨建设．水轮机·水泵及辅助设备［M］．北京：中央广播电视大学出版社，2000．

［41］　冯卫民，于永海．水泵及水泵站［M］．5版．北京：中国水利水电出版社，2016．

［42］　刘竹溪，刘景植．水泵及水泵站［M］．4版．北京：中国水利水电出版社，2009．

［43］　窦金平，周广．通用机械设备［M］．2版．北京：北京理工大学出版，2019．

［44］　钱锡俊，陈弘．泵和压缩机［M］．2版．青岛：中国石油大学出版社，2007．